电机工程经典书系

轴向磁通永磁无刷电机

（原书第2版）

［美］杰克·F. 吉拉斯（Jacek F. Gieras）
［南非］王荣杰（Rong-Jie Wang）　著
［南非］马腾·J. 坎珀（Maarten J. Kamper）
黄允凯　郭保成　译

机械工业出版社

本书全面阐述了轴向磁通永磁无刷电机的基本理论、设计和分析方法以及控制技术等。轴向磁通永磁无刷电机拥有多样的拓扑结构，本书先从基础理论入手，系统介绍了电机的尺寸方程、电磁物理关系、工作机制、材料选择和制造工艺；继而针对定子有铁心、定子无铁心和定转子均无铁心的三种主要类别，详细阐述了各自的性能特征和分析方法；之后，介绍了该类电机作为无刷直流电机和同步电机运行的控制技术，以及热性能分析的相关知识；最后，本书展示了轴向磁通永磁无刷电机在不同领域中的应用。

全书内容翔实，浅显易懂，每章都配有计算案例，特别适合作为高等院校电机专业研究生教材和教辅用书，也可作为企业电气工程师、机械工程师以及相关领域技术人员的培训教材和参考书。

图书在版编目（CIP）数据

轴向磁通永磁无刷电机：原书第 2 版 /（美）杰克·F. 吉拉斯（Jacek F. Gieras），（南非）王荣杰（Rong-Jie Wang），（南非）马腾·J. 坎珀（Maarten J. Kamper）著；黄允凯，郭保成译. -- 北京：机械工业出版社，2025. 3. --（电机工程经典书系）.
ISBN 978-7-111-77827-1

Ⅰ. TM345

中国国家版本馆 CIP 数据核字第 2025LA2339 号

机械工业出版社（北京市百万庄大街 22 号　邮政编码 100037）
策划编辑：刘星宁　　　　责任编辑：刘星宁
责任校对：韩佳欣　李小宝　　封面设计：马精明
责任印制：常天培
固安县铭成印刷有限公司印刷
2025 年 4 月第 1 版第 1 次印刷
169mm×239mm · 19.5 印张 · 377 千字
标准书号：ISBN 978-7-111-77827-1
定价：128.00 元

电话服务　　　　　　　　　网络服务
客服电话：010-88361066　　机 工 官 网：www.cmpbook.com
　　　　　010-88379833　　机 工 官 博：weibo.com/cmp1952
　　　　　010-68326294　　金 书 网：www.golden-book.com
封底无防伪标均为盗版　　机工教育服务网：www.cmpedu.com

译 者 序

近年来，随着电动汽车的推广应用和电动垂直起降飞行器的兴起，工业界对高功率密度电机的需求持续增长。轴向磁通永磁无刷电机以其紧凑的扁平结构、高功率密度和高效率等特点，备受电机工程师的关注。本书英文版于2004年首次出版，2008年进行了更新，是Jacek F. Gieras教授等作者长期教学、科研和实践工作的积累，也是市面上最早和最全面系统阐述轴向磁通永磁无刷电机的著作。

本书由东南大学黄允凯和南京师范大学郭保成翻译。黄允凯翻译了第1、7～9章，并负责全书的校译和统稿；郭保成翻译了第2～6章。

本书翻译过程中，译者一方面要忠实于原书作者的本意和撰写思路；另一方面要兼顾国内读者的阅读习惯和既有知识体系，努力做到流畅阅读和领会。本书在翻译时对某些叙述方式和表达习惯进行了适当的调整，并对原书中的一些疏漏进行了修正。鉴于译者水平有限，书中难免存在疏忽和不当之处，恳请广大读者批评指教。

译者

前　　言

由于人们对永磁（PM）无刷电机新拓扑结构的兴趣与日俱增，作者对2004年首次出版的《轴向磁通永磁无刷电机》进行了更新。在第2版中，增加了新的章节［非重叠（集中线圈）绕组、转子动力学、微型轴向磁通永磁无刷电机、轮毂电机］、新的应用实例和更多的数值算例。应广大轴向磁通永磁电机技术工程师的要求，本书提供所有用Mathcad软件求解的数值算例，可通过登录extras. springer. com网站获取。

永磁无刷电机技术的重要性及其对能量转换系统的影响受到越来越多的关注。随着直流有刷电机产量的减少，永磁无刷电机正在取代直流有刷电机，有时也取代感应电机，广泛应用于消费类电子产品、厨房和卫浴设备、公共生活、仪器仪表和自动化系统、临床工程、工业机电驱动、汽车制造业、纯电动和混合动力汽车、船舶、玩具、多电飞机等许多应用领域。在分布式发电系统（风力发电机、高速微型涡轮发电机）、微型电源、飞轮储能、飞机和旋翼飞行器作动器、导弹尾翼作动器、舰船电机-螺旋桨集成推进器（轮缘驱动推进器）等领域也出现了新的应用。轴向磁通永磁无刷电机的作用越来越大，尤其是在要将电机与其他机械部件集成的应用中。

我们相信，本书的新版将呈现关于轴向磁通永磁无刷电机分析、设计、控制和应用的最新知识。它将提高人们对该领域的认识，并促进该领域的创新。

Jacek F. Gieras
Rong-Jie Wang
Maarten J. Kamper

目　　录

第1章

引　　言

1.1 范围

本书中的术语轴向磁通永磁（Axial Flux Permanent Magnet，AFPM）电机专门指那些带有盘式转子的永磁（Permanent Magnet，PM）电机。未考虑其他AFPM电机拓扑，例如横向磁通电机。原则上，AFPM 电机的电磁设计类似于具有圆柱形转子的径向磁通永磁（Radial Flux Permanent Magnet，RFPM）电机。但是，其机械设计、热分析和制造过程都比 RFPM 电机要复杂。

1.2 特性

AFPM 电机，也称盘式电机，因其扁平形状、紧凑结构和高功率密度而成为圆柱形 RFPM 电机颇具吸引力的替代产品。AFPM 电机特别适用于电动汽车、泵、风扇、阀门控制、离心机、机床、机器人和工业设备。大直径转子的转动惯量大，可用作飞轮。AFPM 电机也可作为中小型发电机运行。由于极对数较多，AFPM 电机非常适合低速应用场合，例如电力牵引驱动装置、起重机或风力发电机。

AFPM 电机的转子和定子采用独特的盘形轮廓，可以设计出很多种模块化结构方案。AFPM 电机可以设计为单气隙或多气隙，使用开槽、无槽甚至完全无铁心的电枢。小功率 AFPM 电机通常采用无槽绕组和表贴式永磁体。

随着 AFPM 电机输出功率的增加，转子与轴之间的接触面积相对于功率的比值会减小。必须仔细考虑转子与轴机械连接的设计，这是 AFPM 电机故障的主要原因。

在某些应用中，转子会被集成到动力传输组件中，以优化零部件数量、体积、质量、传动效率和装配工时。对于采用轮毂电机的电动汽车来说，这意味着更简洁的机电驱动系统、更高效率和更低成本。这种具备复合功能的转子还可能应用于泵、电梯、风扇和其他类型的机械设备中，从而提升这些产品的性能水平。

大多数应用中的AFPM电机属于直流无刷电机类型。因此，编码器、旋转变压器或其他转子位置传感器也是AFPM无刷电机的重要组成部分。

表1.1列出了一款额定功率为2.7kW的AFPM无刷伺服电机的详细数据，由德国E. Bautz GmbH生产。

表1.1　德国E. Bautz GmbH生产的双边盘式AFPM无刷伺服电机数据

	S632D	S634D	S712F	S714F	S802F	S804F
额定功率/W	680	940	910	1260	1850	2670
额定转矩/(N·m)	1.3	1.8	2.9	4.0	5.9	8.5
最大转矩/(N·m)	7	9	14	18	28	40
堵转转矩/(N·m)	1.7	2.3	3.5	4.7	7.0	10.0
额定电流/A	4.0	4.9	4.9	6.6	9.9	11.9
最大电流/A	21	25	24	30	47	56
堵转电流/A	5.3	6.3	5.9	7.8	11.7	14.0
额定转速/(r/min)	5000	5000	3000	3000	3000	3000
最大转速/(r/min)	6000	6000	6000	6000	6000	6000
反电动势常数/[V/(1000r/min)]	23	25	42	42	42	50
转矩常数/(N·m/A)	0.35	0.39	0.64	0.64	0.64	0.77
电阻/Ω	2.5	1.8	2.4	1.5	0.76	0.62
电感/mH	3.2	2.8	5.4	4.2	3.0	3.0
转动惯量/($kg \cdot m^2 \times 10^{-3}$)	0.08	0.12	0.21	0.3	0.6	1.0
质量/kg	4.5	5.0	6.2	6.6	9.7	10.5
机壳外径/mm	150	150	174	174	210	210
机壳长度/mm	82	82	89	89	103	103
功率密度/(W/kg)	151.1	188.0	146.8	190.9	190.7	254.3
转矩密度/(N·m/kg)	0.289	0.36	0.468	0.606	0.608	0.809

1.3　AFPM电机的发展

在电机发展史中，最早的电机就是轴向磁通电机（M. Faraday，1831年；匿名发明家，1832年；W. Ritchie，1833年；B. Jacobi，1834年）。然而，在T. Davenport（1837年）申请第一个径向磁通电机专利[P1]之后，常规的径向磁通电机就成为主要的电机结构形式[33,53]。

最早有记录的轴向磁通电机原型是M. Faraday的圆盘（1831年），详见数值算例1.2。这种盘式结构的电机也出现在N. Tesla的专利中，例如美国专利号405858[P2]，名为“电磁马达”，发表于1889年（见图1.1）。之后轴向磁通电机的发展停滞不前，原因是多方面的，可以概括如下：

1）定子与转子之间存在较强的轴向（法向）磁拉力；

2）制造困难，例如如何制造带槽的定子叠片铁心以及其他部件；

3）制造叠片定子铁心的成本高；

4）装配电机并保持气隙均匀非常困难。

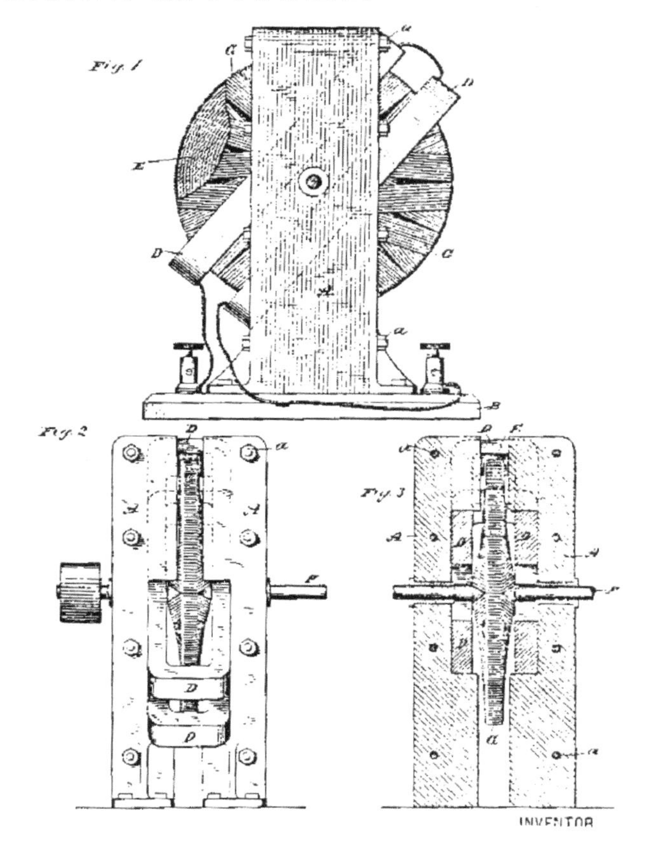

图1.1 N. Tesla的带盘式转子的电磁马达（美国专利号405858，发表于1889年）[P2]

早在19世纪30年代，永磁材料就被应用于电机之中，但由于当时硬磁材料的性能不佳，很快就被淘汰了。1931年铝镍钴（Alnico）的发明，20世纪50年代钡铁氧体的发明，特别是稀土钕铁硼（NdFeB）材料的发明（1983年），使得永磁材料在电机中的大规模使用成为可能。

人们普遍认为，高磁能积永磁材料（尤其是稀土永磁材料）的可用性推动着新型永磁电机拓扑结构的开发，因此也重新激发了人们对 AFPM 电机的兴趣。在20世纪末的十年里，稀土永磁材料价格一直呈下降趋势，尤其是在过去三年里出现了大幅下降。最近的市场调查表明，在远东地区，钕铁硼永磁材料价格已降至每千克不到20美元。随着更经济的永磁材料的出现，AFPM 电机在不远的将来可能会扮演更加重要的角色。

1.4 AFPM 电机的类型

理论上，每种径向磁通电机都有对应的轴向磁通（盘式）电机。但是，实际情况是盘式电机仅限于以下三种类型：

1）永磁直流换向器电机；

2）永磁无刷直流和同步电机；

3）感应电机。

与对应的 RFPM 电机类似，AFPM 直流换向器电机也采用永磁体替代了电励磁系统。转子（电枢）可设计为绕线转子或印制绕组转子。

在绕线转子电机中，电枢绕组采用铜线，并经树脂模压而成。换向器与传统电机类似，可为圆柱形或径向换向器。

图1.2展示了盘式印制电枢绕组电机。转子（电枢）不含软磁材料做的铁心，其绕组类似于传统直流换向器电机的波绕组。铜片经冲压成线圈，然后焊接在一起，形成波绕组。

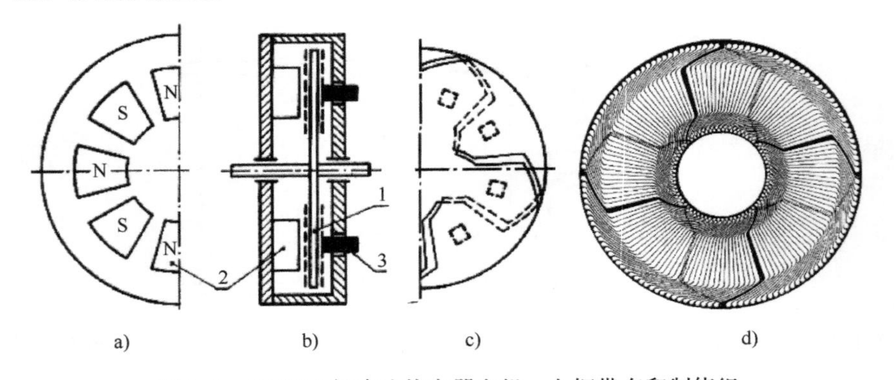

图1.2 AFPM 8极直流换向器电机，电枢带有印制绕组

a）带有永磁材料的定子 b）横截面

c）转子（电枢）绕组和电刷 d）$2p=8$ 的绕组结构，145根导体

1—转子（包含双面印制绕组） 2—永磁体 3—电刷

J. Henry Baudot[18] 发明了这种电机，由于定子绕组采用了与制作印制电路板类似的方法，也被称为印制绕组电机。对于具有大气隙的直流印制绕组换向器电

机，可以使用成本效益高且剩磁大的铝镍钴磁体来产生磁场。

对于某些工业、汽车和家用应用，如风扇、鼓风机、小型电动汽车、电动工具、家用电器等，AFPM 直流换向器电机仍然是一种功能齐全且经济的选择。

事实上，直流无刷电机和交流同步电机在结构上几乎完全相同，尽管它们的理论和工作原理有很大的不同[106,122,187]。它们的主要区别是工作时的电流波形（见图 1.3）：

1）直流无刷电机的反电动势波形是方波，与之匹配的工作电流波形也是方波（也称为方波电机）；

2）交流同步电机的反电动势波形是正弦波，与之匹配的工作电流波形也是正弦波（也称为正弦波电机）。

对于盘式感应电机而言，制造带有笼型绕组的叠片转子难度很大[160]。如果将笼型绕组替换为非磁性高导电性材料（如铜或铝）做成的均匀圆盘，或在钢盘上涂覆一层铜，这些都会显著降低电机的性能。因此，迄今为止，盘式感应电机几乎没有引起太多人的兴趣[160,267]。

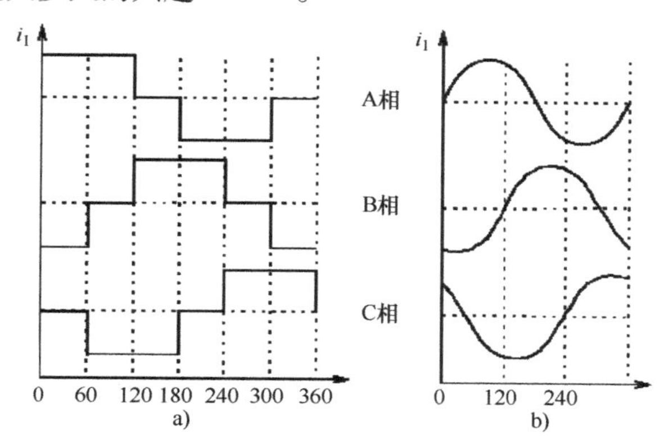

图 1.3　AFPM 无刷电机的电流波形

a）方波电机　b）正弦波电机

1.5　拓扑和几何尺寸

从结构设计角度来看，AFPM 无刷电机可以设计为单边或双边结构，电枢有槽或无槽、电枢有铁心或者无铁心，内转子或外转子，以及表贴式或内嵌式永磁体，同时还可以是单级或多级电机。

针对双边结构，可采用双定子单转子或双转子单定子的布局。双定子单转子的优点在于使用较少的永磁体，但绕组利用率较低；而双转子单定子则被认为是一种特别有优势的电机拓扑结构[38]。AFPM 无刷电机的拓扑结构可分为以下几类：

1）单边 AFPM 电机：

① 有槽定子（见图1.4a）；

② 无槽定子；

③ 凸极定子。

2）双边 AFPM 电机：

① 双转子单定子（见图1.4b）：

a. 有槽定子。

b. 无槽定子：

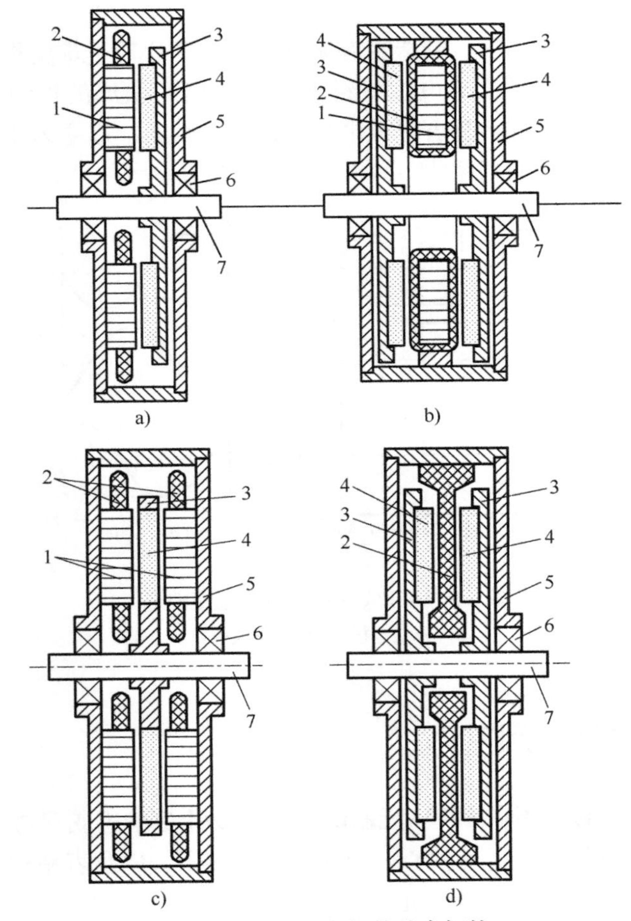

图1.4　AFPM 电机的基本拓扑

a）单边有槽电机　b）双边双永磁转子单无槽定子电机

c）双边双有槽定子单永磁转子电机　d）双边双永磁转子单无铁心定子电机

1—定子铁心　2—定子绕组　3—转子　4—永磁体　5—外壳　6—轴承　7—轴

a）定子有铁心；

b）定子无铁心（见图 1.4d）；

c）定转子都无铁心。

c. 凸极定子（见图 1.5）。

② 双定子单转子（见图 1.4c）：

a. 有槽定子；

b. 无槽定子；

c. 凸极定子（见图 1.6）。

3）多级（多盘）AFPM 电机（见图 1.7）。

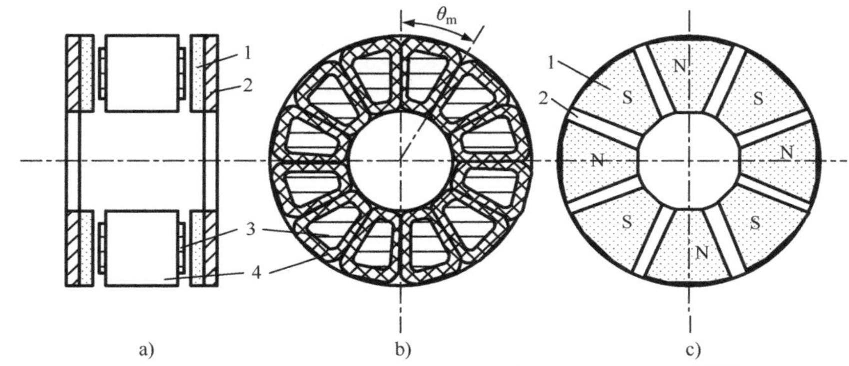

图 1.5 双边 AFPM 无刷电机，具有单凸极定子双转子[185]

a）结构 b）定子 c）转子

1—永磁体 2—转子磁轭钢盘 3—定子凸极 4—定子线圈

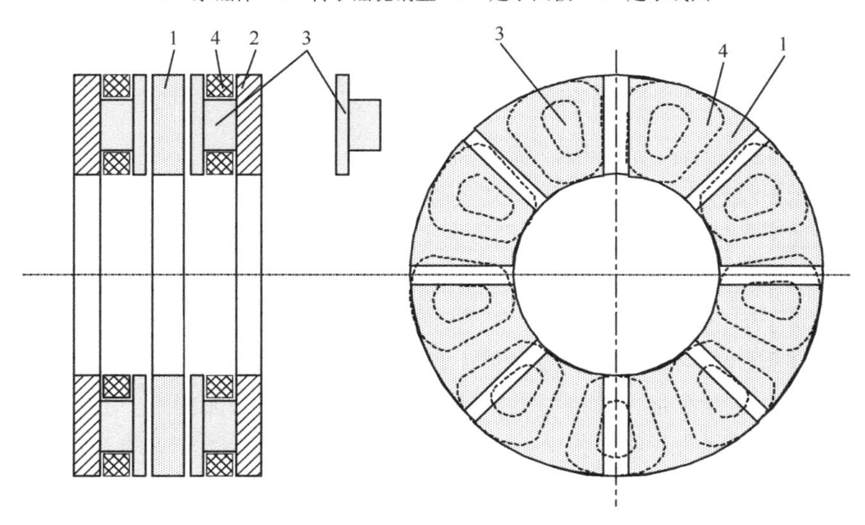

图 1.6 三相双边双定子 AFPM 无刷电机，具有 9 个定子凸极线圈和 8 个转子磁极

1—永磁体 2—定子背铁 3—定子凸极 4—定子线圈

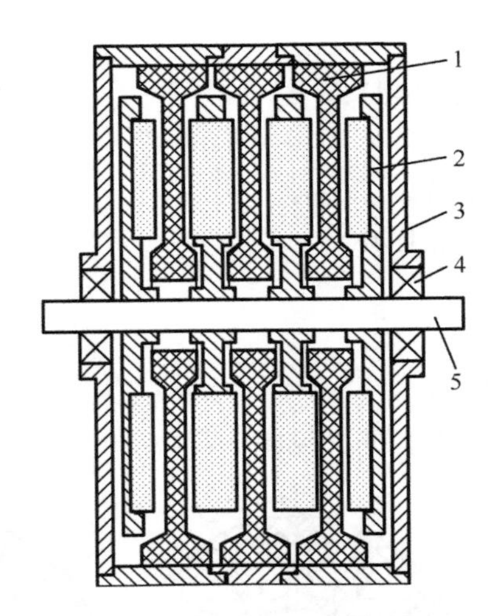

图1.7　无铁心多盘AFPM电机，具有3个无铁心定子和5个永磁转子单元

1—定子绕组　2—转子单元　3—机壳　4—轴承　5—轴

电枢开槽的AFPM电机，气隙相对较小。由于每个槽口处的气隙磁阻增加，导致气隙平均磁通密度减小。这种由于开槽导致的气隙平均磁通密度变化可以等效为气隙虚拟变大了[121]。利用卡特系数 $k_C>1$ 来表示虚拟气隙 g' 与实际气隙 g 之间的关系：

$$g'=gk_C \tag{1.1}$$

$$k_C=\frac{t_1}{t_1-\gamma g} \tag{1.2}$$

$$\gamma=\frac{4}{\pi}\left[\frac{b_{14}}{2g}\arctan\left(\frac{b_{14}}{2g}\right)-\ln\sqrt{1+\left(\frac{b_{14}}{2g}\right)^2}\right] \tag{1.3}$$

式中，t_1 是平均槽距；b_{14} 是槽口宽度。

对于无槽绕组的AFPM电机，其气隙要比传统有槽电机的气隙大得多，等于机械间隙加上所有主磁通通过的非铁磁材料（绕组、绝缘、灌封、支撑结构）的厚度。由于没有开槽，卡特系数 $k_C=1$。与传统有槽绕组相比，无槽绕组的结构简单，易于装配，无齿槽转矩，还可以减少转子表面损耗、磁饱和噪声等。然而，缺点是需要使用更多的永磁材料，较小的绕组电感在逆变器驱动电机时可能会带来问题，还有就是无槽绕组的导体中会存在明显的涡流损耗[49]。

在图1.5所示的双边凸极AFPM无刷电机中，定子线圈集中绕在沿径向叠片的凸极上。为了实现三相电机自起动，定子凸极的数量应与转子磁极的数量不同，例如12个定子凸极和8个转子磁极[173,174,185]。图1.6展示了一种双定子的双边AFPM无刷电机，其永磁转子在两个定子中间。该三相AFPM无刷电机有9

个定子凸极线圈和8个转子磁极。

基于应用场合的不同，无槽定子可以用铁心，也可以完全不用。无铁心定子结构在定子（电枢）上完全不使用铁磁材料，从而没有相关的涡流和磁滞损耗。这种结构还消除了零电流状态下定转子之间的轴向磁拉力。无槽AFPM电机通常根据其绕组排列和线圈形状进行分类，具体包括环形、梯形和菱形等类型[38,49,87]。

1.6 转子动力学

所有旋转的轴，即使在没有外部负载的情况下，也会在旋转过程中发生弯曲变形。图1.8展示了一根带有两个旋转质量块m_1和m_2的轴，其中m_1代表AFPM电机的盘式转子，m_2代表负载。轴本身的质量为m_{sh}。转子、负载和轴的组合质量将导致轴的弯曲变形，并在特定转速下产生共振，即该转速为临界转速。可以通过计算横向振动频率来确定轴达到临界转速时的频率。

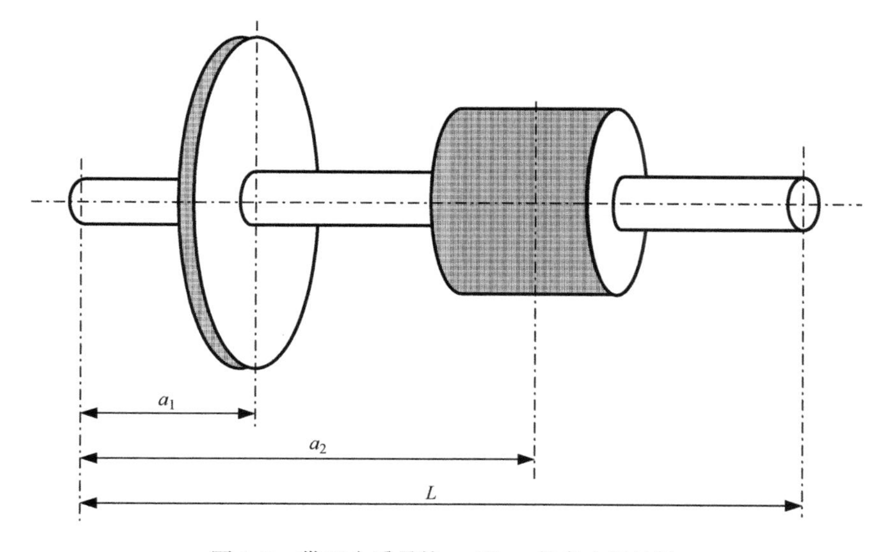

图1.8 带两个质量块m_1和m_2的实心圆柱轴

第i个旋转质量块的临界转速（r/s）可用下式计算：

$$n_i = \frac{1}{2\pi}\sqrt{\frac{g}{\sigma_i}} \tag{1.4}$$

式中，$g=9.81\text{m/s}^2$是重力加速度；σ_i是仅由于第i个转子质量块引起的转子第i个位置处的静态挠度，即

$$\sigma_i = \frac{m_i g a_i^2 (L - a_i)^2}{3E_i I_i L} \tag{1.5}$$

式中，E_i是弹性模量（对于钢，$E = 200 \times 10^9$ Pa）；I_i是截面的面积惯性矩；L 是轴的长度；a_i是第 i 个转子质量块从轴的左端到其中心的距离（见图 1.8）。面积惯性矩的计算公式为

$$I_i = \frac{\pi D_i^2}{64} \tag{1.6}$$

根据 Dunkerley 方程[80]，轴的临界角速度（$\Omega_{cr} = 2\pi n_{cr}$）与各个转子质量块的临界角速度（$\Omega_i = 2\pi n_i$）的关系为

$$\frac{1}{\Omega_{cr}^2} = \sum_i \frac{1}{\Omega_i^2} \tag{1.7}$$

或者根据 Rayleigh 方程[227]可得

$$\Omega_{cr} = \sqrt{\frac{g \sum_i (m_i \sigma_i)}{\sum_i (m_i \sigma_i^2)}} \tag{1.8}$$

其中，轴被认为是一个将质量 m_{sh}集中在 $0.5L$ 处的质量块，L 为轴的长度（轴承到轴承）。

Dunkerley 的经验方法是利用每个负载独立作用时产生的频率，然后将它们组合起来，给出整个系统的近似值[80]。因此，式（1.7）是系统一阶自然振动频率的近似值，几乎等于临界转速。Rayleigh 的方法基于这样一个事实，即自由振动下保守系统的最大动能必须等于最大势能[227]。

1.7 永磁产生的轴向磁场

在 xyz 直角坐标系中，具有双永磁转子的双边 AFPM 电机如图 1.9 所示。假设曲率半径大于极距，并且两个相对的转子磁极的中心轴线沿直线方向偏移了距离 x_0，那么在静止的 xyz 坐标系中，转子表面的磁通密度的法向分量可以通过以下方程描述：

1）$z = 0.5d$ 处

$$B_{mz1}(x,t) = B_0 \sum_{\nu=1}^{\infty} b_\nu \cos\left(\omega_\nu t \mp \beta_\nu x - \frac{\pi}{2}\right) \tag{1.9}$$

2）$z = -0.5d$ 处

$$B_{mz2}(x,t) = B_0 \sum_{\nu=1}^{\infty} b_\nu \cos\left[\omega_\nu t \mp \beta_\nu (x - x_0) - \frac{\pi}{2}\right] \tag{1.10}$$

式中，B_0是 N 极中心轴上，磁通密度法向分量的值，且

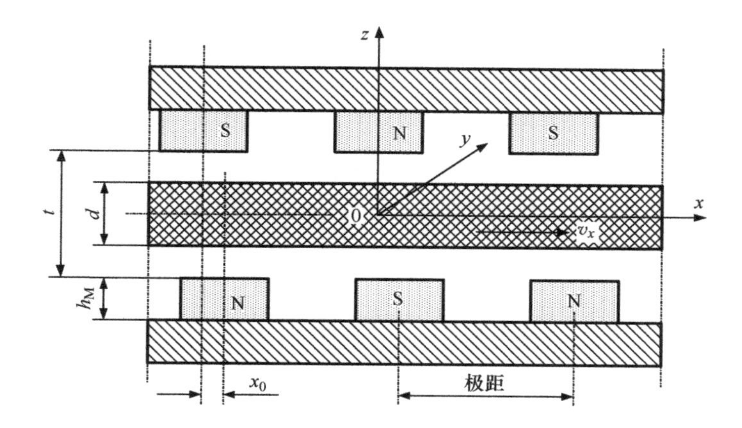

图1.9 直角坐标系下的双转子单定子 AFPM 电机模型

$$\beta_\nu = \nu \frac{\pi}{\tau} \tag{1.11}$$

$$\omega_\nu = \beta_\nu v = \beta_\nu \pi D n \tag{1.12}$$

$$b_\nu = \frac{4}{\tau}\left[\frac{c_p}{c_p^2+\beta_\nu^2}\sinh\alpha - 6\left(\frac{1}{\beta_\nu}\right)^4\frac{1}{b_t^3}\cosh\alpha + 3\left(\frac{1}{\beta_\nu}\right)^2\frac{2}{\tau-b_p}\cosh\alpha\right]\times$$

$$\sin\left(\nu\frac{\pi}{2}\right)\sin\left(\nu\frac{\pi b_t}{\tau}\right)+$$

$$\frac{4}{\tau}\left[\frac{\beta_\nu}{c_p^2+\beta_\nu^2}+6\left(\frac{1}{\beta_\nu}\right)^3\frac{1}{b_t^2}-\frac{1}{\beta_\nu}\right]\cosh\alpha\sin\left(\nu\frac{\pi}{2}\right)\cos(\beta_\nu b_t)$$

$$b_t = \frac{\tau-b_p}{2} \qquad c_p = 2\frac{\alpha}{b_p} \tag{1.13}$$

在式（1.9）~式(1.13）中，$v=v_x$是转子在 x 方向上的线速度；$n=v/(\pi D)$是转速（r/s）；参数 α 取决于磁通密度法向分量的分布波形（见图1.10）。对于平顶曲线，$\alpha=0$；对于凹面曲线（电枢或涡流反应），$0<\alpha\leqslant1$。参考文献［103］推导了式（1.13)表示的系数 b_ν。

永磁体的平均直径 D 和对应的平均极距为

$$D=0.5(D_{out}+D_{in}) \qquad \tau=\frac{\pi D}{2p} \tag{1.14}$$

式中，D_{in}是永磁体的内径；D_{out}是永磁体的外径；$2p$ 是极数。

AFPM 无刷电机中的电磁场分析在参考文献［99，100，281，282］有详细的讨论。

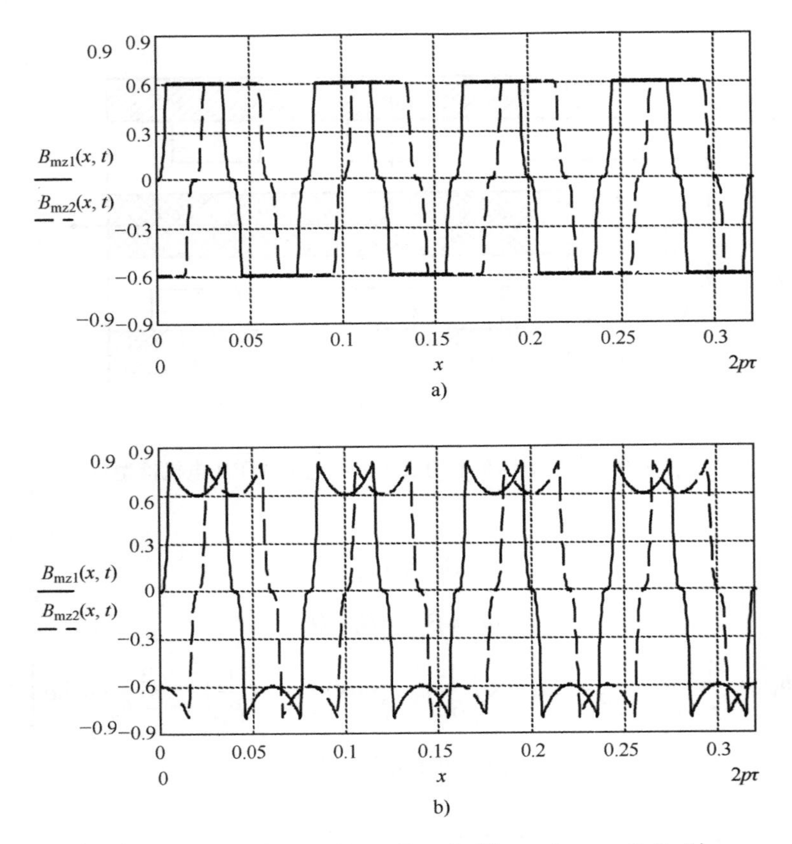

图 1.10　当 $\tau=0.04\mathrm{m}$、$b_{\mathrm{p}}=0.03\mathrm{m}$、$B_0=0.6\mathrm{T}$、$t=0$、$x_0=0.5\tau$ 时，根据式（1.9）、式（1.10）和式（1.13）计算出的磁通密度法向分量分布

a）$\alpha=0$　b）$\alpha=0.8$

1.8　最简单的 AFPM 无刷电机——永磁涡流制动器

双边永磁励磁涡流制动器采用高导电性非磁性盘式转子，是最简单的 AFPM 无刷电机之一。涡流制动器的结构类似图 1.9，但永磁体是静止的，导电转子盘以速度 n 旋转。式（1.9）~式(1.14) 仍然成立，因为静止永磁体和旋转电枢与旋转永磁体和静止电枢是等效的。

假设非磁性导电盘中的涡流仅沿径向流动，即沿 y 方向流动（见图 1.9），则盘中的矢量磁位 $\boldsymbol{A}$ 由以下标量方程（2D 分析）描述：

$$\frac{\partial^2 A_{\mathrm{my}\nu}}{\partial x^2}+\frac{\partial^2 A_{\mathrm{my}\nu}}{\partial z^2}=\alpha_\nu A_{\mathrm{my}\nu} \tag{1.15}$$

式中

$$\alpha_\nu = \sqrt{j\omega_\nu\mu_0\mu_r\sigma} = (1+j)k_\nu \tag{1.16}$$

$$k_\nu = \sqrt{\frac{\omega_\nu\mu_0\mu_r\sigma}{2}} \tag{1.17}$$

在式（1.16）和式（1.17）中，电导率 σ 取决于圆盘温度。顺磁性（铝）或反磁性（铜）材料的相对磁导率 $\mu_r \approx 1$。高次空间谐波磁场的角频率根据式（1.12)或下式计算：

$$\omega_\nu = 2\pi f_\nu;\quad f_\nu = \nu f;\quad \nu = 1,3,5\cdots \tag{1.18}$$

式（1.15）的通解可写为

$$A_{my} = \sum_{\nu=1}^{\infty}\sin\left(\omega_\nu t + \beta_\nu x - \frac{\pi}{2}\right)[A_{1\nu}\exp(-\kappa_\nu z) + A_{1\nu}\exp(\kappa_\nu z)] \tag{1.19}$$

式中

$$\kappa_\nu = \sqrt{\alpha_\nu^2 + \beta_\nu^2} = (a_{R\nu} + a_{X\nu})k_\nu \tag{1.20}$$

$$a_{R\nu} = \frac{1}{\sqrt{2}}\sqrt{\sqrt{4+\left(\frac{\beta_\nu}{k_\nu}\right)^4} + \left(\frac{\beta_\nu}{k_\nu}\right)^2} \tag{1.21}$$

$$a_{X\nu} = \frac{1}{\sqrt{2}}\sqrt{\sqrt{4+\left(\frac{\beta_\nu}{k_\nu}\right)^4} - \left(\frac{\beta_\nu}{k_\nu}\right)^2} \tag{1.22}$$

由于圆盘中的电流仅沿径向 y 流动，因此当 $-0.5d \leqslant z \leqslant 0.5d$ 时，$E_{mx}=0$、$E_{mz}=0$、$B_{my}=0$。使用矢量磁位 $\nabla \times \boldsymbol{A} = \boldsymbol{B}$ 和麦克斯韦方程组的第二个方程 $\nabla \times \boldsymbol{E} = -\partial \boldsymbol{B}/\partial t$，可以发现圆盘中剩余的电场和磁场分量为

$$E_{my} = -j\omega_\nu A_{my} = -\sum_{\nu=1}^{\infty} j\omega_\nu \sin\left(\omega_\nu t + \beta_\nu x - \frac{\pi}{2}\right)[A_{1\nu}\exp(-\kappa_\nu z) + A_{2\nu}\exp(\kappa_\nu z)] \tag{1.23}$$

$$B_{mx} = -\frac{\partial A_{my}}{\partial z} = \sum_{\nu=1}^{\infty}\kappa_\nu \sin\left(\omega_\nu t + \beta_\nu x - \frac{\pi}{2}\right)[A_{1\nu}\exp(-\kappa_\nu z) - A_{2\nu}\exp(\kappa_\nu z)] \tag{1.24}$$

$$B_{mz} = \frac{\partial A_{my}}{\partial x} = \sum_{\nu=1}^{\infty}\beta_\nu \cos\left(\omega_\nu t + \beta_\nu x - \frac{\pi}{2}\right)[A_{1\nu}\exp(-\kappa_\nu z) + A_{2\nu}\exp(\kappa_\nu z)] \tag{1.25}$$

在 $z=0.5d$ 和 $z=-0.5d$ 时，气隙中和圆盘中磁通密度的法向分量相等，据此可以算出积分常数 $A_{1\nu}$ 和 $A_{2\nu}$，即

1）$z=0.5d$ 处

$$\beta_\nu \cos\left(\omega_\nu t + \beta_\nu x - \frac{\pi}{2}\right)[A_{1\nu}\exp(-\kappa_\nu d/2) + A_{2\nu}\exp(\kappa_\nu d/2)]$$

$$=B_0b_\nu\cos\left(\omega_\nu t+\beta_\nu x-\frac{\pi}{2}\right)$$

2）$z=-0.5d$ 处

$$\beta_\nu\cos\left[\omega_\nu t+\beta_\nu(x-x_0)-\frac{\pi}{2}\right][A_{1\nu}\exp(-\kappa_\nu d/2)+A_{2\nu}\exp(\kappa_\nu d/2)]$$

$$=B_0b_\nu\cos\left[\omega_\nu t+\beta_\nu(x-x_0)-\frac{\pi}{2}\right]$$

涡流制动器的气隙中只有反向旋转的磁场，故式（1.9）和式（1.10）中的项$\beta_\nu x$和$\beta_\nu(x-x_0)$具有+号。因此

$$A_{1\nu}=A_{2\nu}=\frac{1}{\beta_\nu}B_0b_\nu\frac{\sinh(\kappa_\nu d/2)}{\sinh(k_\nu d)}=\frac{1}{2}\frac{1}{\beta_\nu}B_0b_\nu\frac{1}{\cosh(\kappa_\nu d/2)}\sinh(\kappa_\nu d) \quad (1.26)$$

由于$\sinh(2x)=2\sinh x\cosh x$。将式（1.26）代入式（1.23）、式（1.24）和式（1.25），则式（1.15）中的E_{my}、B_{mx}和B_{mz}的特解为

$$E_{my}=-\sum_{\nu=1}^{\infty}j\omega_\nu\frac{B_0b_\nu}{\beta_\nu}\frac{1}{\cosh(\kappa_\nu d/2)}\sin\left(\omega_\nu t+\beta_\nu x-\frac{\pi}{2}\right)\cosh(\kappa_\nu z) \quad (1.27)$$

$$B_{mx}=\sum_{\nu=1}^{\infty}\kappa_\nu\frac{B_0b_\nu}{\beta_\nu}\frac{1}{\cosh(\kappa_\nu d/2)}\sin\left(\omega_\nu t+\beta_\nu x-\frac{\pi}{2}\right)\sinh(\kappa_\nu z) \quad (1.28)$$

$$B_{mz}=\sum_{\nu=1}^{\infty}B_0b_\nu\frac{1}{\cosh(\kappa_\nu d/2)}\cos\left(\omega_\nu t+\beta_\nu x-\frac{\pi}{2}\right)\cosh(\kappa_\nu z) \quad (1.29)$$

根据式（1.27）和式（1.28）计算ν次空间谐波磁场的表面波阻抗

$$\begin{aligned}z_\nu&=r_\nu+jx_\nu=-\mu_0\mu_r\left[\frac{E_{my}}{B_{mx}}\right]_{z=0.5d}=\frac{\alpha_\nu^2}{\sigma}\frac{1}{\kappa_\nu}\coth\left(\kappa_\nu\frac{d}{2}\right)\\&=[(B_{R\nu}A_{R\nu}-B_{X\nu}A_{X\nu})+j(B_{X\nu}A_{R\nu}-B_{R\nu}A_{X\nu})]\frac{k_\nu}{\sigma}\end{aligned} \quad (1.30)$$

式中

$$A_{R\nu}=\frac{\sinh(a_{R\nu}k_\nu d)}{\cosh(a_{R\nu}k_\nu d)-\cos(a_{X\nu}k_\nu d)} \quad (1.31)$$

$$A_{X\nu}=\frac{-\sin(a_{X\nu}k_\nu d)}{\cosh(a_{R\nu}k_\nu d)-\cos(a_{X\nu}k_\nu d)} \quad (1.32)$$

$$B_{X\nu}=\frac{a_{X\nu}}{0.5(a_{R\nu}^2+a_{X\nu}^2)}\quad B_{R\nu}=\frac{a_{R\nu}}{0.5(a_{R\nu}^2+a_{X\nu}^2)} \quad (1.33)$$

ν次空间谐波磁场对应的整个圆盘的阻抗

$$Z_\nu=z_\nu\frac{0.5(D_{out}-D_{in})}{\tau/\nu}k_{z\nu}=\frac{\alpha_\nu^2}{\sigma}\frac{1}{\kappa_\nu}\frac{0.5(D_{out}-D_{in})}{\tau/\nu}k_{z\nu}\coth\left(\kappa_\nu\frac{d}{2}\right) \quad (1.34)$$

式中，D_{out}是永磁体的外径；D_{in}是永磁体的内径；τ是平均极距，定义见式（1.14）；$k_{z\nu}$是由于周向（x方向）电流引起的阻抗增加系数。ν次谐波的阻

抗增加系数为[69]

$$k_{z\nu}=1+\frac{1}{\nu^2}\frac{\tau}{0.5(D_{\mathrm{out}}-D_{\mathrm{in}})} \tag{1.35}$$

1.9　AFPM 电机与 RFPM 电机的对比

随着新材料的应用、制造技术的创新以及冷却技术的改进，电机的功率密度（单位质量或体积的输出功率）有可能进一步提高。对于传统的径向磁通永磁（RFPM）电机，存在以下限制因素[30,53,106,165,192]：

1）在感应电机、直流换向器电机或无刷外转子电机中，转子齿根处磁通路径的瓶颈特征（见图 1.11）；

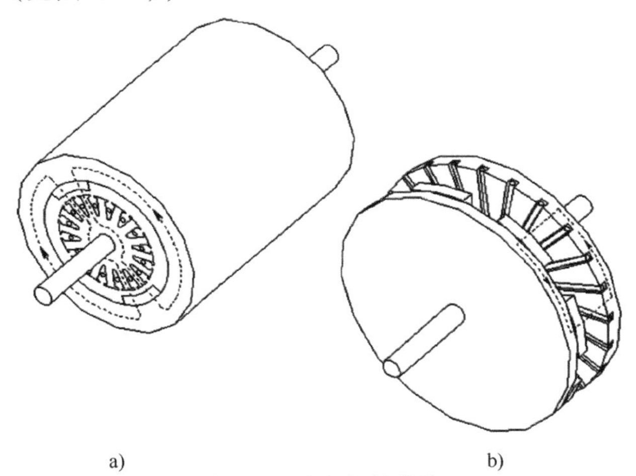

图 1.11　电机拓扑结构

a）RFPM 电机　b）AFPM 电机

2）轴周围的大部分转子铁心（转子轭）几乎不被用作磁路；

3）来自定子绕组的热量，先传递到定子铁心，然后传递到机壳。在没有强制冷却装置的情况下，通过气隙、转子和轴的散热效果很差。

这些限制与径向磁通的结构相关，除非采用新的拓扑结构，否则很难消除。AFPM 电机被认为具有比 RFPM 电机更高的功率密度，更紧凑[29,53,106,165]。

此外，考虑到 AFPM 电机的铁心内径通常比轴径大得多（见图 1.4），因此可以预期其具有更好的通风和冷却效果。总体而言，人们认为在某些应用中，AFPM 电机的一些独特之处会使其性能优于 RFPM 电机，可概括如下[52,106]：

1）AFPM 电机的直径与长度之比远大于 RFPM 电机；

2）AFPM 电机具有平面型且在一定程度可调节大小的气隙；

3）AFPM 电机能够设计成具有更高的功率密度，同时节省部分铁心材料；

4）AFPM 电机的结构非常适合模块化设计，可根据功率或转矩的要求调整模块数量；

5）铁心的外径越大，可容纳的极数就越多，因此 AFPM 电机非常适合高频或低速运行。

因此，AFPM 电机特别适用于伺服、牵引、分布式发电以及特殊用途的应用场合，其性能相对于传统的 RFPM 电机具有明显的优势。

传统 RFPM 电机与 AFPM 电机之间的定量比较总是很困难的，因为这可能会引发关于比较是否公平的问题。已有一些公开发表的研究工作对 RFPM 和 AFPM 电机的尺寸和功率密度进行了详细定量分析[8,53,132,256,278]。图 1.12 展示了在 5 个不同功率水平下，传统 RFPM 电机与不同结构 AFPM 电机性能的比较结果[239]，表明在相同功率等级下，AFPM 电机体积更小且有效材料用量更少。

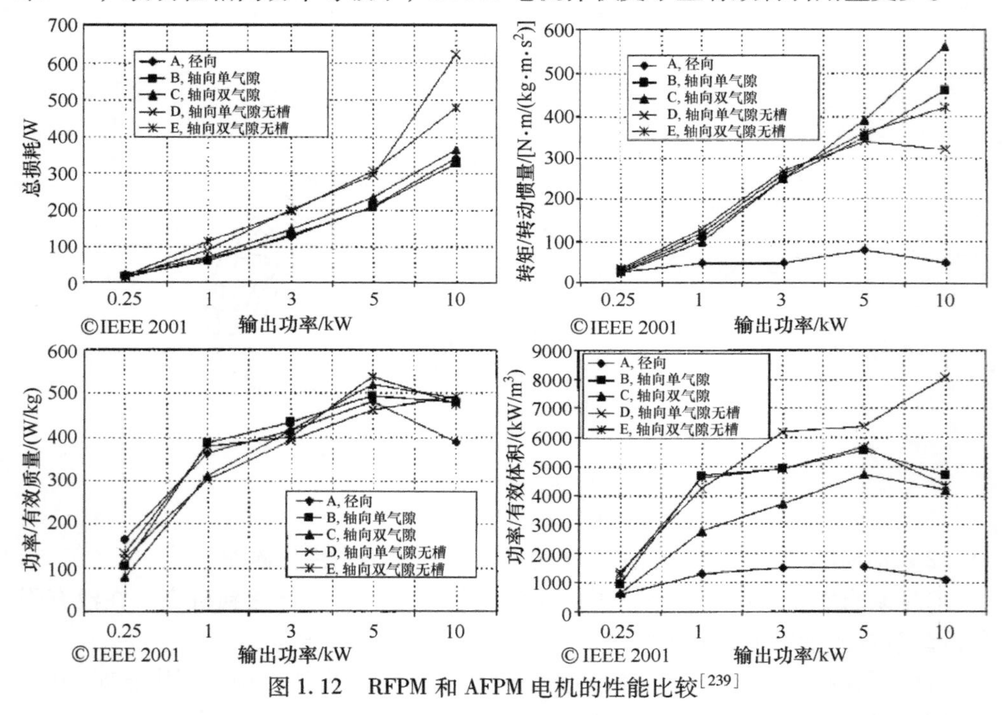

图 1.12　RFPM 和 AFPM 电机的性能比较[239]

1.10　AFPM 电机的功率限制

AFPM 盘式无刷电机的功率范围已经从几瓦扩展至数兆瓦。随着 AFPM 电机输出功率的增加，转子与轴之间的接触面积相对于功率的比值会减小，这使得在较高输出功率范围内设计具有高机械完整性的转子-轴机械连接变得更加困难。为了提高转子-

轴连接机械完整性，常见的解决方案是设计多盘（多级）电机（见图 1.7）。

由于 AFPM 电机的转矩能力与直径的三次方成正比［见式（2.101）］，而 RFPM 电机的转矩能力与直径的平方和长度的乘积成正比。因此，随着电机功率等级或长度与直径几何比值的增加，与轴向磁场几何结构相关的优势可能会逐渐丧失[189]。这一转变发生在 RFPM 电机的半径等于其长度两倍的附近点。这可能是单级盘式电机功率等级的一个限制性设计考虑因素，因为对于多级盘式电机，可以简单地通过沿轴向堆叠的方式来实现电机功率的增加。

数值算例

数值算例 1.1

请计算由转子盘（带永磁体的钢盘）、钢轴和驱动轮组成的系统的临界转速，其中弹性模量、密度、直径和宽度（长度）如下：

1）盘式转子：$E_1=200\times10^9\mathrm{Pa}$，$\rho_1=7600\mathrm{kg/m^3}$，$D_1=0.3\mathrm{m}$，$w_1=0.01\mathrm{m}$；

2）驱动轮：$E_2=200\times10^9\mathrm{Pa}$，$\rho_2=7650\mathrm{kg/m^3}$，$D_2=0.15\mathrm{m}$，$w_2=0.1\mathrm{m}$；

3）轴：$E_{sh}=210\times10^9\mathrm{Pa}$，$\rho_{sh}=7700\mathrm{kg/m^3}$，$D_{sh}=0.0245\mathrm{m}$，$L=0.6\mathrm{m}$。

转子从轴的左端到转子的距离为 $a_1=0.2\mathrm{m}$，而从同一端到驱动轮的距离为 $a_2=0.35\mathrm{m}$（见图 1.8）。重力加速度为 $9.81\mathrm{m/s^2}$。

解：

转子盘质量

$$m_1=\rho_1\frac{\pi D_1^2}{4}w_1=7600\times\frac{\pi\times0.3^2}{4}\times0.01=5.372\mathrm{kg}$$

驱动轮质量

$$m_2=\rho_2\frac{\pi D_2^2}{4}w_2=7650\times\frac{\pi\times0.15^2}{4}\times0.1=13.519\mathrm{kg}$$

轴质量

$$m_{sh}=\rho_{sh}\frac{\pi D_{sh}^2}{4}L=7700\times\frac{\pi\times0.0245^2}{4}\times0.6=2.178\mathrm{kg}$$

根据式（1.6），转子盘的面积惯性矩

$$I_1=\frac{\pi\times0.3^4}{64}=3.976\times10^{-4}\mathrm{m^4}$$

驱动轮的面积惯性矩

$$I_2=\frac{\pi\times0.15^4}{64}=2.485\times10^{-5}\mathrm{m^4}$$

轴的面积惯性矩

$$I_{sh}=\frac{\pi\times0.0245^4}{64}=1.769\times10^{-8}\text{m}^4$$

根据式（1.5），仅由转子盘引起的转轴在转子盘位置处的静态挠度

$$\sigma_1=\frac{5.372\times9.81\times0.2^2\times(0.6-0.2)^2}{3\times200\times10^9\times3.976\times10^{-4}\times0.6}=2.356\times10^{-9}\text{m}$$

仅由驱动轮引起的转轴在驱动轮位置处的静态挠度

$$\sigma_2=\frac{13.519\times9.81\times0.35^2\times(0.6-0.35)^2}{3\times200\times10^9\times2.485\times10^{-5}\times0.6}=1.135\times10^{-7}\text{m}$$

仅由转轴引起的转轴静态挠度

$$\sigma_{sh}=\frac{2.178\times9.81\times0.3^2\times(0.6-0.3)^2}{3\times210\times10^9\times1.769\times10^{-8}\times0.6}=2.59\times10^{-5}\text{m}$$

式中，轴的中点为 $0.5L=0.5\times0.6=0.3\text{m}$。因此，根据式（1.4），临界转速为

① 转子盘的临界转速

$$n_1=\frac{1}{2\pi}\sqrt{\frac{9.81}{2.356\times10^{-9}}}=10269.2\text{r/s}=616150.9\text{r/min}$$

② 驱动轮的临界转速

$$n_2=\frac{1}{2\pi}\sqrt{\frac{9.81}{1.135\times10^{-7}}}=1479.7\text{r/s}=88780\text{r/min}$$

③ 轴的临界转速

$$n_{sh}=\frac{1}{2\pi}\sqrt{\frac{9.81}{2.59\times10^{-5}}}=97.97\text{r/s}=5878.4\text{r/min}$$

转子盘的临界角速度为 $\Omega_1=2\pi\times10269.2=64523.2\text{rad/s}$，驱动轮的临界角速度为 $\Omega_2=2\pi\times1479.7=9297\text{rad/s}$，轴的临界角速度为 $\Omega_{sh}=2\pi\times97.97=615.6\text{rad/s}$。根据 Dunkerley 方程

$$x=\frac{1}{\Omega_1^2}+\frac{1}{\Omega_2^2}+\frac{1}{\Omega_{sh}}=\frac{1}{64523.2}+\frac{1}{9297}+\frac{1}{615.6}=2.651\times10^{-6}\text{s}^2/\text{rad}^2$$

根据式（1.7），系统的临界角速度为

$$\Omega_{cr}=\frac{1}{\sqrt{x}}=\frac{1}{\sqrt{2.651\times10^{-6}}}=614.21\text{rad/s}$$

根据 Dunkerley 方程，系统的临界转速为

$$n_{cr}=\frac{\Omega_{cr}}{2\pi}=\frac{614.21}{2\pi}=97.75\text{r/s}=5865.3\text{r/min}$$

根据 Rayleigh 的方法［式（1.8）］，计算的系统临界转速为

$$n_{cr}=\frac{1}{2\pi}\sqrt{\frac{9.81\times(5.372\times2.356\times10^{-9}+13.519\times1.135\times10^{-7}+2.178\times2.59\times10^{-5})}{5.372\times(2.356\times10^{-9})^2+13.519\times(1.135\times10^{-7})^2+2.178\times(2.59\times10^{-5})^2}}$$

$$=99.3\text{r/s}=5958.15\text{r/min}$$

两种方法的结果是相似的。

数值算例 1.2

图1.13中所示的铜盘以12000r/min的速度在U形叠片铁心之间旋转，磁极为永磁体。这是一个单极发电机，电流通过两个电刷引出：第一个电刷位于外径$D_{out}=0.232$m处，第二个电刷位于一个磁极的下方，距离轴$0.5D_{in}=0.03$m。钕铁硼永磁体的剩磁$B_r=1.25$T，矫顽力$H_c=950000$A/m，高度$2h_M=0.016$m。铜盘的厚度$d=0.005$m，单边气隙$g=0.0015$m，磁极宽度$b_p=20$mm。叠片铁心的相对磁导率$\mu_r=1000$，铜盘的电导率为$\sigma=57\times10^6$S/m（20℃）。叠片铁心内的磁通路径长度$l_{Fe}=0.328$m。请计算：

1）气隙磁通密度；

2）电刷间的感应电动势；

3）线路电阻$R_l=0.001\Omega$、负载电阻$R_L=0.02\Omega$时的电流。

忽略气隙中磁通的边缘效应、叠层铁心中磁导率随磁场强度的变化以及电刷压降。

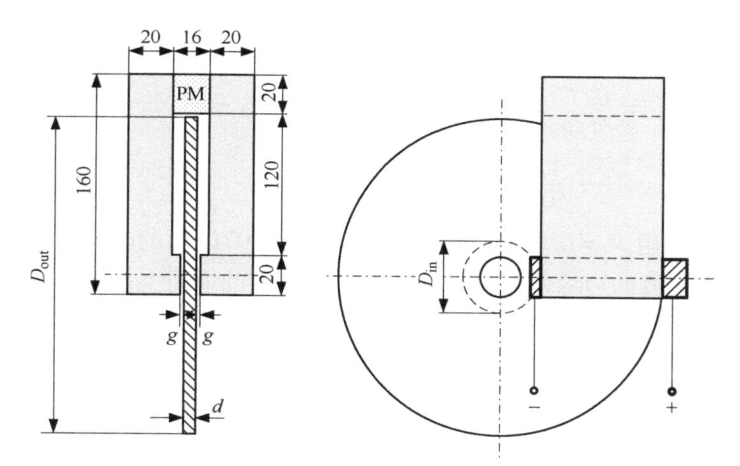

图1.13　Faraday圆盘：根据数值算例1.2，在固定磁场中旋转的非磁性导电圆盘

解：

这是一种单极型直流发电机，也称为Faraday圆盘，可用作电流源，例如用于电解。

（1）气隙磁通密度

永磁体相对回复磁导率

$$\mu_{rrec}=\frac{1}{\mu_0}\frac{\Delta B}{\Delta H}=\frac{1}{0.4\pi\times10^{-6}}\times\frac{1.25-0}{950000-0}=1.047$$

基于磁路基尔霍夫定律，可以计算出气隙中的磁通密度和磁路的饱和系数，

可写出

$$\frac{B_{r}}{\mu_{0}\mu_{rrec}}2h_{M}=\frac{B_{g}}{\mu_{0}\mu_{rrec}}2h_{M}+\frac{B_{g}}{\mu_{0}}2g+H_{Fe}l_{Fe}$$

$$\frac{B_{r}}{\mu_{0}\mu_{rrec}}2h_{M}=\frac{B_{g}}{\mu_{0}\mu_{rrec}}2h_{M}+\frac{B_{g}}{\mu_{0}}2gk_{sat}$$

式中，磁路的饱和系数为

$$k_{sat}=1+\frac{l_{Fe}}{2\mu_{r}(g+0.5d)}=1+\frac{l_{Fe}}{2\times1000\times(0.0015+0.5\times0.005)}=1.042$$

则气隙磁通密度为

$$B_{g}=\frac{B_{r}}{1+(g+0.5d)k_{sat}\mu_{rrec}/h_{M}}$$

$$=\frac{1.25}{1+(0.0015+0.5\times0.005)\times1.042\times1000/0.008}=0.809\text{T}$$

（2）电刷间的感应电动势

由于$\boldsymbol{E}/l=\boldsymbol{v}\times\boldsymbol{B}_{g}$或$\mathrm{d}E=B_{g}v\mathrm{d}r$，其中$v=v_{x}=2\pi rn$为线速度，$r$为圆盘半径，$n$为转速（r/s），$\mathrm{d}E=B_{g}(2\pi rn)\mathrm{d}r$。因此

$$E=\int_{0.5D_{in}}^{0.5D_{out}}B_{g}(2\pi rn)\mathrm{d}r=\frac{\pi nB_{g}}{4}(D_{out}^{2}-D_{in}^{2})$$

$$=\frac{\pi\times12000}{60}\times\frac{0.809}{4}\times(0.232^{2}-0.06^{2})=6.38\text{V}$$

（3）线路电阻$R_{l}=0.001\Omega$、负载电阻$R_{L}=0.02\Omega$时的电流

忽略盘内电流的边缘效应，盘内感应电流对应的电阻（20℃）为

$$R_{d}\approx\frac{0.5\times(D_{out}-D_{in})}{\sigma db_{p}}=\frac{0.5\times(0.232-0.06)}{57\times10^{6}\times0.005\times0.02}=0.0000151\Omega$$

电流等于

$$I=\frac{E}{R_{d}+R_{l}+R_{L}}=\frac{6.38}{0.0000151+0.001+0.02}=303.6\text{A}$$

端电压 $V=IR_{L}=303.6\times0.02=6.1\text{V}$，线路压降 $\Delta V=IR_{l}=303.6\times0.001=0.304\text{V}$。

数值算例 1.3

求出环境温度20℃时双边涡流制动器铝盘的阻抗。永磁体的内径为$D_{in}=0.14\text{m}$，永磁体的外径为$D_{out}=0.242\text{m}$，盘的厚度$d=3\text{mm}$，极数$2p=16$，速度$n=3000\text{r/min}$。假设铝在20℃时的电导率$\sigma=30\times10^{6}\text{S/m}$，其相对磁导率$\mu_{r}\approx1$。

解：

圆盘的平均直径为

$$D = 0.5(D_{in} + D_{out}) = 0.5 \times (0.14 + 0.232) = 0.191\text{m}$$

平均极距

$$\tau = \frac{\pi D}{2p} = \frac{\pi \times 0.191}{16} = 0.037\text{m}$$

对应空间基波磁场（$\nu = 1$）的电流频率和角频率为

$$f = pn = 8 \times \frac{3000}{60} = 400\text{Hz} \quad \omega = 2\pi f = 2\pi \times 400 = 2513.3\ 1/\text{s}$$

根据式（1.17），圆盘空间基波磁场（$\nu = 1$）的衰减因子为

$$k = \sqrt{\frac{2513.3 \times 0.4\pi \times 10^{-6} \times 1.0 \times 30 \times 10^{6}}{2}} = 217.66\ 1/\text{m}$$

对于 $\nu = 1$，根据式（1.11）、式（1.21）、式（1.22）、式（1.31）、式（1.32）、式（1.33）所确定的系数分别为

$$\beta = \frac{\pi}{0.037} = 84.865\ 1/\text{m}$$

$$a_R = \frac{1}{\sqrt{2}}\sqrt{\sqrt{4 + \left(\frac{84.865}{217.66}\right)^4} + \left(\frac{84.865}{217.66}\right)^2} = 1.038$$

$$a_X = \frac{1}{\sqrt{2}}\sqrt{\sqrt{4 + \left(\frac{84.865}{217.66}\right)^4} - \left(\frac{84.865}{217.66}\right)^2} = 0.964$$

$$A_R = \frac{\sinh(1.038 \times 217.66 \times 0.003)}{\cosh(1.038 \times 217.66 \times 0.003) - \cos(0.964 \times 217.66 \times 0.003)} = 1.699$$

$$A_X = \frac{-\sin(0.964 \times 217.66 \times 0.003)}{\cosh(1.038 \times 217.66 \times 0.003) - \cos(0.964 \times 217.66 \times 0.003)} = -1.369$$

$$B_R = \frac{0.964}{0.5 \times (1.038^2 + 0.964^2)} = 0.961$$

$$B_X = \frac{1.038}{0.5 \times (1.038^2 + 0.964^2)} = 1.035$$

根据式（1.30），$\nu = 1$ 时的表面波阻抗为

$$r = [0.961 \times 1.699 - 1.035 \times (-1.369)] \times \frac{217.66}{57 \times 10^6} = 2.2123 \times 10^{-5}\Omega$$

$$x = [1.035 \times 1.699 + 0.961 \times (-1.369)] \times \frac{217.66}{57 \times 10^6} = 3.216 \times 10^{-6}\Omega$$

$$z = 2.2123 \times 10^{-5} + \text{j}3.216 \times 10^{-6}\Omega$$

根据式（1.35），由于环流（沿 x 方向）引起的阻抗增加系数为

$$k_{z\nu}=1+\frac{1}{1^2}\times\frac{0.037}{0.5\times(0.242-0.14)}=1.733$$

根据式（1.34），空间基波磁场的每极阻抗为

$$Z=(2.2123\times10^{-5}+\mathrm{j}3.216\times10^{-6})\times\frac{0.242-0.14}{0.037}\times1.366$$

$$=5.231\times10^{-5}+\mathrm{j}7.605\times10^{-6}\Omega$$

$$R=5.231\times10^{-5}\Omega\quad X=7.605\times10^{-6}\Omega$$

图1.14绘出了空间高次谐波磁场的电阻 R_ν 和电抗 X_ν 与谐波次数之间的关系。

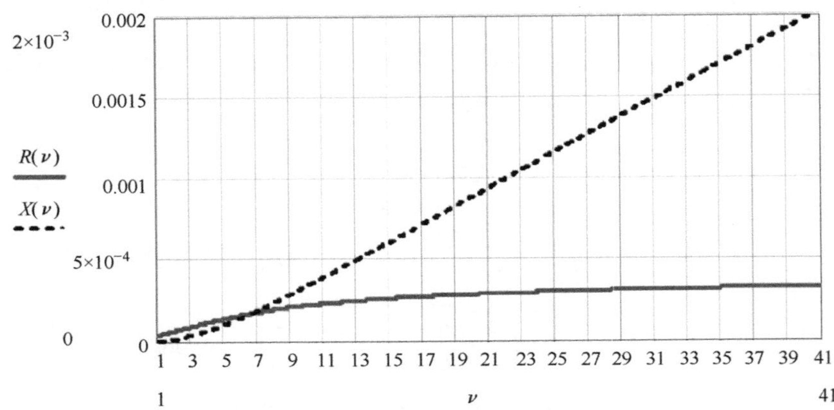

图1.14　根据数值算例1.3，铝盘的电阻和电抗与空间谐波磁场次数 ν 的关系

数值算例1.4

估算三相、250kW、2300r/min AFPM无刷电机的材料成本。一个无铁心定子在内，两个转子盘（见图1.4d）由粘结在两个实心钢盘上的烧结钕铁硼永磁体（40极）组成。定子铜导体的质量 $m_{Cu}=18.7$kg，定子绕组绝缘（包括灌封）的质量 $m_{ins}=1.87$kg，永磁体的质量 $m_{PM}=32.1$kg，双转子铁心的质量 $m_{rc}=50.8$kg（两个圆盘），轴的质量 $m_{sh}=48.5$kg。材料成本（美元/kg）为：铜导体 $c_{Cu}=10.50$，绝缘材料 $c_{ins}=8.50$，烧结钕铁硼永磁体 $c_{PM}=24.00$，碳钢 $c_{steel}=1.40$。机壳、端盘（钟形件）和轴承的成本 $C_f=164.00$ 美元。与电机几何形状无关的部件（编码器、端子引线、端子板、铭牌）的成本 $C_0=140.00$ 美元。

轴和转子铁心（钢盘）的材料是钢，考虑钢的加工和使用，有以下系数：

1）钢棒总体积与轴体积之比，$k_{ush}=1.94$；

2）轴加工成本的系数，$k_{msh}=2.15$；

3）钢板总体积与转子盘体积之比，$k_{ur}=2.1$；

4）转子钢盘加工成本的系数，$k_{mr}=1.8$。

解：

铜绕组的成本

$$C_{w}=m_{Cu}c_{Cu}=18.7\times10.50=196.35\text{ 美元}$$

绝缘和灌封的成本

$$C_{ins}=m_{ins}c_{ins}=1.87\times8.50=15.90\text{ 美元}$$

永磁体的成本

$$C_{PM}=m_{PM}c_{PM}=32.1\times24.00=770.40\text{ 美元}$$

转子铁心（两个钢盘）的成本

$$C_{rc}=k_{ur}k_{mr}m_{rc}c_{steel}=2.1\times1.8\times50.8\times1.40=268.83\text{ 美元}$$

轴的成本

$$C_{sh}=k_{ush}k_{msh}m_{sh}c_{steel}=1.94\times2.15\times48.5\times1.40=283.21\text{ 美元}$$

所有材料的成本

$$\begin{aligned}C&=C_{f}+C_{0}+C_{w}+C_{ins}+C_{PM}+C_{rc}+C_{sh}\\&=164.00+140.00+196.35+15.90+770.40+268.93+283.21=1838.69\text{ 美元}\end{aligned}$$

第 2 章

AFPM 电机原理

本章将详细介绍 AFPM 电机的基本原理，内容包括 AFPM 电机的磁路、绕组、转矩、损耗、等效电路、尺寸方程、电枢反应和性能特性。

2.1 磁路

2.1.1 单边电机

轴向磁通电机的单边结构比双边结构简单，但其产生转矩的能力较低。图 2.1展示了表贴式单边 AFPM 无刷电机的典型结构，其叠层定子由硅钢带材卷绕制成。图 2.1a 所示的单边电机具有标准机座和轴，可用于工业、牵引和伺服等电力驱动场合。图 2.1b 展示了一款集成了曳引轮（绳索卷筒）和制动装置（未显示）的起重用途电机，应用于无齿轮电梯[113]。

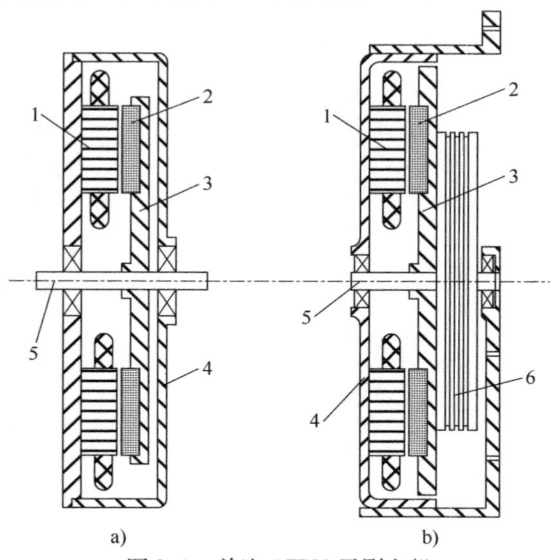

图 2.1　单边 AFPM 无刷电机

a）用于工业和牵引的机电驱动　b）用于起重机

1—叠层定子　2—永磁体　3—转子　4—机架　5—轴　6—曳引轮

2.1.2　双边单永磁转子电机

在双边单永磁转子电机中，电枢绕组被放置在两个定子铁心上，带永磁体的转子圆盘在两个定子之间旋转。图 2.2 给出了一台 8 极电机结构，永磁体嵌入或粘合在非磁性转子骨架中，该结构的非磁性气隙较大，即总气隙等于两个机械间隙加上相对磁导率接近于 1 的永磁体的厚度。两个定子采用并联连接，即使有一个定子绕组损坏也能正常工作，具有较强的容错能力。如果要保证提供相等但方向相反的轴向吸引力，应首选串联连接。

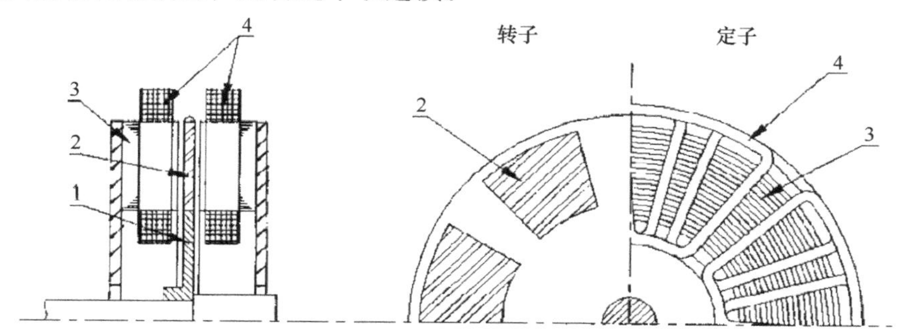

图 2.2　内置转子的双边 AFPM 无刷电机的结构

1—转子　2—永磁体　3—定子铁心　4—定子绕组

图 2.3 为一台带内置制动器的三相、200Hz、3000r/min、双边 AFPM 无刷伺服电机[157]。三相绕组采用星形联结，两个定子的相绕组串联在一起。该电机被

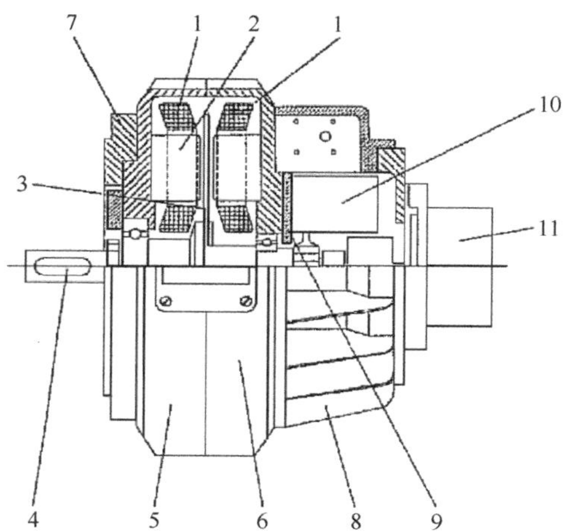

图 2.3　带内置制动器和编码器的双边 AFPM 无刷伺服电机（由斯洛伐克技术大学和斯洛伐克 Nová Dubnica 电气研究与测试研究所提供）

1—定子绕组　2—定子铁心　3—带永磁体的圆盘转子　4—轴　5—左侧机架　6—右侧机架　7—法兰　8—制动器保护盖　9—制动器法兰　10—电磁制动器　11—编码器

用作法兰安装式伺服电机，其 $X_{sd}/X_{sq}\approx1.0$，因此分析方法可采用与圆柱形隐极同步电机类似的方法[128,155,157]。

2.1.3　环形铁心双边单定子电机

环形铁心双边单定子电机在定子铁心表面绕有多相无槽电枢绕组（环形）[101,173,244,276]。电机的环形定子铁心由硅钢带材卷绕或烧结粉末压制而成。总气隙等于包含绝缘的定子绕组的厚度、机械气隙与永磁体轴向厚度之和。电机中的双转子位于定子的两侧，其中内转子和外转子结构如图2.4所示。三相绕组排列、磁路中磁体极性和磁通路径如图2.5所示。

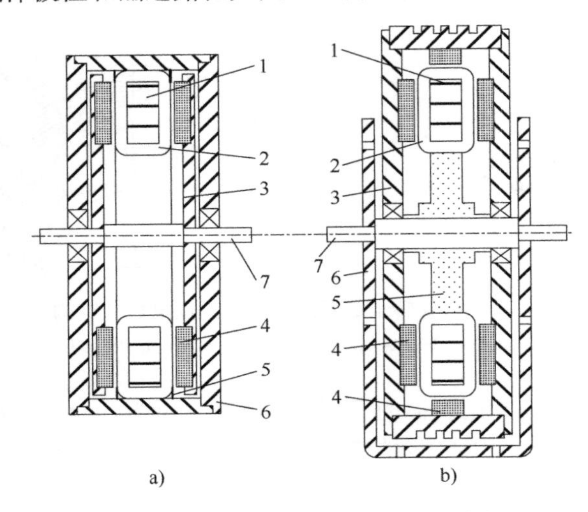

图2.4　带有一个无槽定子的双边电机

a）内转子　b）外转子

1—定子铁心　2—定子绕组　3—钢制转子　4—永磁体　5—树脂　6—机架　7—轴

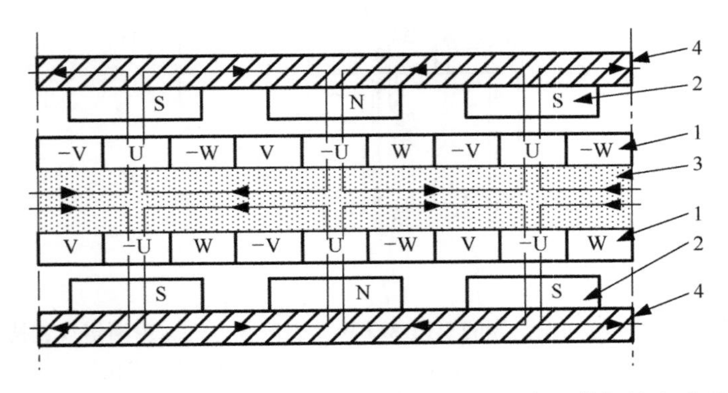

图2.5　内置无槽定子的双边盘式电机的三相绕组、永磁体极性和磁通路径

1—绕组　2—永磁体　3—定子轭　4—转子轭

如图2.4a所示，该电机既可以用作推进电机，也可以搭配内燃机用作同步发电机。图2.4b是一个外转子结构，用于起重机。类似的结构可以设计成电动汽车的轮毂电机。有时会在转子的圆柱部分添加额外的永磁体[173]，或者设计为U形永磁体，从三面环绕电枢绕组，没有面向永磁体的绕组部分不产生任何电磁转矩。

此类电机由于等效气隙大，气隙最大磁通密度一般不超过0.65T。为了产生足够的磁通密度，需要使用大量永磁材料。该类电机没有齿槽转矩，原因是由于气隙磁导变化（开槽导致）而引起的磁场脉动在无槽结构中不存在。磁路也不会饱和（定子铁心无槽）。另一方面，这种电机结构缺乏必要的机械强度[244]。转子永磁体采用内嵌式或表贴式都可以。

外转子结构的中大功率轴向磁通电机可应用于很多场合，特别是在电动汽车中[101,276]。由于外转子盘式电机具有较大的转矩产生半径㊀，在低速大转矩的应用中，如公交车和摆渡车，具有独特的优势。对于小型电动汽车，建议将电机直接集成于车轮内[101]。

2.1.4　双边单定子有槽电机

环形定子铁心也可以开槽（见图2.6）。加工时，在硅钢片上一个接一个地开槽，随后插入多相绕组[276]。定子开槽的电机，气隙较小（$g \leqslant 1\mathrm{mm}$），气隙磁通密度可提高到0.85T[101]。永磁体用量比图2.4和图2.5所示的方案减小50%以上。

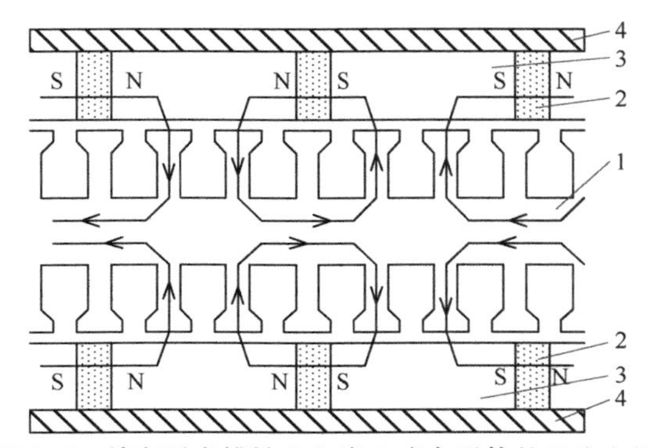

图2.6　单定子有槽铁心和嵌入式永磁体的双边电机

1—开槽的定子铁心　2—永磁体　3—转子铁心　4—非铁磁性转子圆盘

2.1.5　双边单定子无铁心电机

无定子铁心的AFPM电机，定子绕组绕在非铁磁性和不导电的支撑结构或模具上。定子铁耗即磁滞损耗和涡流损耗都没有。永磁体损耗和转子盘铁耗可以忽略不计。这种设计既没有齿槽转矩，也可以有更高的效率。为了在气隙中保持合理的磁通密度水平，与有叠片铁心的AFPM电机相比，需要用更多的永磁体。定子绕组置于气隙磁场中间，而气隙磁场由两个正对的转子盘上的永磁体产生（见图1.4d）。当工作频率较高时，定子绕组中可能会出现明显的涡流损耗[263]。

2.1.6 多盘电机

增大电机直径对提升电机转矩的作用是有限的。限制单盘电机大小的主要因素有：

1）轴承承受的轴向力；

2）圆盘和轴之间机械连接的完整性；

3）圆盘刚度。

对于大转矩，更合理的解决方案是双盘或多盘电机。

多盘电机有几种不同的拓扑结构[5,6,7,59,81,82]。额定功率在300kW以上的大型多盘电机一般采用水冷系统（见图2.7），在绕组端部连接处有散热器[59]。为使集肤效应引起的绕组损耗最小，可采用变截面导线，即让导线在槽中的截面大于端部连接区的截面。使用变截面导线能使额定功率增加40%左右[59]，但这也意味着制造成本的增加。由于机械应力大，推荐采用钛合金制造盘式转子。多盘AFPM无刷电机可用于轻型高速发电机[P66,222]、螺旋桨驱动的平流层飞机[81]和飞机起落架的制动器[P146,P148]等场合。

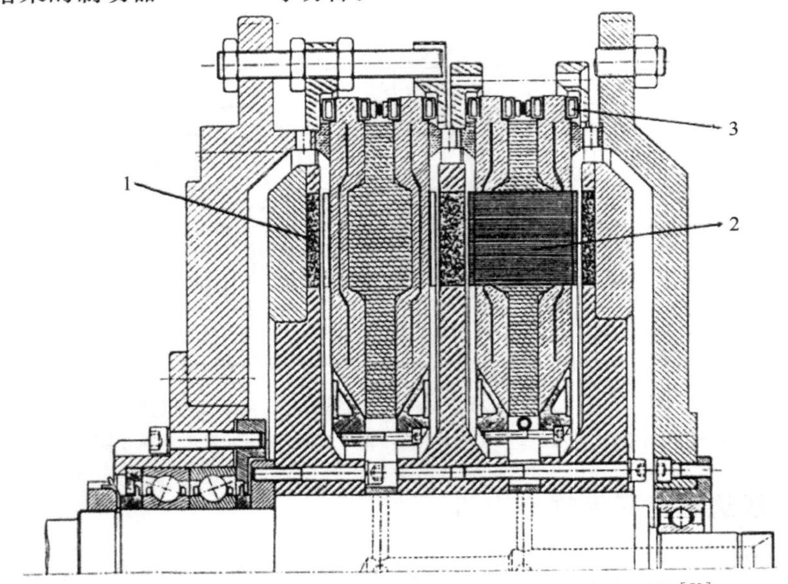

图2.7 双定子、三转子AFPM无刷电机，采用水冷系统[59]

1—永磁体 2—定子铁心 3—定子绕组

2.2　绕组

2.2.1　槽内分布的三相绕组

在单层绕组中，一个槽里只有一个线圈边。线圈总数为 $s_1/2$，每相线圈数 $n_c = s_1/(2m_1)$，其中 s_1 为定子槽数，m_1 为相数。在双层绕组中，每个槽中放置两个线圈边。线圈总数 s_1，每相线圈数 $n_c = s_1/m_1$。每极对应的槽数为

$$Q_1 = \frac{s_1}{2p} \tag{2.1}$$

式中，$2p$ 是极数。每极每相槽数为

$$q_1 = \frac{s_1}{2pm_1} \tag{2.2}$$

每个线圈的导体数可以计算为

1）单层绕组

$$N_c = \frac{a_p a_w N_1}{n_c} = \frac{a_p a_w N_1}{s_1/(2m_1)} = \frac{a_p a_w N_1}{pq_1} \tag{2.3}$$

2）双层绕组

$$N_c = \frac{a_p a_w N_1}{n_c} = \frac{a_p a_w N_1}{s_1/m_1} = \frac{a_p a_w N_1}{2pq_1} \tag{2.4}$$

式中，N_1 为每相串联匝数；a_p 为并联支路数；a_w 为并联导体数，也称并绕根数。对于单层和双层绕组，每个槽的导体数是相同的：

$$N_{sl} = \frac{a_p a_w N_1}{pq_1} \tag{2.5}$$

以槽数来表示，整距线圈的跨距 $y_1 = Q_1$，其中 Q_1 根据式（2.1）可得。短距线圈的跨距可表示为

$$y_1 = \frac{w_c(r)}{\tau(r)} Q_1 \tag{2.6}$$

式中，$w_c(r)$ 是在给定半径 r 处以长度为单位测量的线圈节距；$\tau(r)$ 是在相同半径处测量的极距。线圈的跨距与极距的比值与半径无关，即

$$\beta = \frac{w_c(r)}{\tau(r)} \tag{2.7}$$

多相绕组的磁动势基波，即空间谐波 $\nu = 1$ 的分布因数定义为各线圈感应电动势的相量和与算术和之比，表示为

$$k_{d1} = \frac{\sin(\pi/2m_1)}{q_1 \sin[\pi/(2m_1 q_1)]} \tag{2.8}$$

基波的节距因数定义为线圈边感应电动势的相量和与算术和之比，表示为

$$k_{p1}=\sin\left(\beta\frac{\pi}{2}\right) \tag{2.9}$$

基波的绕组因数是分布因数［式（2.8）］与节距因数［式（2.9）］的乘积，即

$$k_{w1}=k_{d1}k_{p1} \tag{2.10}$$

相邻槽之间的电度角为

$$\gamma=\frac{360^\circ}{s_1}p \tag{2.11}$$

图2.8为三相6极36槽的AFPM电机的单层绕组连接图。

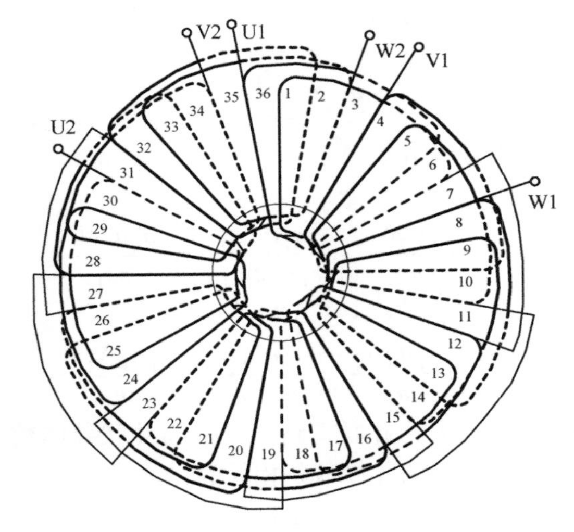

图2.8　AFPM电机的单层绕组连接图，其中 $m_1=3$、$2p=6$、$s_1=36$、$y_1=Q_1=6$ 和 $q_1=2$

2.2.2　环形绕组

双边双转子AFPM电机可采用环形定子绕组（见图2.4）。三相6极的双转子AFPM电机的环形定子绕组如图2.9所示。绕组的每一相有相同数量的线圈以相反方向连接，以消除定子铁心中可能存在的磁通环流。这些线圈沿定子铁心均匀分布，彼此在直径上相对，因此可能的极数只有2、6、10等。环形定子绕组[50,245]的优点是端部连接短，定子铁心简单，相数设计方便。

2.2.3　无定子铁心绕组

双边双转子AFPM电机可采用无定子铁心绕组（见图1.4d）。为了便于制造，定子绕组通常由若干单层梯形线圈组成。通过将线圈的端部弯曲一定角度，

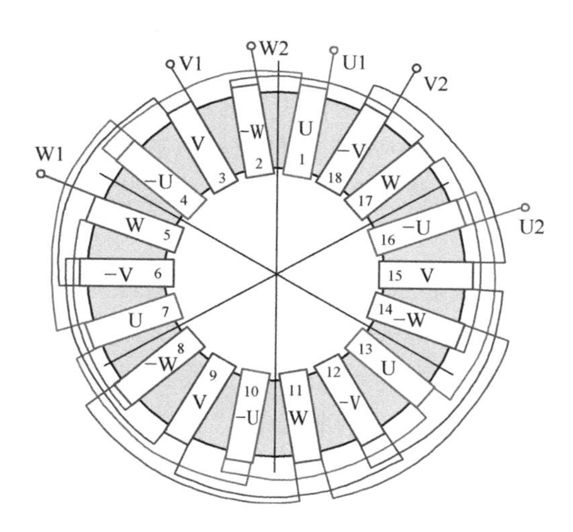

图2.9 三相6极18线圈的双转子AFPM电机的环形定子绕组

使得有效导电部分均匀地处于同一平面内，并且端部绕组紧密嵌套在一起，从而实现定子的组装。绕组通过使用环氧树脂和硬化剂的复合材料固定在位置上。图2.10展示了三相8极的双转子AFPM电机的无定子铁心绕组。显然，在有槽绕组中的相关公式可以直接用于无铁心梯形定子绕组，只需将“槽”替换为“线圈边”。在无定子铁心AFPM电机中还有另一种线圈形状，即菱形线圈。它比梯形线圈有更短的端部连接。线圈有效边的倾斜布置使得可以在定子内部设置冷却水道。菱形线圈的主要缺点是转矩的有所降低。

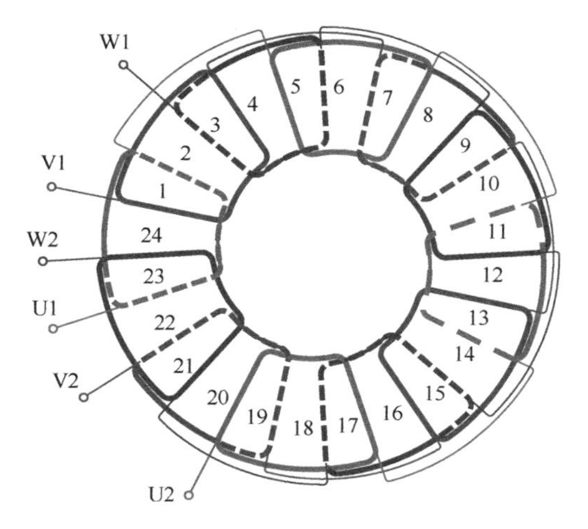

图2.10 三相8极的双转子AFPM电机的无定子铁心绕组

2.2.4　非重叠（集中线圈）绕组

这里定义的非重叠绕组是指线圈相互不重叠的绕组。与重叠绕组一样，非重叠绕组可以是单层或双层、集中式或分布式、整数槽或分数槽、无铁心或有铁心。非重叠绕组的AFPM电机可以是单边或双边结构（见图1.5、图1.6和图2.12）。

在有槽铁心中采用双层非重叠绕组，两个线圈边共用一个槽（每个槽有两层线圈），这会使所有的齿部都被绕上了线圈。因此，这样的绕组也被称为齿绕组。在无铁心的双层非重叠绕组中，定子线圈彼此并排靠在一起（例如图1.5b）。需要注意的是，即使没有铁心，“槽”这个概念也可以被形象化地理解。

在有槽铁心中采用单层非重叠绕组，每个槽中只有一个线圈边，因此要每隔一个齿绕一个线圈，线圈彼此错开排列，如图2.11所示。在双层非重叠绕组中，定子线圈的数量总是等于定子槽的数量，即 $Q_c = n_c m_1 = s_1$，其中 n_c 是每相的线圈数量。在单层非重叠绕组中，定子线圈的数量等于定子槽数量的一半，即 $Q_c = s_1/2$。

在集中式非重叠绕组中，一个线圈组或线圈相带中只有一个线圈（$z=1$），但在分布式非重叠绕组中，分布有两个或更多的线圈，并串联连接形成一个线圈组（$z=2$，$3\cdots$）。在整数槽非重叠绕组中，线圈组内的线圈均匀分布，而在分数槽非重叠绕组中，它们则不是均匀分布的。

与重叠绕组一样，非重叠绕组也可以被划分成 F 个相同极段，在电机中按负周期性或正周期性重复。一个极段由一组各相线圈组成，合起来构成了 m_1 相的定子绕组布局。极段数 F 可以通过取极数和线圈数的最大公约数（GCD）来确定，即

$$F = \mathrm{GCD}(2p, Q_c) \tag{2.12}$$

采用有限元分析时，如果每极段的极数 $2p/F$ 不是偶数，要设置负周期性边界条件。如果 $2p/F$ 是偶数，则要用正周期性边界条件。当 F 已知时，线圈组中的线圈数可由下式确定：

$$z = \frac{Q_c}{m_1 F} = \frac{n_c}{F} \tag{2.13}$$

非重叠绕组对极槽配合有一定的要求：

1）极数必须是偶数。

2）槽数必须是相数的倍数，并且在单层绕组的情况下必须是偶数。

3）双层绕组中，线圈与槽数相等；单层绕组中，线圈数等于槽数的一半。

4）线圈组中的线圈数（z）必须为整数。

5）槽数不能等于极数。

非重叠绕组的 AFPM 电机的电磁分析与重叠绕组电机类似，但绕组因数按下式计算，基波分布因数为[240]

$$k_{d1} = \frac{\sin(\pi/2m_1)}{z\sin[\pi/(2m_1 z)]} \tag{2.14}$$

对于有槽铁心上的单层或双层非重叠绕组，基波节距因数由式（2.9）或下式计算：

$$k_{p1} = \sin\left(\frac{\pi}{2}\frac{2p}{s_1}\right) = \sin(\theta_m/2) \tag{2.15}$$

式中，θ_m 为槽距角（也对应图 1.5b 所示双层绕组的线圈跨距角或图 2.11 所示单层绕组的线圈跨距角），表示为

$$\theta_m = \frac{2\pi p}{s_1} \tag{2.16}$$

对于无铁心的非重叠绕组，基波的节距因数在参考文献［146］中有推导。对于单层非重叠绕组，节距因数为

$$k_{p1} = \sin(\theta_m/2)\frac{\sin(\theta_{re}/2)}{\theta_{re}/2} \tag{2.17}$$

而对于双层非重叠绕组，节距因数为

$$k_{p1} = \sin[(\theta_m - \theta_{re})/2]\frac{\sin(\theta_{re}/2)}{\theta_{re}/2} \tag{2.18}$$

式中，θ_{re}为一个线圈边宽度对应的电角度。例如，对于一个双层、无铁心的非重叠绕组，其中 $m_1 = 3$，$p = 12$，$s_1 = Q_c = 18$（因此 $n_c = 6$），$\theta_{re} = 0.1\theta_m$，绕组分段数 $F = 6$，每个线圈组中的线圈数 $z = 1$，一个线圈占的空间范围是 1.333π，分布因数 $k_{d1} = 1$，而节距因数 $k_{p1} = \sin[(1.333 - 0.1333)\pi/2]\sin(0.1333\pi/2)/(0.1333\pi/2) = 0.944$。图 1.5b 展示了一个双边三相 AFPM 电机的双层非重叠定子绕组，线圈数 12，电机极数 $2p = 8$。图 1.6 和图 2.11 展示了一个单层、9 线圈（$Q_c = 9$，$s_1 = 2Q_c = 18$）的非重叠绕组，而图 2.12 展示了一个双层、9 线圈（$s_1 = Q_c = 9$）的非重叠绕组。定子线圈数和转子极数之间的差异为电机提供了起动转矩并减少了转矩脉动。

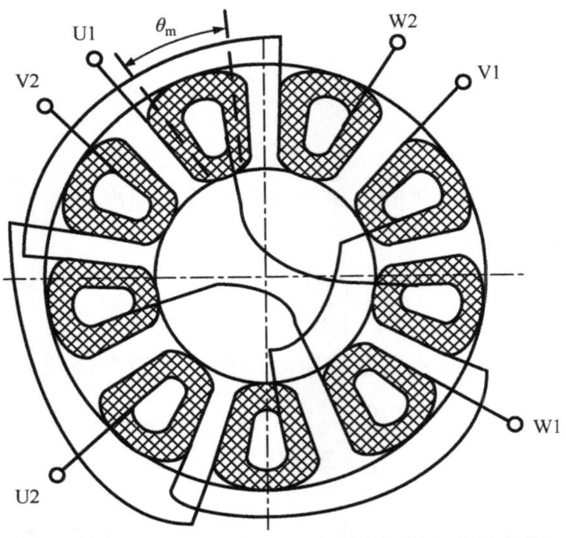

图 2.11　三相 9 线圈 AFPM 无刷电机绕组的连接图

图 2.12　三相单边 AFPM 无刷电机的凸极定子和 9 个线圈（由美国 Mii 技术公司提供）

2.3　转矩产生

由于 AFPM 电机的电流方向是径向，电机的主要尺寸是半径函数，因此电磁转矩是在连续的半径范围内产生的，而不像径向电机，转矩是在一个固定的半径处产生。

轴向磁通电机的极距 $\tau(r)$ 和极宽 $b_p(r)$ 是半径 r 的函数，即

$$\tau(r)=\frac{2\pi r}{2p}=\frac{\pi r}{p} \tag{2.19}$$

$$b_p(r)=\alpha_i\tau(r)=\alpha_i\frac{\pi r}{p} \tag{2.20}$$

式中，α_i 为气隙磁通密度的平均值 B_{avg} 与最大值 B_{mg} 之比，即

$$\alpha_i=\frac{B_{avg}}{B_{mg}} \quad 或 \quad \alpha_i=\frac{b_p(r)}{\tau(r)} \tag{2.21}$$

参数 α_i 通常与半径无关。

线负荷也是半径 r 的函数，因此线负荷的最大值为

$$A_m(r)=\frac{m_1\sqrt{2}N_1I_a}{p\tau(r)}=\frac{m_1\sqrt{2}N_1I_a}{\pi r} \tag{2.22}$$

作用在圆盘上的切向力根据安培力公式计算

$$\mathrm{d}\boldsymbol{F}_x=I_a(\mathrm{d}\boldsymbol{r}\times\boldsymbol{B}_g)=A(r)(\mathrm{d}\boldsymbol{S}\times\boldsymbol{B}_g) \tag{2.23}$$

式中，$I_a\mathrm{d}\boldsymbol{r}=A(r)\mathrm{d}\boldsymbol{S}$，根据式（2.22），$A(r)=A_m(r)/\sqrt{2}$，$\mathrm{d}\boldsymbol{r}$ 为半径微元，$\mathrm{d}\boldsymbol{S}$ 为面微元；$\boldsymbol{B}_g$ 为气隙磁通密度法向分量（垂直于圆盘表面）的矢量。AFPM 电机中，$\boldsymbol{B}_g$ 几乎与半径 r 无关。

假设气隙磁通密度 B_{mg} 与半径 r 无关，根据式（2.21），$\mathrm{d}S=2\pi r\mathrm{d}r$，$B_{avg}=\alpha_iB_{mg}$，则根据式（2.23），电磁转矩为

$$\mathrm{d}T_d=r\mathrm{d}F_x=r[k_{w1}A(r)B_{avg}\mathrm{d}S]=2\pi\alpha_ik_{w1}A(r)B_{mg}r^2\mathrm{d}r \tag{2.24}$$

双定子单转子情况中，线负荷 $A(r)$ 表示单个定子有效表面上的电负荷；而在双转子单定子情况中，则表示整个定子的电负荷。

2.4　磁通

由永磁体产生的气隙磁场，磁通密度分布波形是正弦形，那么气隙磁通密度平均值为

$$\begin{aligned}B_{avg}&=\frac{1}{\pi/p-0}\int_0^{\pi/p}B_{mg}\sin(p\alpha)\mathrm{d}\alpha=-\frac{p}{\pi}B_{mg}\left[\frac{1}{p}\cos(p\alpha)\right]_0^{\pi/p}\\&=-\frac{1}{\pi}B_{mg}[\cos\pi-\cos0]=\frac{2}{\pi}B_{mg}\end{aligned} \tag{2.25}$$

由于每极表面积微元为 $2\pi r\mathrm{d}r/(2p)$，对于非正弦磁通密度波形 $B_{avg}=\alpha_iB_{mg}$，那么永磁体所产生的每极磁通为

$$\Phi_f=\int_{R_{in}}^{R_{out}}\alpha_iB_{mg}\frac{2\pi}{2p}r\mathrm{d}r=\alpha_iB_{mg}\frac{\pi}{p}\left[\frac{r^2}{2}\right]_{R_{in}}^{R_{out}}=\alpha_iB_{mg}\frac{\pi}{2p}(R_{out}^2-R_{in}^2) \tag{2.26}$$

式中，B_{mg} 为气隙磁通密度的最大值；p 为极对数；$R_{out}=0.5D_{out}$ 为永磁体的外半径；$R_{in}=0.5D_{in}$ 为永磁体的内半径。

一般使用永磁体内外半径比值

$$k_d=\frac{R_{in}}{R_{out}}=\frac{D_{in}}{D_{out}} \tag{2.27}$$

则

$$\Phi_f=\alpha_iB_{mg}\frac{\pi}{2p}[(0.5D_{out})^2-(0.5D_{in})^2]=\alpha_iB_{mg}\frac{\pi}{8p}D_{out}^2(1-k_d^2) \tag{2.28}$$

径向电机有相似方程[106]

$$\Phi_{\mathrm{f}} = \frac{2}{\pi}\tau L_{\mathrm{i}} B_{\mathrm{mg}} \tag{2.29}$$

式中，τ 为极距；L_{i}为电机轴向有效长度。

在半径 r 处，d 轴的气隙磁导为 $\mathrm{d}G_{\mathrm{g}} = \mu_0 \frac{1}{g'}\alpha_{\mathrm{i}} \frac{\pi r}{p}\mathrm{d}r$ 或

$$\begin{aligned} G_{\mathrm{g}} &= \frac{\mu_0}{g'}\alpha_{\mathrm{i}} \frac{\pi}{p}\int_{R_{\mathrm{in}}}^{R_{\mathrm{out}}} r\mathrm{d}r = \frac{\mu_0}{g'}\alpha_{\mathrm{i}} \frac{\pi}{p}\left[\frac{r^2}{2}\right]_{R_{\mathrm{in}}}^{R_{\mathrm{out}}} = \mu_0 \frac{1}{g'}\alpha_{\mathrm{i}} \frac{\pi}{2p}(R_{\mathrm{out}}^2 - R_{\mathrm{in}}^2) \\ &= \lambda_{\mathrm{g}}\alpha_{\mathrm{i}} \frac{\pi}{2p}(R_{\mathrm{out}}^2 - R_{\mathrm{in}}^2) \end{aligned} \tag{2.30}$$

式中，$\lambda_{\mathrm{g}} = \mu_0/g'$为单位面积磁导；$g'$为等效气隙长度。

2.5 电磁转矩和感应电动势

根据式（2.22）和式（2.24），AFPM电机在半径 r 处产生的平均电磁转矩为

$$\mathrm{d}T_{\mathrm{d}} = 2\alpha_{\mathrm{i}} m_1 I_{\mathrm{a}} N_1 k_{\mathrm{w1}} B_{\mathrm{mg}} r\mathrm{d}r$$

若将上式中的 r 从 $D_{\mathrm{out}}/2$ 到 $D_{\mathrm{in}}/2$ 积分，则平均电磁转矩可表示为

$$T_{\mathrm{d}} = \frac{1}{4}\alpha_{\mathrm{i}} m_1 I_{\mathrm{a}} N_1 k_{\mathrm{w1}} B_{\mathrm{mg}}(D_{\mathrm{out}}^2 - D_{\mathrm{in}}^2) = \frac{1}{4}\alpha_{\mathrm{i}} m_1 N_1 k_{\mathrm{w1}} B_{\mathrm{mg}} D_{\mathrm{out}}^2(1 - k_{\mathrm{d}}^2) I_{\mathrm{a}} \tag{2.31}$$

式中，k_{d}根据式（2.27）可得。将式（2.28）代入式（2.31），则平均转矩为

$$T_{\mathrm{d}} = 2\frac{p}{\pi} m_1 N_1 k_{\mathrm{w1}} \Phi_{\mathrm{f}} I_{\mathrm{a}} \tag{2.32}$$

为求正弦电流和正弦磁通密度下转矩的有效值，应将式（2.32）乘以系数 $\pi\sqrt{2}/4 \approx 1.11$，得

$$T_{\mathrm{d}} = \frac{m_1}{\sqrt{2}} p N_1 k_{\mathrm{w1}} \Phi_{\mathrm{f}} I_{\mathrm{a}} = k_{\mathrm{T}} I_{\mathrm{a}} \tag{2.33}$$

式中，转矩常数

$$k_{\mathrm{T}} = \frac{m_1}{\sqrt{2}} p N_1 k_{\mathrm{w1}} \Phi_{\mathrm{f}} \tag{2.34}$$

在参考文献［92，244］中，转子上的电磁力被简单地计算为电磁负荷的乘积$B_{\mathrm{avg}}A$，计算永磁体的有效作用面积 $S = \pi(R_{\mathrm{out}}^2 - R_{\mathrm{in}}^2)$，则 $F_x = \pi B_{\mathrm{avg}} A(R_{\mathrm{out}}^2 - R_{\mathrm{in}}^2)$，其中 A 是内半径 R_{in}处线负荷的有效值。对于双边AFPM电机，永磁体有效面积 $S = 2\pi(R_{\mathrm{out}}^2 - R_{\mathrm{in}}^2)$。则双边AFPM电机的平均电磁转矩为

$$T_{\mathrm{d}} = F_x R_{\mathrm{in}} = 2\pi B_{\mathrm{avg}} A(R_{\mathrm{out}}^2 - R_{\mathrm{in}}^2) R_{\mathrm{in}} = 2\pi B_{\mathrm{avg}} A R_{\mathrm{out}}^3 (k_{\mathrm{d}} - k_{\mathrm{d}}^3) \tag{2.35}$$

求电磁转矩 T_{d}对 k_{d}的一阶导数，并使其等于零，求得在最大转矩时，$k_{\mathrm{d}} =$

$1/\sqrt{3}$。但工业实践表明，最大转矩有时并不在 $k_d=1/\sqrt{3}$处。

空载时的感应电动势可通过对磁通波形 $\Phi_{f1}=\Phi_f\sin\omega t$ 进行一次微分并乘以等效匝数 N_1k_{w1}求得，即

$$e_f=N_1k_{w1}\frac{d\Phi_{f1}}{dt}=2\pi fN_1k_{w1}\Phi_f\cos\omega t$$

磁通 Φ_f可由式（2.26）或式（2.28）表示。感应电动势的有效值等于峰值 $2\pi fN_1k_{w1}\Phi_f$除以$\sqrt{2}$，即

$$E_f=\pi\sqrt{2}fN_1k_{w1}\Phi_f=\pi\sqrt{2}pN_1k_{w1}\Phi_fn_s=k_En_s \tag{2.36}$$

式中，感应电动势常数

$$k_E=\pi\sqrt{2}pN_1k_{w1}\Phi_f \tag{2.37}$$

基于转矩公式 $T_d=m_1E_fI_a/(2\pi n_s)$，可以得到相同的式（2.36），其中 T_d 是根据式（2.33）得出的。对于环形绕组，绕组因数 $k_{w1}=1$。

2.6 损耗与效率

2.6.1 定子绕组损耗

定子（电枢）绕组每相直流电阻为

$$R_{1dc}=\frac{N_1l_{1av}}{a_pa_w\sigma_1s_a} \tag{2.38}$$

式中，N_1为电枢每相匝数；l_{1av}为绕组的每匝平均长度；a_p为并联支路数；a_w为并联导体数；σ_1为给定温度下电枢导体的电导率（铜导体在20℃时 $\sigma_1\approx57\times10^6$S/m，在75℃时 $\sigma_1\approx47\times10^6$S/m）；$s_a$为导体截面积。电枢绕组的每匝平均长度为

$$l_{1av}=2L_i+l_{1in}+l_{1out} \tag{2.39}$$

式中，l_{1in}是内径处端部的长度；l_{1out}是外径处端部的长度。

绕组如果是嵌在铁心槽中，绕组电阻可分为直线部分电阻 R_{1b}（导体径向部分）和端部连接电阻 R_{1e}，即

$$R_1=R_{1b}+R_{1e}=\frac{N_1}{a\sigma_1s_a}(2L_ik_{1R}+l_{1in}+l_{1out})\approx k_{1R}R_{1dc} \tag{2.40}$$

式中，k_{1R}为定子（电枢）电阻的集肤效应系数。对于 $w_c(r)=\tau(r)$或$\beta=1$ 的双层绕组[161]

$$k_{1R}=\varphi_1(\xi_1)+\left[\frac{m_{sl}^2-1}{3}-\left(\frac{m_{sl}}{2}\sin\frac{\gamma}{2}\right)^2\right]\Psi_1(\xi_1) \tag{2.41}$$

式中

$$\varphi_1(\xi_1)=\xi_1\frac{\sinh2\xi_1+\sin2\xi_1}{\cosh2\xi_1-\cos2\xi_1} \tag{2.42}$$

$$\Psi_1(\xi_1) = 2\xi_1 \frac{\sinh\xi_1 - \sin\xi_1}{\cosh\xi_1 + \cos\xi_1} \tag{2.43}$$

$$\xi_1 = h_c \sqrt{\pi f \mu_o \sigma_1 \frac{b_{1con}}{b_{11}}} \tag{2.44}$$

m_{sl}是每个槽中上下两层排列的总导体数量；γ 是上下层导体电流的相位差；f 是频率；b_{1con}是槽中所有导体的总宽度；b_{11}是槽宽；h_c 是槽中导体的高度。如果在槽的同一高度处有 n_{sl}个导体并排，它们被视为一个单独的导体，电流则是 n_{sl}倍。

一般来说，对于三相绕组和 $\gamma = 60°$，有

$$k_{1R} = \varphi_1(\xi_1) + \left(\frac{m_{sl}^2 - 1}{3} - \frac{m_{sl}^2}{16}\right)\Psi_1(\xi_1) \tag{2.45}$$

对于短距绕组[$w_c(r) < \tau(r)$]和 $\gamma = 60°$，有

$$k_{1R} \approx \varphi_1(\xi_1) + \left[\frac{m_{sl}^2 - 1}{3} - \frac{3(1 - w_c/\tau)}{16} m_{sl}^2\right]\Psi_1(\xi_1) \tag{2.46}$$

空心导线的集肤效应系数在参考文献［161］中给出了计算方法。

1）当 $m_{sl} = 1$、$\gamma = 0$ 时，集肤效应系数 $k_{1R} = \varphi_1(\xi_1)$（与笼型绕组相同）。

2）如果 $\gamma = 0$，则所有导体中的电流相等，且

$$k_{1R} \approx \varphi_1(\xi_1) + \frac{m_{sl}^2 - 1}{3}\Psi_1(\xi_1) \tag{2.47}$$

对于电源频率为 50Hz 或 60Hz，采用圆形电枢导体的小型电机

$$R_1 \approx R_{1dc} \tag{2.48}$$

电枢绕组损耗为

$$\Delta P_{1w} = m_1 I_a^2 R_1 \approx m_1 I_a^2 R_{1dc} k_{1R} \tag{2.49}$$

根据式（2.40），集肤效应只存在于槽内导体，因此电枢绕组损耗应乘系数

$$\frac{k_{1R} + l_{1in}/(2L_i) + l_{1out}/(2L_i)}{1 + l_{1in}/(2L_i) + l_{1out}/(2L_i)} \tag{2.50}$$

而不是 k_{1R}。

2.6.2 定子铁耗

定子（电枢）铁心中的磁通密度变化波形是非正弦的。转子永磁在气隙中产生的磁通密度分布波形为梯形。定子绕组由 PWM 或方波控制的开关直流电源供电，电压波形中包含许多谐波，可在定子磁通中体现并观察到。

涡流损耗可以用下面的经典公式计算：

$$\begin{aligned}\Delta P_{eFe} &= \frac{\pi^2}{6}\frac{\sigma_{Fe}}{\rho_{Fe}} f^2 d_{Fe}^2 m_{Fe} \sum_{n=1}^{\infty} n^2 (B_{mxn}^2 + B_{mzn}^2) \\ &= \frac{\pi^2}{6}\frac{\sigma_{Fe}}{\rho_{Fe}} f^2 d_{Fe}^2 m_{Fe} (B_{mx1}^2 + B_{mz1}^2)\eta_d^2\end{aligned} \tag{2.51}$$

式中，σ_{Fe}、d_{Fe}、ρ_{Fe}和 m_{Fe}分别为硅钢片的电导率、厚度、密度和质量；n 为奇次谐波；B_{mxn}和 B_{mzn}分别为 x（切向）和 z（法向）方向磁通密度的谐波分量；磁通密度的畸变系数定义为

$$\eta_d = \sqrt{1 + \frac{(3B_{mx3})^2 + (3B_{mz3})^2}{B_{mx1}^2 + B_{mz1}^2} + \frac{(5B_{mx5})^2 + (5B_{mz5})^2}{B_{mx1}^2 + B_{mz1}^2} + \cdots} \tag{2.52}$$

当 $\eta_d = 1$ 时，式（2.51）表示正弦磁通密度下的涡流损耗。

类似的，磁滞损耗用 Richter 公式表示，即

$$\Delta P_{hFe} = \epsilon \frac{f}{100} m_{Fe} \sum_{n=1}^{\infty} n^2 (B_{mxn}^2 + B_{mzn}^2) = \epsilon \frac{f}{100} m_{Fe} (B_{mx1}^2 + B_{mz1}^2) \eta_d^2 \tag{2.53}$$

式中，含有4%硅的各向异性硅钢片的 ϵ 为 $1.2 \sim 2.0\text{m}^4/(\text{H} \cdot \text{kg})$；含有2%硅的各向同性硅钢片的 ϵ 为 $3.8\text{m}^4/(\text{H} \cdot \text{kg})$；无硅的各向同性电工钢片的 ϵ 为 $4.4 \sim 4.8\text{m}^4/(\text{H} \cdot \text{kg})$。

式（2.51）和式（2.53）没有考虑由于磁异常导致的额外损耗以及由于冶金过程和制造工艺导致的损耗。测量得到的铁耗与使用经典方法计算得到的铁耗之间存在较大差异。一般根据式（2.51）和式（2.53）计算出的损耗会低于实测值。通过引入铁耗系数 $k_{ad} > 1$，使计算值更接近实测值：

$$\Delta P_{1Fe} = k_{ad}(\Delta P_{eFe} + \Delta P_{hFe}) \tag{2.54}$$

如果已知单位质量的铁耗，可以根据齿部和轭部的质量来计算定子铁耗 ΔP_{1Fe}，即

$$\Delta P_{1Fe} = \Delta p_{1/50} \left(\frac{f}{50}\right)^{4/3} (k_{adt} B_{1t}^2 m_{1t} + k_{ady} B_{1y}^2 m_{1y}) \tag{2.55}$$

式中，k_{adt}和 k_{ady}分别是齿部和轭部的铁耗系数，两者均大于1；$\Delta p_{1/50}$是在1T 和50Hz 条件下的单位质量铁耗（W/kg）；B_{1t}为齿部磁通密度；B_{1y}为轭部磁通密度；m_{1t}为齿部质量；m_{1y}为轭部质量。齿部系数 $k_{adt} = 1.7 \sim 2.0$，轭部系数$k_{ady} = 2.4 \sim 4.0$[159]。

2.6.3　通过有限元方法计算铁耗

假定转子速度恒定且电枢电流三相平衡，定转子中的铁耗可通过有限元方法（FEM）计算得出。在二维 FEM 中，铁心中的涡流损耗和磁滞损耗可以通过式（2.51）和式（2.53）计算，包括非正弦磁通密度波形所导致的损耗。

为了得到磁通密度变化波形，需要计算基波电流周期内不同时刻的磁场分布，这可以通过旋转转子网格和改变定子电流相位来实现。从一个特定转子位置的磁场解中，可以计算出每个网格单元质心处的磁通密度，以及三个方向上的磁通密度分量。

2.6.4 永磁体损耗

烧结钕铁硼永磁体的电导率为 $0.6 \sim 0.85 \times 10^6$S/m。钐钴永磁体的电导率为 $1.1 \sim 1.4 \times 10^6$S/m。由于稀土永磁体的电导率仅比铜低 4 ~ 9 倍，因此定子电流产生的高次谐波磁场在导电永磁体中产生的损耗是不可忽略的。

永磁体损耗产生的最主要原因是定子开槽所导致的磁通密度变化。在实际应用中，这些损耗仅存在于定子铁心开槽的 AFPM 电机。定子开槽引起的磁通密度变化的基频为

$$f_{sl} = s_1 p n \tag{2.56}$$

式中，s_1为定子槽数；p 为极对数；n 为转子转速（r/s）。

由于开槽引起的磁通密度分量为[121]

$$B_{sl} = a_{sl}\beta_{sl}k_C B_{avg} \tag{2.57}$$

式中，B_{avg}为一个槽距上的平均磁通密度；k_C为卡特系数，根据式（1.2）计算。还有

$$a_{sl} = \frac{4}{\pi}\left(0.5 + \frac{\Gamma^2}{0.78 - 2\Gamma^2}\right)\sin(1.6\pi\Gamma) \tag{2.58}$$

$$\beta_{sl} = 0.5\left(1 - \frac{1}{\sqrt{1+\kappa^2}}\right) \tag{2.59}$$

$$\Gamma = \frac{b_{14}}{t_1} \quad \kappa = \frac{b_{14}}{g'} \tag{2.60}$$

式（2.58）~式(2.60）中，b_{14}为定子槽口宽度；$g' = g + h_M/\mu_{rrec}$为等效气隙长度；t_1为槽距；h_M为永磁体厚度。

假设永磁体相对磁导率 $\mu_{rrec} \approx 1$，永磁体损耗可以通过以下方程表示，该方程是从二维电磁场分布中获得的，即

$$\Delta P_{PM} = \frac{1}{2}a_{R\nu}k_z\frac{|\alpha|^2}{\beta^2}\left(\frac{B_{sl}}{\mu_0\mu_{rrec}}\right)^2\frac{k}{\sigma_{PM}}S_{PM} \tag{2.61}$$

式中，当 $\nu = 1$ 时，通过式（1.21）可得 $a_{R\nu}$，通过式（1.16）可得 $\alpha = (1+j)k$，通过式（1.17）可得 k。当 $\nu = 1$、$\tau = 0.5t_1$时，通过式（1.11）可得 β。σ_{PM}为永磁体的电导率。如果根据式（1.22）将 $a_{R\nu}$替换为 $a_{X\nu}$，则式（2.61）也可用于估算永磁体中的无功损耗。

用于考虑永磁体中感应电流周向分量的系数可以表示为

$$k_z = 1 + \frac{t_1}{D_{out} - D_{in}} \tag{2.62}$$

式中，$0.5t_1$为感应电流回路的宽度；$0.5(D_{out} - D_{in})$为永磁体的径向长度，参见式（1.35）。所有永磁体（单边电机）的有效表面积为

$$S_{\mathrm{PM}} = \alpha_{\mathrm{i}} \frac{\pi}{4}(D_{\mathrm{out}}^2 - D_{\mathrm{in}}^2) \tag{2.63}$$

τ 为平均极距，可用式（1.14）计算。

2.6.5 转子铁耗

转子铁耗，即支撑永磁体的实心钢盘上的损耗，是由于转子经过定子齿时气隙磁阻的快速变化所产生的脉动磁通造成的。

实心钢盘的磁导率随 z 轴（法向轴）而变化。为了考虑软磁材料实心盘的可变磁导率和磁滞损耗，可用以下系数替换式（1.21）和式（1.22）中的系数 $a_{\mathrm{R}\nu}$ 和 $a_{\mathrm{X}\nu}$：

$$a_{\mathrm{RFe}} = \frac{1}{\sqrt{2}}\left[\sqrt{4a_{\mathrm{R}}^2 a_{\mathrm{X}}^2 + \left(a_{\mathrm{R}}^2 - a_{\mathrm{X}}^2 + \frac{\beta^2}{k^2}\right)^2} + a_{\mathrm{R}}^2 - a_{\mathrm{X}}^2 + \frac{\beta^2}{k^2}\right]^{\frac{1}{2}} \tag{2.64}$$

$$a_{\mathrm{XFe}} = \frac{1}{\sqrt{2}}\left[\sqrt{4a_{\mathrm{R}}^2 a_{\mathrm{X}}^2 + \left(a_{\mathrm{R}}^2 - a_{\mathrm{X}}^2 + \frac{\beta^2}{k^2}\right)^2} - a_{\mathrm{R}}^2 + a_{\mathrm{X}}^2 - \frac{\beta^2}{k^2}\right]^{\frac{1}{2}} \tag{2.65}$$

式中，根据 Neyman[201] 的研究，$a_{\mathrm{R}} = 1.4 \sim 1.5$，$a_{\mathrm{X}} = 0.8 \sim 0.9$。$k_\nu$ 和 β 分别根据式（1.17）和式（1.11）计算，并将 $\nu = 1$ 代入。

软磁材料实心盘的损耗可以用与式（2.61）类似的方程表示，即

$$\Delta P_{2\mathrm{Fe}} = \frac{1}{2} a_{\mathrm{RFe}} k_{\mathrm{z}} \frac{|\alpha|^2}{\beta^2}\left(\frac{B_{\mathrm{sl}}}{\mu_0 \mu_{\mathrm{r}}}\right)^2 \frac{k}{\sigma_{\mathrm{Fe}}} S_{\mathrm{Fe}} \tag{2.66}$$

式中，将 $\nu = 1$ 分别代入式（2.64）、式（1.16）、式（1.17）可得 a_{RFe}、α 和 k；将 $\nu = 1$、$\tau = 0.5t_1$ 代入式（1.11）可得 β；B_{sl} 通过式（2.57）计算；μ_{r} 为相对磁导率；σ_{Fe} 为软磁材料实心盘的电导率。衰减系数 k 中的频率按式（2.56）计算。如果根据式（2.65）将 a_{RFe} 替换为 a_{XFe}，则式（2.66）也可用于估计软磁材料实心盘中的无功损耗。磁通密度 B_{sl} 按式（2.57）~式(2.60）计算。系数 k_{z} 根据式（2.62）计算，圆盘表面积为

$$S_{\mathrm{Fe}} = \frac{\pi}{4}(D_{\mathrm{out}}^2 - D_{\mathrm{in}}^2) \tag{2.67}$$

2.6.6 定子导体的涡流损耗

对于铁心开槽的 AFPM 电机，磁力线大多通过齿部进入轭部，只有少量漏磁穿过包含导体的槽空间，因此通常不计定子绕组中的涡流损耗。

在铁心不开槽和无铁心电机中，定子绕组暴露在气隙磁场中。永磁体相对于定子绕组的运动会在每个导体中产生交变磁场并感应出涡流。对于有实心转子盘的无定子铁心 AFPM 电机，除了轴向磁场分量 B_{mz} 外，还存在切向磁场分量 B_{mx}，

这可能额外导致较大的涡流损耗，特别是在高频下。在忽略导体邻近效应的情况下，定子绕组的涡流损耗可以用类似于式（2.51）的经典公式计算，即

1）对于圆形导体[47]

$$\begin{aligned}\Delta P_{\mathrm{e}} &= \frac{\pi^2}{4}\frac{\sigma}{\rho}f^2 d^2 m_{\mathrm{con}}\sum_{n=1}^{\infty} n^2(B_{\mathrm{mxn}}^2 + B_{\mathrm{mzn}}^2) \\ &= \frac{\pi^2}{4}\frac{\sigma}{\rho}f^2 d^2 m_{\mathrm{con}}(B_{\mathrm{mx1}}^2 + B_{\mathrm{mz1}}^2)\eta_{\mathrm{d}}^2\end{aligned} \tag{2.68}$$

2）对于矩形导体[47]

$$\begin{aligned}\Delta P_{\mathrm{e}} &= \frac{\pi^2}{3}\frac{\sigma}{\rho}f^2 a^2 m_{\mathrm{con}}\sum_{n=1}^{\infty} n^2(B_{\mathrm{mxn}}^2 + B_{\mathrm{mzn}}^2) \\ &= \frac{\pi^2}{3}\frac{\sigma}{\rho}f^2 a^2 m_{\mathrm{con}}(B_{\mathrm{mx1}}^2 + B_{\mathrm{mz1}}^2)\eta_{\mathrm{d}}^2\end{aligned} \tag{2.69}$$

式中，d 为导体直径；a 为平行于定子平面的导体宽度；σ 为电导率；ρ 为导体的密度；m_{con}为定子导体不含端部连接和绝缘的质量；f 为定子电流频率；B_{mx}与B_{mz}分别为磁通密度切向分量和轴向分量的最大值；η_{d} 为畸变系数，由式（2.52）计算。

2.6.7 机械损耗

机械或旋转损耗 ΔP_{rot}包括轴承的摩擦损耗 ΔP_{fr}、风摩损耗 ΔP_{wind}和强制冷却系统中的通风损耗 ΔP_{vent}，即

$$\Delta P_{\mathrm{rot}} = \Delta P_{\mathrm{fr}} + \Delta P_{\mathrm{wind}} + \Delta P_{\mathrm{vent}} \tag{2.70}$$

有许多计算机械损耗的半经验公式，具有不同的准确度。小型电机轴承的摩擦损耗（W）可以用下式来估算：

$$\Delta P_{\mathrm{fr}} = 0.06 k_{\mathrm{fb}}(m_{\mathrm{r}} + m_{\mathrm{sh}})n \tag{2.71}$$

式中，$k_{\mathrm{fb}} = 1 \sim 3\mathrm{m}^2/\mathrm{s}^2$；$m_{\mathrm{r}}$为转子质量（kg）；$m_{\mathrm{sh}}$为轴质量（kg）；$n$ 为转速（r/s）。

外径为 R_{out}的旋转圆盘的 Reynolds 数为

$$Re = \rho\frac{R_{\mathrm{out}}v}{\mu} = \frac{2\pi n\rho R_{\mathrm{out}}^2}{\mu} \tag{2.72}$$

式中，ρ 为冷却介质的密度；$v = v_{\mathrm{x}} = 2\pi R_{\mathrm{out}} n$ 为外半径处的线速度；n 为转速；μ 是流体的动态黏度。以风冷 AFPM 电机为例，空气在标准大气压和 20℃时的密度为 $1.2\mathrm{kg/m^3}$，动态黏度 $\mu = 1.8\times10^{-5}\mathrm{Pa\cdot s}$。

湍流情况下的空气阻力系数为

$$c_{\mathrm{f}} = \frac{3.87}{\sqrt{Re}} \tag{2.73}$$

则旋转圆盘的风摩损耗为

$$\Delta P_{\mathrm{wind}}=\frac{1}{2}c_{\mathrm{f}}\,\rho\,(2\pi n)^{3}(R_{\mathrm{out}}^{5}-R_{\mathrm{sh}}^{5}) \tag{2.74}$$

式中，R_{sh}为轴直径。

如果 AFPM 电机无冷却风扇，则通风损耗 $\Delta P_{\mathrm{vent}}=0$。

2.6.8 非正弦电流损耗

逆变器产生的高次时间谐波会产生额外的损耗。定子绕组中高次时间谐波的频率为 nf，其中 $n=5$，7，11…电枢绕组损耗、铁耗和杂散损耗都与频率有关，而机械损耗与电机电流输入波形无关。

如果定子绕组和定子铁心的基频损耗已经计算了，那么逆变器供电的电动机，或者以整流器为负载的发电机的频率相关损耗可以表示为

1）定子（电枢）绕组损耗

$$\Delta P_{1\mathrm{w}}=\sum_{n=1}^{\infty}\Delta P_{1\mathrm{w}n}=m_{1}\sum_{n=1}^{\infty}I_{\mathrm{an}}^{2}R_{1n}\approx m_{1}R_{1\mathrm{dc}}\sum_{n=1}^{\infty}I_{\mathrm{an}}^{2}k_{1\mathrm{R}n} \tag{2.75}$$

2）定子（电枢）铁耗

$$\Delta P_{1\mathrm{Fe}}=\sum_{n=1}^{\infty}\Delta P_{1\mathrm{Fe}n}=[\Delta P_{1\mathrm{Fe}n}]_{n=1}\sum_{n=1}^{\infty}\left(\frac{V_{1n}}{V_{1\mathrm{r}}}\right)^{2}n^{-0.7} \tag{2.76}$$

式中，$k_{1\mathrm{R}n}$是频率为 nf 时电枢电阻的集肤效应系数；I_{an}是高次谐波电枢电流有效值；V_{1n}是逆变器输出的高次谐波电压；$V_{1\mathrm{r}}$是额定电压；$[\Delta P_{1\mathrm{Fe}n}]_{n=1}$是额定电压下 $n=1$ 时的定子铁耗。

AFPM 电机的总功率损耗为

$$\Delta P=\Delta P_{1\mathrm{w}}+\Delta P_{1\mathrm{Fe}}+\Delta P_{2\mathrm{Fe}}+\Delta P_{\mathrm{PM}}+\Delta P_{\mathrm{e}}+\Delta P_{\mathrm{rot}} \tag{2.77}$$

效率为

$$\eta=\frac{P_{\mathrm{out}}}{P_{\mathrm{out}}+\Delta P} \tag{2.78}$$

式中，P_{out}是电动机输出的机械功率，或者是发电机输出的电功率。

2.7 相量图

同步电机（正弦波电机）的同步电抗定义为电枢反应电抗 X_{ad}、X_{aq}与定子（电枢）漏抗 X_{1}之和，即

1）d 轴同步电抗

$$X_{\mathrm{sd}}=X_{\mathrm{ad}}+X_{1} \tag{2.79}$$

2）q 轴同步电抗

$$X_{sq} = X_{aq} + X_1 \tag{2.80}$$

在绘制同步电机相量图时，有两种形式[一]，即：

1）发电机习惯[二]

$$\begin{aligned}\boldsymbol{E}_f &= \boldsymbol{V}_1 + \boldsymbol{I}_a R_1 + j\boldsymbol{I}_{ad} X_{sd} + j\boldsymbol{I}_{aq} X_{sq} \\ &= \boldsymbol{V}_1 + \boldsymbol{I}_{ad}(R_1 + jX_{sd}) + \boldsymbol{I}_{aq}(R_1 + jX_{sq})\end{aligned} \tag{2.81}$$

2）电动机习惯[三]

$$\begin{aligned}\boldsymbol{V}_1 &= \boldsymbol{E}_f + \boldsymbol{I}_a R_1 + j\boldsymbol{I}_{ad} X_{sd} + j\boldsymbol{I}_{aq} X_{sq} \\ &= \boldsymbol{E}_f + \boldsymbol{I}_{ad}(R_1 + jX_{sd}) + \boldsymbol{I}_{aq}(R_1 + jX_{sq})\end{aligned} \tag{2.82}$$

式中

$$\boldsymbol{I}_a = \boldsymbol{I}_{ad} + \boldsymbol{I}_{aq} \tag{2.83}$$

并且

$$I_{ad} = I_a \sin\psi \quad I_{aq} = I_a \cos\psi \tag{2.84}$$

角度 ψ 是 q 轴和电枢电流 I_a 之间的夹角。当参考方向反向时，相量 $\boldsymbol{I}_a$、$\boldsymbol{I}_{ad}$ 和 $\boldsymbol{I}_{aq}$ 会反向 180°，电压相量也一样。发电机和电动机模式下，电枢电流 $\boldsymbol{I}_a$ 相对于 d 轴和 q 轴的位置如图 2.13 所示。

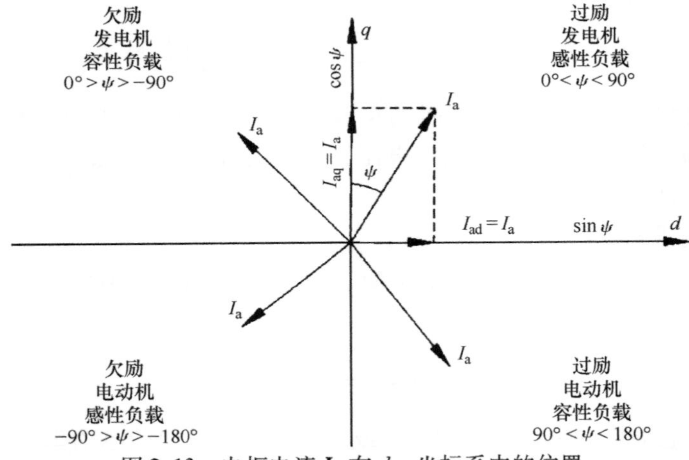

图 2.13　电枢电流 $\boldsymbol{I}_a$ 在 d-q 坐标系中的位置

同步发电机的相量图是按发电机习惯绘制的，同样也适用于电动机，但是电动机采用电动机习惯更方便。过励发电机（见图 2.14a）向负载或电网提供有功和无功功率。欠励电动机（见图 2.14b）从电源中同时吸收有功和无功功率，负载电流 $\boldsymbol{I}_a$（见图 2.14b）滞后电压相量 $\boldsymbol{V}_1$ 一个角度 ϕ。类似的，过励电动机的电流会超前电压，并输送无功功率。

[一] 相量的正方向规定不同。——译者注

[二] E 和 I 的正方向一致。——译者注

[三] E 和 I 的正方向相反。——译者注

图 2.14[126]所示相量图中，忽略了定子铁耗。这一假设仅适用于电枢铁心不饱和的工频电机。

对于欠励同步电动机（见图 2.14b），输入电压 V_1 在 d 轴和 q 轴上的投影为

$$\begin{aligned} V_1\sin\delta &= I_{aq}X_{sq} - I_{ad}R_1 \\ V_1\cos\delta &= E_f + I_{ad}X_{sd} + I_{aq}R_1 \end{aligned} \tag{2.85}$$

式中，δ 为电压 V_1 与感应电动势 E_f(q 轴)之间的负载角。对于过励电动机

$$\begin{aligned} V_1\sin\delta &= I_{aq}X_{sq} + I_{ad}R_1 \\ V_1\cos\delta &= E_f - I_{ad}X_{sd} + I_{aq}R_1 \end{aligned} \tag{2.86}$$

欠励电动机的电流是通过求解式（2.85）得到

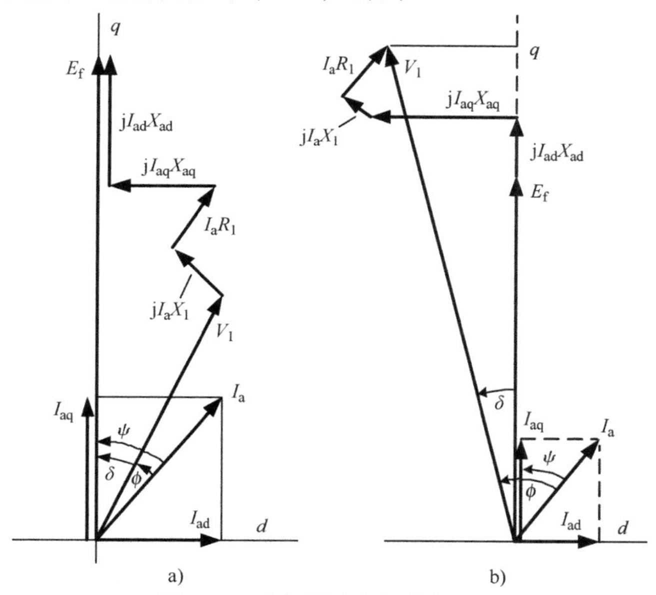

图 2.14 凸极同步电机的相量图

a）过励发电机（发电机习惯） b）欠励电动机（电动机习惯）

$$I_{ad} = \frac{V_1(X_{sq}\cos\delta - R_1\sin\delta) - E_fX_{sq}}{X_{sd}X_{sq} + R_1^2} \tag{2.87}$$

$$I_{aq} = \frac{V_1(R_1\cos\delta + X_{sd}\sin\delta) - E_fR_1}{X_{sd}X_{sq} + R_1^2} \tag{2.88}$$

电枢电流有效值可采用 V_1、E_f、X_{sd}、X_{sq}、δ 与 R_1 表示为

$$I_a = \sqrt{I_{ad}^2 + I_{aq}^2} = \frac{V_1}{X_{sd}X_{sq} + R_1^2} \times \sqrt{[(X_{sq}\cos\delta - R_1\sin\delta) - E_fX_{sq}]^2 + [(R_1\cos\delta + X_{sd}\sin\delta) - E_fR_1]^2} \tag{2.89}$$

相量图也可用来求输入功率。对于电动机来说

$$P_{\mathrm{in}} = m_1 V_1 I_{\mathrm{a}} \cos\phi = m_1 V_1 (I_{\mathrm{aq}} \cos\delta - I_{\mathrm{ad}} \sin\delta) \tag{2.90}$$

电动机的电磁功率为

$$\begin{aligned} P_{\mathrm{elm}} &= P_{\mathrm{in}} - \Delta P_{1\mathrm{w}} - \Delta P_{1\mathrm{Fe}} \\ &= m_1 [I_{\mathrm{aq}} E_{\mathrm{f}} + I_{\mathrm{ad}} I_{\mathrm{aq}} (X_{\mathrm{sd}} - X_{\mathrm{sq}})] - \Delta P_{1\mathrm{Fe}} \end{aligned} \tag{2.91}$$

根据相量图（见图2.14），可以画出AFPM同步电机的等效电路（见图2.15）。

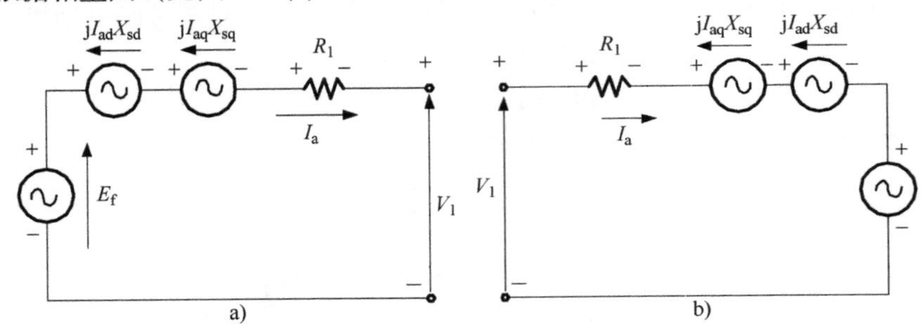

图2.15　AFPM同步电机每相等效电路（未考虑定子铁耗）

a）发电机模式　b）电动机模式

2.8　尺寸方程

双定子单转子的双边永磁无刷电机的主要尺寸可以通过以下假设来确定：①已知电负荷和磁负荷；②单个定子的每相匝数为 N_1；③定子绕组的相电流为 I_{a}；④定子绕组每相的反电动势为 E_{f}。

定子平均半径处的最大线负荷可用式（2.22）计算，其中半径可以用平均直径来代替：

$$D = 0.5(D_{\mathrm{out}} + D_{\mathrm{in}}) = 0.5 D_{\mathrm{out}} (1 + k_{\mathrm{d}}) \tag{2.92}$$

式中，D_{out}为铁心外径；D_{in}为铁心内径；$k_{\mathrm{d}} = D_{\mathrm{in}}/D_{\mathrm{out}}$［根据式（2.27）］。因此

$$A_{\mathrm{m}} = \frac{4\sqrt{2} m_1 I_{\mathrm{a}} N_1}{\pi D_{\mathrm{out}} (1 + k_{\mathrm{d}})} \tag{2.93}$$

根据式（2.36）和式（2.28），只有转子磁场时的定子绕组感应电动势为

$$E_{\mathrm{f}} = \pi \sqrt{2} n_{\mathrm{s}} p N_1 k_{\mathrm{w1}} \Phi_{\mathrm{f}} = \frac{\pi}{4} \sqrt{2} n_{\mathrm{s}} N_1 k_{\mathrm{w1}} B_{\mathrm{mg}} D_{\mathrm{out}}^2 (1 - k_{\mathrm{d}}^2) \tag{2.94}$$

两个定子的视在电磁功率为

$$\begin{aligned} S_{\mathrm{elm}} &= m_1 (2E_{\mathrm{f}}) I_{\mathrm{a}} = m_1 E_{\mathrm{f}} (2I_{\mathrm{a}}) \\ &= \frac{\pi^2}{8} k_{\mathrm{w1}} n_{\mathrm{s}} B_{\mathrm{mg}} A_{\mathrm{m}} D_{\mathrm{out}}^3 (1 + k_{\mathrm{d}})(1 - k_{\mathrm{d}}^2) \end{aligned} \tag{2.95}$$

两定子盘绕组串联时，感应电动势等于 $2E_{\mathrm{f}}$；并联时，电流等于 $2I_{\mathrm{a}}$。对于多盘电机，数字“2”应由定子盘数代替。取

$$k_{\mathrm{D}} = \frac{1}{8}(1 + k_{\mathrm{d}})(1 - k_{\mathrm{d}}^2) \tag{2.96}$$

则视在电磁功率为

$$S_{elm}=\pi^2 k_D k_{w1} n_s B_{mg} A_m D_{out}^3 \tag{2.97}$$

视在电磁功率用有功输出功率表示为

$$S_{elm}=\epsilon\frac{P_{out}}{\eta\cos\phi} \tag{2.98}$$

式中，感应电动势与相电压之比为

$$\epsilon=\frac{E_f}{V_1} \tag{2.99}$$

对于电动机，$\epsilon<1$；对于发电机，$\epsilon>1$。

联立式（2.97）和式（2.98），永磁体外径（等于定子铁心外径）为

$$D_{out}=\sqrt[3]{\frac{\epsilon P_{out}}{\pi^2 k_D k_{w1} n_s B_{mg} A_m \eta\cos\phi}} \tag{2.100}$$

永磁体外径是AFPM电机最重要的尺寸。由于 $D_{out}\propto\sqrt[3]{P_{out}}$，随着输出功率的增加，外径增大的速度较慢（见图2.16），这就是小功率盘式电机的直径相对较大的原因。盘式结构优先用于中、大功率电机，输出功率大于10kW的电机比较合适。此外，盘式结构推荐用于采用高频电压供电的交流伺服电机。

电磁转矩与 D_{out}^3 成正比，即

$$T_d=\frac{P_{elm}}{2\pi n_s}=\frac{S_{elm}\cos\psi}{2\pi n_s}=\frac{\pi}{2}k_D k_{w1} D_{out}^3 B_{mg} A_m\cos\psi \tag{2.101}$$

式中，P_{elm} 为电磁有功功率；ψ 为定子电流 I_a 与感应电动势 E_f 之间的夹角。

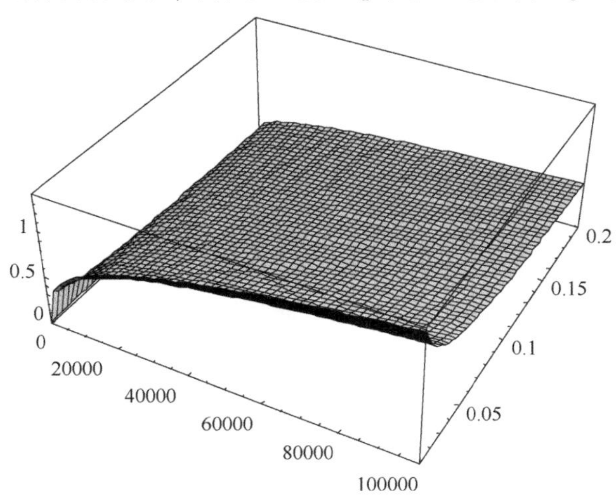

图2.16 外径 D_{out} 作为输出功率 P_{out} 与参数 k_D 的函数，其中 $\epsilon=0.9$，$k_{w1}\eta\cos\phi=0.84$，$n_s=1000\text{r/min}=16.67\text{r/s}$，以及 $B_{mg}A_m=26000\text{TA/m}$

2.9 电枢反应

定子电枢电流产生的磁通可以用类似永磁磁通［式（2.26）］的方式来表示，即

1）d 轴

$$\Phi_{\mathrm{ad}}=\frac{2}{\pi}B_{\mathrm{mad1}}\frac{\pi}{p}\frac{R_{\mathrm{out}}^{2}-R_{\mathrm{in}}^{2}}{2} \tag{2.102}$$

2）q 轴

$$\Phi_{\mathrm{aq}}=\frac{2}{\pi}B_{\mathrm{maq1}}\frac{\pi}{p}\frac{R_{\mathrm{out}}^{2}-R_{\mathrm{in}}^{2}}{2} \tag{2.103}$$

式中，B_{mad1}为定子电枢反应产生的 d 轴基波磁通密度幅值；B_{maq1}为 q 轴基波磁通密度幅值。定子绕组磁链为

1）d 轴

$$\Psi_{\mathrm{d}}=\frac{1}{\sqrt{2}}N_{1}k_{\mathrm{w1}}\Phi_{\mathrm{ad}}=\frac{1}{\sqrt{2}}N_{1}k_{\mathrm{w1}}\frac{2}{\pi}B_{\mathrm{mad1}}\frac{\pi}{p}\frac{R_{\mathrm{out}}^{2}-R_{\mathrm{in}}^{2}}{2} \tag{2.104}$$

2）q 轴

$$\Psi_{\mathrm{q}}=\frac{1}{\sqrt{2}}N_{1}k_{\mathrm{w1}}\Phi_{\mathrm{aq}}=\frac{1}{\sqrt{2}}N_{1}k_{\mathrm{w1}}\frac{2}{\pi}B_{\mathrm{maq1}}\frac{\pi}{p}\frac{R_{\mathrm{out}}^{2}-R_{\mathrm{in}}^{2}}{2} \tag{2.105}$$

式中，N_1为定子每相匝数；k_{w1}为基波绕组因数。

忽略磁饱和，定子磁通密度基波幅值为

1）d 轴

$$B_{\mathrm{mad1}}=k_{\mathrm{fd}}B_{\mathrm{mad}}=k_{\mathrm{fd}}\lambda_{\mathrm{d}}F_{\mathrm{ad}}=k_{\mathrm{fd}}\frac{\mu_{0}}{g'}\frac{m_{1}\sqrt{2}}{\pi}\frac{N_{1}k_{\mathrm{w1}}}{p}I_{\mathrm{ad}} \tag{2.106}$$

2）q 轴

$$B_{\mathrm{maq1}}=k_{\mathrm{fq}}B_{\mathrm{maq}}=k_{\mathrm{fq}}\lambda_{\mathrm{q}}F_{\mathrm{aq}}=k_{\mathrm{fq}}\frac{\mu_{0}}{g'_{\mathrm{q}}}\frac{m_{1}\sqrt{2}}{\pi}\frac{N_{1}k_{\mathrm{w1}}}{p}I_{\mathrm{aq}} \tag{2.107}$$

式中，m_1是定子相数；d 轴和 q 轴上单位面积的磁导分别是

$$\lambda_{\mathrm{d}}=\lambda_{\mathrm{g}}=\frac{\mu_{0}}{g'}\qquad\lambda_{\mathrm{q}}=\frac{\mu_{0}}{g'_{\mathrm{q}}} \tag{2.108}$$

在式（2.106）和式（2.107）中，电枢反应的波形系数分别定义为在 d 轴和 q 轴上电枢反应磁通密度基波幅值与幅值之比，即

$$k_{\mathrm{fd}}=\frac{B_{\mathrm{mad1}}}{B_{\mathrm{mad}}}\qquad k_{\mathrm{fq}}=\frac{B_{\mathrm{maq1}}}{B_{\mathrm{maq}}} \tag{2.109}$$

对于表贴式磁极结构，d 轴和 q 轴的等效气隙为

1）有定子铁心

$$g' = gk_{C}k_{sat} + \frac{h_{M}}{\mu_{rrec}} \tag{2.110}$$

$$g'_{q} = gk_{C}k_{satq} + h_{M} \tag{2.111}$$

2）无定子铁心

$$g' = 2\left[(g + 0.5t_{w}) + \frac{h_{M}}{\mu_{rrec}}\right] \tag{2.112}$$

$$g'_{q} = 2[(g + 0.5t_{w}) + h_{M}] \tag{2.113}$$

式中，t_{w}为定子绕组轴向厚度；h_{M}为永磁体轴向高度；μ_{rrec}为永磁体的相对磁导率。考虑槽口的影响，开槽铁心的气隙长度等于机械间隙乘以卡特系数 k_{C}［大于1，式（1.2）］。磁路饱和可以通过不小于1 的 d 轴饱和因子 k_{sat}和不小于1 的 q 轴饱和因子 k_{satq} 来考虑。对于无定子铁心电机，转子铁心的饱和可以忽略不计。

d 轴和 q 轴上的磁动势分别为

$$F_{ad} = \frac{m_{1}\sqrt{2}}{\pi}\frac{N_{1}k_{w1}}{p}I_{ad} \tag{2.114}$$

$$F_{aq} = \frac{m_{1}\sqrt{2}}{\pi}\frac{N_{1}k_{w1}}{p}I_{aq} \tag{2.115}$$

式中，I_{ad}和 I_{aq}分别为 d 轴和 q 轴定子电枢电流。

电枢反应电感计算为

1）d 轴

$$L_{ad} = \frac{\Psi_{d}}{I_{ad}} = m_{1}\mu_{0}\frac{1}{\pi}\left(\frac{N_{1}k_{w1}}{p}\right)^{2}\frac{R_{out}^{2} - R_{in}^{2}}{g'}k_{fd} \tag{2.116}$$

2）q 轴

$$L_{aq} = \frac{\Psi_{q}}{I_{aq}} = m_{1}\mu_{0}\frac{1}{\pi}\left(\frac{N_{1}k_{w1}}{p}\right)^{2}\frac{R_{out}^{2} - R_{in}^{2}}{g'_{q}}k_{fq} \tag{2.117}$$

对于 $\mu_{rrec} \approx 1$ 和表贴式磁极结构（$k_{fd} = k_{fq} = 1$），d 轴和 q 轴电枢反应电感相等，即

$$L_{a} = L_{ad} = L_{aq} = m_{1}\mu_{0}\frac{1}{\pi}\left(\frac{N_{1}k_{w1}}{p}\right)^{2}\frac{R_{out}^{2} - R_{in}^{2}}{g'} \tag{2.118}$$

表贴式磁极结构中，$k_{fd} = k_{fq} = 1$[106]；其他结构中，两者不相等[106]。

d 轴和 q 轴的电枢反应电动势为

$$E_{ad} = \pi\sqrt{2}fN_{1}k_{w1}\Phi_{ad} \tag{2.119}$$

$$E_{aq} = \pi\sqrt{2}fN_{1}k_{w1}\Phi_{aq} \tag{2.120}$$

式中，电枢磁通 Φ_{ad}和 Φ_{aq}按式（2.102）和式（2.103）计算。

将电枢反应电动势 E_{ad}和 E_{aq}分别除以电流 I_{ad}和 I_{aq}可以计算得到电枢反应电

抗，即

1）d 轴

$$X_{ad}=2\pi fL_{ad}=\frac{E_{ad}}{I_{ad}}=2m_1\mu_0 f\left(\frac{N_1k_{w1}}{p}\right)^2\frac{R_{out}^2-R_{in}^2}{g'}k_{fd} \tag{2.121}$$

2）q 轴

$$X_{aq}=2\pi fL_{aq}=\frac{E_{aq}}{I_{aq}}=2m_1\mu_0 f\left(\frac{N_1k_{w1}}{p}\right)^2\frac{R_{out}^2-R_{in}^2}{g_q'}k_{fq} \tag{2.122}$$

表2.1比较了传统圆柱形电机和盘式电机的电枢反应方程。

表2.1　圆柱形电机和盘式电机的电枢反应方程

分类	圆柱形电机	盘式电机
d 轴电枢反应磁通	$\Phi_{ad}=\frac{2}{\pi}B_{mad1}\tau L_i$	$\Phi_{ad}=\frac{2}{\pi}B_{mad1}\frac{\pi}{2p}(R_{out}^2-R_{in}^2)$
q 轴电枢反应磁通	$\Phi_{aq}=\frac{2}{\pi}B_{maq1}\tau L_i$	$\Phi_{aq}=\frac{2}{\pi}B_{maq1}\frac{\pi}{2p}(R_{out}^2-R_{in}^2)$
d 轴气隙磁导	$\Lambda_d=\frac{\mu_0}{g'}\frac{2}{\pi}\tau L_i$	$\Lambda_d=\frac{\mu_0}{g'}\frac{2}{\pi}\frac{\pi}{2p}(R_{out}^2-R_{in}^2)$
q 轴气隙磁导	$\Lambda_q=\frac{\mu_0}{g_q'}\frac{2}{\pi}\tau L_i$	$\Lambda_q=\frac{\mu_0}{g_q'}\frac{2}{\pi}\frac{\pi}{2p}(R_{out}^2-R_{in}^2)$
d 轴每极单位面积磁导	$\lambda_d=\frac{\mu_0}{g'}$	
q 轴每极单位面积磁导	$\lambda_q=\frac{\mu_0}{g_q'}$	
d 轴电枢反应电抗	$X_{ad}=\frac{E_{ad}}{I_{ad}}$ $=4m_1\mu_0 f\frac{(N_1k_{w1})^2}{\pi p}\frac{\tau L_i}{g'}k_{fd}$	$X_{ad}=\frac{E_{ad}}{I_{ad}}$ $=2m_1\mu_0 f\left(\frac{N_1k_{w1}}{p}\right)^2\frac{R_{out}^2-R_{in}^2}{g'}k_{fd}$
q 轴电枢反应电抗	$X_{aq}=\frac{E_{aq}}{I_{aq}}$ $=4m_1\mu_0 f\frac{(N_1k_{w1})^2}{\pi p}\frac{\tau L_i}{g_q'}k_{fq}$	$X_{aq}=\frac{E_{aq}}{I_{aq}}$ $=2m_1\mu_0 f\left(\frac{N_1k_{w1}}{p}\right)^2\frac{R_{out}^2-R_{in}^2}{g_q'}k_{fq}$
d 轴电枢反应电感	$L_{ad}=\frac{\Psi_{ad}}{I_{ad}}$ $=2m_1\mu_0\frac{(N_1k_{w1})^2}{\pi^2 p}\frac{\tau L_i}{g'}k_{fd}$	$L_{ad}=\frac{\Psi_{ad}}{I_{ad}}$ $=m_1\mu_0\frac{1}{\pi}\left(\frac{N_1k_{w1}}{p}\right)^2\frac{R_{out}^2-R_{in}^2}{g'}k_{fd}$
q 轴电枢反应电感	$L_{aq}=\frac{\Psi_{aq}}{I_{aq}}$ $=2m_1\mu_0\frac{(N_1k_{w1})^2}{\pi^2 p}\frac{\tau L_i}{g_q'}k_{fq}$	$L_{aq}=\frac{\Psi_{aq}}{I_{aq}}$ $=m_1\mu_0\frac{1}{\pi}\left(\frac{N_1k_{w1}}{p}\right)^2\frac{R_{out}^2-R_{in}^2}{g_q'}k_{fq}$

2.10　AFPM 电动机

2.10.1　正弦波电动机

三相分布式绕组可产生正弦或准正弦分布的磁动势。在变频器驱动的情况下，任一时刻都有三个固态开关导通电流。定子电流波形如图 1.3b 所示。正弦波电动机又可称为永磁同步电动机。

磁场分布波形为正弦形的电机（同步电机），可以根据式（2.26）或式（2.28）求得永磁磁通，根据式（2.36）求得由永磁磁场感应的每相电动势，以及根据式（2.33）求得电磁转矩。感应电动势常数 k_E 和转矩常数 k_T 分别由式（2.37）和式（2.34）表示。

2.10.2　方波电动机

永磁直流无刷电机，其定子电流波形为方波（见图 1.3a），在设计时主要采用较大的有效极弧系数 $\alpha_i^{(sq)}$，其中 $\alpha_i^{(sq)} = b_p(r)/\tau(r)$。有时定子使用集中绕组和凸极。三相绕组采用星形联结，如图 2.17 所示，任一时刻只有两相绕组同时导通，即 i_{aAB}（T_1T_4）、i_{aAC}（T_1T_6）、i_{aBC}（T_3T_6）、i_{aBA}（T_3T_2）、i_{aCA}（T_5T_2）、i_{aCB}（T_5T_4）等。在 A 相和 B 相同时导通的 120°期间，固态开关 T_1 和 T_4 导通（见图 2.17a）。当 T_1 关断时，电流通过二极管 D_2 续流。当 T_1 和 T_4 都关断时，二极管 D_2 和 D_3 导通电枢电流，该电流对电容器 C 进行充电。如果开关器件以相对较高的频率切换，绕组电感会使通断间隔的矩形电流波形保持平滑。

对于直流电励磁，$\omega \to 0$，式（2.82）变成与直流换向器电机的稳态方程类似的形式，即

$$V_{dc} = E_{fL-L} + 2R_1 I_a^{(sq)} \tag{2.123}$$

式中，$2R_1$ 为两相电阻串联之和（三相绕组采用星形联结）；E_{fL-L} 为两相感应电动势之和；V_{dc} 为逆变器的直流母线电压；$I_a^{(sq)}$ 为方波电流的平顶值并等于逆变器的输入电流。在式（2.123）中忽略了开关器件的压降。因为电枢电流是非正弦的，所以相量分析不适用于这种运行方式。

对于 B_{mg} 为常数且极靴宽度 $b_p < \tau$ 的矩形分布，永磁磁通为

$$\Phi_f^{(sq)} = \alpha_i^{(sq)} B_{mg} \frac{\pi}{2p}(R_{out}^2 - R_{in}^2) \tag{2.124}$$

对于方波形磁场，在单匝（两个导体）中产生的感应电动势为 $2B_{mg}L_i v = 4pnB_{mg}L_i\tau$。包括 b_p 和边缘效应磁通，$N_1 k_{w1}$ 匝的感应电动势 $e_f = 4pnN_1 k_{w1} \alpha_i^{(sq)} B_{mg} \frac{\pi}{2p}(R_{out}^2 - R_{in}^2) = 4pnN_1 k_{w1} \Phi_f^{(sq)}$。三相绕组采用如图 2.17 所示的星形联

结，两相同时导通，则方波电动机的线感应电动势为

$$E_{fL-L}=2e_f=8pN_1k_{w1}\alpha_i^{(sq)}B_{mg}(\pi/2p)(R_{out}^2-R_{in}^2)n \tag{2.125}$$
$$=8pN_1k_{w1}\Phi_f^{(sq)}n=k_{Edc}n$$

感应电动势常数或电枢系数 k_{Edc} 为

$$k_{Edc}=8pN_1k_{w1}\Phi_f^{(sq)} \tag{2.126}$$

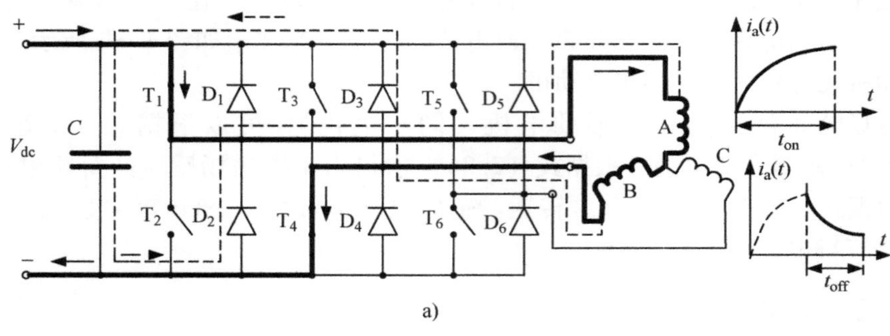

a)

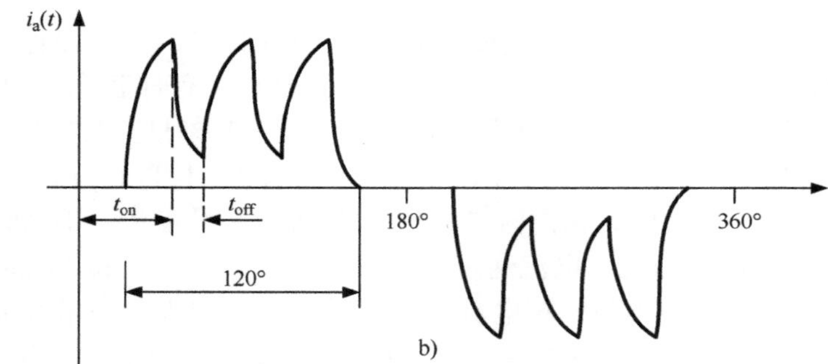

b)

图 2.17　永磁直流无刷电机定子绕组和逆变器中的电流

a）A、B 两相在导通和关断期间的电流　b）通断间隔的矩形电流波形

电机产生的电磁转矩为

$$T_d=\frac{P_{elm}}{2\pi n}=\frac{E_{fL-L}I_a^{(sq)}}{2\pi n}=\frac{4}{\pi}pN_1k_{w1}\Phi_f^{(sq)}I_a^{(sq)}=k_{Tdc}I_a^{(sq)} \tag{2.127}$$

式中，$I_a^{(sq)}$ 是相电流的平顶值；k_{Tdc} 是方波电动机的转矩常数，有

$$k_{Tdc}=\frac{k_{Edc}}{2\pi}=\frac{4}{\pi}pN_1k_{w1}\Phi_f^{(sq)} \tag{2.128}$$

方波电动机的 T_d 与正弦波电动机的 T_d 之比为

$$\frac{T_d^{(sq)}}{T_d}=\frac{4}{\pi}\frac{\sqrt{2}}{m_1}\frac{\Phi_f^{(sq)}}{\Phi_f}\frac{I_a^{(sq)}}{I_a}\approx 0.6\frac{\Phi_f^{(sq)}}{\Phi_f}\frac{I_a^{(sq)}}{I_a} \tag{2.129}$$

假设两个电动机 $\alpha_i^{(sq)}=\alpha_i$，气隙磁通密度值相同，则方波电动机磁通与正

弦波电动机磁通之比为

$$\frac{\Phi_{\mathrm{f}}^{(\mathrm{sq})}}{\Phi_{\mathrm{f}}}=\frac{\alpha_{\mathrm{i}}^{(\mathrm{sq})}B_{\mathrm{mg}}[\pi/(2p)](R_{\mathrm{out}}^{2}-R_{\mathrm{in}}^{2})}{\alpha_{\mathrm{i}}k_{\mathrm{f}}B_{\mathrm{mg}}[\pi/(2p)](R_{\mathrm{out}}^{2}-R_{\mathrm{in}}^{2})}=\frac{1}{k_{\mathrm{f}}} \tag{2.130}$$

式中[106]

$$k_{\mathrm{f}}=\frac{4}{\pi}\sin\left(\frac{\alpha_{\mathrm{i}}\pi}{2}\right) \tag{2.131}$$

并且

$$\Phi_{\mathrm{f}}=\Phi_{\mathrm{f1}}=\alpha_{\mathrm{i}}k_{\mathrm{f}}B_{\mathrm{mg}}\frac{\pi}{2p}(R_{\mathrm{out}}^{2}-R_{\mathrm{in}}^{2}) \tag{2.132}$$

根据式（2.125）和式（2.127），转矩-转速特性可用以下简化形式表示：

$$\frac{n}{n_0}=1-\frac{I_{\mathrm{a}}}{I_{\mathrm{ash}}}=1-\frac{T_{\mathrm{d}}}{T_{\mathrm{dst}}} \tag{2.133}$$

式中，空载转速、堵转电流、堵转转矩分别为

$$n_0=\frac{V_{\mathrm{dc}}}{k_{\mathrm{E}}}\quad I_{\mathrm{ash}}=\frac{V_{\mathrm{dc}}}{R}\quad T_{\mathrm{dst}}=k_{\mathrm{Tdc}}I_{\mathrm{ash}} \tag{2.134}$$

对于半波工作，$R=R_1$；对于全波工作，$R=2R_1$。注意，式（2.133）忽略了电枢反应、机械和开关损耗。

转矩-转速特性如图 2.18 所示。式（2.133）和式（2.134）比较粗略，不能用于计算实际永磁直流无刷电机的性能特性。理论转矩-转速特性（见图 2.18a）与实际特性（见图 2.18b）不同。连续转矩极限由电机的最高额定温度决定。断续工作区域以最大转矩极限和最大输入电压为界。

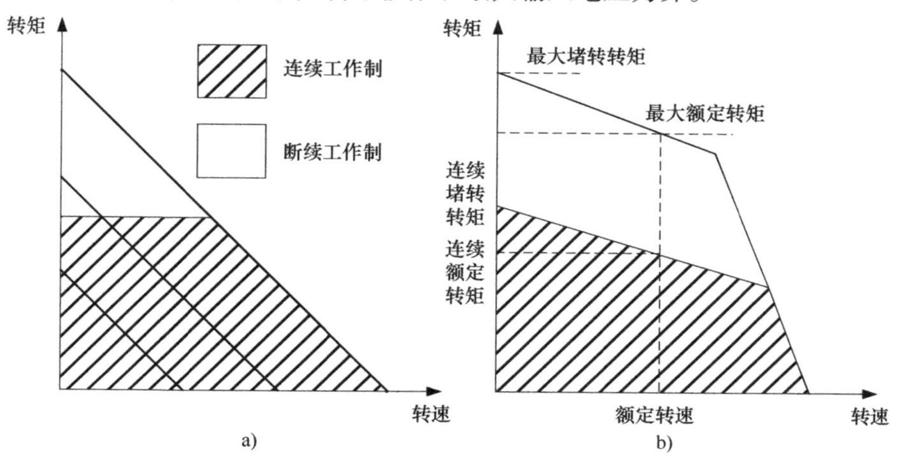

图 2.18　永磁直流无刷电机的转矩-转速特性

a）理论特性　b）实际特性

120°方波（$T=2\pi/\omega$）型直流无刷电机，定子电流的有效值为

$$I_a=\sqrt{\frac{2}{T}\int_0^{T/2}i_a^2(t)\mathrm{d}t}=\sqrt{\frac{\omega}{\pi}\int_{\pi/(6\omega)}^{5\pi/(6\omega)}[I_a^{(sq)}]^2\mathrm{d}t}$$
$$=I_a^{(sq)}\sqrt{\frac{\omega}{\pi}\left(\frac{5}{6}\frac{\pi}{\omega}-\frac{1}{6}\frac{\pi}{\omega}\right)}=I_a^{(sq)}\sqrt{\frac{2}{3}} \tag{2.135}$$

2.11　AFPM 同步发电机

2.11.1　离网型发电机

由原动机驱动并连接到电力负载的 AFPM 电机称为离网型同步发电机。如果 d 轴和 q 轴同步电抗相等，$X_{sd}=X_{sq}=X_s=\omega L_s$，每相负载阻抗为

$$\mathbf{Z}_L=R_L+\mathrm{j}\omega L_L-\mathrm{j}\frac{1}{\omega C} \tag{2.136}$$

那么，定子（电枢）绕组的电流为

$$I_a=\frac{E_f}{\sqrt{(R_1+R_L)^2+[\omega L_s+\omega L_L-1/(\omega C)]^2}} \tag{2.137}$$

输出的端电压为

$$V_1=I_a\sqrt{R_L^2+\left(\omega L_L-\frac{1}{\omega C}\right)^2} \tag{2.138}$$

图 2.19 绘制了负载为感性负载 $\mathbf{Z}_L=R_L+\mathrm{j}\omega L_L$时，离网型 AFPM 同步发电机的每相感应电动势 E_f、相电压 V_1、定子（负载）电流 I_a、输出功率 P_{out}、输入功率 P_{in}、效率 η 和功率因数 $pf=\cos\phi$ 与转速 n 的关系。

2.11.2　并网型发电机

AFPM 同步发电机可以直接与电网并网（并联连接）。极数通常最小为$2p=6$，要使 6 极发电机与 50Hz 电力系统（无穷大电网）同步，原动机转速必须为 $n=60(f/p)=60\times(50/3)=1000\text{r/min}$。12 极电机的话，转速应该下降到 500r/min。一般来说，直接并网的 AFPM 同步发电机需要低速原动机。在将发电机并到无穷大电网之前，发电机与无限大电网必须有相同的：

1）电压；

2）频率；

3）相序；

4）相位。

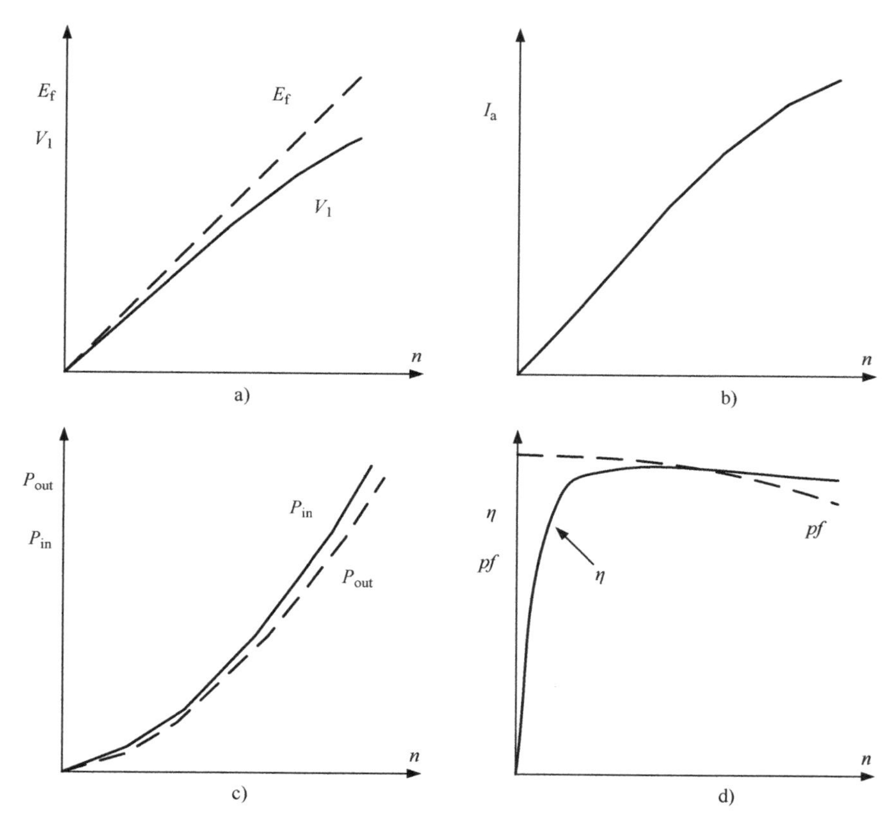

图 2.19　AFPM 同步发电机带感性负载 $\mathbf{Z}_L = R_L + j\omega L_L$ 时的特性

a）每相感应电动势 E_f 和相电压 V_1 与转速 n 的关系

b）负载电流 I_a 与转速 n 的关系

c）输出功率 P_{out} 和输入功率 P_{in} 与转速 n 的关系

d）效率 η 和功率因数 $pf = \cos\phi$ 与转速 n 的关系

在发电厂，这些条件是用同步观测器检查的。

近年来，AFPM 同步发电机作为微型涡轮驱动的高速自励发电机已被应用于分布式发电系统中。微型涡轮是一种小型的单轴燃气轮机，其转子与高速发电机（最高达 200000r/min）集成，额定功率为 30～200kW。如果 AFPM 同步发电机是由微型涡轮驱动，在大多数情况下，速度超过 20000r/min。发电机输出的高频电流必须先整流，再进行逆变，转换成与电力系统相同的频率。为了尽量减少定子绕组中的高次谐波含量，最好使用有源整流器而不是无源整流器（见图 2.20）。

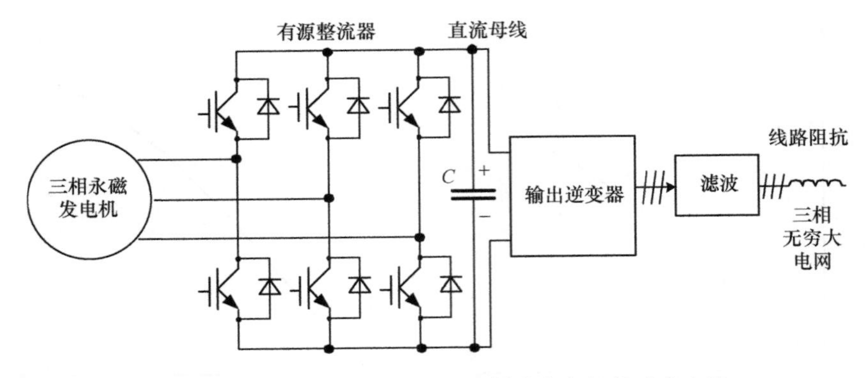

图2.20　微型涡轮驱动的AFPM同步发电机的功率电路

数值算例

数值算例2.1

$n=3000\text{r/min}$，输入电压为230V（线电压）时，求S802F型AFPM直流无刷伺服电机（见表1.1）的电枢电流、转矩、电磁功率和绕组损耗。

解：

线感应电动势

$$E_{fL-L}=\sqrt{3}k_{Edc}n=\sqrt{3}\times\frac{42}{1000}\times3000=218.24\text{V}$$

式中，相感应电动势常数 $k_{Edc}=42\text{V}/(1000\text{r/min})$。

假设直流母线电压近似等于输入电压，则3000r/min时的电枢电流为

$$I_a^{(sq)}\approx\frac{230-218.24}{2\times0.76}=7.74\text{A}$$

式中，0.76Ω是每相电阻。

3000r/min时的转矩为

$$T=k_{Tdc}I_a^{(sq)}=0.64\times7.74=4.95\text{N}\cdot\text{m}$$

式中，转矩常数 $k_{Tdc}=0.64\text{N}\cdot\text{m/A}$。

电磁功率（只有两相同时导通）为

$$P_{elm}=E_{fL-L}I_a^{(sq)}=218.24\times7.74\approx1689\text{W}$$

线电阻为2×0.76Ω，绕组损耗为

$$\Delta P_w=(2\times0.76)\times7.74^2=91\text{W}$$

数值算例2.2

三相星形联结，$2p=12$，AFPM无刷电机的内半径 $R_{in}=0.06\text{m}$，外半径 $R_{out}=0.11\text{m}$，极靴宽度与极距之比 $\alpha=0.84$（方波模式），每相匝数 $N_1=222$，

绕组因数 $k_{w1}=0.96$，气隙磁通密度最大值 $B_{mg}=0.65\text{T}$。忽略电枢反应，求电机在 $n=1200\text{r/min}$ 和电流有效值 $I_a=13.6\text{A}$ 时的感应电动势、电磁转矩和电磁功率：

1）正弦波运行（$\psi=0$）；

2）120°方波运行。

解：

（1）正弦波运行（$\psi=0$）

转速

$$n=\frac{1200}{60}=20\text{r/s}$$

励磁磁场的波形系数

$$k_f=\frac{4}{\pi}\sin\frac{\alpha_i\pi}{2}=\frac{4}{\pi}\times\sin\frac{0.84\pi}{2}=1.233$$

根据式（2.26）计算永磁磁通

$$\Phi_f=\Phi_{f1}=\frac{2}{\pi}\times1.233\times0.65\times\frac{\pi}{12}\times(0.11^2-0.06^2)=0.00114\text{Wb}$$

式中，$B_{mg1}=k_fB_{mg}$。根据式（2.37），感应电动势常数为

$$k_E=\pi p\sqrt{2}N_1k_{w1}\Phi_f=\pi\times6\times\sqrt{2}\times222\times0.96\times0.00114=6.452\text{V}\cdot\text{s}$$

根据式（2.36）计算每相感应电动势

$$E_f=k_En=6.452\times20=129\text{V}$$

星形联结的线感应电动势为

$$E_{fL-L}=\sqrt{3}E_f=\sqrt{3}\times129=223.5\text{V}$$

根据式（2.34），转矩常数为

$$k_T=\frac{m_1}{\sqrt{2}}pN_1k_{w1}\Phi_f=\frac{3}{\sqrt{2}}\times6\times222\times0.96\times0.00114=3.08\text{N}\cdot\text{m/A}$$

根据式（2.32），在13.6A时产生的电磁转矩为

$$T_d=k_TI_a=3.08\times13.6=41.9\text{N}\cdot\text{m}$$

电磁功率为

$$P_{elm}=m_1E_fI_a\cos\psi=3\times129\times13.6\times1=5264.5\text{W}$$

式中，ψ 为感应电动势 E_f与定子电流 I_a之间的夹角。

（2）120°方波运行

根据式（2.135）计算相电流的平顶值

$$I_a^{(sq)}=\sqrt{\frac{3}{2}}I_a=\sqrt{\frac{3}{2}}\times13.6=16.66\text{A}$$

根据式（2.124）计算永磁磁通

$$\Phi_{f}^{(sq)}=0.84\times0.65\times\frac{\pi}{12}\times(0.11^{2}-0.06^{2})=0.00122\mathrm{Wb}$$

方波磁通与正弦波磁通之比

$$\frac{\Phi_{f}^{(sq)}}{\Phi_{f}}=\frac{0.00122}{0.00114}=1.07$$

请注意，假设正弦波运行时 $\alpha_i=2/\pi=0.6366$，方波运行时 $\alpha_i^{(sq)}=0.84$。在相同的 α_i条件下，磁通比等于 $1/k_f$。

根据式（2.126）计算感应电动势常数为

$$k_{Edc}=8pN_1k_{w1}\Phi_{f}^{(sq)}=8\times6\times222\times0.96\times0.00122=12.43\mathrm{V\cdot s}$$

根据式（2.125），线感应电动势（两相串联）为

$$E_{fL-L}=12.43\times\frac{1200}{60}=248.6\mathrm{V}$$

根据式（2.128）计算转矩常数

$$k_{Tdc}=\frac{k_{Edc}}{2\pi}=\frac{12.43}{2\pi}=1.978\mathrm{N\cdot m/A}$$

根据式（2.127），在 $I_a^{(sq)}=16.66\mathrm{A}$ 处的电磁转矩为

$$T_d=k_{Tdc}I_a^{(sq)}=1.978\times16.66=32.95\mathrm{N\cdot m}$$

电磁功率为

$$P_{elm}=E_{fL-L}I_a^{(sq)}=248.6\times16.66=4140.6\mathrm{W}$$

数值算例2.3

一台三相双边双定子盘式永磁无刷电机，定子采用叠片铁心，定子绕组串联连接。额定数据为：$P_{out}=75\mathrm{kW}$，$V_{1L}=460\mathrm{V}$（星形联结），$f=100\mathrm{Hz}$，$n_s=1500\mathrm{r/min}$。大致计算电机的主要尺寸、每相匝数以及定子槽的截面积。

解：

当$f=100\mathrm{Hz}$和$n_s=1500\mathrm{r/min}$，可得极数$2p=8$。设$k_d=D_{in}/D_{out}=1/\sqrt{3}$，则根据式（2.96），参数$k_D$为

$$k_D=\frac{1}{8}\times\left(1+\frac{1}{\sqrt{3}}\right)\times\left[1-\left(\frac{1}{\sqrt{3}}\right)^{2}\right]=0.131$$

对于75kW电机，$\eta\cos\phi\approx0.9$。那么，定子绕组串联时的相电流为

$$I_a=\frac{P_{out}}{m_1(2V_1)\eta\cos\phi}=\frac{75000}{3\times265.6\times0.9}=104.6\mathrm{A}$$

式中，$2V_1=460/\sqrt{3}=265.6\mathrm{V}$。电磁负荷可设为$B_{mg}=0.65\mathrm{T}$，$A_m=40000\mathrm{A/m}$。比值$\epsilon=E_f/V_1\approx0.9$，定子绕组因数设为$k_{w1}=0.96$。因此，根据式（2.100），定子外径为

$$D_{out}=\sqrt[3]{\frac{0.9\times75000}{\pi^2\times0.131\times0.96\times25\times0.65\times40000\times0.9}}=0.452\text{m}$$

根据式（2.27）计算内径

$$D_{in}=\frac{D_{out}}{\sqrt{3}}=\frac{0.452}{\sqrt{3}}=0.261\text{m}$$

根据式（2.28）计算磁通

$$\Phi_f=\frac{2}{\pi}\times0.65\times\frac{\pi}{8\times4}\times0.452^2\times\left(1-\frac{1}{(\sqrt{3})^2}\right)=0.00555\text{Wb}$$

根据式（2.93），以线负荷为基础计算每相绕组匝数为

$$N_1=\frac{\pi D_{out}(1+k_d)A_m}{4m_1\sqrt{2}I_a}=\frac{\pi\times0.452\times(1+1/\sqrt{3})\times40000}{4\times3\sqrt{2}\times104.6}\approx51$$

以式（2.94）和式（2.99）为基础，计算的每相绕组匝数为

$$N_1=\frac{\epsilon V_1}{\pi\sqrt{2}fk_{w1}\Phi_f}=\frac{0.9\times265.6/2}{\pi\times\sqrt{2}\times100\times0.96\times0.00555}\approx50$$

双层绕组可以放置在每相 16 个槽中，即对于三相电机，$s_1=48$ 个槽。匝数应该四舍五入到 48。这是一个大致的数目，只有在对电机进行详细的电磁和热计算后才能精确得出。

根据式（2.2），每极每相槽数为

$$q_1=\frac{s_1}{2pm_1}=\frac{48}{8\times3}=2$$

定子线圈数（双层绕组）与槽数相同，即 $2pq_1m_1=8\times2\times3=48$。若定子绕组由 4 根并联导线 $a_w=4$ 组成，根据式（2.4），并联支路数 $a_p=1$ 时，单个线圈中的导体数为

$$N_c=\frac{a_wN_1}{s_1/m_1}=\frac{4\times48}{48/3}=12$$

假设定子导体的电流密度 $J_a\approx4.5\times10^6\text{A/m}^2$（额定功率为 100kW 以内的全封闭交流电机）。定子导体的横截面积为

$$s_a=\frac{I_a}{a_wJ_a}=\frac{104.6}{4\times4.5}=5.811\text{mm}^2$$

75kW 电机定子绕组采用矩形截面铜导体。采用矩形导体的低压电机，槽满率可假设为 0.6。定子槽的截面积近似为

$$\frac{5.811\times12\times2}{0.6}\approx233\text{mm}^2$$

式中，单槽导线数为 $12\times2=24$。最小定子槽距为

$$t_{1\min}=\frac{\pi D_{\text{in}}}{z_1}=\frac{\pi\times0.262}{48}=0.0171\text{m}=17.1\text{mm}$$

定子槽宽可选择11.9mm，这样定子槽深为233/11.9≈20mm，齿部最窄齿宽为$c_{1\min}=17.1-11.9=5.2\text{mm}$。齿部最窄处的磁通密度为

$$B_{1\text{tmax}}\approx\frac{B_{\text{mg}}t_{1\min}}{c_{1\min}}=\frac{0.65\times17.1}{5.2}=2.14\text{T}$$

这是对于齿部最窄部分以及具有2.2T饱和磁通密度的硅钢片来说是所允许的最大值。最大的定子槽距为

$$t_{1\max}=\frac{\pi D_{\text{ext}}}{z_1}=\frac{\pi\times0.452}{48}=0.0296\text{m}=29.6\text{mm}$$

齿部最宽处的磁通密度为

$$B_{1\text{tmin}}\approx\frac{B_{\text{mg}}t_{1\max}}{c_{1\max}}=\frac{0.65\times29.6}{29.6-11.9}=1.09\text{T}$$

数值算例2.4

一个7.5kg的圆柱形铁心由各向同性的硅钢片组成。可以假设铁心内部磁场均匀，磁场方向与钢片叠压方向平行。磁通密度的谐波分量大小分别是：$B_{\text{m1}}=1.7\text{T}$，$B_{\text{m3}}=0.25\text{T}$，$B_{\text{m5}}=0.20\text{T}$，$B_{\text{m7}}=0.05\text{T}$，忽略7次以上的谐波。硅钢片的电导率$\sigma_{\text{Fe}}=3.3\times10^6\text{S/m}$，比质量密度$\rho_{\text{Fe}}=7600\text{kg/m}^3$，厚度$d_{\text{Fe}}=0.5\text{mm}$，磁滞损耗Richter系数$\epsilon=3.8$。计算50Hz时的铁耗。

解：

（1）涡流损耗

根据式（2.52），磁通密度的畸变系数为

$$\eta_{\text{d}}=\sqrt{1+\left(3\times\frac{0.25}{1.7}\right)^2+\left(5\times\frac{0.20}{1.7}\right)^2\times\left(7\times\frac{0.05}{1.7}\right)^2}=1.258$$

根据式（2.51）计算涡流损耗为

1）正弦磁通密度下单位质量的损耗

$$\Delta p_{\text{esin}}=\frac{\pi^2}{6}\times\frac{3.3\times10^6}{7600}\times50^2\times0.0005^2\times1.7^2=1.29\text{W/kg}$$

2）非正弦磁通密度下单位质量的损耗

$$\Delta p_{\text{e}}=\Delta p_{\text{esin}}\eta_{\text{d}}^2=1.29\times1.258^2=2.04\text{W/kg}$$

3）正弦磁通密度下的损耗

$$\Delta P_{\text{esin}}=\Delta p_{\text{esin}}m_{\text{Fe}}=1.29\times7.5=9.68\text{W}$$

4）非正弦磁通密度下的损耗

$$\Delta P_{\text{e}}=\Delta p_{\text{e}}m_{\text{Fe}}=2.04\times7.5=15.32\text{W}$$

（2）磁滞损耗

磁滞损耗可按式（2.53）计算，其中磁滞损耗Richter系数$\epsilon=3.8$。

1）正弦磁通密度下单位质量的损耗

$$\Delta p_{\mathrm{hsin}}=3.8\times\frac{50}{100}\times1.7^2=5.49\mathrm{W/kg}$$

2）非正弦磁通密度下单位质量的损耗

$$\Delta p_{\mathrm{h}}=\Delta p_{\mathrm{hsin}}\eta_{\mathrm{d}}^2=5.49\times1.258^2=8.69\mathrm{W/kg}$$

3）正弦磁通密度下的损耗

$$\Delta P_{\mathrm{hsin}}=\Delta p_{\mathrm{hsin}}m_{\mathrm{Fe}}=5.49\times7.5=41.18\mathrm{W}$$

4）非正弦磁通密度下的损耗

$$\Delta P_{\mathrm{h}}=\Delta p_{\mathrm{h}}m_{\mathrm{Fe}}=8.69\times7.5=65.19\mathrm{W}$$

涡流损耗和磁滞损耗与频率的关系如图 2.21 所示。

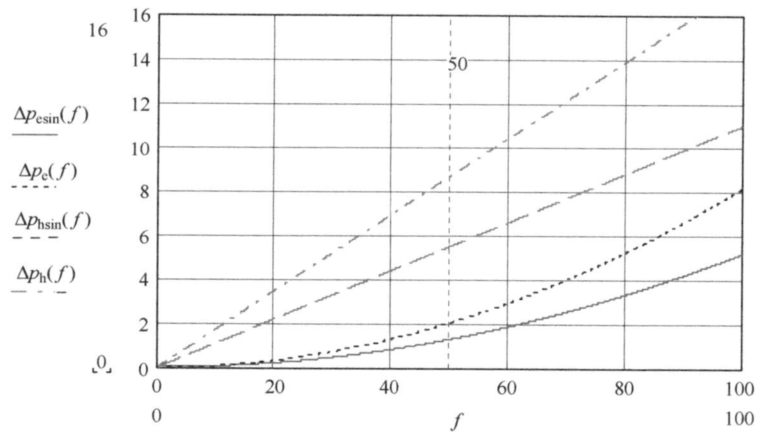

图 2.21 涡流损耗和磁滞损耗与频率的关系

（3）总损耗

正弦磁通密度下的涡流损耗和磁滞损耗之和为

$$\Delta P_{\mathrm{Fesin}}=\Delta P_{\mathrm{esin}}+\Delta P_{\mathrm{hsin}}=9.68+41.18=50.86\mathrm{W}$$

非正弦磁通密度下的涡流损耗和磁滞损耗之和为

$$\Delta P_{\mathrm{Fe}}=\Delta P_{\mathrm{e}}+\Delta P_{\mathrm{h}}=15.32+65.19=80.51\mathrm{W}$$

对于正弦和非正弦磁通密度，磁滞损耗与总损耗的比值是相同的，即

$$\frac{41.18}{50.86}=\frac{65.19}{80.51}=0.81$$

数值算例 2.5

在环境温度为 20℃的条件下，求单边定子有槽 AFPM 电机的永磁体损耗和转子背铁的功率损耗。永磁体的内径 $D_{\mathrm{in}}=0.14\mathrm{m}$，外径 $D_{\mathrm{out}}=0.242\mathrm{m}$，极数 $2p=8$，永磁体宽度与极距之比 $\alpha_{\mathrm{i}}=0.75$，表贴式永磁体厚度 $h_{\mathrm{M}}=6\mathrm{mm}$，气隙厚度 $g=1.2\mathrm{mm}$，槽数 $s_1=36$，转速 $n=3000\mathrm{r/min}$。假设气隙磁通密度最大值 $B_{\mathrm{mg}}=0.7\mathrm{T}$，钕铁硼永磁体的电导率 $\sigma_{\mathrm{PM}}=0.8\times10^6$（20℃时），其相对回复磁导率为

$\mu_{rrec}=1.05$；转子背铁电导率 $\sigma_{Fe}=4.5\times10^6$S/m（20℃时），其相对磁导率为 $\mu_r=300$。

解：

平均磁通密度 $B_{avg}=(2/\pi)B_{mg}=(2/\pi)\times0.7=0.446$T，平均直径 $D=0.5(D_{out}+D_{in})=0.5\times(0.242+0.14)=0.191$m，平均极距 $\tau=\pi D/(2p)=\pi\times0.191/8=0.075$m，平均槽距 $t_{sl}=\pi D/s_1=\pi\times0.191/36=0.017$m。根据式（2.56），由于开槽导致的磁通密度变化的基波频率为

$$f_{sl}=s_1pn=36\times4\times\frac{3000}{60}=7200\text{Hz}$$

对应的角频率 $\omega_{sl}=2\pi\times7200=45238.9$rad/s。

根据式（2.110），$k_C=1$ 时 d 轴的等效气隙为

$$g'=0.0012+\frac{0.006}{1.05}=0.006914\text{m}$$

根据式（2.60）、式（2.59）和式（2.58）分别得到 $\kappa=0.434$、$\beta_{sl}=0.041$、$\Gamma=0.18$ 和 $a_{sl}=0.546$。根据式（1.2）和式（1.3），卡特系数 $k_C=1.012$。因此，根据式（2.57）计算由于开槽引起的磁通密度分量为

$$B_{sl}=0.546\times0.041\times1.012\times0.446=0.01018\text{T}$$

在式（1.17）、式（1.16）、式（1.11）、式（1.17）、式（1.21）、式（1.22）的基础上，分别求出当 $\mu_{rrec}=1.05$ 时，$k=139.283$ 1/m，$\Delta=1/k=0.0072$m，$\alpha=139.283+\text{j}139.283$ 1/m，$\beta=\pi/(0.5t_{sl})=\pi/(0.5\times0.017)=377.241$ 1/m，$\kappa=386.668+\text{j}50.962$ 1/m，$\nu=1$ 时 $a_{R\nu}=2.733$、$a_{X\nu}=0.366$。根据式（2.62），边缘效应系数 k_z 为

$$k_z=1+\frac{0.01666}{0.242-0.14}=1.163$$

根据式（2.63），永磁体的有效表面积为

$$S_{PM}=0.75\pi\times[(0.5\times0.242)^2-(0.5\times0.14)^2]=0.023\text{m}^2$$

根据式（2.61），永磁体的有功损耗为

$$\Delta P_{PM}=\frac{1}{2}\times2.733\times1.081\times\left(\frac{|139.283+\text{j}139.283|^2}{377.241^2}\right)\times\left(\frac{0.01018}{0.4\pi\times10^{-6}\times1.05}\right)^2\times\frac{139.283}{0.65\times10^6}\times0.023=127.2\text{W}$$

永磁体的无功功率损耗可估计为

$$\Delta Q_{PM}=\frac{a_{X\nu}}{a_{R\nu}}\Delta P_{PM}=\frac{0.366}{2.733}\times127.2=17.03\text{var}$$

对于转子背铁的损耗计算，由于槽开口磁通密度分量 $B_{sl}=0.01018$T 是相同的，相对磁导率 $\mu_r=300$ 和电导率 $\sigma_{Fe}=4.5\times10^6$S/m 不同，因此，通过这些值，根据式（1.17）计算出的衰减系数 $k=6194.6$ 1/m。当 $a_R=1.45$、$a_X=0.85$ 时，

分别用式（2.64）和式（2.65）计算系数 $a_{RFe}=1.451$ 和 $a_{XFe}=0.849$。从式（1.16）、式（1.11）和式（1.17）中分别得到 $\alpha=8982+\mathrm{j}5265\ 1/\mathrm{m}$、$\beta=\pi/(0.5t_{s1})=\pi/(0.5\times0.017)=377.241\ 1/\mathrm{m}$ 和 $\kappa=8988+\mathrm{j}5362\ 1/\mathrm{m}$。

根据式（2.67），转子盘的表面积为

$$S_{Fe}=\frac{\pi}{4}\times(0.242^2-0.14^2)=0.031\mathrm{m}^2$$

根据式（2.66），转子盘有功功率损耗为

$$\Delta P_{Fe2}=\frac{1}{2}\times1.451\times1.081\times\left(\frac{|8982+\mathrm{j}5265|^2}{377.241^2}\right)\times\left(\frac{0.01018}{0.4\pi\times10^{-6}\times300}\right)^2\times\frac{6194.6}{4.5\times10^6}\times0.031=19.79\mathrm{W}$$

系数 $k_z=1.081$ 与永磁体损耗计算相同。转子盘的无功功率损耗可计算为

$$\Delta Q_{Fe2}=\frac{a_{XFe\nu}}{a_{RFe\nu}}\Delta P_{Fe2}=\frac{0.849}{1.451}\times118.2=11.6\mathrm{var}$$

数值算例 2.6

求 6000r/min 盘式电机的机械损耗，转子外半径 $R_{out}=0.14\mathrm{m}$，转子铁心后部转轴半径 $R_{sh}=0.025\mathrm{m}$，转子质量 $m_r=1.31\mathrm{kg}$，轴质量 $m_{sh}=1.49\mathrm{kg}$。电机采用空气自然冷却。环境温度为 20℃。轴承摩擦系数 $k_{fb}=1.5$。

解：

按式（2.71）计算的轴承摩擦损耗为

$$\Delta P_{fr}=0.06\times1.5\times(1.31+1.49)\times\frac{6000}{60}=25.23\mathrm{W}$$

根据式（2.72），Reynolds 数为

$$Re=1.2\times\frac{2\pi}{1.8\times10^{-5}}\times\frac{6000}{60}\times0.2^2=8.21\times10^5$$

式中，空气密度 $\rho=1.2\mathrm{kg/m^2}$；空气动态黏度 $\mu=1.8\times10^{-5}\mathrm{Pa\cdot s}$。根据式（2.73），阻力系数为

$$c_f=\frac{3.87}{\sqrt{8.21\times10^5}}=4.271\times10^{-3}$$

根据式（2.74）计算的风阻损耗为

$$\Delta P_{wind}=\frac{1}{2}\times4.271\times10^{-3}\times1.2\times\left(2\pi\times\frac{6000}{60}\right)\times(0.14^5-0.025^5)=34.18\mathrm{W}$$

机械损耗为

$$\Delta P_{rot}=25.23+34.18=59.41\mathrm{W}$$

第3章

材料与制造

3.1 定子铁心

AFPM 无刷电机的定子铁心是由电工钢片或软磁粉末材料制成。软磁粉末简化了 AFPM 无刷电机的制造过程并降低了成本。

3.1.1 无取向硅钢片

大多数 AFPM 无刷电机的定子铁心是由无取向电工钢片制成，厚度范围为 0.12~0.64mm。无取向电工钢片是一种铁硅合金材料，其内部晶粒的排列方向是随机的，在任意方向上，磁性能几乎都是相同的。无取向电工钢片不需要二次再结晶过程，也不需要高温退火。无取向电工钢片含有 0.5%~3.25% 的硅，还可以添加 0.5% 的铝以增加电阻率并降低初次结晶的温度。

无取向电工钢片有全处理与半处理两种产品。全处理的无取向电工钢片由钢材制造商完全加工，无需再次加工即可实现所需的磁性能。半处理的无取向电工钢片是那些没有经过完全退火处理的产品。在某些情况下，用户更倾向于在小功率电机的叠压或组装铁心的过程中通过退火实现制造应力的释放。

根据铁耗对电工钢片进行分级，目前最普遍接受的是美国钢铁行业（AISI）的方法（见表 3.1），即所谓的“M 级”。对于小功率和中等功率的电机（输出功率小于 75kW），可以使用以下牌号：M-27、M-36、M-43、M-45 和 M-47。

表 3.1 不同国家标准规定的硅钢牌号

欧洲 IEC 404-8-4 (1986)	美国 AISI	日本 JIS 2552 (1986)	俄罗斯 GOST 21427 0-75
250-35-A5	M-15	35A250	2413
270-35-A5	M-19	35A270	2412
300-35-A5	M-22	35A300	2411
330-35-A5	M-36	—	—

（续）

欧洲 IEC 404-8-4 (1986)	美国 AISI	日本 JIS 2552 (1986)	俄罗斯 GOST 21427 0-75
270-50-A5	—	50A270	—
290-50-A5	M-15	50A290	2413
310-50-A5	M-19	50A310	2412
330-50-A5	M-27	—	—
350-50-A5	M-36	50A350	2411
400-50-A5	M-43	50A400	2312
470-50-A5	—	50A470	2311
530-50-A5	M-45	—	2212
600-50-A5	—	50A600	2112
700-50-A5	M-47	50A700	—
800-50-A5	—	50A800	2111
350-65-A5	M-19	—	—
400-65-A5	M-27	—	—
470-65-A5	M-43	—	—
530-65-A5	—	—	2312
600-65-A5	M-45	—	2212
700-65-A5	—	—	2211
800-65-A5	—	65A800	2112
1000-65-A5	—	65A1000	—

在电工钢片叠压之前，需对钢片表面进行绝缘处理，否则无法抑制叠片铁心中的涡流。表面绝缘的类型包括自然氧化表层、无机绝缘、磁漆、清漆或化学处理表面。绝缘层的厚度通过叠压系数来表示：

$$k_{\mathrm{i}}=\frac{d}{d+2\Delta} \tag{3.1}$$

式中，d 是裸电工钢片的厚度；Δ 是绝缘层的单边厚度。叠压系数 k_{i} 通常在 0.94～0.97 之间。

牌号为 M-27、M-36 和 M-43 的 Armco DI-MAX 无取向电工钢片，在 60Hz 下的铁耗曲线见表 3.2。在 50Hz 下测试的铁耗大约是 60Hz 下铁耗的 0.79 倍，磁化曲线见表 3.3。DI-MAX M-27、M-36 和 M-43 的密度分别为 $7650\mathrm{kg/m^3}$、$7700\mathrm{kg/m^3}$ 和 $7750\mathrm{kg/m^3}$。叠压系数 $k_{\mathrm{i}}=0.95\sim0.96$。“DI-MAX”是一个注册商标，代表一种特殊的带材退火工艺，可最大限度地提高冲压性能。DI-MAX 系列材料在高磁通密度下具有更优的磁导率，更低的铁耗，以及良好的厚度一致性。通过冷加工和带材退火，可获得光滑的表面、出色的平整度和较高的叠压系数。

表3.2　Armco DI-MAX 无取向电工钢片 M-27、M-36 和 M-43 在 60Hz 下的单位质量铁耗

磁通密度/T	单位质量铁耗/(W/kg)							
	0.36mm		0.47mm			0.64mm		
	M-27	M-36	M-27	M-36	M-43	M-27	M-36	M-43
0.20	0.09	0.10	0.10	0.11	0.11	0.12	0.12	0.13
0.50	0.47	0.52	0.53	0.56	0.59	0.62	0.64	0.66
0.70	0.81	0.89	0.92	0.97	1.03	1.11	1.14	1.17
1.00	1.46	1.61	1.67	1.75	1.87	2.06	2.12	2.19
1.30	2.39	2.58	2.67	2.80	2.99	3.34	3.46	3.56
1.50	3.37	3.57	3.68	3.86	4.09	4.56	4.70	4.83
1.60	4.00	4.19	4.30	4.52	4.72	5.34	5.48	5.60
1.70	4.55	4.74	4.85	5.08	5.33	5.99	6.15	6.28
1.80	4.95	5.14	5.23	5.48	5.79	6.52	6.68	6.84

表3.3　全处理 Armco DI-MAX 无取向电工钢片 M-27、M-36 和 M-43 的磁化曲线

磁通密度/T	磁场强度/(A/m)		
	M-27	M-36	M-43
0.20	36	41	47
0.40	50	57	64
0.70	74	80	89
1.00	116	119	130
1.20	175	174	187
1.50	859	785	777
1.60	2188	2109	1981
1.70	4759	4727	4592
1.80	8785	8722	8682
2.00	26977	26022	26818
2.10	64935	65492	66925
2.20	137203	136977	137075

频率超过50Hz或60Hz，应使用厚度小于0.2mm的无取向电工钢片。表3.4是牌号为NO 12、NO 18和NO 20的无取向电工钢片的磁化特性和铁耗（英国Cogent Power公司），它们的工作频率可达2.5kHz，典型的化学成分包括3.0%的硅、0.4%的铝和96.6%的铁。无机磷酸盐绝缘的标准厚度为1μm（单面）。在空气中的最大连续工作温度为230℃。在惰性气体中最大间歇工作温度为

850℃，硬度为 180HV，密度为 7650kg/m^3。

表 3.4　英国 Cogent Power 公司生产的无取向电工钢片的铁耗曲线和直流磁化曲线

磁通密度/T	单位质量铁耗/(W/kg)									磁场强度/(kA/m)
	NO 12 0.12mm			NO 18 0.18mm			NO 20 0.2mm			
	50Hz	400Hz	2.5kHz	50Hz	400Hz	2.5kHz	50Hz	400Hz	2.5kHz	
0.10	0.02	0.16	1.65	0.02	0.18	2.18	0.02	0.17	2.79	0.025
0.20	0.08	0.71	6.83	0.08	0.73	10.6	0.07	0.72	10.6	0.032
0.30	0.16	1.55	15.2	0.16	1.50	19.1	0.14	1.49	24.4	0.039
0.40	0.26	2.57	2.54	0.26	2.54	31.7	0.23	2.50	40.4	0.044
0.50	0.37	3.75	37.7	0.36	3.86	45.9	0.32	3.80	58.4	0.051
0.60	0.48	5.05	52.0	0.47	5.22	61.5	0.42	5.17	78.4	0.057
0.70	0.62	6.49	66.1	0.61	6.77	81.1	0.54	6.70	103.0	0.064
0.80	0.76	8.09	83.1	0.75	8.47	104.0	0.66	8.36	133.0	0.073
0.90	0.32	9.84	103.0	0.90	10.4	161.0	0.80	10.3	205.0	0.084
1.00	1.09	11.8	156	1.07	12.3	198.0	0.95	12.2	253.0	0.099
1.10	1.31	14.1	—	1.28	14.9	—	1.14	14.8	—	0.124
1.20	1.56	16.7	—	1.52	18.1	—	1.36	17.9	—	0.160
1.30	1.89	19.9	—	1.84	21.6	—	1.65	21.4	—	0.248
1.40	2.29	24.0	—	2.23	25.6	—	2.00	25.3	—	0.470
1.50	2.74	28.5	—	2.67	30.0	—	2.40	29.7	—	1.290
1.60	3.14	—	—	3.06	—	—	2.75	—	—	3.550
1.70	3.49	—	—	3.40	—	—	3.06	—	—	7.070
1.80	3.78	—	—	3.69	—	—	3.32	—	—	13

3.1.2　非晶铁磁合金

为了尽量减少高频下的铁耗，可以用非晶铁磁合金代替无取向电工钢片（见表 3.5 和表 3.6）。相比于晶体结构的电工钢片，非晶铁磁合金没有排列有序、规则的内部晶体结构（晶格）。

基于铁、镍和钴的非晶合金带材，是通过熔融金属的快速凝固工艺生产的，冷却速率约为 10^6℃/s。在原子有机会分离或形成晶体之前，合金就已经固化，得到的是一种类似玻璃结构的金属合金，即一种非晶体的、固化的液态物质。

非晶合金带材在电机大规模生产中的应用受到其硬度的限制，在维氏尺度下硬度为1100。常规的切割方法，如剪切或冲压并不适用。机械应力作用下的非晶体材料会发生破裂。激光和电火花加工（EDM）切割方法会使非晶体材料熔化并导致不良结晶。此外，这些方法会在叠片之间形成电接触，将增加涡流以及额外的损耗。在20世纪80年代早期，通用电气公司使用化学方法切割非晶体材料，这些方法加工十分缓慢且成本高昂[191]。使用水刀切割的方法可以克服切割硬质非晶体带材的问题[246]。这种方法使得在室温下切割非晶体材料成为可能，且不会产生裂纹、熔化、结晶以及绝缘带材之间的电接触。

表3.5　铁基METGLAS非晶合金带材的物理性能（由美国Honeywell公司提供）

参数	2605CO	2605SA1
饱和磁通密度/T	1.8	1.59 退火 1.57 铸造
50Hz和1T下的单位质量铁耗/(W/kg)	<0.28	约0.125
密度/(kg/m^3)	7560	7200 退火 7190 铸造
电导率/(S/m)	0.813×10^6	0.769×10^6
维氏硬度	810	900
弹性系数/(GN/m^2)	100~110	100~110
叠压系数	<0.75	<0.79
结晶温度/℃	430	507
居里温度/℃	415	392
最高工作温度/℃	125	150

表3.6　铁基METGLAS非晶合金带材的铁耗曲线（由美国Honeywell公司提供）

磁通密度B/T	单位质量铁耗Δp/(W/kg)			
	2605CO		2605SA1	
	50Hz	60Hz	50Hz	60Hz
0.05	0.0024	0.003	0.0009	0.0012
0.10	0.0071	0.009	0.0027	0.0035
0.20	0.024	0.030	0.0063	0.008
0.40	0.063	0.080	0.016	0.02
0.60	0.125	0.16	0.032	0.04
0.80	0.196	0.25	0.063	0.08
1.00	0.274	0.35	0.125	0.16

3.1.3　软磁粉末复合材料

粉末冶金技术被用于生产小型电机的铁心或形状复杂的铁心。软磁粉末复合材料由铁粉、介质（环氧树脂）和用于机械增强的材料（玻璃纤维或碳纤维）组成。用于电机和电器铁心的粉末复合材料可以分为[265]：

1）电磁介质和磁电介质；

2）磁性烧结材料。

电介质电磁材料和磁电介质材料是用于描述由相同基本成分构成的材料的名称，这些成分包括铁磁性材料（主要是铁粉）和电介质材料（主要是环氧树脂）[265]。介质材料的作用是绝缘和固定铁磁颗粒。在制造过程中，电介质材料占总质量 2% 的复合材料被视为电介质电磁材料，而电介质含量更高的材料则被视为磁电介质材料[265]。

美国 TSC 公司开发了一种新型软磁粉末材料 Accucore，与传统电工钢片进行竞争[4]。非烧结 Accucore 的磁化曲线和铁耗曲线见表 3.7。烧结后的 Accucore 具有比非烧结材料更高的饱和磁通密度，材料密度为 7550 ~ 7700kg/m^3。

瑞典 Höganäs 公司研发了软磁复合材料（SMC）粉末，这种表面涂层的金属粉末具有优异的可压缩性[242]。Somaloy^{TM}500（见表 3.8 和表 3.9）已被开发用于具有三维磁路的电机、变压器、点火系统和传感器。

表 3.7　非烧结 Accucore 的磁化曲线和铁耗曲线（由美国 TSC 公司提供）

磁化曲线		铁耗曲线		
磁通密度 *B*/T	磁场强度 *H*/(A/m)	60Hz W/kg	100Hz W/kg	400Hz W/kg
0.10	152	0.132	0.242	1.058
0.20	233	0.419	0.683	3.263
0.30	312	0.772	1.323	6.217
0.40	400	1.212	2.072	9.811
0.50	498	1.742	2.976	14.088
0.60	613	2.315	3.968	18.850
0.70	749	2.954	5.071	24.295
0.80	909	3.660	6.305	30.490
0.90	1107	4.431	7.650	37.346
1.00	1357	5.247	9.039	44.489
1.10	1677	6.129	10.582	52.911
1.20	2101	7.033	12.214	61.377
1.30	2687	7.981	13.845	70.151

（续）

磁化曲线		铁耗曲线		
磁通密度 B/T	磁场强度 H/(A/m)	60Hz W/kg	100Hz W/kg	400Hz W/kg
1. 40	3525	8. 929	15. 565	79. 168
1. 50	4763	9. 965	17. 394	90. 302
1. 60	6563	10. 869	19. 048	99. 671
1. 70	9035	11. 707	20. 635	109. 880
1. 75	10746	12. 125	21. 407	—

表 3.8 Somaloy™500 +0.5 % Kenolube 在 500℃、800MPa 的空气中处理 30min 的铁耗曲线（由瑞典 Höganäs 公司提供）

磁通密度/T	单位质量铁耗/(W/kg)					
	50Hz	100Hz	300Hz	500Hz	700Hz	1000Hz
0. 4	1. 5	3	12	18	27	45
0. 5	1. 9	3. 6	17	27	40	60
0. 6	2. 7	6	21	34	55	90
0. 8	4. 6	10	32	52	92	120
1. 0	6. 8	16	48	80	140	180
2. 0	30	50	170	270	400	570

表 3.9 Somaloy™500 +0.5% Kenolube 在 500℃、800MPa 的空气中处理 30min 的磁化曲线（由瑞典 Höganäs 公司提供）

磁场强度 H/(A/m)	密度为 6690kg/m³ 下的磁通密度 B/T	密度为 7100kg/m³ 下的磁通密度 B/T	密度为 7180kg/m³ 下的磁通密度 B/T
1500	0. 7	0. 83	0. 87
3200	0. 8	1. 13	1. 19
4000	0. 91	1. 22	1. 28
6000	1. 01	1. 32	1. 38
10000	1. 12	1. 42	1. 51
15000	1. 24	1. 52	1. 61
20000	1. 32	1. 59	1. 69
40000	1. 52	1. 78	1. 87
60000	1. 65	1. 89	1. 97
80000	1. 75	1. 97	2. 05
100000	1. 82	2. 02	2. 10

3.1.4　定子铁心的制造

1. 定子叠片铁心的制造

通常，定子铁心是由电工钢片带材卷绕而成，槽则通过铣削或刨削加工而成。另一种方法是先冲压出有不同间距的槽，然后将电工钢片带材卷绕成带槽的环形定子铁心（捷克 VÚES 电机研究所）。此外，这种制造工艺还可以制造斜槽，每个定子铁心斜槽方向相反，以最大限度地减少齿槽转矩和齿谐波的影响。建议采用波绕组，以获得更短的端部连接和更多的轴向空间。采用奇数槽，例如 25 槽而不是 24 槽，可以帮助减少齿槽转矩。

另一种技术是使用梯形模块来组成定子铁心[257]。每个梯形模块对应一个槽距（见图 3.1）。固定宽度的电工钢片带材按与半径成比例的距离进行折叠。为了便于折叠，在带材两面交替加工出横向凹槽。最终，锯齿形叠片模块被压制而成，并使用胶带或热固性材料固定，如图 3.1 所示[257]。

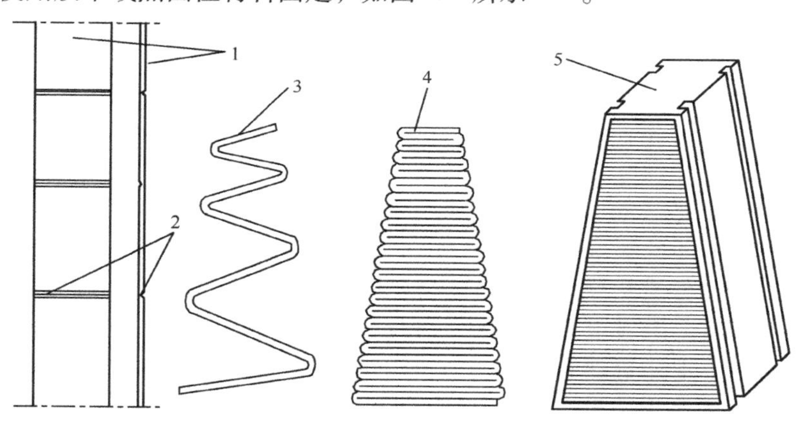

图 3.1　由硅钢片条带制造定子铁心模块

1—电工钢片带材　2—横向凹槽　3—折叠　4—压制得到模块　5—完成后的模块

2. 定子软磁粉末铁心的制造

轴向磁通电机的叠片铁心比径向磁通电机的更难制造。SMC 粉末简化了具有复杂形状，通常为 3D 结构的定子铁心的制造过程。如果使用软磁粉末复合材料制造定子铁心，AFPM 电机的大规模生产将更具成本优势。

使用 SMC 粉末，AFPM 电机的定子铁心可以做成有槽铁心、无槽圆柱形铁心和凸极铁心（每个凸极上有一个线圈）。

用于 AFPM 电机的有槽和无槽圆柱形铁心可通过粉末冶金工艺制成，使用软磁粉末和少量润滑剂或粘合剂。粉末冶金工艺包括四个基本步骤，即：①粉末制造；②混合或搅拌；③压制；④烧结。大多数压制工作是使用机械、液压或气动压力机和刚性工具完成的。压制压力一般介于 70 ~ 800MPa 之间，其中 150 ~

500MPa 最为常见。铁心的外径大小受压力机能力的限制。定子铁心通常必须分成较小的部分进行加工。大多数粉末冶金产品的横截面积须小于 2000mm²。如果压力机的能力足够，可以压制高达6500mm²的面积。压制压力对 Höganäs SMC 粉末密度的影响如图 3.2 所示。

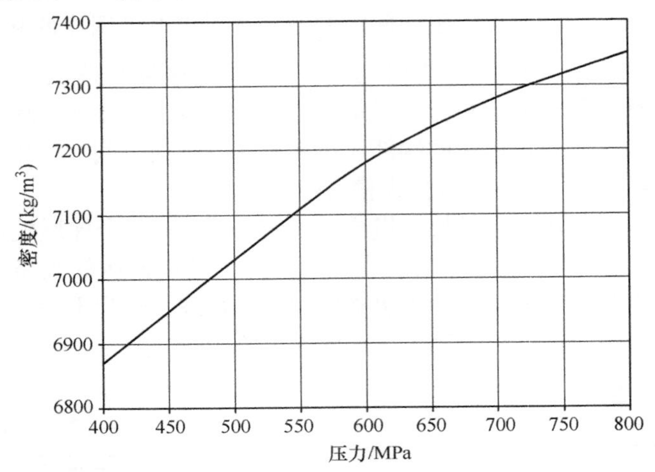

图 3.2　压制压力对 Höganäs SMC 粉末密度的影响

对于 Somaloy™ 500，热处理温度（烧结）通常为 500℃，持续 30min。热处理后，压制的粉末比实心钢的机械强度要小得多。

定子槽内导体受热导致定子齿部出现热膨胀应力，这些应力的大小取决于绕组与铁心的温差、两种材料热膨胀系数的差异以及槽满率。在粉末铁心中，这一问题比在叠片铁心中更加突出，因为粉末铁心的抗拉强度至少比叠片铁心低 25 倍，其弹性模量也小于 100GPa，远低于叠片铁心的 200GPa。

图 3.3 是由 SMC 粉末制成的小型盘式电机的开槽定子[160,265]。图 3.4 是由美国 Mii 公司制造的小型单边 AFPM 电机的 SMC 粉末凸极定子，三相定子有 9 个凸极。图 3.5 是由瑞典 Höganäs 公司制造的单个 SMC 粉末凸极。

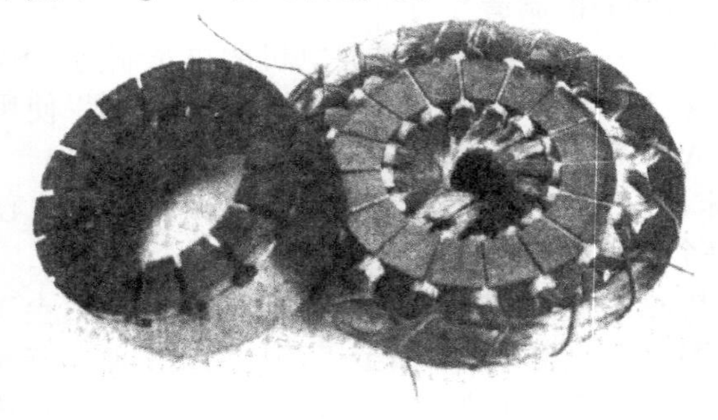

图 3.3　小型单边盘式电机的开槽定子[265]

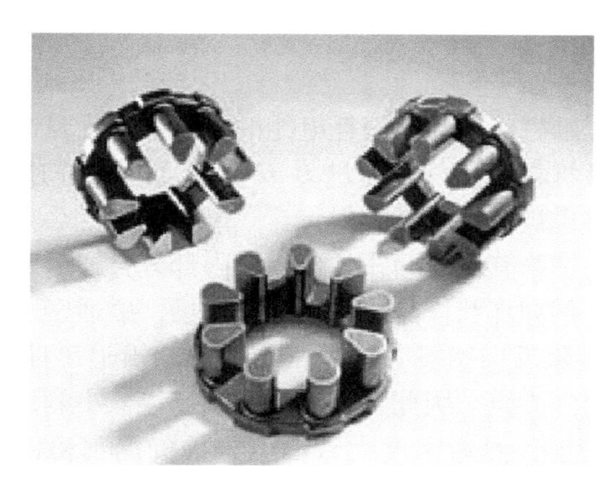

图 3.4　采用 SMC 粉末制作的小型单边 AFPM 电机凸极定子（由美国 Mii 公司提供）

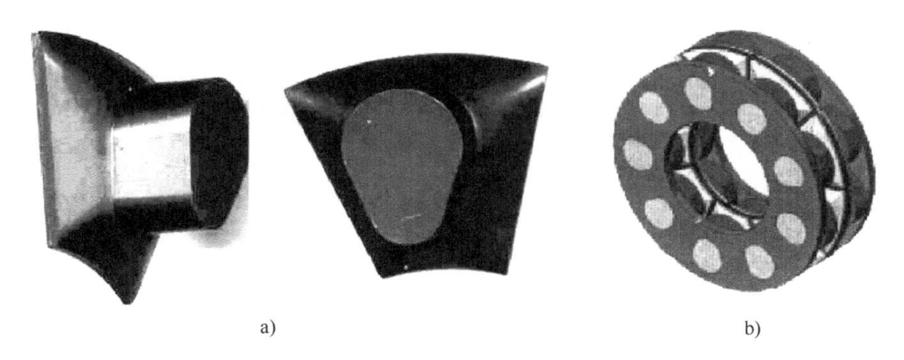

a)　　b)

图 3.5　采用 SMC 粉末制作的小型 AFPM 电机凸极（由瑞典 Höganäs 公司提供）
a）单个 SMC 凸极　b）双边 AFPM 电机

3.2　转子磁路

转子磁路由永磁体、低碳钢支撑环或圆盘组成。由于气隙略大于类似的 RFPM 电机，因此应使用高能量密度的永磁体。

通常，表贴式永磁体是粘接在光滑的支撑环上，或固定在具有与永磁体相同形状凹槽的支撑环上，无需额外的机械保护措施来抵抗轴向的吸引力。用于磁体与支撑环之间或磁体之间的粘合剂包括环氧树脂、丙烯酸或硅酮基材质。粘合剂所需的最小抗剪强度为 20×10^6 Pa。过往有研究尝试为 AFPM 电机开发内置式永磁体转子结构。根据参考文献［221］，这种转子铁心只能使用软磁粉末来制造[221]。这种结构的主要优点是可以改善电机的弱磁性能。然而，转子结构的复杂性和高成本阻碍了其进一步的商业化发展。

3.2.1　永磁材料

永磁体可以在无励磁绕组和不消耗电能的情况下在气隙中产生磁场。像其他铁磁材料一样，永磁材料性能可以通过 B-H 磁滞回线来描述。由于磁滞回线的面积较大，永磁材料也被称为硬磁材料。

永磁体性能的关键是其磁滞回线的左上象限部分，即退磁曲线（见图3.6）。若对已磁化的样品，例如环状样品，施加反向磁场，磁通密度将沿退磁曲线下降到 K 点。如果此时撤除反向磁场，磁通密度并不会沿退磁曲线回去，而会根据一条局部磁滞回线回到 L 点。因此，施加反向磁场会减小剩磁。重新施加反向磁场将再次减少磁通密度，磁通密度大致沿着先前的局部磁滞回线返回到 K 点，并将局部磁滞回线闭合。忽略误差，局部磁滞回线可以用一条直线来代替，称为回复线，它的斜率称为回复磁导率 μ_{rec}。

只要施加的反向磁场不超过 K 点的数值，永磁体性能基本不变。但若施加了更大的反向磁场 H，磁通密度低于 K 点之后将沿退磁曲线下降。一旦撤除 H 后，将建立一条新的、更低的回复线。

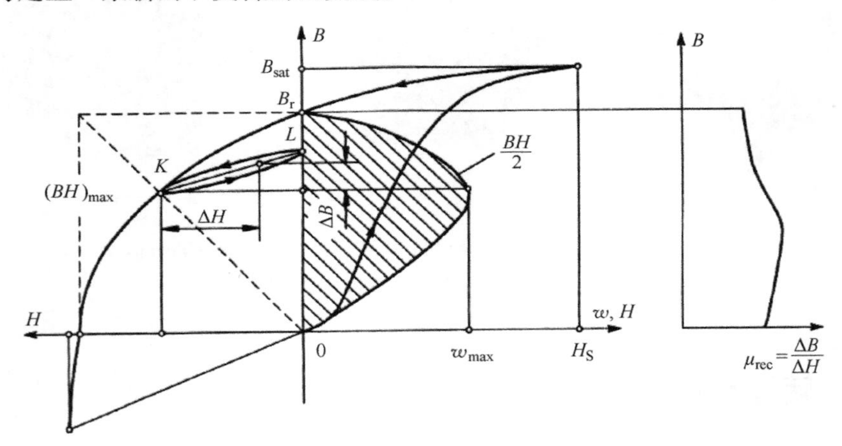

图3.6　退磁曲线、回复线、永磁体的磁能密度和回复磁导率

剩余磁通密度 B_r，或称剩磁，是指磁性材料在外加磁场去掉之后仍然保留的磁通密度。矫顽力 H_c 是指对已经磁化的材料，要使其磁通密度降至零所需要的退磁磁场强度。

随着磁体温度的升高，B_r 和 H_c 都会减小，即

$$B_r = B_{r20}\left[1 + \frac{\alpha_B}{100}(\vartheta_{PM} - 20)\right] \tag{3.2}$$

$$H_c = H_{c20}\left[1 + \frac{\alpha_H}{100}(\vartheta_{PM} - 20)\right] \tag{3.3}$$

式中，ϑ_{PM}是永磁体的温度；B_{r20}和H_{c20}分别是在20℃时的剩磁和矫顽力；$\alpha_B<0$和$\alpha_H<0$分别是剩磁和矫顽力的温度系数（%/℃）。可以看出，退磁曲线对温度（见图3.7）非常敏感。

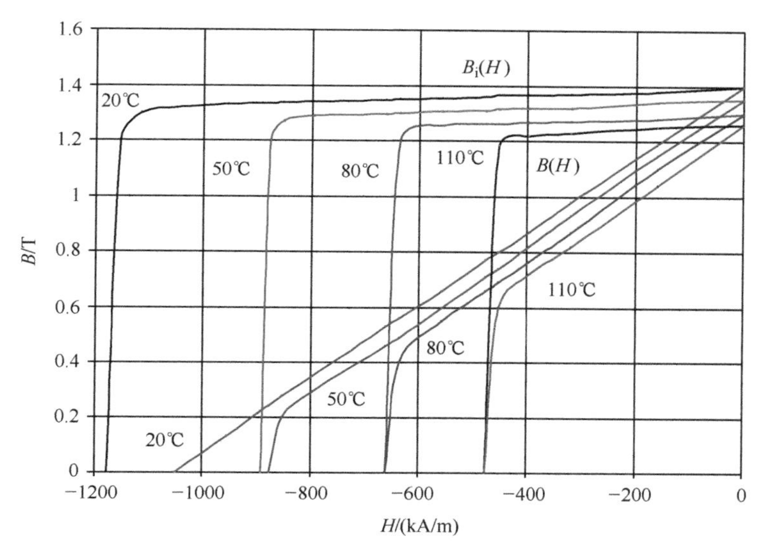

图3.7 烧结N48M钕铁硼永磁体的B-H和B_i-H退磁曲线及其随温度变化的比较（由日本ShinEtsu公司提供）

内禀退磁曲线（见图3.7）是位于左上象限的$B_i=f(H)$曲线，其中$B_i=B-\mu_0H$。当$H=0$时，内禀磁通密度$B_i=B_r$。

内禀矫顽力${}_iH_c$是内禀退磁曲线上的内禀磁通密度B_i降至零所需的磁场强度。对于永磁材料，${}_iH_c>H_c$。

饱和磁通密度B_{sat}对应于较高的磁场强度，此时增加外磁场不再对磁通密度产生进一步影响。在饱和区域内，所有磁畴的磁矩排列方向与外磁场方向一致。

回复磁导率μ_{rec}是回复线上任意点的磁通密度与磁场强度之比，即

$$\mu_{rec}=\mu_o\mu_{rrec}=\frac{\Delta B}{\Delta H} \tag{3.4}$$

式中，相对回复磁导率μ_{rrec}的值在1~4.5之间。

由永磁体在外部空间产生的单位最大磁能等于单位体积的最大磁能密度（J/m³），即

$$w_{max}=\frac{(BH)_{max}}{2} \tag{3.5}$$

式中，乘积$(BH)_{max}$对应于退磁曲线上的最大能量密度点，对应的坐标是B_{max}和H_{max}（见图3.6）。

退磁曲线的形状因子反映了退磁曲线的凹陷形状，即

$$\gamma = \frac{(BH)_{\max}}{B_r H_c} = \frac{B_{\max} H_{\max}}{B_r H_c} \tag{3.6}$$

对于一个正方形的退磁曲线，$\gamma = 1$；对于一条直线（稀土永磁体），$\gamma = 0.25$。

漏磁导致磁场在永磁体的每极高度 h_M 上分布不均匀。因此，永磁体产生的磁动势并不是恒定的。磁场在中性截面处较高，在端部较低，但磁动势分布的情况则相反[106]。

永磁体表面不是等势面。表面上每一点的磁动势都是到中性区域距离的函数。为了简化计算，将沿每极高度 h_M 上不均匀分布的磁场，替换为一个等效磁场。这个等效磁场穿过整个高度 h_M，并从极面流出。为了求出永磁体的等效漏磁和总磁通，需要先求出等效磁场强度，即

$$H = \frac{1}{h_M}\int_0^{h_M} H_x \mathrm{d}x = \frac{F_M}{h_M} \tag{3.7}$$

式中，H_x 是指距中性截面 x 处的磁场强度；F_M 是永磁体产生的每极磁动势（每对极磁动势 $=2F_M$）。

由等效磁场强度［式（3.7）］可以求得永磁体的等效漏磁通，即

$$\Phi_{lM} = \Phi_M - \Phi_g \tag{3.8}$$

式中，Φ_M是永磁体产生的所有磁通；Φ_g是气隙磁通。定义永磁体的漏磁系数为

$$\sigma_{lM} = \frac{\Phi_M}{\Phi_g} = 1 + \frac{\Phi_{lM}}{\Phi_g} > 1 \tag{3.9}$$

可以将气隙磁通简单地表示为 $\Phi_g = \Phi_M / \sigma_{lM}$。

下面以磁通 Φ-磁动势的方法来表示漏磁导，对应永磁等效漏磁通的漏磁导为

$$G_{lM} = \frac{\Phi_{lM}}{F_M} \tag{3.10}$$

准确估算漏磁导 G_{lM}是分析计算含有永磁体的磁路中最困难的任务。使用场的方法，例如 FEM，可以比较准确地计算漏磁导。

平均等效磁通和等效磁动势是指在永磁体的整个体积中假定磁通密度和磁场强度是均匀的。永磁体在外部空间产生的全部能量（J）是

$$W = \frac{BH}{2} V_M \tag{3.11}$$

式中，V_M是永磁体的体积。

一个矩形截面并包含永磁体的磁路，由一个永磁体和两个低碳钢极靴构成，在给定的气隙体积 $V_g = g w_M l_M$ 中，磁通密度 B_g与磁能积（$B_M H_M$）的二次方根

成正比[106]，即

$$B_g=\mu_0 H_g=\sqrt{\frac{\mu_0}{\sigma_{1M}}\left(1+\frac{2H_{Fe}l_{Fe}}{H_g g}\right)^{-1}\frac{V_M}{V_g}B_M H_M}\approx\sqrt{\mu_o\frac{V_M}{V_g}B_M H_M} \tag{3.12}$$

式中，H_{Fe}是低碳钢轭中的磁场强度；H_g是气隙中的磁场强度；$V_M=2h_M w_M l_M$是永磁体的体积，w_M是永磁体的宽度，l_M是永磁体的长度；$2l_{Fe}$是两个低碳钢极靴中磁通路径的长度。随着对更小体积、更小质量和更高效率的追求，永磁材料领域的材料研究已经集中在寻找具有高最大磁能积（BH）$_{max}$值的材料。

气隙磁通密度B_g可以根据退磁曲线、气隙和漏磁导线以及回复线，通过解析方法进行估算[106]。大致上，它可以根据磁压降的平衡来计算，即

$$\frac{B_r}{\mu_0\mu_{rrec}}h_M=\frac{B_g}{\mu_0\mu_{rrec}}h_M+\frac{B_g}{\mu_0}g$$

式中，μ_{rrec}为永磁体的相对磁导率（相对回复磁导率）。因此

$$B_g\approx\frac{B_r h_M}{h_M+\mu_{rrec}g}=\frac{B_r}{1+\mu_{rrec}g/h_M} \tag{3.13}$$

气隙磁通密度与剩磁B_r成正比，并随着气隙g的增大而减小。式（3.13）只能用于初步计算。

对于稀土永磁材料，由于退磁曲线几乎是直线，因此它的近似非常简单，即

$$B(H)=B_r\left(1-\frac{H}{H_c}\right) \tag{3.14}$$

更复杂的退磁曲线（铝镍钴或铁氧体）的近似在参考文献［106］中给出。

式（3.14）代表的退磁曲线与式（3.15）代表的气隙磁导曲线的交点，称为工作点。它对应的磁通密度大小，根据式（3.9），应等于气隙磁通密度B_g乘以漏磁系数σ_{1M}。

$$B(H)=\mu_0\frac{h_M}{g}H \tag{3.15}$$

3.2.2　永磁材料的特性

当前用于电机的永磁材料分为三大类：

1）铝镍钴（Al、Ni、Co、Fe）；

2）铁氧体，例如钡铁氧体$BaO\times 6Fe_2O_3$和锶铁氧体$SrO\times 6Fe_2O_3$；

3）稀土材料，即钐钴（SmCo）和钕铁硼（NdFeB）。

上述三种永磁材料的退磁曲线如图3.8所示。

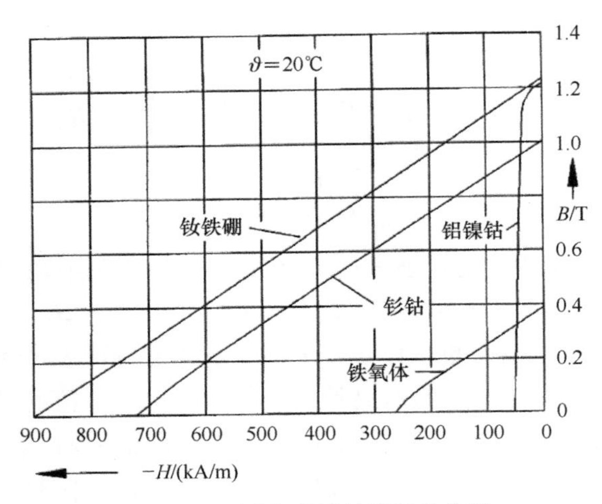

图3.8 不同永磁材料的退磁曲线

1. 铝镍钴

在20世纪40年代中期到60年代末，铝镍钴主导了从几瓦到150kW范围内的永磁电机市场。铝镍钴的主要优点是具有高剩磁和低温度系数（见表3.10）。其剩磁的温度系数为−0.02%/℃，最高工作温度为520℃。缺点是，铝镍钴的矫顽力非常低，退磁曲线极其非线性。因此，铝镍钴不仅容易磁化，也非常容易退磁。铝镍钴已用于有较大气隙的盘式永磁直流换向器电机中，大气隙可以使电枢反应忽略不计。为了防止电枢磁通引起的退磁，可以使用额外的低碳钢极靴来保护铝镍钴永磁体。

表3.10 常用于小型电机的永磁材料的物理特性（由德国Magnaquench公司提供）

性能	铝镍钴烧结 Koerzit500	铁氧体粘接 Koerox12/22p	铁氧体烧结 Koerox350
剩磁 B_r/T	1.24	0.26	0.39
矫顽力 H_c/(kA/m)	51	180	270
内禀矫顽力 ${}_iH_c$/(kA/m)	51	225	310
$(BH)_{max}$/(kJ/m^3)	41.4	13	30
相对回复磁导率	3~4.5	1.1	1.1
20~100℃下 B_r 的温度系数 α_B	−0.02	−0.2	−0.2
20~100℃下 ${}_iH_c$ 的温度系数 α_{iH}	+0.03 ~ −0.07	+0.4	+0.3
居里温度/℃	850	450	450
最大持续工作温度/℃	500	100~200	200
热导率/[W/(m·℃)]	10~100	—	4
密度 ρ_{PM}/(kg/m^3)	7300	3400	4800
电导率/(S/m)	$(1.4\sim2.5)\times10^6$	<0.0001	<0.0001
20~100℃下的热膨胀系数/($\times10^{-6}$/℃)	11~13	20~50	12（平行） 8（垂直）
比热容/[J/(℃·kg)]	350~500	—	800

2. 铁氧体

20世纪50年代发明了通过粉末冶金生产的钡铁氧体和锶铁氧体。它们的化学配方可以表示为MO×6（Fe_2O_3），其中M可以是钡、锶或铅。铁氧体材料有各向同性和各向异性两种类别。

铁氧体的矫顽力高于铝镍钴，但剩磁较低（见表3.10）。温度系数相对较高，剩磁的温度系数为-0.20%/℃，矫顽力的温度系数为-0.27～-0.40%/℃。最高工作温度为450℃。铁氧体的主要优点是成本低，另外极高的电阻率使永磁体内几乎没有涡流损耗。铁氧体最适合在分马力电机中使用。钡铁氧体通常用于小型直流换向器电机（如汽车的鼓风机、风扇、雨刷、泵等）和电动玩具。

3. 稀土材料

第一代稀土永磁体是基于$SmCo_5$合金的磁体，在20世纪70年代初（20世纪60年代发明）开始商业化生产。$SmCo_5$具有剩磁高、矫顽力大、磁能积高、退磁曲线呈线性和温度系数低等优点（见表3.11）。剩磁的温度系数为-0.02～-0.045%/℃，矫顽力的温度系数为-0.14～-0.40%/℃。最高工作温度为300～350℃。它适用于体积小和在高温下运行的电机，例如用于微型涡轮机的无刷发电机。由于供应限制，钐和钴都相对昂贵。

表3.11 Vacomax烧结Sm_2Co_{17}永磁材料在室温20℃时的物理性质

（由德国Vacuumschmelze公司提供）

性能	Vacomax 240 HR	Vacomax 225 HR	Vacomax 240
剩磁 B_r/T	1.05～1.12	1.03～1.10	0.98～1.05
矫顽力 H_c/(kA/m)	600～730	720～820	580～720
内禀矫顽力 ${}_iH_c$/(kA/m)	640～800	1590～2070	640～800
$(BH)_{max}$/(kJ/m^3)	200～240	190～225	180～210
相对回复磁导率	1.22～1.39	1.06～1.34	1.16～1.34
20～100℃下 B_r 的温度系数 α_B/(%/℃)		-0.030	
20～100℃下 ${}_iH_c$ 的温度系数 α_{iH}/(%/℃)	-0.15	-0.18	-0.15
20～150℃下 B_r 的温度系数 α_B/(%/℃)		-0.035	
20～150℃下 ${}_iH_c$ 的温度系数 α_{iH}/(%/℃)	-0.16	-0.19	-0.16
居里温度/℃		≈800	
最大持续工作温度/℃	300	350	300
热导率/[W/(m·℃)]		≈12	
密度 ρ_{PM}/(kg/m^3)		8400	
电导率/(×10^6S/m)		1.18～1.33	
20～100℃下的热膨胀系数/(×10^{-6}/℃)		10	
杨氏模量/(×10^6MPa)		0.150	
弯曲应力/MPa		90～150	
维氏硬度		≈640	

近年来，基于相对便宜的钕发明了第二代稀土永磁体，在降低原材料成本方面取得了显著进展。1983 年，在美国宾夕法尼亚州匹兹堡举行的第 29 届磁学和磁性材料年会上，日本住友特殊金属公司宣布了以钕为基础的新一代稀土永磁材料。作为稀土元素，钕的蕴藏量要比钐大得多。钕铁硼比钐钴具有更好的磁性能（见表 3.12），但这只局限在室温条件下。退磁曲线，特别是矫顽力，与温度密切相关。剩磁的温度系数为 -0.09 ~ -0.15%/℃，矫顽力的温度系数为 -0.40 ~ -0.80%/℃。最高工作温度为 250℃，居里温度为 350℃。钕铁硼也容易被腐蚀。钕铁硼对于许多应用来说，具有显著提高性能成本比的巨大潜力。因此，它们将对未来永磁电机的发展和应用产生重大影响。

表 3.12　Hicorex-Super 烧结钕铁硼永磁材料在室温 20℃时的物理性质

（由日本 Hitachi Metals 公司提供）

性能	Hicorex-Super HS-38AV	Hicorex-Super HS-25EV	Hicorex-Super HS-47AH
剩磁 B_r/T	1.20 ~ 1.30	0.98 ~ 1.08	1.35 ~ 1.43
矫顽力 H_c/(kA/m)	875 ~ 1035	716 ~ 844	1018 ~ 1123
内禀矫顽力 ${}_iH_c$/(kA/m)	最小 1114	最小 1989	最小 1114
$(BH)_{max}$/(kJ/m^3)	278 ~ 319	183 ~ 223	342 ~ 390
相对回复磁导率		1.03 ~ 1.06	
20 ~ 100℃下 B_r 的温度系数 α_B/(%/℃)		-0.11 ~ -0.13	
20 ~ 100℃下 ${}_iH_c$ 的温度系数 α_{iH}/(%/℃)		-0.65 ~ -0.72	
居里温度/℃		≈310	
最大持续工作温度/℃	160	180	140
热导率/[W/(m·℃)]		≈7.7	
密度 ρ_{PM}/(kg/m^3)		7500	
电导率/(×10^{6}S/m)		≈0.67	
20 ~ 100℃下的热膨胀系数/(×10^{-6}/℃)		-1.5	
杨氏模量/(×10^{6}MPa)		0.150	
弯曲应力/MPa		260	
维氏硬度		≈600	
特点	高磁能积	耐高温	超高性能

稀土永磁体的化学活性与碱土金属（例如镁）相似。随着温度和湿度的升高，这种反应会加快。钕铁硼合金如果暴露于氢气中，通常在略高的温度和/或压力下，会变得很脆，可以轻易地被压碎。氢在合金中的扩散会使其完全解体。

防腐保护涂层可以分为金属涂层和有机涂层两种。对于金属涂层，例如镍和锡，通常使用电镀的方法。有机涂层包括静电喷涂的粉末涂料、清漆和树脂。

现今，稀土永磁体的工业生产主要采用粉末冶金工艺[212]。除了一些特定材料参数外，这种加工技术一般适用于所有稀土永磁材料。合金通过真空感应熔炼或氧化物的钙热还原法生产。然后，材料通过破碎和研磨被细化为粒径小于 10μm 的单晶粉末。为了获得具有尽可能高的最大磁能积（BH）$_{max}$的各向异性永磁体，将粉末在外部磁场中定向排列，然后压制并通过烧结致密化，以达到接近理论密度。对于块状、环形或弧形等简单形状部件的大批量生产，利用模具压制粉末至近似最终形状是最经济的方法。

美国通用汽车公司的研究人员开发了一种基于熔融旋转铸造系统的制造方法，最初为生产非晶态金属合金而发明。在这项技术中，首先通过快速淬火将熔融的 NdFeCoB 材料形成厚度为 30 ~ 50μm 的薄带，然后进行冷压、挤出和热压成块状。在保持小晶粒的同时进行热压和热加工，以提供接近 100% 的高密度，这消除了内部腐蚀的可能性。标准的电沉积环氧树脂涂层提供了极好的耐腐蚀性。

现在大量订购钕铁硼的价格已低于每千克 20 美元。随着钕铁硼供应量的增加，预计其价格将进一步下降。

3.2.3　图解法求工作点

只有当外部磁路的磁阻大于零时，永磁体在外部空间的能量才会存在。如果将已磁化的永磁体置于封闭的理想铁磁路内，如环形磁路，尽管存在磁通，但永磁体在外部空间并不显示任何磁性：

$$\Phi_r = B_r S_M = B_r w_M l_M \tag{3.16}$$

式中，B_r为永磁体剩磁。

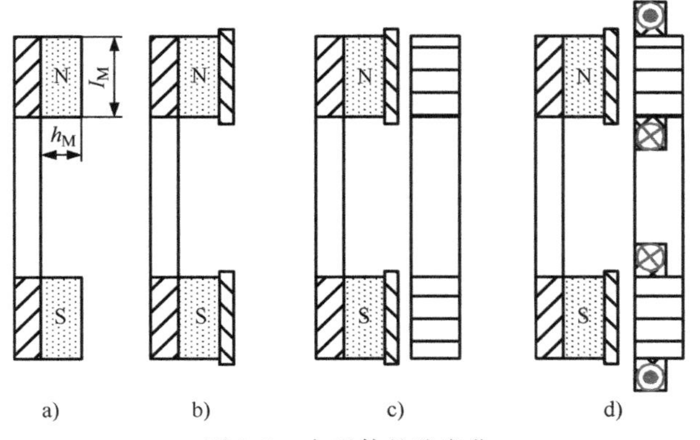

图 3.9　永磁体的稳定化

a）单独的永磁体　b）带极靴的永磁体　c）处于外部磁路中的永磁体

d）外部磁路包含电枢电流的永磁体

如图3.9a所示，已磁化并单独放置在开放空间中的永磁体会产生磁场。永磁体产生磁动势以维持外部开放空间中的磁通。永磁体的状态由退磁曲线上的K点来表征（见图3.10）。K点为退磁曲线与代表外部磁路（开放空间）磁导的直线的交点：

$$G_{ext}=\frac{\Phi_K}{F_K},\ \tan\alpha_{ext}=\frac{\Phi_K/\Phi_r}{F_K/F_c}=G_{ext}\frac{F_c}{\Phi_r} \tag{3.17}$$

式中，磁导G_{ext}画在Φ-磁动势坐标系。这个坐标系是将退磁曲线中的B_r根据式（3.16）换算为剩余磁通Φ_r，矫顽力H_c按下式换算为磁动势：

$$F_c=H_c h_M \tag{3.18}$$

永磁体在外部空间产生的单位磁能是$w_K=B_K H_K/2$。该能量与从K点向Φ和F坐标轴投影得到的矩形面积大小成正比。显然，$B_K=B_{max}$和$H_K=H_{max}$时磁能最大。

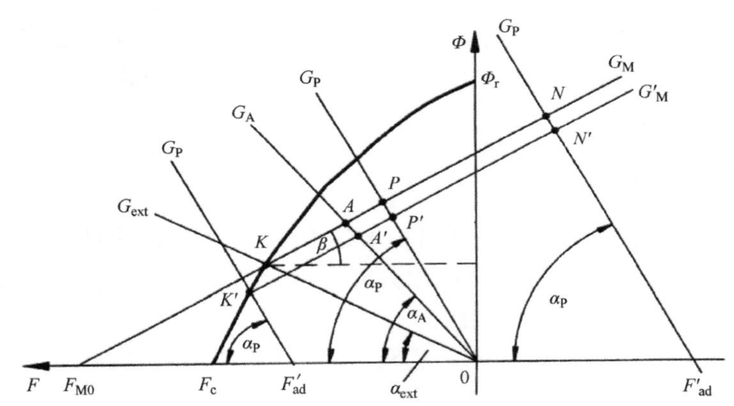

图3.10　用于确定永磁体回复线原点和工作点的示意图

如果极上安装极靴（见图3.9b），外部空间的磁导就会增加。在图3.10中，代表永磁体新状态的工作点沿着回复线从K点移动到A点。回复线KG_M也代表了永磁体的内部磁导，即

$$G_M=\mu_{rec}\frac{w_M l_M}{h_M}=\mu_{rec}\frac{S_M}{h_M} \tag{3.19}$$

A点是回复线KG_M与含极靴的外部磁路磁导的直线OG_A的交点，即

$$G_A=\frac{\Phi_A}{F_A},\quad \tan\alpha_A=G_A\frac{F_c}{\Phi_r} \tag{3.20}$$

与前一种情况相比，永磁体在外部空间产生的能量有所减少，即$w_A=B_A H_A/2$。

下一步是将永磁体置于含软磁材料的外部磁路中，如图3.9c所示。这种情况下的外磁路磁导为

$$G_P = \frac{\Phi_P}{F_P}, \quad \tan\alpha_P = G_P \frac{F_c}{\Phi_r} \tag{3.21}$$

三种情况中的外磁路磁导的大小关系为 $G_P > G_A > G_{ext}$。对于没有电枢电流的外部磁路，永磁体的工作点为 P 点（见图3.10），即回复线 KG_M 与磁导线 OG_P 的交点。

当外部磁路带有电枢绕组，如果绕组通入电流后产生的磁动势对永磁体起到磁化作用（见图3.9d），永磁体中的磁通增加到 Φ_N。外部（电枢）磁场的 d 轴磁动势 F'_{ad} 直接作用于永磁体，此时永磁体的工作点为坐标系原点右侧回复线上的 N 点。要得到这个点，在 O 点右侧取线段 OF'_{ad} 等于 F'_{ad} 的大小，再从 F'_{ad} 点绘制一条斜线 G_P，使其与 F 轴夹角为 α_P，回复线与磁导线 G_P 的交点就是 N 点。如果电枢励磁电流进一步增大，则 N 点将沿着回复线进一步向右移动，直到永磁体饱和。

当电枢励磁电流反向时，外部电枢磁场将使永磁体退磁。在这种情况下，在 O 点左侧取线段 OF'_{ad} 等于 F'_{ad} 的大小（见图3.10）。从 F'_{ad} 点绘制具有斜率 α_P 的线 G_P，并与退磁曲线相交于 K' 点。这个点可以高于或低于 K 点（对应永磁体单独在开放空间的情况）。K' 点是新回复线 $K'G'_M$ 的起点。现在，如果电枢励磁电流减小，工作点将沿着新的回复线 $K'G'_M$ 向右移动。如果电枢电流降至零，则工作点位于 P' 点（新回复线 $K'G'_M$ 与从坐标系原点绘制的磁导线 G_P 的交点）。

根据图3.10，能量 $w_{P'} = B_{P'}H_{P'}/2$，$w_P = B_PH_P/2$ 且 $w_{P'} < w_P$。回复线起点的位置以及工作点的位置，决定了永磁体产生能量的利用水平。永磁体的特性与直流电磁铁不同：如果外部电枢磁路的磁导和励磁电流发生变化，永磁体向外提供的能量也会变化。

回复线起点的位置由外部磁路磁导的最小值或外部磁场的退磁作用决定。

为了使永磁体的特性不受外加磁场的影响，需要对永磁体进行稳磁处理。稳磁是指永磁体被退磁到一个数值，该值略高于永磁体在实际运行过程中可能碰到的最大退磁磁场。在采用稳磁后的永磁体磁路中，永磁体的工作点将一直处于回复线上。

关于如何使用图解法和解析法得到永磁体工作点的更多内容，见参考文献[106]。

3.2.4 主磁导和漏磁导

气隙磁通的磁导和漏磁通的磁导可将磁场划分为简单实体，通过解析法求解。图3.11所示的简单实体的磁导（H）可以使用下式计算：

1）长方体（见图3.11a）

$$G = \mu_0 \frac{w_M l_M}{g} \tag{3.22}$$

2）圆柱体（见图3.11b）

$$G=\mu_0\frac{\pi d_M^2}{4g} \tag{3.23}$$

3）半圆柱体（见图3.11c）

$$G=0.26\mu_0 l_M \tag{3.24}$$

平均气隙 $g_{av}=1.22g$，平均表面积 $S_{av}=0.322gl_M$[15]。

4）四分之一圆柱体（见图3.11d）

$$G=0.52\mu_0 l_M \tag{3.25}$$

5）半环形体（见图3.11e）

$$G=\mu_0\frac{2l_M}{\pi(g/w_M+1)} \tag{3.26}$$

如果 $g<3w_M$，有

$$G=\mu_0\frac{l_M}{\pi}\ln\left(1+\frac{2w_M}{g}\right) \tag{3.27}$$

6）四分之一环形体（见图3.11f）

$$G=\mu_0\frac{2l_M}{\pi(g/c+0.5)} \tag{3.28}$$

如果 $g<3c$，有

$$G=\mu_0\frac{2l_M}{\pi}\ln\left(1+\frac{c}{g}\right) \tag{3.29}$$

7）四分之一球体（见图3.11g）

$$G=0.077\mu_0 g \tag{3.30}$$

8）八分之一球体（见图3.11h）

$$G=0.308\mu_0 g \tag{3.31}$$

9）四分之一壳体（见图3.11i）

$$G=\mu_0\frac{c}{4} \tag{3.32}$$

10）八分之一壳体（见图3.11j）

$$G=\mu_0\frac{c}{2} \tag{3.33}$$

图3.12给出了一种表贴式永磁电机的二维模型，其电枢铁心由硅钢片叠压而成，表面光滑（无槽）。永磁体固定在低碳钢做的磁轭上。

极距为 τ，每个永磁体的宽度为 w_M，长度为 l_M。在AFPM电机中

$$l_M=0.5(D_{out}-D_{in}) \tag{3.34}$$

极面与电枢铁心之间的空间被划分为一个棱柱（1）、四个四分之一圆柱（2和4）、四个四分之一环形体（3和5）、四个八分之一球体（6）以及四个八分

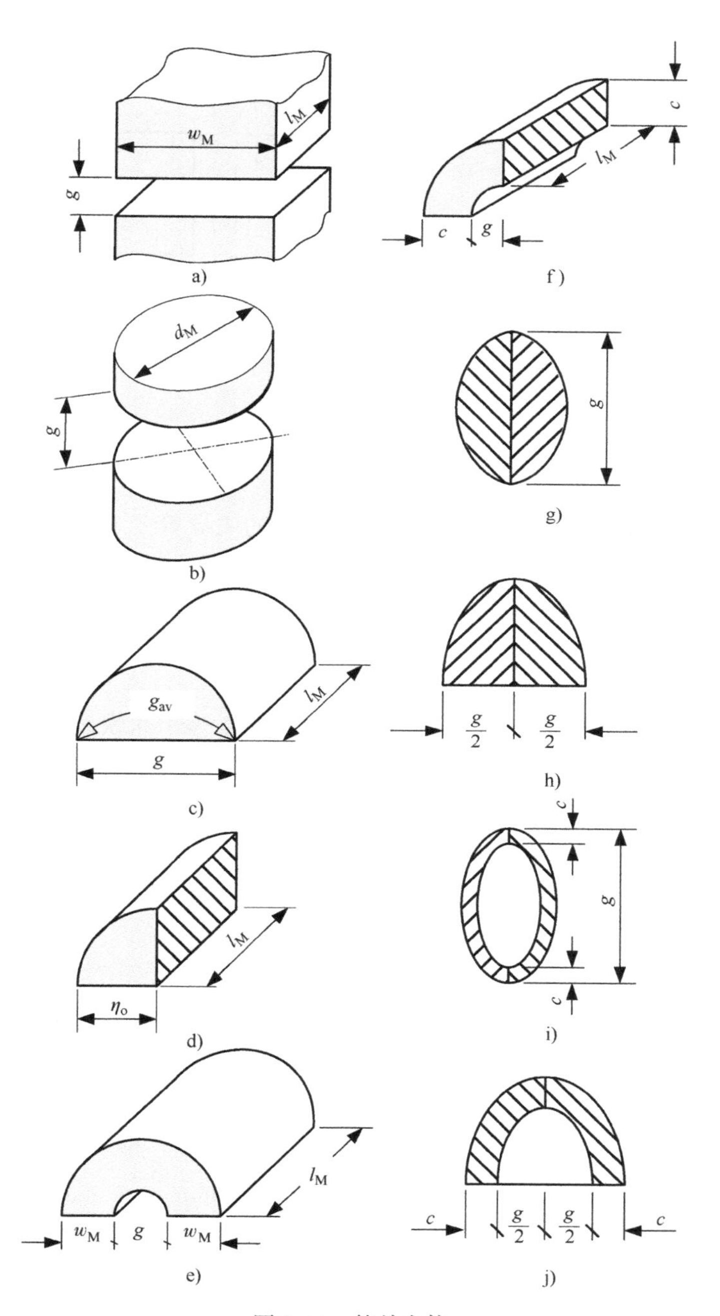

图3.11　简单实体

a）长方体　b）圆柱体　c）半圆柱体　d）四分之一圆柱体　e）半环形体　f）四分之一环形体
g）四分之一球体　h）八分之一球体　i）四分之一壳体　j）八分之一壳体

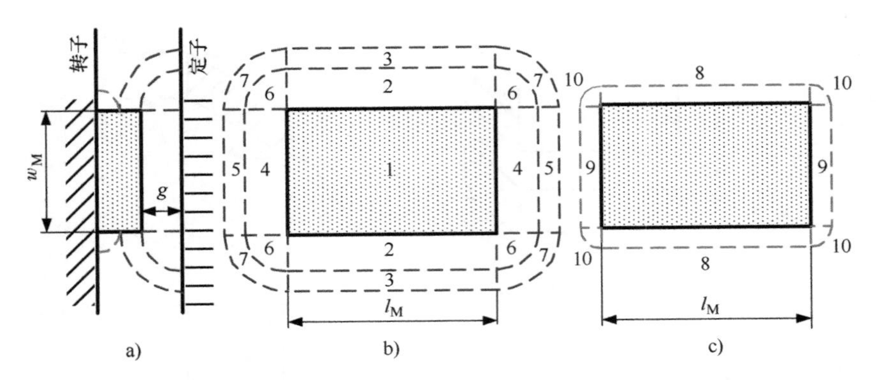

图 3.12　具有无槽电枢和永磁体的电机，将磁场占据的空间划分为简单实体

a）纵向剖面　b）气隙磁场　c）漏磁场（在永磁体和铁轭之间）

之一壳体（7）。根据磁导计算公式，一个实体的磁导等于其平均截面积与磁力线平均长度的比值。如果忽略边缘效应的磁通，那么每极矩形气隙的磁导（图3.12中的棱柱1）是

$$G_{g1} = \mu_0 \frac{w_M l_M}{g'} \tag{3.35}$$

等效气隙 g' 仅在无槽且电枢未饱和的情况下才等于非铁磁性间隙（机械间隙）g。为了考虑开槽和磁饱和，气隙 g 增加到 $g' = g k_C k_{sat}$，其中 $k_C > 1$ 是考虑开槽的卡特系数（1.2），$k_{sat} > 1$ 是磁路的饱和系数，它定义为每对极磁动势与两倍气隙磁压降的比值[106]。

为了考虑边缘效应的磁通，必须包含所有从永磁体穿过气隙到达电枢的磁通路径（见图3.12），即

$$G_g = G_{g1} + 2(G_{g2} + G_{g3} + G_{g4} + G_{g5}) + 4(G_{g6} + G_{g7}) \tag{3.36}$$

式中，G_{g1} 是根据式（3.35）计算的气隙磁导；$G_{g2} \sim G_{g7}$ 是边缘效应磁通的气隙磁导。磁导 $G_{g2} \sim G_{g5}$ 可以使用式（3.25）、式（3.28）、式（3.31）和式（3.32）来计算。

用类似的方式，可以计算永磁体漏磁通的合成磁导，即

$$G_{lM} = 2(G_{l8} + G_{l9}) + 4G_{l10} \tag{3.37}$$

式中，G_{l8} 和 G_{l9}（四分之一圆柱体）以及 G_{l10}（八分之一球体）是根据式（3.25）和式（3.31）计算的，如图3.12c所示，它们是永磁体和转子轭之间漏磁通的磁导。

3.2.5　永磁体磁路的计算

图3.13是带有电枢绕组的永磁电机等效磁路。极靴（低碳钢）和定子电枢

叠片铁心的磁阻比气隙和永磁体的磁阻小得多，可以忽略不计。作用在永磁体内部磁导 $G_M = 1/R_{\mu M}$上的“开路”磁动势为 $F_{M0} = H_{M0} h_M$，d 轴电枢反应磁动势是 F_{ad}，永磁体的总磁通是 Φ_M，永磁体的漏磁通是 Φ_{lM}，有效的气隙磁通是 Φ_g，外部电枢的漏磁通是 Φ_{la}，d 轴电枢磁通是 Φ_{ad}（退磁或磁化作用），永磁体漏磁通的磁阻是 $R_{\mu lM} = 1/G_{lM}$，气隙磁阻是 $R_{\mu g} = 1/G_g$，外部电枢漏磁磁阻是 $R_{\mu la} = 1/G_{gla}$。根据图 3.13 所示的等效磁路和基尔霍夫定律，写出下式：

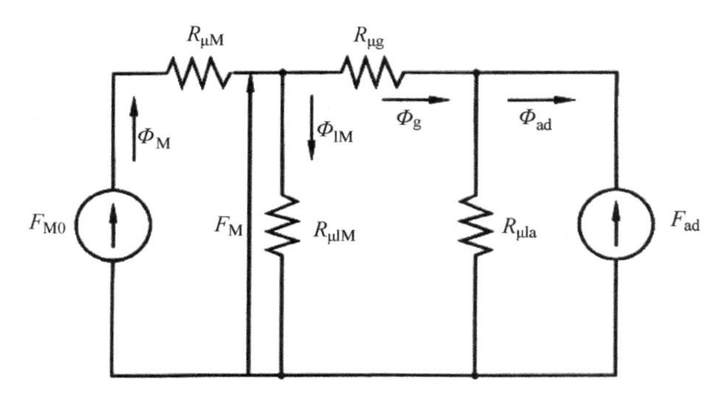

图 3.13 带有电枢的永磁体系统的等效磁路（在 d 轴上）

$$\Phi_M = \Phi_{lM} + \Phi_g$$

$$\Phi_{la} = \frac{\pm F_{ad}}{R_{\mu la}}$$

$$F_{M0} - \Phi_M R_{\mu M} - \Phi_{lM} R_{\mu lM} = 0$$

$$\Phi_{lM} R_{lM} - \Phi_g R_{\mu g} \mp F_{ad} = 0$$

求解上述方程，可得气隙磁通

$$\Phi_g = \left[F_{M0} \mp F_{ad} \frac{G_g}{G_g + G_{lM}} \frac{(G_g + G_{lM})(G_M + G_{lM})}{G_g G_M} \right] \frac{G_g G_M}{G_g + G_{lM} + G_M}$$

或

$$\Phi_g = \left[F_{M0} \mp F'_{ad} \frac{G_t(G_M + G_{lM})}{G_g G_M} \right] \frac{G_g G_M}{G_t + G_M} \tag{3.38}$$

式中，永磁体磁通对应的总合成磁导 G_t 是

$$G_t = G_g + G_{lM} = \sigma_{lM} G_g \tag{3.39}$$

直接作用于永磁体的直轴电枢磁动势为

$$F'_{ad} = F_{ad} \frac{G_g}{G_g + G_{lM}} = F_{ad} \left(1 + \frac{G_{lM}}{G_g} \right)^{-1} = \frac{F_{ad}}{\sigma_{lM}} \tag{3.40}$$

式（3.38）中的正号表示电枢磁通为退磁作用，负号表示电枢磁通为磁化作用。

式（3.9）表示的永磁体漏磁系数，也可以用磁导来表示，即

$$\sigma_{1M}=1+\frac{\Phi_{1M}}{\Phi_g}=1+\frac{G_{1M}}{G_g} \tag{3.41}$$

3.2.6 转子磁路的制造

AFPM 无刷电机的转子磁路提供永磁磁通，其设计如下：

1）将永磁体粘贴在铁磁材料做的圆环或圆盘形转子背铁（轭）上；

2）将永磁体排列成 Halbach 阵列，不使用任何铁磁材料做转子铁心。

永磁体转子的形状通常为梯形、圆形或半圆形（见图 3.14）。永磁体转子的形状影响气隙磁场的分布和高次空间谐波的含量。AFPM 发电机的输出电压质量（感应电动势的谐波）取决于永磁体的几何形状和相邻永磁体之间的距离[83]。

由于转子磁路中的磁力线是静止不动的，可以使用低碳钢背铁环。这些环可以从 4 ~6mm 厚的低碳钢板上切割而成。表 3.13 是低碳钢和铸铁的磁化曲线。低碳钢的电导率在 20℃时为 $4.5\times10^6\sim7.0\times10^6$ S/m。

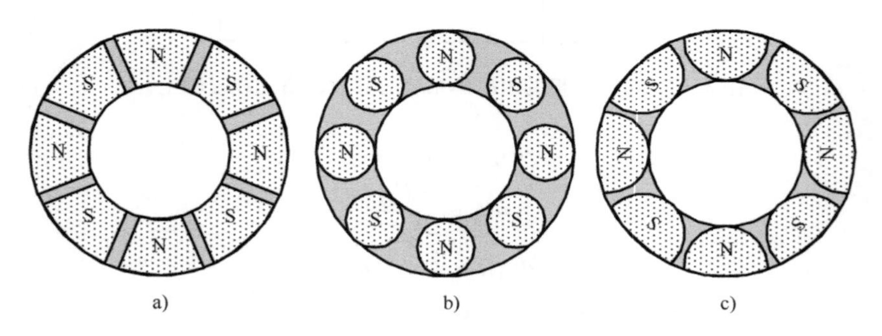

图 3.14 AFPM 无刷电机的永磁体转子形状

a）梯形 b）圆形 c）半圆形

表 3.13 实心铁磁材料的磁化曲线：1—低碳钢（含碳量 0.27%），**2—铸铁**

磁通密度 B/T	磁场强度 H/(A/m)	
	低碳钢（含碳量 0.27%）	铸铁
0.2	190	900
0.4	280	1600
0.6	320	3000
0.8	450	5150
1.0	900	9500
1.2	1500	18000
1.4	3000	28000
1.5	1500	—
1.6	6600	—
1.7	11000	—

Halbach 阵列

双边无铁心 AFPM 电机的双转子（见图 1.4d）可以使用按 Halbach 阵列排列的永磁体[114,115,116]。Halbach 阵列是指，阵列中永磁体的磁化方向依次旋转，旋转的角度与距离有关（见图 3.15）[114,115,116]。Halbach 阵列具有以下优点：

1）基波磁场比传统永磁体阵列大 1.4 倍，因此电机效率大幅提升；

2）转子磁路不需要背铁，永磁体可直接粘接到非铁磁性支撑结构（铝、塑料）上；

3）与传统永磁体阵列相比，磁场分布更加正弦；

4）永磁体的背面磁场非常小。

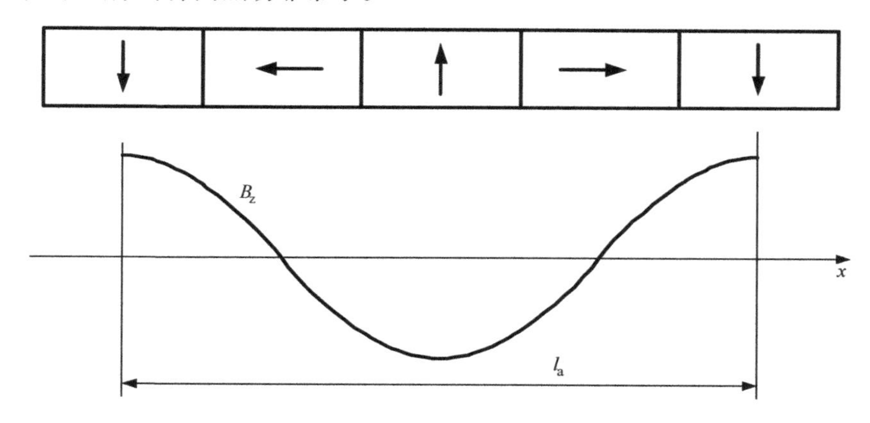

图 3.15 直角坐标系下的 Halbach 阵列

Halbach 阵列有效表面的磁通密度峰值是

$$B_{m0} = B_r[1 - \exp(-\beta h_M)]\frac{\sin(\pi/n_M)}{\pi/n_M} \tag{3.42}$$

式中，B_r 是永磁体的剩磁；$\beta = 2\pi/l_a$，见式（1.11），l_a 是阵列的空间周期（波长）；n_M 是每个波长上的永磁体块数。对于图 3.15 所示的阵列，$n_M = 4$。例如，假设 $B_r = 1.25\text{T}$，$h_M = 6\text{mm}$，$l_a = 24\text{mm}$，$n_M = 4$（矩形永磁体），Halbach 阵列表面的磁通密度峰值 $B_{m0} = 0.891\text{T}$。

在轴向距永磁体表面 z 处，Halbach 阵列产生磁场的切向分量 B_x 和法向分量 B_z 分别为

$$B_x(x,z) = B_{m0}\cos(\beta x)\exp(-\beta z) \tag{3.43}$$

$$B_z(x,z) = B_{m0}\sin(\beta x)\exp(-\beta z) \tag{3.44}$$

对于采用 Halbach 阵列的双转子电机，两盘之间磁通密度分布的切向分量和法向分量为

$$B_x(x,z) = B_{m0}\frac{1}{\beta}\cos(\beta x)\frac{1}{\cosh(\beta t/2)}\sinh(\beta z) \tag{3.45}$$

$$B_z(x,z) = B_{m0}\sin(\beta x)\frac{1}{\cosh(\beta t/2)}\cosh(\beta z) \quad (3.46)$$

式中，B_{m0}根据式（3.42）可得；t是指两盘永磁体之间的距离。$0xyz$坐标系的原点如图1.9所示。

3.3 绕组

3.3.1 导体

电机的定子（电枢）绕组由截面为圆形或矩形的实心铜导体线制成。

20℃铜的电导率为$57\times10^6 \geqslant \sigma_{20} \geqslant 56\times10^6$S/m，铝的为$\sigma_{20}\approx33\times10^6$S/m。电导率与温度有关，在$\vartheta-20\leqslant150$℃的范围内，可以表示为

$$\sigma = \frac{\sigma_{20}}{1+\alpha(\vartheta-20)} \quad (3.47)$$

式中，α是电阻的温度系数。对于铜线，$\alpha=0.00393$ 1/℃；对于铝线，$\alpha=0.00403$ 1/℃。如果$\vartheta-20>150$℃，式（3.47）将包含两个电阻温度系数α和β，即

$$\sigma = \frac{\sigma_{20}}{1+\alpha(\vartheta-20)+\beta(\vartheta-20)^2} \quad (3.48)$$

电机绕组的最高温升由绝缘材料的温度限制决定。表3.14中的最大温升是假设冷却介质的温度$\vartheta_c\leqslant40$℃。绕组的最高温度实际上是

$$\vartheta_{max} = \vartheta_c + \Delta\vartheta \quad (3.49)$$

式中，$\Delta\vartheta$是根据表3.14确定允许的最大温升。聚酯亚胺和聚酰胺亚胺涂层可以提供200℃的工作温度。使用镍包铜或钯银导线和陶瓷绝缘材料可以实现超过600℃的最高工作温度。

表3.14 根据IEC和NEMA标准，电机电枢绕组的最大温升$\Delta\vartheta$（环境温度40℃）

电机额定功率	绝缘等级				
铁心长度和电压	A ℃	E ℃	B ℃	F ℃	H ℃
IEC 交流电机<5000kV·A（电阻法）	60	75	80	100	125
IEC 交流电机≥5000kV·A或铁心长度≥1m（嵌入式检测法）	60	70	80	100	125

（续）

电机额定功率	绝缘等级				
铁心长度和电压	A ℃	E ℃	B ℃	F ℃	H ℃
NEMA 交流电机≤1500hp[①]（嵌入式检测法）	70	—	90	115	140
NEMA 交流电机＞1500hp 和≤7kV（嵌入式检测法）	65	—	85	110	135

① 1hp≈745.7W。

3.3.2　槽绕组的制造

定子绕组通常由绝缘铜导体制成。导体的截面可以是圆形或矩形。对于大型AFPM电机，还可以考虑采用空心导体和直接液冷系统。

如果圆导体的直径超过1.5mm，定子线圈将难以制造和成型。如果电流密度过高，建议使用多根直径较小的导线并绕而不是一根较粗的线。在电机的绕组设计中，也可以设计多个并联支路。

电枢绕组可以是单层或双层（见2.2节）。

线圈绕制下线完毕后，为了避免导体移动，必须进行固定。有两种标准方法用于固定电机的导体：

1）将整个组件浸入一种类似清漆的材料中，然后烘烤掉溶剂；

2）滴浸浸渍法，使用加热的方式固化滴在组件上的催化树脂。

聚酯、环氧或硅树脂是处理定子绕组最常用的浸渍材料。高热稳定性的硅树脂能够承受$\vartheta_{max}>225℃$的温度。

最近，出现了一种新的导体固定方法，该方法不需要任何额外材料，而且耗能很低[178]。实心导线（通常是铜）涂有热激活或溶剂激活的粘合剂。粘合剂通常是聚乙烯醇缩丁醛，采用低温热塑性树脂[178]。这意味着在达到一定的最低温度或再次与溶剂接触后，粘合的粘合剂就会脱落。通常这个温度远低于基础绝缘层的耐热等级。粘合剂通过在绕线过程中让导线通过溶剂来激活，或者通入电流，使成品线圈发热来激活。

带有热激活粘合剂涂层的导线比同类的不可粘合导线的成本要高。不过，只需要不到2s的电流脉冲就可以粘合热激活的粘合剂层，粘合设备的成本大约只有滴流浸渍设备的一半[178]。

3.3.3　无铁心绕组的制造

AFPM 电机的定子无铁心绕组是由在非铁磁性和非导电材料制成的圆盘形圆柱支撑结构上均匀分布的线圈组成。主要有两种类型：

1）由圆形或矩形截面的绝缘导体组成的多匝线圈；

2）印制电路绕组，也称为薄膜线圈绕组。

线圈成组连接，形成相绕组，三相通常采用星形或三角形联结。同相位的线圈或线圈组可以并联连接，形成并联支路。

为了用相同的线圈来组装绕组并获得高密度的封装，线圈应带有偏移弯曲的形状，如图 3.16 所示。同一线圈两线圈边之间的空间应由相邻线圈的线圈边填充。

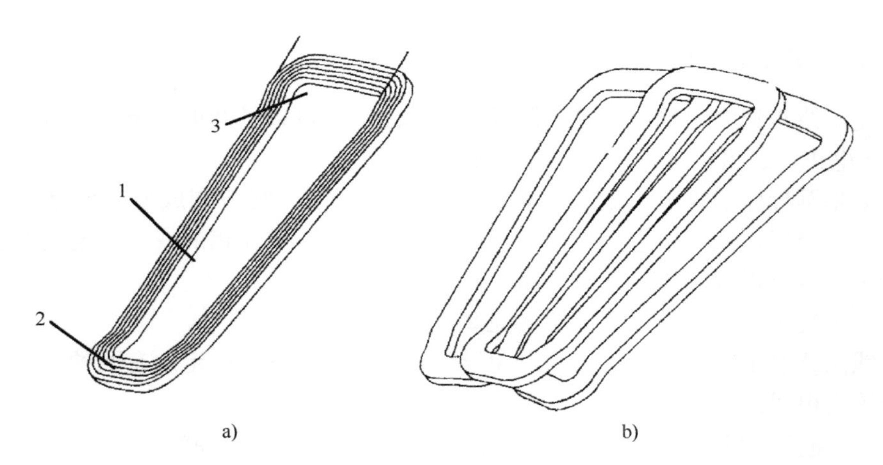

图 3.16　美国专利号 5744896[P83]公布的由相同形状线圈组成的盘式无铁心绕组

a）单个线圈　b）三个相邻线圈

1—线圈侧面　2—内偏移弯曲　3—外偏移弯曲

线圈可以放置在类似模具的槽形结构中（见图 3.17）。当所有线圈放好后，将绕组（通常带有支撑结构或轮圈）模压到环氧树脂和硬化剂的混合物中，然后在烘箱中固化。由于固化后的定子难以从槽形结构中脱模（见图 3.17a），因此建议导槽的间隔块由几个不同尺寸的可拆卸销钉组成（见图 3.17b）。

对于超小型 AFPM 电机和微电机，印制电路绕组可实现自动化生产。AFPM 无刷电机的印制电路绕组的制造类似于印制电路板，但由于性能不佳而没有商业化。通过与柔性印制电路相同的工艺制成的薄膜线圈绕组实现了更好的性能[93]。线圈是通过刻蚀两片铜膜形成的，然后将其连接到绝缘材料板的两侧（见图 3.18）。通过孔洞连接两侧线圈，可以制作出紧凑的绕组[93]。

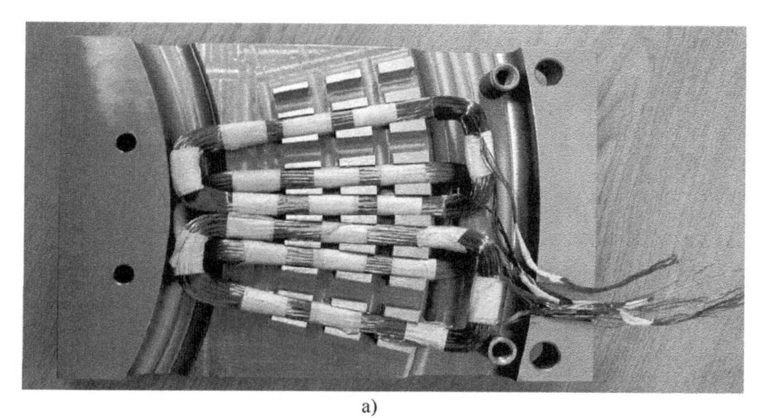

a)

b)

图 3.17　用于定位线圈的模具

a）带导槽的模具　b）带导销的模具

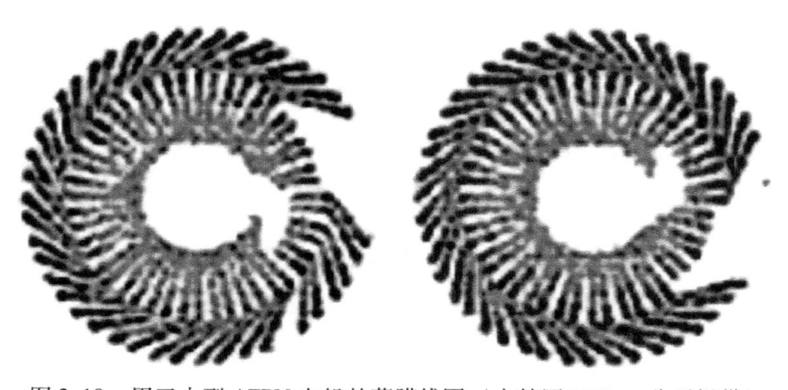

图 3.18　用于小型 AFPM 电机的薄膜线圈（由韩国 EMbest 公司提供）

数值算例

数值算例3.1

图3.19为一个简单的静止磁路。有两个 Vacomax 240 HR 钐钴永磁体（见表3.11），其剩磁 $B_r=1.10\text{T}$，矫顽力 $H_c=680\text{kA/m}$。在 $20℃\leqslant\vartheta_{PM}\leqslant100℃$ 时，$\alpha_B=-0.03\%/℃$ 和 $\alpha_H=-0.15\%/℃$。每极的永磁体高度 $h_M=6\text{mm}$，气隙厚度为 $g=1\text{mm}$。U形和I形（顶部）的铁心由电工钢片叠压而成。磁体和铁心的宽度为17mm。在：①磁体温度 $\vartheta_{PM}=20℃$、②磁体温度 $\vartheta_{PM}=100℃$ 两种情况下，计算气隙磁通密度、气隙磁场强度、永磁体的磁能以及一对极的法向吸引力。忽略叠片铁心中的磁压降、漏磁通和边缘效应磁通。

解：

（1）磁体温度 $\vartheta_{PM}=20℃$

根据直线退磁曲线［式（3.4）］，相对回复磁导率为

$$\mu_{rrec}=\frac{1}{\mu_0}\frac{\Delta B}{\Delta H}=\frac{1}{0.4\pi\times10^{-6}}\times\frac{1.10-0}{680000-0}\approx1.29$$

根据式（3.13），气隙磁通密度为

$$B_g\approx\frac{1.10}{1+1.29\times1.0/6.0}=0.906\text{T}$$

根据式（3.14），气隙磁场强度 H_g（其中 $H=H_g$ 且 $B=B_g$）为

$$H_g=H_c\left(1-\frac{B_g}{B_r}\right)=680\times10^3\times\left(1-\frac{1.064}{1.10}\right)=120.12\times10^3\text{A/m}$$

根据式（3.5），每个永磁体单位体积的磁能密度为

$$w_g=\frac{B_gH_g}{2}=\frac{1.064\times120120}{2}=54395.8\text{J/m}^3$$

每对极永磁体的磁能为

$$W_g=w_gV_M=54395.8\times(2\times6\times15\times17\times10^{-9})=0.166\text{J}$$

每对极的法向吸引力为

$$F=\frac{B_g^2}{2\mu_0}(2S_M)=\frac{1.064^2}{0.4\pi\times10^{-6}}\times(15\times17\times10^{-6})=166.5\text{N}$$

（2）磁体温度 $\vartheta_{PM}=100℃$

根据式（3.2）和式（3.3），在100℃时的剩磁和矫顽力分别为

$$B_r=1.10\times\left[1+\frac{-0.03}{100}\times(100-20)\right]=1.074\text{T}$$

$$H_c=680\times10^3\times\left[1+\frac{-0.15}{100}\times(100-20)\right]=598.4\times10^3\text{A/m}$$

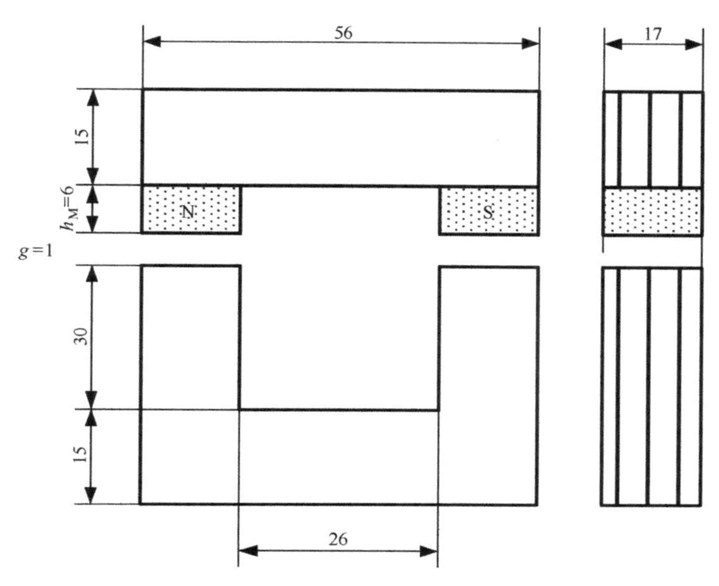

图3.19 一个带有永磁体和气隙的静止磁路（数值算例3.1）

在 $\vartheta_{PM}=100$℃时，退磁曲线是非线性的。其线性部分仅在0.5T和 B_r 之间，平行于20℃的退磁曲线。因此，100℃时的相对回复磁导率 μ_{rrec} 与室温时大致相同。

根据式（3.13），气隙磁通密度为

$$B_g \approx \frac{1.074}{1+1.29\times 1.0/6.0}=0.884\text{T}$$

根据式（3.14），在100℃时的气隙磁场强度为

$$H_g=598.4\times 10^3\times\left(1-\frac{0.884}{1.074}\right)=105.7\times 10^3\text{A/m}$$

每个永磁体单位体积的磁能密度为

$$w_g \approx \frac{0.884\times 105.7\times 10^3}{2}=46719.5\text{J/m}^3$$

每对极永磁体的磁能为

$$W_g=46719.5\times(2\times 6\times 15\times 17\times 10^{-9})=0.143\text{J}$$

每对极的法向吸引力是

$$F=\frac{0.884^2}{0.4\pi\times 10^{-6}}\times(15\times 17\times 10^{-6})=158.6\text{N}$$

数值算例3.2

一台单边、8极的AFPM电机，其定子为开槽铁心，外径 $D_{out}=0.22$m，内径 $D_{in}=0.12$m。包括开槽效应（卡特系数）的气隙为 $g=1.9$mm。梯形烧结钕

铁硼在20℃时的剩磁 $B_r=1.15$，矫顽力 $H_c=900\text{kA/m}$。剩磁的温度系数 $\alpha_B=-0.15\%/℃$，矫顽力的温度系数 $\alpha_H=-0.64\%/℃$。永磁体的漏磁系数 $\sigma_{lM}=1.15$，极宽与极距之比 $\alpha_i=0.72$。

求在空载和温度 $\vartheta_{PM}=80℃$ 时，气隙磁通密度 B_g 达到0.64T所需的永磁体尺寸。在 B-H 和 Φ-磁动势坐标系中绘制空载工作点。假设磁路未饱和。

解：

根据式（3.2）和式（3.3），在 $\vartheta_{PM}=80℃$ 时的剩磁和矫顽力分别为

$$B_r=1.15\times\left[1+\frac{-0.15}{100}\times(\vartheta_{PM}-20)\right]=1.046\text{T}$$

$$H_c=900\times\left[1+\frac{-0.64}{100}\times(\vartheta_{PM}-20)\right]=554.4\text{kA/m}$$

根据式（3.14），20℃和80℃时的近似退磁曲线分别为

$$B_{20}(H)=1.15\times\left(1-\frac{H}{900000}\right)\qquad B(H)=1.046\times\left(1-\frac{H}{554400}\right)$$

根据式（3.4），相对回复磁导率为

$$\mu_{rrec}=\frac{1.046}{0.4\pi\times10^{-6}\times554400}=1.5$$

根据式（3.13），每极永磁体的轴向高度为

$$h_M=\mu_{rrec}\frac{\sigma_{lM}B_g}{B_r-\sigma_{lM}B_g}g=1.5\times\frac{1.15\times0.64}{1.046-1.15\times0.64}\times0.0019=0.0068\text{m}$$

等效气隙为

$$g_{eq}=g+\frac{h_M}{\mu_{rrec}}=1.9+\frac{6.8}{1.5}=6.4\text{mm}$$

平均直径、极距［式（1.14）］、长度［式（3.34）］和永磁体宽度分别为

$$D=0.5\times(0.22+0.12)=0.17\text{m}\qquad \tau=\frac{\pi D}{2p}=\frac{\pi\times0.17}{8}=0.0668\text{m}$$

$$l_M=0.5\times(0.22-0.12)=0.05\text{m}\qquad w_M=\alpha_i\tau=0.72\times0.0668=0.048\text{m}$$

根据式（2.30），气隙的磁导为

$$G_g=\mu_0\frac{1}{g}\frac{\alpha_i\pi}{8p}(D_{out}^2-D_{in}^2)$$

$$=0.4\pi\times10^{-6}\times\frac{1}{0.0019}\times\frac{0.72\pi}{8\times4}\times(0.22^2-0.12^2)=1.59\times10^{-6}\text{H}$$

或

$$G_g=\mu_0\frac{w_Ml_M}{g}=0.4\times\pi\times10^{-6}\times\frac{0.048\times0.05}{0.0019}=1.59\times10^{-6}\text{H}$$

包括漏磁通在内的磁通总磁导为

$$G_t = \sigma_{lm} G_g = 1.15 \times 1.59 \times 10^{-6} = 1.828 \times 10^{-6}\mathrm{H}$$

总磁导（气隙磁通和漏磁通）线可以近似表示为 H 的线性函数

$$\lambda_t(H) = G_t \frac{h_M}{w_M l_M} H = 1.828 \times 10^{-6} \times \frac{0.0068}{0.048 \times 0.05} H = 5.146 \times 10^{-6} H$$

磁体工作点对应的磁场强度为

$$H_M = \frac{B_r}{G_t h_M/(w_M l_M) + B_r/H_c} = \frac{1.046}{5.146 \times 10^{-6} + 1.046/554400} = 148795\mathrm{A/m}$$

图解法（见图3.20a）得到的气隙磁通密度为

$$B_g = G_g \frac{h_M}{w_M l_M} H_M = 1.59 \times 10^{-6} \times \frac{0.0068}{0.048 \times 0.05} \times 148795 = 0.666\mathrm{T}$$

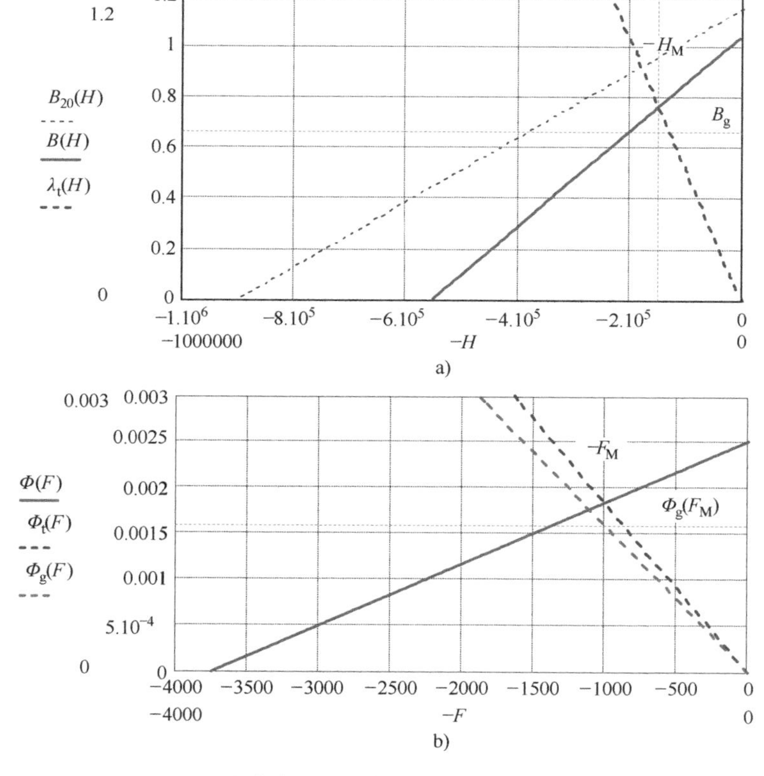

图3.20　空载条件下永磁体的工作点（数值算例3.2）

a）在 B-H 坐标系中　b）在 Φ-磁动势坐标系中

为了在 Φ- 磁动势坐标系中使用图解法，使用式（3.16）和式（3.18）来找到对应于 B_r 的磁通 Φ_r 和对应于 H_c 的每极磁动势 F_c，即

$$\Phi_r = 1.046 \times 0.048 \times 0.05 = 0.00252\text{Wb}$$

$$F_c = 554400 \times 0.0068 = 3750.6\text{A}$$

磁通线近似表示为

$$\Phi(F) = \Phi_r\left(1 - \frac{F}{F_c}\right) = 0.00252 \times \left(1 - \frac{F}{3750.6}\right)$$

在 Φ- 磁动势坐标系中，磁体工作点对应的磁动势 F_M（见图3.20b）为

$$F_M = \frac{\Phi_r}{G_t + \Phi_r/F_c} = \frac{0.00252}{1.828 \times 10^{-6} + 0.00252/3750.6} = 1006.6\text{A}$$

气隙磁通线（见图3.20b）为

$$\Phi_g(F) = G_g F = 1.59 \times 10^{-6} F$$

总磁通线（见图3.20b）为

$$\Phi_t(F) = G_t F = 1.828 \times 10^{-6} F$$

工作点对应的气隙磁通为 $\Phi_g(F_M) = 0.0016\text{Wb}$。气隙磁通密度 $B_g = 0.0016/(0.048 \times 0.05) = 0.666\text{T}$。

数值算例3.3

一台定子无铁心的AFPM电机中的气隙磁场是由按Halbach阵列排列的烧结钕铁硼产生的。双转子都没有背铁钢盘（见图1.4d）。剩磁 $B_r = 1.25\text{T}$，永磁体的高度 $h_M = 6\text{mm}$，平均直径处的波长 $l_a = 2\tau = 48\text{mm}$，磁体之间的距离 $t = 10\text{mm}$。求90° Halbach阵列（即 $n_M = 4$）在两转子盘空间中的磁通密度分布，并估算每个周期内包含的永磁体的数目 n_M 对永磁体有效表面磁通密度的影响。

解：

根据式（3.42），Halbach阵列有效表面上的磁通密度峰值是

$$B_{m0} = 1.25 \times [1 - \exp(-130.9 \times 0.006)] \times \frac{\sin(\pi/4)}{\pi/4} = 0.612\text{T}$$

式中，$\beta = 2\pi/0.048 = 130.91/\text{m}$。

两转子盘空间中切向分量 B_x 的分布由式（3.45）计算，法向分量 B_z 的分布由式（3.46）计算。两个分量 B_x 和 B_z 在图3.21中绘制。

对于90° Halbach阵列（$n_M = 4$），永磁体有效表面上的磁通密度峰值 $B_{m0} = 0.612\text{T}$。同样，使用式（3.42），可以计算其他Halbach阵列时的峰值 B_{m0}。对于60° Halbach阵列（$n_M = 6$），$B_{m0} = 0.649\text{T}$；对于45° Halbach阵列（$n_M = 8$），$B_{m0} = 0.663\text{T}$。通常情况下

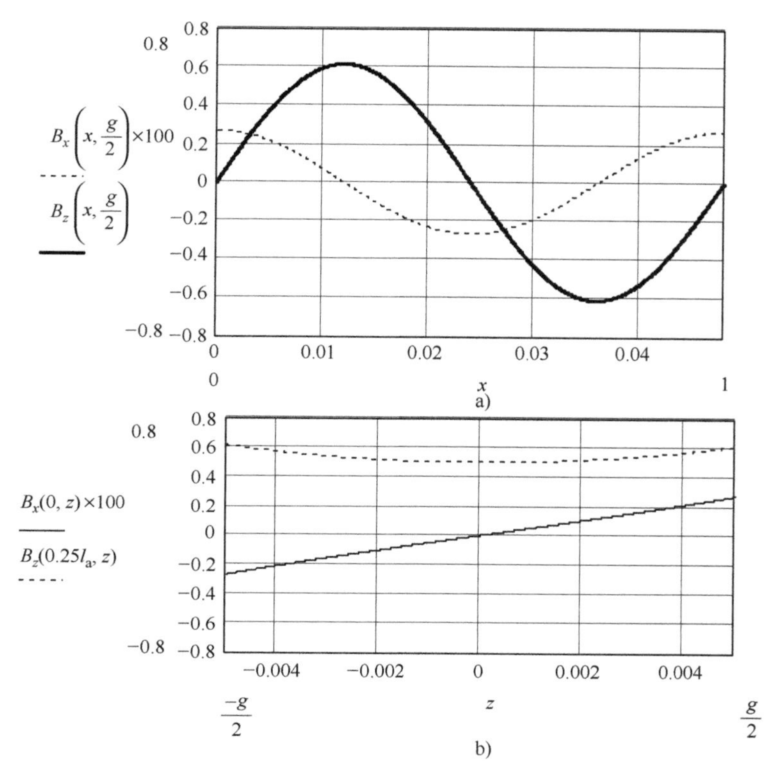

图 3. 21 B_x 和 B_z 分量分布（数值算例 3. 3）

a）x 方向 b）z 方向

$$\lim_{n_M \to \infty} B_{m0} = B_r[1 - \exp(1 - \beta h_M)]\frac{\sin(\pi/n_M)}{\pi/n_M}$$

$$= 1.25 \times [1 - \exp(130.9 \times 0.006)] \times 1 = 0.68\mathrm{T}$$

由于极限 $\lim_{x\to 0}\sin x/x = 1$。峰值 B_{m0} 随 n_M 的变化关系如图 3. 22 所示。

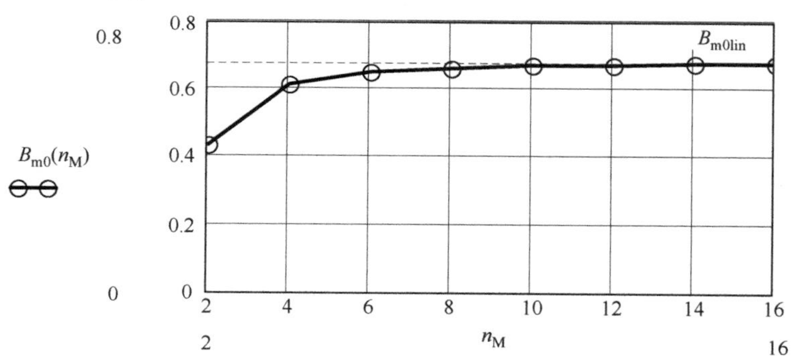

图 3. 22 磁通密度峰值 B_{m0} 和每个周期上永磁体数目 n_M 的关系（数值算例 3. 3）

第4章

有铁心的 AFPM 电机

在第2章中，讨论了 AFPM 电机的工作原理、拓扑结构和基本电磁计算公式。在本章中，将重点关注定转子使用软磁材料作为铁心的 AFPM 电机。带铁心的 AFPM 电机可设计为单边和双边两种结构。定子铁心可以使用电工钢片叠压或 SMC 粉末制造。同时，将第2章中用于性能计算的尺寸方程进一步推导，并针对带铁心结构的 AFPM 电机进行调整。本章同时还强调了有限元分析在性能计算中的应用。

4.1 几何结构

定子有铁心的单边 AFPM 电机有一个永磁转子盘，以及一个与之相对的定子盘。定子盘由多相绕组和铁心组成（见图2.1），定子铁心可以是有槽的或无槽的，其绕组由平面绕制的线圈组成（见图2.8）。永磁体可以安装在转子表面或嵌入（埋入）转子盘中。在定子不开槽的电机中，永磁体大部分为表贴式，而在定子开槽的电机中，如果转子和定子铁心之间的气隙较小，永磁体可以安装在圆盘表面上（见图2.1），也可以埋在转子盘中（见图2.6）。在有定子铁心的单边 AFPM 电机中，轴承需承受较大轴向磁拉力，这是其结构的主要缺点之一。

在具有理想机械和磁性对称的双边 AFPM 电机中，轴向磁拉力是平衡的。双边 AFPM 电机可设计为两个带铁心的定子盘在永磁转子盘的两侧（见图1.4c和图2.3），或者两个永磁转子盘在外，定子盘固定在中间（见图2.4、图2.5和图2.6）。与单边 AFPM 电机一样，定子铁心可以是有槽或无槽的，转子永磁体可以是表贴式、嵌入式或埋入式的（见图2.6）。同样，无槽电机中，定转子铁心间的气隙较大，永磁体大部分为表贴式。双边 AFPM 电机的定子绕组可以是平面绕制的（有槽或无槽），如图2.8所示，也可以是环形绕制的（通常无槽），如图2.9所示。

4.2 有定子铁心的商用 AFPM 电机

图4.1和图4.2是一个双边 AFPM 伺服电机产品，该电机定子采用软磁材料做铁心。双定子的铁心为采用无取向电工钢片带材制成的带槽环形铁心。转子上

没有任何铁磁材料，永磁体安装在一个非铁磁性材料的旋转盘上。

图 4.1　内置制动器的双边（有铁心）AFPM 无刷伺服电机（由西班牙 Mavilor 公司提供）

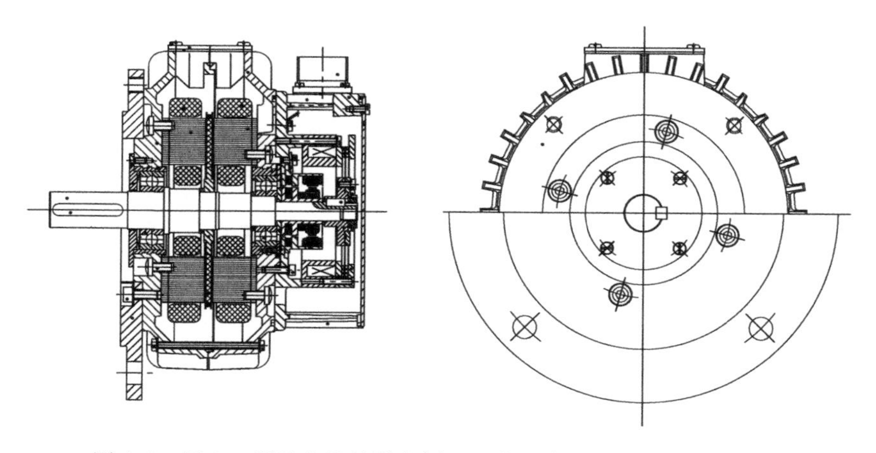

图 4.2　图 4.1 所示电机的纵向剖面（由西班牙 Mavilor 公司提供）

图 4.3 是美国 LE 公司制造的双边 AFPM 同步发电机，它的定子铁心由非晶合金带材绕制。该发电机的体积大约比同等功率的传统同步发电机小 60%。

图4.3　GenSmart™非晶合金定子铁心的AFPM同步发电机（由美国LE公司提供）

4.3　有铁心AFPM电机的特点

有铁心AFPM电机和无铁心AFPM电机的主要区别在于两方面：①有铁心电机有铁耗，而无铁心电机没有；②有铁心电机的同步电抗标幺值远高于无铁心电机。

铁耗是铁心中磁场变化频率和磁通密度的函数，如式（2.55）所示，铁心中磁场变化频率由电机转速和极对数决定。由于AFPM无刷电机往往有较多的极数（最少$2p=6$），为了降低频率限制电机的铁耗，有铁心AFPM电机的转速会受到限制；除非电机铁心的磁通密度设计的较低。对于叠片铁心，磁场变化频率通常在100Hz以下。如果需要更高的频率，则必须使用厚度小于0.2mm的电工钢片、非晶合金带材或SMC粉末。

有铁心AFPM电机的同步电感较高，会对发电机模式下电机的电压调节产生负面影响，这可能被视为一个缺点。然而，如果电机由固态变换器供电，有铁心AFPM电机较高的同步电感则是一个重要的优点，它有助于减少变换器开关引起的电流纹波。因此，如果电机由固态变换器供电，无铁心AFPM电机相对较低的电感是一个显著缺点。

4.4 气隙磁通密度分布

产生同样的气隙磁场，定转子铁心都是铁磁材料做的 AFPM 无刷电机所需的永磁体最少。在没有电枢反应的情况下，平均极距 τ 对应的半径处，由永磁体产生的磁通密度法向分量在 x 方向（圆周方向）的分布，可通过下式计算：

$$B_{g}(x)=\frac{1}{k_{C}}B_{zPM}(x)+B_{sl}(x) \tag{4.1}$$

如果定子铁心不开槽，永磁体产生的磁通密度是

$$B_{zPM}(x)=\sum_{\nu=1}^{\infty}\frac{1}{\sigma_{1M}}B_{g}b_{\nu}\cos\left[\nu\left(\frac{\pi}{\tau}x-\frac{\pi}{2}\right)\right]\quad \nu=1,3,5\cdots \tag{4.2}$$

由于定子开槽引起的磁通密度分量是

$$B_{sl}(x)=\lambda_{sl}(x)\frac{g'}{\mu_{0}}B_{zPM}(x) \tag{4.3}$$

式（4.2）中，磁通密度高次谐波的峰值 $B_{mg\nu}=(B_{g}/\sigma_{1M})b_{\nu}$。

在式（4.1）、式（4.2）和式（4.3）中，k_{C} 是根据式（1.2）计算的卡特系数；b_{ν} 是当 $\alpha=0$ 根据式（1.13）计算的；τ 是平均极距，根据式（1.14）计算；g' 是 d 轴上的等效气隙，根据式（2.110）计算；B_{g} 是磁通密度的平顶值，根据式（3.13）计算；σ_{1M} 是永磁体漏磁通系数，根据式（3.9）计算；λ_{sl} 是相对槽漏磁导㊀，由下式给出：

$$\lambda_{sl}(x)=-\sum_{\nu=1}^{\infty}a_{\nu}\cos\left(\nu\frac{2\pi}{t_{1}}x\right) \tag{4.4}$$

式中，平均槽距 $t_{1}=2p\tau/s_{1}$，s_{1} 是定子槽数。W. Weber[71,121] 推导了槽谐波的幅值

$$a_{\nu}=\mu_{0}\frac{\beta(\kappa)}{g'}\frac{1}{\nu}\frac{4}{\pi}\left(0.5+\frac{\nu^{2}\Gamma^{2}}{0.78-2\nu^{2}\Gamma^{2}}\right)\sin(1.6\nu\pi\Gamma) \tag{4.5}$$

剩余变量 $\beta(\kappa)$、κ 和 Γ 由下式表示：

$$\beta(\kappa)=\frac{1}{2}\left(1-\frac{1}{\sqrt{1-\kappa^{2}}}\right),\ \kappa=\frac{b_{14}}{g+h_{M}/\mu_{rrec}},\ \Gamma=\frac{b_{14}}{t_{1}} \tag{4.6}$$

基于式（4.1）得到的气隙磁通密度分布如图 4.4 所示。定子和转子有效表面上的磁压强可以根据气隙磁通密度的法向分量［式（4.1）］计算得出，即

$$p_{z}(x)=\frac{1}{2}\frac{B_{g}(x)^{2}}{\mu_{0}} \tag{4.7}$$

磁压强［式（4.7）］的分布如图 4.5 所示。将磁压强进行傅里叶分解得到作用在定子上的电磁力谐波。在对 AFPM 电机进行电磁噪声分析时，需要计算这些谐波。

㊀ 相对磁导的意思是单位面积磁导。——译者注

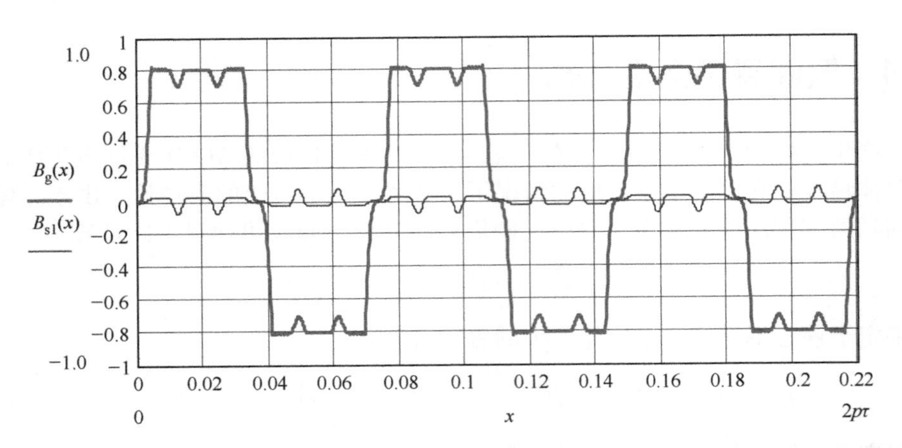

图4.4　基于式（4.1）计算得到的AFPM电机气隙磁通密度分布，电机定子为有槽铁心，参数为：$p=3$，$s_1=18$，$\tau=36.7\text{mm}$，$\alpha_i=0.78$，$b_p=\alpha_i\tau$，$B_r=1.2\text{T}$，$\mu_{rrec}=1.061$，$g=1.5\text{mm}$，$b_{14}=3.5\text{mm}$，$h_M=5\text{mm}$，$\alpha=0$，$\sigma_{1M}=1.15$

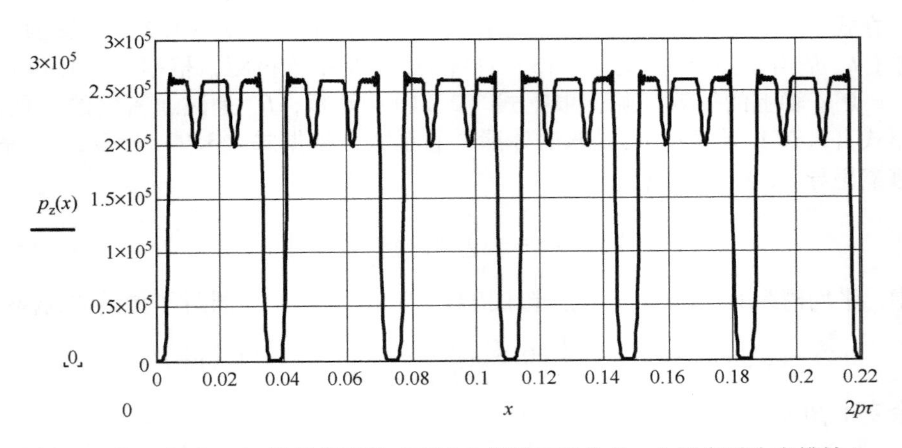

图4.5　基于式（4.7）计算得到的AFPM电机磁压强分布，电机定子为有槽铁心，参数为：$p=3$，$s_1=18$，$\tau=36.7\text{mm}$，$\alpha_i=0.78$，$b_p=\alpha_i\tau$，$B_r=1.2\text{T}$，$\mu_{rrec}=1.061$，$g=1.5\text{mm}$，$b_{14}=3.5\text{mm}$，$h_M=5\text{mm}$，$\alpha=0$，$\sigma_{1M}=1.15$

4.5　电抗计算

4.5.1　同步电抗和电枢反应电抗

计算定子电流、其他电机参数和特性时需要知道每相的同步电抗，它由式（2.79）和式（2.80）表示。同步电抗X_{sd}和X_{sq}分别是电枢反应电抗X_{ad}、X_{aq}和定子绕组漏抗X_1之和。电枢反应电抗X_{ad}、X_{aq}和电枢反应电感L_{ad}、L_{aq}可以通过2.9节和表2.1中给出的公式计算得到。定子漏抗X_1的分析计算方法将在4.5.2节中讨论。

4.5.2 定子漏抗

定子漏抗是槽漏抗X_{1s}、端部漏抗X_{1e}和差分漏抗X_{1d}（针对高次空间谐波）的总和，即

$$X_1 = X_{1s} + X_{1e} + X_{1d} = 4\pi f\mu_o \frac{L_i N_1^2}{pq_1}\left(\lambda_{1s}k_{1X} + \frac{l_{1in}}{L_i}\lambda_{1ein} + \frac{l_{1out}}{L_i}\lambda_{1eout} + \lambda_{1d}\right) \tag{4.8}$$

式中，N_1是每相串联匝数；k_{1X}是漏抗的集肤效应系数；p是极对数；$q_1 = s_1/(2pm_1)$是每极每相槽数［式（2.2）］；l_{1in}是定子绕组内层端部连接的长度；l_{1out}是定子绕组外层端部连接的长度；λ_{1s}是槽漏磁导系数（槽比漏磁导）；λ_{1ein}是内层端部连接漏磁导系数；λ_{1eout}是外层端部连接漏磁导系数；λ_{1d}是差分漏磁导系数。

图4.6所示各种槽形的槽漏磁导系数为：

1）矩形半闭口槽（见图4.6a）

$$\lambda_{1s} = \frac{h_{11}}{3b_{11}} + \frac{h_{12}}{b_{11}} + \frac{2h_{13}}{b_{11} + b_{14}} + \frac{h_{14}}{b_{14}} \tag{4.9}$$

2）矩形开口槽（见图4.6b）

$$\lambda_{1s} \approx \frac{h_{11}}{3b_{11}} + \frac{h_{12} + h_{13} + h_{14}}{b_{11}} \tag{4.10}$$

3）椭圆形半闭口槽（见图4.6c）

$$\lambda_{1s} \approx 0.1424 + \frac{h_{11}}{3b_{11}} + \frac{h_{12}}{b_{12}} + 0.5\arcsin\left[\sqrt{1-(b_{14}/b_{12})^2}\right] + \frac{h_{14}}{b_{14}} \tag{4.11}$$

图4.6中未提及的其他槽形的槽漏磁导系数，见参考文献［159］。式（4.9）、式（4.10）和式（4.11）是针对单层绕组的，如果计算双层绕组的槽漏磁导系数，需要将式（4.9）、式（4.10）和式（4.11）乘以因子

$$\frac{3\beta + 1}{4} \tag{4.12}$$

式中，β如式（2.7）所示。如果$2/3 \leqslant \beta \leqslant 1$，这种方法是合理的。

端部连接（悬垂部分）的漏磁导系数是基于实验估计的。对于双层、低电压、中小型电机，内层和外层端部连接的漏磁导系数为：

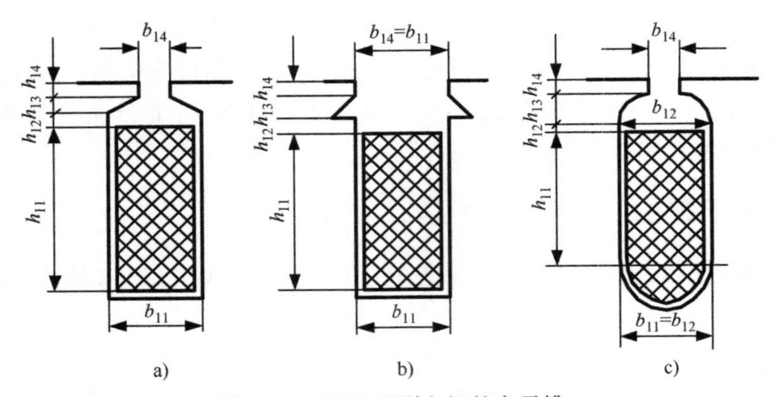

图4.6　AFPM无刷电机的定子槽

a）矩形半闭口槽　b）矩形开口槽　c）椭圆形半闭口槽

1）内层端部连接

$$\lambda_{1\mathrm{ein}} \approx 0.17 q_1 \left(1 - \frac{2}{\pi} \frac{w_{\mathrm{cin}}}{l_{1\mathrm{in}}}\right) \tag{4.13}$$

2）外层端部连接

$$\lambda_{1\mathrm{eout}} \approx 0.17 q_1 \left(1 - \frac{2}{\pi} \frac{w_{\mathrm{cout}}}{l_{1\mathrm{out}}}\right) \tag{4.14}$$

式中，$l_{1\mathrm{in}}$是内层端部连接的长度；$l_{1\mathrm{out}}$是外层端部连接的长度；w_{cin}是内层线圈跨距；w_{cout}是外层线圈跨距。端部漏磁导系数等于内层、外层两个端部连接的漏磁导系数之和，即式（4.13）和式（4.14）的总和

$$\lambda_{1\mathrm{e}} = \lambda_{1\mathrm{ein}} + \lambda_{1\mathrm{eout}} = 0.34 q_1 \left(1 - \frac{1}{\pi} \frac{w_{\mathrm{cin}} l_{1\mathrm{out}} + w_{\mathrm{cout}} l_{1\mathrm{in}}}{l_{1\mathrm{in}} l_{1\mathrm{out}}}\right) \tag{4.15}$$

如果$w_{\mathrm{cin}} = w_{\mathrm{cout}} = w_{\mathrm{c}}$且$l_{1\mathrm{in}} = l_{1\mathrm{out}} = l_{1\mathrm{e}}$，那么端部漏磁导系数［见式（4.15）］，就与径向电机的形式相同，即

$$\lambda_{1\mathrm{e}} = 0.34 q_1 \left(1 - \frac{2}{\pi} \frac{w_{\mathrm{c}}}{l_{1\mathrm{e}}}\right) \tag{4.16}$$

将$w_{\mathrm{c}}/l_{1\mathrm{e}} = 0.64$代入式（4.16），得到的结果对于单层绕组也适用，即端部漏磁导系数变为

$$\lambda_{1\mathrm{e}} \approx 0.2 q_1 \tag{4.17}$$

对于双层、高压绕组，内层和外层端部连接的漏磁导系数为：

1）内层端部连接

$$\lambda_{1\mathrm{ein}} \approx 0.21 q_1 \left(1 - \frac{2}{\pi} \frac{w_{\mathrm{cin}}}{l_{1\mathrm{in}}}\right) k_{\mathrm{w1}}^2 \tag{4.18}$$

2）外层端部连接

$$\lambda_{1\mathrm{eout}} \approx 0.21 q_1 \left(1 - \frac{2}{\pi} \frac{w_{\mathrm{cout}}}{l_{1\mathrm{out}}}\right) k_{\mathrm{w1}}^2 \tag{4.19}$$

式中，$\nu=1$ 的定子基波绕组因数 k_{w1} 根据式（2.10）计算。端部漏磁导系数为两者之和

$$\lambda_{1\mathrm{e}} = \lambda_{1\mathrm{ein}} + \lambda_{1\mathrm{eout}} = 0.42 q_1 \left(1 - \frac{1}{\pi} \frac{w_{\mathrm{cin}} l_{1\mathrm{out}} + w_{\mathrm{cout}} l_{1\mathrm{in}}}{l_{1\mathrm{in}} l_{1\mathrm{out}}}\right) k_{\mathrm{w1}}^2 \tag{4.20}$$

一般来说，以下近似关系可用于大多数绕组：

$$\lambda_{1\mathrm{e}} \approx 0.3 q_1 \tag{4.21}$$

差分漏磁通的漏磁导系数是

$$\lambda_{1\mathrm{d}} = \frac{m_1 q_1 \tau k_{\mathrm{w1}}^2}{\pi^2 g' k_{\mathrm{sat}}} \tau_{\mathrm{d1}} \tag{4.22}$$

式中，g'是根据式（2.110）或式（2.111）得到的等效气隙；k_{sat}是磁路的饱和系数。差分漏磁因数 τ_{d1} 是

$$\tau_{\mathrm{d1}} = \frac{1}{k_{\mathrm{w1}}^2} \sum_{\nu > 1} \left(\frac{k_{\mathrm{w1}\nu}}{\nu}\right)^2 \tag{4.23}$$

差分漏磁因数 τ_{d1} 的曲线可参考感应电机设计的相关文献[106,121,159]。

在实际设计中可使用下式：

$$\tau_{\mathrm{d1}} = \frac{\pi^2 (10 q_1^2 + 2)}{27} \left[\sin\left(\frac{30^\circ}{q_1}\right)\right]^2 - 1 \tag{4.24}$$

齿顶间的漏磁导系数为

$$\lambda_{1\mathrm{t}} \approx \frac{5g/b_{14}}{5 + 4g/b_{14}} \tag{4.25}$$

该项可以加到有槽定子绕组的差分漏磁导系数 $\lambda_{1\mathrm{d}}$ 上。

4.6　性能特征

Mavilor公司生产的AFPM无刷伺服电机（见图4.1和图4.2）的规格见表4.1。电机的转矩-转速特性曲线如图4.7所示。AFPM无刷伺服电机MA-3～MA-30采用F级绝缘和IP-65防护。表4.2列出了MA-3～MA-30无刷伺服电机内置制动器规格。

LE公司生产的，采用非晶合金定子铁心的GenSmart™ AFPM同步发电机的

规格见表4.3。GenSmart™ AFPM同步发电机既可用作固定式发电机，也可用作移动式发电机。

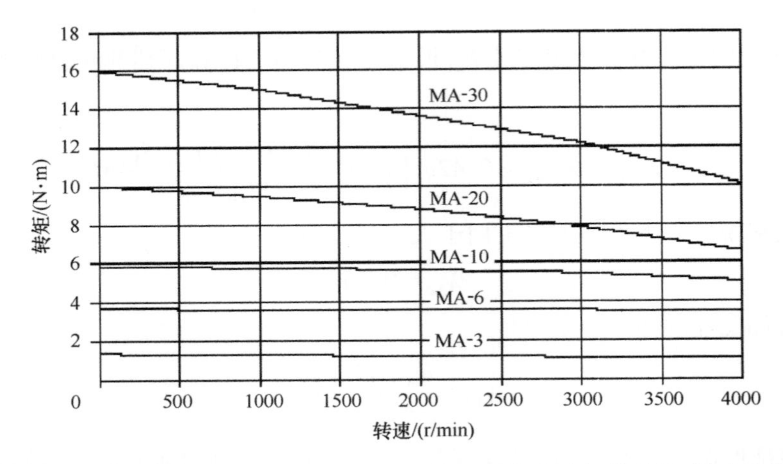

图4.7　由西班牙Mavilor公司生产的AFPM无刷伺服电机的转矩-转速曲线

表4.1　由西班牙Mavilor公司生产的AFPM无刷伺服电机规格

	MA-3	MA-6	MA-10	MA-20	MA-30
最大转速度/(r/min)	9000	6000	6000	6000	6000
堵转转矩/(N·m)	1.3	3.6	5.8	10.0	16.0
堵转电流/A	2.2	4.2	6.8	10.3	16.5
最大转矩/(N·m)	5.2	28.5	40.7	69.8	96.0
转矩密度/(N·m/kg)	0.7	0.8	1.1	1.2	1.6
感应电动势常数/(V·s/rad)	0.3	0.5	0.5	0.6	0.6
转矩常数/(N·m/A)	0.6	0.9	0.9	1.0	1.0
齿槽转矩/(N·m)	<0.2	<0.1	<0.1	<0.2	<0.3
绕组电阻/Ω	10.2	5.3	2.2	1.4	0.5
绕组电感/mH	25.0	11.6	0.4	7.0	4.0
转子转动惯量/($kg \cdot m^2 \times 10^{-3}$)	0.04	0.30	2.10	0.80	1.60
机械时间常数/ms	2.0	3.8	3.6	2.1	1.6
电时间常数/ms	2.5	2.2	7.5	5.0	7.5
热时间常数/s	1500	1500	1800	1500	1500
热电阻/(℃/W)	1.1	0.6	0.5	0.4	0.4
质量/kg	—	—	—	34	36
径向载荷/N	218	225	225	390	390

表 4.2　西班牙 Mavilor 公司生产的 AFPM 无刷伺服电机内置制动器规格

	MA-3	MA-6	MA-10	MA-20	MA-30
保持转矩/(N·m)	1	4	4	8	8
直流电压/V	4.8	24	24	24	24
输入功率/W	5	22	22	22	22
转动惯量/($kg \cdot m^2 \times 10^{-3}$)	0.08	0.3	0.3	0.3	0.3
断开响应时间/ms	7	30	30	30	30
参与响应时间/ms	5	7	7	7	7
质量/kg	0.3	0.8	0.8	0.8	0.8

表 4.3　由美国 LE 公司生产的 GenSmart™ AFPM 同步发电机规格

	28-G22	90-G32	120-G49
额定输出功率/kW	28	90	120
额定转速/(r/min)	3600		2500
最大转速/(r/min)	4200		3000
电压/V		480 或 208	
绝缘等级		H 级	
效率（%）	92.2	94.9	95.3
机壳外径/mm	216	315	485
机壳长度/mm	150	186	200
定子铁心材料		非晶合金	
冷却方式		液冷或空气冷却	
环境温度/℃		-50 ~ 60	
最大允许温度/℃		125（从 40℃ 开始）	
密封形式		全密封	
装配形式		法兰或底座	
过热保护		嵌入式热敏电阻	
质量/kg	21	44	115
功率密度/(kW/kg)	1.333	2.045	1.043

4.7　性能计算

4.7.1　正弦波 AFPM 电机

正弦波（同步）AFPM 电机的电磁功率由式（2.91）表示，也可以写成以下形式：

$$P_{\mathrm{elm}}=m_1\left[I_{\mathrm{a}}E_{\mathrm{f}}\cos\psi+\frac{1}{2}(X_{\mathrm{sd}}-X_{\mathrm{sq}})I_{\mathrm{a}}^2\sin2\psi\right]\tag{4.26}$$

对应的转矩为

$$T_{\mathrm{d}}=\frac{P_{\mathrm{elm}}}{2\pi n_{\mathrm{s}}}=\frac{m_1p}{2}\left[\sqrt{2}N_1k_{\mathrm{w1}}\Phi_{\mathrm{f}}I_{\mathrm{a}}\cos\psi+\frac{1}{2}(L_{\mathrm{sd}}-L_{\mathrm{sq}})I_{\mathrm{a}}^2\sin2\psi\right]\tag{4.27}$$

对于内置式和嵌入式永磁体转子，由于 $X_{\mathrm{sd}}>X_{\mathrm{sq}}$ 和 $L_{\mathrm{sd}}>L_{\mathrm{sq}}$，电机有额外的磁阻功率和转矩分量。对于表贴式永磁体转子，由于 $X_{\mathrm{sd}}\approx X_{\mathrm{sq}}$ 和 $L_{\mathrm{sd}}\approx L_{\mathrm{sq}}$，与磁阻相关的功率和转矩分量几乎为0。在式（4.26）中，感应电动势 E_{f} 可以通过式（2.36）计算。式（4.26）和式（4.27）中的电流 I_{a} 和角度 ψ 可以是指定的，也可以根据2.7节使用电压相量 $\boldsymbol{V}_1$ 在 d 轴和 q 轴上的投影来确定。电抗和电感的计算见2.9节和4.5.2节。因此，当所有参数已知时，可以计算出AFPM无刷电机电磁功率和转矩。注意，作发电机运行时，式（4.26）和式（4.27）中的第二项（取决于 d 轴和 q 轴同步电感之差）用负号（－）表示。

具有定子铁心的AFPM电机在计及损耗之后，输入或者输出电功率为：

1）电动机模式的输入电功率

$$P_{\mathrm{in}}=P_{\mathrm{elm}}+\Delta P_{\mathrm{1w}}+\Delta P_{\mathrm{1Fe}}+\Delta P_{\mathrm{2Fe}}+\Delta P_{\mathrm{PM}}+\Delta P_{\mathrm{e}}\tag{4.28}$$

2）发电机模式的输出电功率

$$P_{\mathrm{out}}=P_{\mathrm{elm}}-\Delta P_{\mathrm{1w}}-\Delta P_{\mathrm{1Fe}}-\Delta P_{\mathrm{2Fe}}-\Delta P_{\mathrm{PM}}-\Delta P_{\mathrm{e}}\tag{4.29}$$

式中，P_{elm}根据式（4.26）计算；ΔP_{1w}为定子绕组损耗，根据式（2.49）计算；ΔP_{1Fe}为定子铁耗，根据式（2.54）计算；ΔP_{2Fe}为转子铁耗，根据式（2.66）计算；ΔP_{PM}为永磁体损耗，根据式（2.61）计算；ΔP_{e}为定子导体中的涡流损耗（仅限无槽定子），根据式（2.68）或式（2.69）计算。轴功率 P_{sh}（对于发电机是输入机械功率 P_{in}，对于电动机是输出机械功率 P_{out}），对于发电机而言，等于电磁功率 P_{elm}加上机械损耗 ΔP_{rot}；而对于电动机，则等于电磁功率减去机械损耗。

轴转矩为：

1）对于电动机（由电动机本身产生）

$$T_{\mathrm{sh}}=\frac{P_{\mathrm{out}}}{2\pi n}\tag{4.30}$$

2）对于发电机（由原动机产生）

$$T_{\mathrm{sh}}=\frac{P_{\mathrm{in}}}{2\pi n}\tag{4.31}$$

效率是

$$\eta=\frac{P_{\mathrm{out}}}{P_{\mathrm{in}}}\tag{4.32}$$

4.7.2　同步发电机

带 RL 负载的凸极同步发电机的相量图如图 4.8 所示，输出电压在 d 轴和 q 轴上的投影分别为

$$V_1\sin\delta = I_{aq}X_{sq} - I_{ad}R_1$$
$$V_1\cos\delta = E_f - I_{ad}X_{sd} - I_{aq}R_1 \tag{4.33}$$

和

$$V_1\sin\delta = I_{ad}R_L - I_{aq}X_L$$
$$V_1\cos\delta = I_{aq}R_L + I_{ad}X_L \tag{4.34}$$

式中，$\boldsymbol{Z}_L = R_L + jX_L$ 是输出端每相的负载阻抗。d 轴和 q 轴电流分别为

1）根据式（4.33）

$$I_{ad} = \frac{E_f X_{sq} - V_1(X_{sq}\cos\delta + R_1\sin\delta)}{X_{sd}X_{sq} + R_1^2} \tag{4.35}$$

$$I_{aq} = \frac{V_1(X_{sd}\sin\delta - R_1\cos\delta) + E_f R_1}{X_{sd}X_{sq} + R_1^2} \tag{4.36}$$

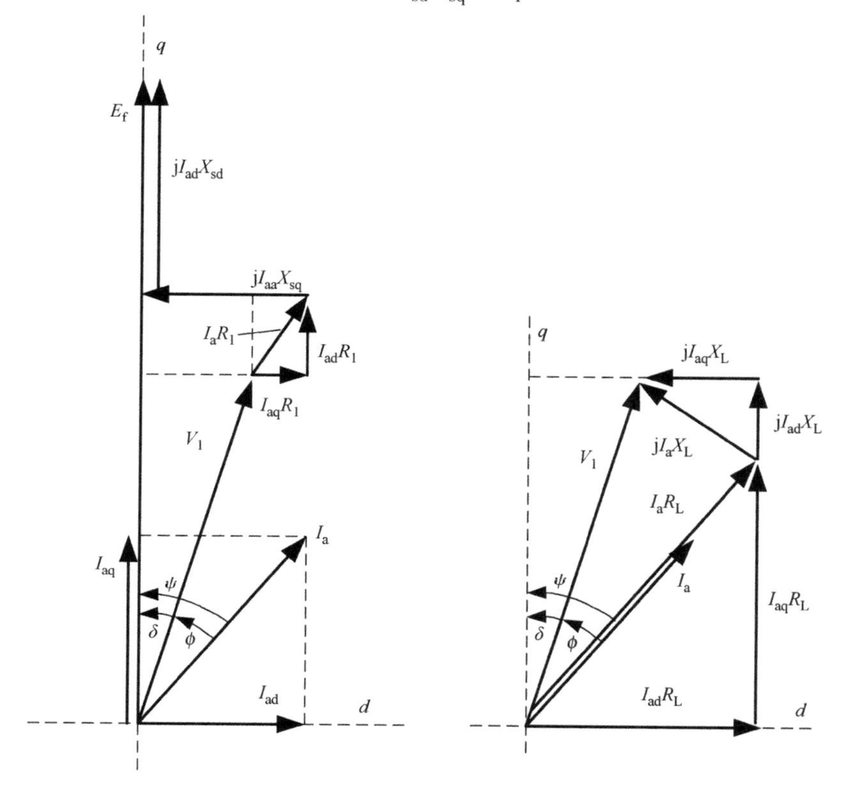

图 4.8　带 RL 负载的凸极同步发电机相量图

2）根据式（4.34）

$$I_{ad} = \frac{V_1(R_L \sin\delta + X_L \cos\delta)}{R_L^2 + X_L^2} \tag{4.37}$$

$$I_{aq} = \frac{V_1(R_L \cos\delta - X_L \sin\delta)}{R_L^2 + X_L^2} \tag{4.38}$$

电压 V_1 与感应电动势 E_f 之间的负载角 δ 可以通过式（4.34）的第一个公式确定，即

$$\delta = \arcsin\left(\frac{I_{ad}R_L - I_{aq}X_L}{V_1}\right) \tag{4.39}$$

合并式（4.33）和式（4.34），d 轴和 q 轴电流与负载角 δ 无关，即

$$I_{ad} = \frac{E_f(X_{sq} + X_L)}{(X_{sd} + X_L)(X_{sq} + X_L) + (R_1 + R_L)^2} \tag{4.40}$$

$$I_{aq} = \frac{E_f(R_1 + R_L)}{(X_{sd} + X_L)(X_{sq} + X_L) + (R_1 + R_L)^2} \tag{4.41}$$

电流 I_a 与 q 轴之间的角度 ψ 以及电流 I_a 与电压 V_1 之间的角度 ϕ 分别为

$$\psi = \arccos\left(\frac{I_{aq}}{I_a}\right) = \arccos\left(\frac{I_{aq}}{\sqrt{I_{ad}^2 + I_{aq}^2}}\right) \tag{4.42}$$

$$\phi = \arccos\left(\frac{I_a R_L}{V_1}\right) = \arccos\left(\frac{R_L}{Z_L}\right) \tag{4.43}$$

式中，$I_a = \sqrt{I_{ad}^2 + I_{aq}^2}$［见式（2.89）］。根据相量图（见图4.8）和式（4.33），输出电功率为

$$\begin{aligned} P_{out} &= m_1 V_1 I_a \cos\phi = m_1 V_1 (I_{aq}\cos\delta + I_{ad}\sin\delta) \\ &= m_1 [E_f I_{aq} - I_{ad} I_{aq}(X_{sd} - X_{sq}) - I_a^2 R_1] \end{aligned} \tag{4.44}$$

发电机的内部电磁功率要再加上定子绕组损耗

$$P_{elm} = P_{out} + \Delta P_{1w} = m_1 [E_f I_{aq} - I_{ad} I_{aq}(X_{sd} - X_{sq})] \tag{4.45}$$

4.7.3 方波 AFPM 电机

方波（梯形波）AFPM 无刷电机已在2.10.2节中介绍。方波电机的特点是其反电动势波形是梯形或准方波，根据其结构，导通角为100°～150°电角度。通过合理设计磁路和绕组，可以获得梯形反电动势波形。除了图2.4和图2.5中的环形铁心 AFPM 电机外，有槽和无槽的 AFPM 电机都可以设计为具有正弦形或梯形反电动势波形。环形铁心电机通常设计成具有梯形反电动势波形。反电动势的幅值可以用式（2.125）计算，此式适用于三相绕组星形联结且两两导通工作

的电机。

方波 AFPM 电机主要通过固态逆变器供电。逆变器在导通期间向电机的相绕组提供直流 PWM 电压。电流的方波波形（见图 1.3a）由平顶值 $I_a^{(sq)}$ 来描述。方波 AFPM 电机产生的转矩 T_d 可以通过式（2.127）计算。因此，可以得到电机的电磁功率 P_{elm}。使用与正弦波电机相同的损耗和功率平衡式，通过式（4.28）计算输入和输出功率，输出功率 $P_{out}=P_{elm}-\Delta P_{rot}$。注意，必须使用式（2.135）给出电流的真实有效值来计算 ΔP_{1w}。

4.8　有限元计算

采用有限元分析，可以代替解析或半经验公式，准确地计算出 AFPM 电机的一些等效电路参数和损耗。如今，二维和三维有限元电磁软件价格合理，求解速度快，在个人计算机上，大多数二维有限元静磁场问题可以在几秒钟内求解完毕。

同步电感 L_{sd} 和 L_{sq} 以及 AFPM 电机的感应电动势 E_f 是性能计算中的关键参数。

第一步是在二维平面上确定 AFPM 电机的结构、尺寸和材料。由于 AFPM 电机的对称性，通常只需通过应用负周期性边界条件[261]对电机的一个极距进行建模和计算。然而，对于使用非重叠绕组的 AFPM 电机，需要对电机的更大一部分（有时是整个电机）建模[146]。在定子绕组有效部分的平均半径处取截面，即 $0.25(D_{out}+D_{in})$ 处。根据电机拓扑和材料特性，在其余边界上可以施加 Neuman 或 Dirichlet 条件。取绕组径向长度作为定子绕组的有效长度，即 $L_i=l_M=0.5(D_{out}-D_{in})$ [见式（3.34）]。在为模型的不同区域分配不同的材料属性之后，对定义好的结构进行网格剖分。

第二步是根据转子的位置指定电机的相电流 i_A、i_B 和 i_C。为了计算参数 L_{sd} 或 L_{sq}，必须指定相电流使电枢磁动势分别与 d 轴或 q 轴对齐。在这两种情况下，永磁体必须处于非激活状态㊀。在计算感应电动势时，相当于计算发电模式下的空载电压，相电流设置为零，只有永磁磁场。

第三步是运行有限元求解器，对上述三种情况分别求出电机轴向气隙磁通密度。对气隙磁通密度进行傅里叶分解得到气隙磁通密度的基波分量，从而确定上述每种情况中的气隙磁通密度基波峰值：①仅有 d 轴磁动势（相当于仅有 d 轴电流 I_{ad}）时的 B_{mad1}；②仅有 q 轴磁动势（相当于仅有 q 轴电流 I_{aq}）时的 B_{maq1}；③只有永磁磁场时的 B_{mg}。

㊀ 将永磁体的材料属性改为空气。——译者注

第四步是通过解析公式计算电感和感应电动势。通过有限元分析已经得到 B_{mad1} 和 B_{maq1} 的情况下，可以根据式（2.104）和式（2.105）计算磁链 Ψ_d 和 Ψ_q。电感 L_{sd} 和 L_{sq} 的计算方法见5.5.2节。通过有限元分析已经得到 B_{mg} 的情况下，首先根据式（2.29）计算每极磁通 Φ_f，然后根据式（2.36）计算 E_f。

图4.9为单边有槽定子和无槽定子的两种AFPM电机，通过有限元计算得到的在永磁磁场单独作用时的磁力线和气隙磁通密度。内置式单边AFPM电机，通过有限元计算得到的在 d 轴或 q 轴电枢磁动势单独作用时的磁力线和气隙磁通密度如图4.10所示。

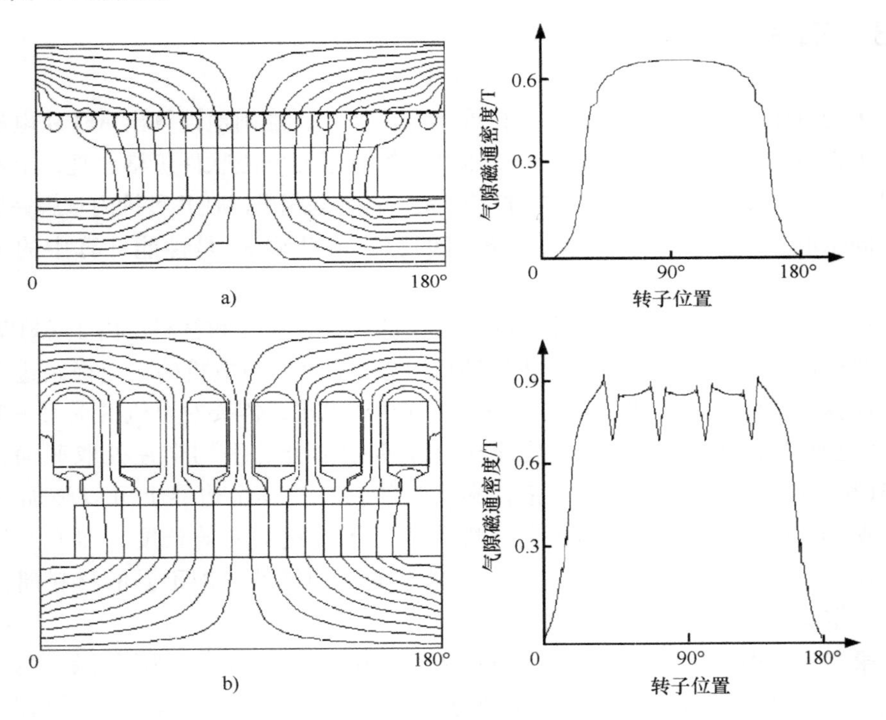

图4.9　表贴式AFPM电机，仅有永磁磁场时的磁力线和气隙磁通密度

a）无槽AFPM电机　b）有槽AFPM电机

需要注意的是，在有限元建模中使用AFPM电机平均半径处的截面来代表整个电机，这存在一定的局限性。如参考文献［214］中所述，对于永磁体形状和齿宽沿半径变化的AFPM电机，三维效应更加显著，在有限元建模中不应忽略。在参考文献［214］中提出了一种准三维FEM建模方案，其中AFPM电机被虚拟地划分为多个子电机，通过组合每个子电机的性能来获得电机的整体性能。在参考文献［262，263］中介绍了一种使用多层和多切片技术对无铁心定子AFPM电机进行建模的类似方法。

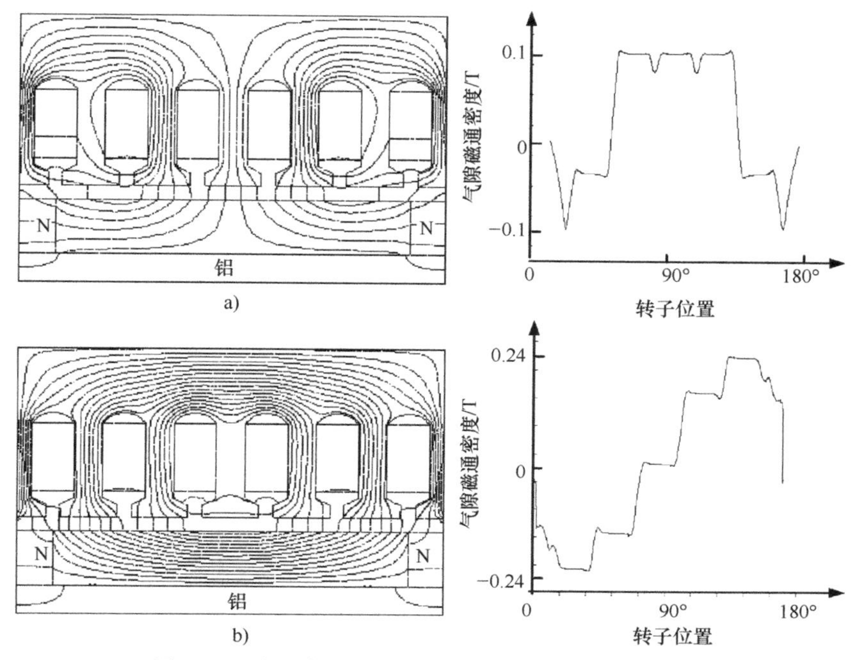

图 4.10　内置式 AFPM 电机的磁力线和气隙磁通密度

a）仅有 d 轴电枢磁动势　b）仅有 q 轴电枢磁动势

数值算例

数值算例 4.1

一台三相、2.2kW、50Hz、380V（线电压）、星形联结、750r/min、$\eta=78\%$、$\cos\phi=0.83$、双边盘式永磁同步电机的磁路尺寸如下：永磁体外径 $D_{out}=0.28$m，永磁体内径 $D_{in}=0.16$m，转子（永磁体）厚度 $2h_M=8$mm，单边气隙 $g=1.5$mm。采用了均匀分布的永磁体表贴式结构。转子上没有软磁性材料。转子的外径和内径分别对应于永磁体和定子铁心的外轮廓和内轮廓。矩形半闭口槽（见图 4.6a）的尺寸为：$h_{11}=11$mm，$h_{12}=0.5$mm，$h_{13}=1$mm，$h_{14}=1$mm，$b_{11}=13$mm，$b_{14}=3$mm。单个定子的槽数 $s_1=24$，定子每相绕组匝数 $N_1=456$，定子铜导体直径为 0.511mm（AWG 24），定子并联导体数 $a_w=2$，气隙磁通密度 $B_{mg}=0.65$T。机械损耗 $\Delta P_{rot}=80$W，铁心和永磁体损耗为 $\Delta P_{1Fe}+\Delta P_{PM}=0.05P_{out}$。每个定子槽内有两层绕组，双定子绕组并联，三相绕组星形联结。

求负载角 $\delta=11°$时的电机性能。比较解析法与有限元法（FEM）的结果。

解：

相电压 $V_1=380/\sqrt{3}=220$V。极对数是 $p=60f/n=50\times60/750=4$，极数 $2p=$

8。最小槽距为

$$t_{1\min} = \frac{\pi D_{\text{in}}}{s_1} = \frac{\pi \times 0.16}{24} = 0.0209\text{m} \approx 21\text{mm}$$

槽的宽度 $b_{12}=13\text{mm}$，得到最窄的齿宽 $c_{1\min}=t_{1\min}-b_{12}=21-13=8\text{mm}$。定子齿最窄部分的磁通密度为

$$B_{1\text{tmax}} \approx \frac{B_{\text{mg}} t_{1\min}}{c_{1\min}} = \frac{0.65 \times 21}{8} = 1.7\text{T}$$

这个值比较小。

根据式（1.14），平均直径和平均极距为

$$D = 0.5 \times (0.28 + 0.16) = 0.22\text{m}$$

$$\tau = \frac{\pi \times 0.22}{8} = 0.0864\text{m}$$

根据式（2.2），每极每相槽数为

$$q_1 = \frac{s_1}{2pm_1} = \frac{24}{8 \times 3} = 1$$

绕组因数 $k_{\text{w1}}=k_{\text{d1}}k_{\text{p1}}=1\times1=1$，由式（2.8）、式（2.9）和式（2.10）得到。

根据式（2.26）计算的磁通和根据式（2.36）计算的由转子磁场激励的感应电动势分别为

$$\Phi_{\text{f}} = \frac{2}{\pi} \times 0.65 \times \frac{\pi}{8} \times [(0.5 \times 0.28)^2 - (0.5 \times 0.16)^2] = 0.002145\text{Wb}$$

$$E_{\text{f}} = \pi \times \sqrt{2} \times 50 \times 456 \times 1 \times 0.002145 = 217.3\text{V}$$

式中，假设 $B_{\text{mg1}} \approx B_{\text{mg}}$。

现在需要核算电负荷、电流密度和定子槽的槽满率。并联导体数 $a_{\text{w}}=2$，根据式（2.3），双层相绕组每个线圈的导体数为

$$N_{\text{c}} = \frac{a_{\text{w}} N_1}{(s_1/m_1)} = \frac{2 \times 456}{(24/3)} = 114$$

因此，单个槽中的导体数 N_{sl} 等于（层数）×（每圈导体数 N_{c}）$=2\times114=228$，或者根据式（2.5）

$$N_{\text{sl}} = \frac{1 \times 2 \times 456}{4 \times 1} = 228$$

单个定子的额定输入电流为

$$I_{\text{a}} = \frac{P_{\text{out}}}{2m_1 V_1 \eta \cos\phi} = \frac{2200}{2 \times 3 \times 220 \times 0.78 \times 0.83} = 2.57\text{A}$$

根据式（2.93），定子线电流密度（峰值）为

$$A_{\text{m}} = \frac{4\sqrt{2} m_1 I_{\text{a}} N_1}{\pi(D_{\text{out}} + D_{\text{in}})} = \frac{3\sqrt{2} \times 456 \times 2.57}{0.0864 \times 4} = 14452.2\text{A/m}$$

这个值即使对于小型永磁交流电机也是比较小的。定子（电枢）导体的截面积为

$$s_{\mathrm{a}}=\frac{\pi d_{\mathrm{a}}^{2}}{4}=\frac{\pi\times0.511^{2}}{4}=0.205\mathrm{mm}^{2}$$

额定条件下的电流密度为

$$j_{\mathrm{a}}=\frac{2.57}{2\times0.205}=6.27\mathrm{A/mm}^{2}$$

对于额定功率在 1 ~ 10kW 的盘式交流电机，这是一个可接受的电流密度值。

电枢导体采用 F 级绝缘，带绝缘的导体直径为 0.548mm。因此，定子槽中所有导体的总横截面积是

$$228\times\frac{\pi\times0.548^{2}}{4}\approx54\mathrm{mm}^{2}$$

单个槽的横截面积大约是 $h_{11}b_{12}=11\times13=143\mathrm{mm}^2$，槽满率 $54/143=0.38$ 表明定子绕组可以轻松下线，因为低压电机采用圆形导体的平均槽满率约为 0.4。

定子端部连接的平均长度 $l_{1\mathrm{e}}\approx0.154\mathrm{m}$。根据式（2.39），定子匝数的平均长度为

$$l_{1\mathrm{av}}=2(L_{\mathrm{i}}+l_{1\mathrm{e}})=2\times(0.06+0.154)=0.428\mathrm{m}$$

式中，$L_{\mathrm{i}}=0.5(D_{\mathrm{out}}-D_{\mathrm{in}})=0.5\times(0.28-0.16)=0.06\mathrm{m}$。在温度为 75℃（电机处于热态）时，根据式（2.40），定子绕组每相电阻为

$$R_{1}=\frac{N_{1}l_{1\mathrm{av}}}{a_{\mathrm{w}}\sigma s_{\mathrm{a}}}=\frac{456\times0.428}{47\times10^{6}\times2\times0.1965}=10.57\Omega$$

卡特系数根据式（1.2）和式（1.3）计算，即

$$k_{\mathrm{C}}=\left(\frac{28.8}{28.8-0.012\times1.5}\right)^{2}=1.001$$

$$\gamma=\frac{4}{\pi}\times\left[\frac{3}{2\times11}\arctan\left(\frac{3}{2\times11}\right)-\ln\sqrt{1+\left(\frac{3}{2\times11}\right)^{2}}\right]=0.012$$

式中，$t_{1}=\pi D/s_{1}=\pi\times0.22/24=0.0288\mathrm{m}=28.8\mathrm{mm}$。计算卡特系数时所用的非铁磁性气隙为 $g'\approx2g+2h_{\mathrm{M}}=2\times1.5+8=11\mathrm{mm}$。由于双定子铁心有两个开槽表面，因此卡特系数需乘两次。

单个定子的漏抗根据式（4.8）计算，其中 $l_{1\mathrm{in}}\lambda_{1\mathrm{ein}}/L_{\mathrm{i}}+l_{\mathrm{out}}\lambda_{1\mathrm{eout}}/L_{\mathrm{i}}\approx l_{1\mathrm{e}}\lambda_{1\mathrm{e}}/L_{\mathrm{i}}$，即

$$X_{1}=4\times0.4\pi\times10^{-6}\pi\times50\times\frac{456^{2}\times0.06}{4\times1}\times\left(0.779+\frac{0.154}{0.06}\times0.218+0.2297+0.9322\right)=6.158\Omega$$

式中

1）根据式（4.9）计算槽漏磁导系数

$$\lambda_{1s} = \frac{11}{3 \times 13} + \frac{0.5}{13} + \frac{2 \times 1}{13 + 3} + \frac{1}{3} = 0.779$$

2）根据式（4.16）计算端部漏磁导系数（其中平均线圈跨距 $w_c = \tau$）

$$\lambda_{1e} \approx 0.34 \times 1 \times \left(1 - \frac{2}{\pi} \times \frac{0.0864}{0.154}\right) = 0.218$$

3）根据式（4.22）和式（4.24）计算差分漏磁导系数

$$\lambda_{1d} = \frac{3 \times 1 \times 0.0864 \times 1^2}{\pi^2 \times 0.011 \times 1.001} \times 0.0966 = 0.2297$$

$$\tau_{d1} = \frac{\pi^2 \times (10 \times 1^2 + 2)}{27}\left(\sin\frac{30°}{1}\right)^2 - 1 = 0.0966$$

4）根据式（4.25）计算齿顶漏磁导系数

$$\lambda_{1t} = \frac{5 \times 11/3}{5 + 4 \times 11/3} = 0.9322$$

根据式（2.121）和式（2.122），其中 $k_{fd} = k_{fq} = 1$，表贴式永磁电机的不饱和电枢反应电抗为

$$X_{ad} = X_{aq} = 2 \times 3 \times 0.4 \times \pi \times 10^{-6} \times 50 \times \left(\frac{456 \times 1}{4}\right)^2 \times \frac{(0.5 \times 0.28)^2 - (0.5 \times 0.16)^2}{1.001 \times 0.011} = 5.856\Omega$$

式中，对于电枢磁通，分母中的气隙应该是 $g' \approx 2 \times 1.5 + 8 = 11\text{mm}$（$\mu_{rrec} \approx 1$）。根据式（2.79）和式（2.80），同步电抗为

$$X_{sd} = X_{sq} = 6.158 + 5.856 = 12.01\Omega$$

电枢电流根据式（2.87）、式（2.88）和式（2.89）计算。对于 $\delta = 11°$（$\cos\delta = 0.982$，$\sin\delta = 0.191$），电流分量为：$I_{ad} = -1.807\text{A}$，$I_{aq} = 1.96\text{A}$ 和 $I_a = 2.666\text{A}$。

一个定子吸收的输入功率由式（2.90）计算。两个并联定子吸收的输入功率是其2倍，即

$$P_{in} = 2 \times 3 \times 220 \times [1.88 \times 0.982 - (-1.82) \times 0.191] = 2986.8\text{W}$$

两个定子吸收的输入视在功率为

$$S_{in} = 2 \times 3 \times 220 \times 2.62 = 3509.7\text{V} \cdot \text{A}$$

功率因数为

$$\cos\phi = \frac{2986.8}{3509.7} = 0.851$$

根据式（2.49），其中 $k_{1R} \approx 1$，两个定子绕组的损耗为

$$\Delta P_{1w} = 2 \times 3 \times 2.62^2 \times 10.57 = 431.4\text{W}$$

假设 $\Delta P_{1Fe} + \Delta P_{PM} = 0.05P_{out}$，那么输出功率为

$$P_{out}=\frac{1}{1.05}\times(P_{in}-\Delta P_{1w}-\Delta P_{rot})=\frac{1}{1.05}\times(2986.8-431.4-80.0)=2357.5\text{W}$$

因此

$$\Delta P_{1Fe}+\Delta P_{PM}=0.05\times2357.5=117.9\text{W}$$

电机效率为

$$\eta=\frac{2357.5}{2986.8}=0.789\ \text{或}\ \eta=78.9\%$$

电机的轴转矩为

$$T_{sh}=\frac{2357.5}{2\pi\times(750/60)}=30.02\text{N}\cdot\text{m}$$

电磁功率为

$$P_{elm}=P_{in}-\Delta P_{1w}-\Delta P_{1Fe}-\Delta P_{PM}=2986.8-431.4-117.9=2437.5\text{W}$$

电机产生的电磁转矩为

$$T_d=\frac{2437.5}{2\pi\times750/60}=31.04\text{N}\cdot\text{m}$$

FEM 计算的结果如图 4.11、图 4.12 和图 4.13 所示。FEM 得到的平均转矩高于解析法。式（2.121）、式（2.122）和式（4.8）没有给出 X_{sd}、X_{sq}和 X_1 的准确值。图 4.13 为电磁转矩与转子位置的关系图，有一个明显的齿槽效应分量，其周期等于两个槽距，即 30°。

数值算例 4.2

一台单边 AFPM 电机的定子和永磁体尺寸与数值算例 4.1 相同。转子上钐钴永磁体 $B_r=1.05\text{T}$ 和 $H_c=720000\text{A/m}$，并将其固定在一个实心钢盘上。气隙（机械间隙）$g=1.5\text{mm}$，永磁体的高度 $h_M=4\text{mm}$，永磁体漏磁系数为$\sigma_{lM}=1.1$，极靴与极距之比 $\alpha_i=0.78$，式（1.13）中永磁体磁通密度波形的近似系数 $\alpha=0$。

计算在 $D=0.5(D_{in}+D_{out})$ 处气隙中的磁通密度分布，以及定子电流为零（无电枢反应）时，定子与转子之间的吸引力。

解：

（1）气隙磁导

根据式（1.14）和式（2.92），平均直径 $D=0.22\text{m}$，平均极距 $\tau=0.086\text{m}$。极对数 $p=(50/750)/60=4$。平均槽距 $t_1=2p\tau/s_1=2\times4\times0.086/24=0.0288\text{m}$。相对磁导率由式（3.4）表示为

$$\mu_{rrec}=\frac{1}{\mu_0}\frac{B_r}{H_c}=\frac{1}{\mu_0}\times\frac{1.05}{720000}=1.161$$

基于式（2.110）计算的等效气隙实际上与卡特系数 k_C 无关；$g'=4.95\text{mm}$。根据式（1.2）和式（1.3）计算得到的卡特系数非常小，即 $k_C=1.01$。根据式（2.60），槽口与气隙之比和槽口与槽距之比分别为 $\kappa=0.606$ 和 $\Gamma=0.104$。

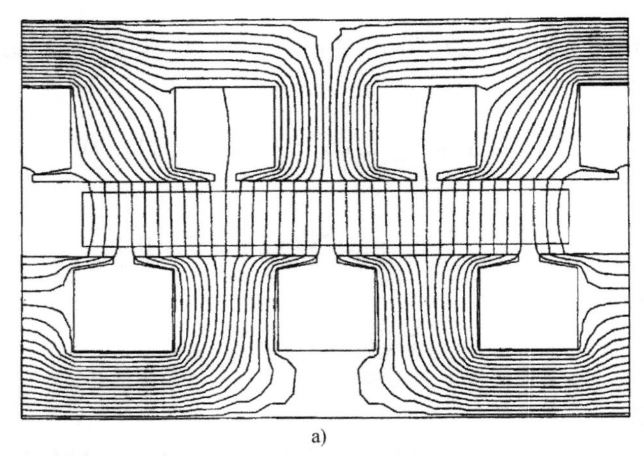

a)

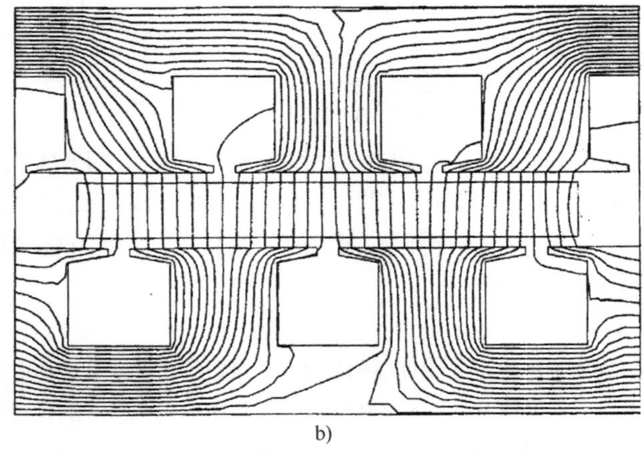

b)

图4.11　双边AFPM电机中的磁力线（数值算例4.1）
a）电枢电流为零　b）额定电枢电流

光滑气隙的相对磁导与式（2.108）相同，即 $\lambda_0=\mu_0/g'=\mu_0/0.00495=0.00025\mathrm{H/m^2}$。槽谐波的幅值 a_ν 由式（4.5）和式（4.6）给出。通过式（4.4）计算相对槽漏磁导，可以将25个槽谐波求和，即

$$\lambda_{sl}(x)=-\sum_{\nu=1}^{25}a_\nu\cos\left(\nu\frac{2\pi}{t_1}x\right)$$

气隙的相对磁导为

$$\lambda_g(x)=\lambda_0+\lambda_{sl}(x)$$

例如，当 $x=t_1=0.0288\mathrm{m}$ 时，气隙的相对磁导为 $\lambda(x=t_1)=0.00022\mathrm{H/m^2}$。

（2）气隙磁通密度

在光滑（无槽）气隙中，永磁体产生的磁通密度法向分量可根据式（3.13）计算（其中永磁体漏磁系数 $\sigma_{1M}=1.1$，卡特系数 $k_C=1.01$）。

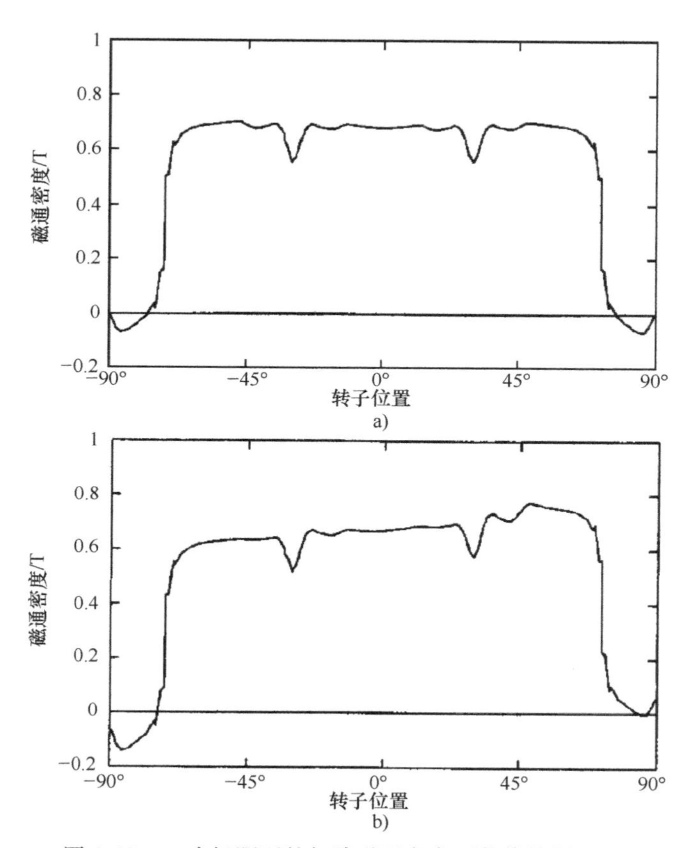

图 4. 12　一个极距下的气隙磁通密度（数值算例 4. 1）

a）电枢电流为零　b）额定电枢电流

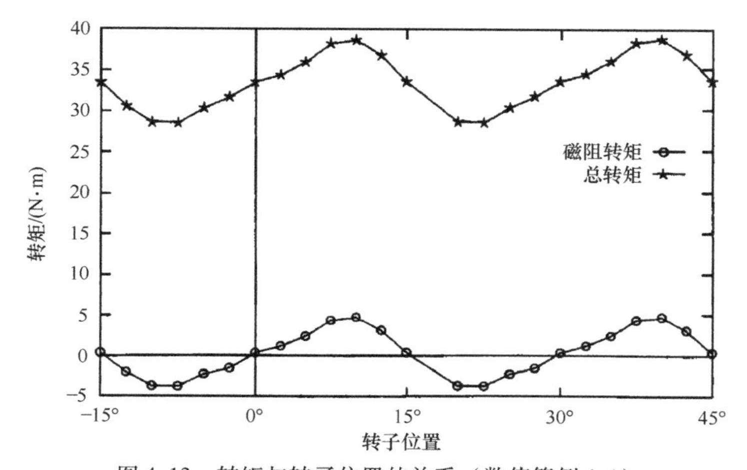

图 4. 13　转矩与转子位置的关系（数值算例 4. 1）

$$B_g = \frac{1}{\sigma_{1M}} \frac{B_r}{1+\mu_{rrec}k_C g/h_M} = \frac{1}{1.1} \times \frac{1.05}{(1+1.161\times1.01\times0.0015/0.004)} = 0.663\text{T}$$

磁通密度分布的形状系数 b_ν 由式（1.13）计算。例如，对于 $\nu=1$，$b_1=1.228$；对于 $\nu=3$，$b_3=-0.296$；对于 $\nu=5$，$b_5=0.064$，其中极面平均宽度 $b_p=\alpha_i\tau=0.78\times0.086=0.0674\text{m}$，$c_p=0$ 和 $b_t=0.0095$。

由转子永磁体在平滑气隙中产生的磁通密度法向分量 $B_{zPM}(x)$，其分布由式（4.2）表示，ν 算到65次槽谐波就足够了。

由槽开口导致的磁通密度分布 $B_{sl}(x)$ 由式（4.3）表示。包括定子开槽在内的气隙磁通密度分布 $B_g(x)$ 由式（4.1）给出。磁通密度的平顶值 $B_g(x=0.5\tau)=0.671\text{T}$。式（3.13）得到的 $B_g=0.663\text{T}$，两者的差异可以忽略不计。图4.14显示了磁通密度 $B_g(x)$ 和 $B_{sl}(x)$ 以及谐波磁通密度 $B_{g1}(x)$、$B_{g3}(x)$ 和 $B_{g5}(x)$ 的分布波形。

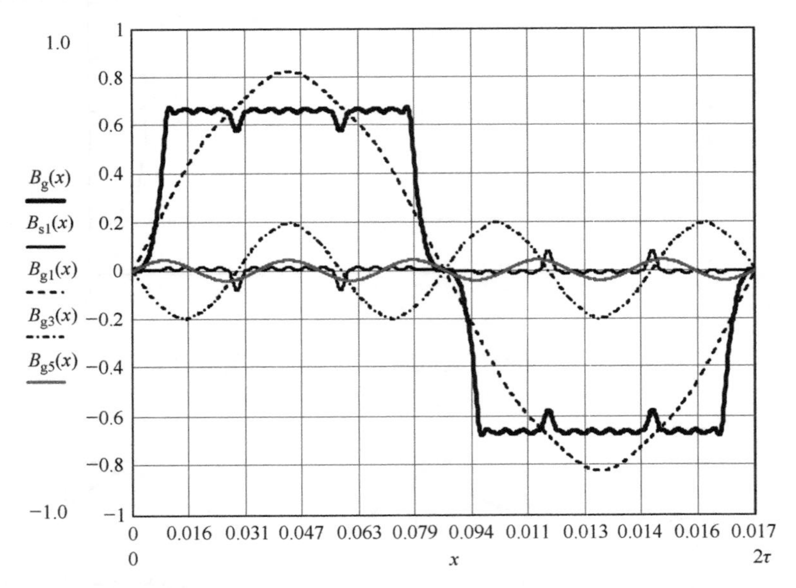

图4.14　气隙磁通密度波形，槽分量波形，以及气隙磁通密度的基波、3次和5次谐波波形（两个极距）（数值算例4.2）

（3）定子和转子之间的法向吸引力

根据式（2.63）计算所有永磁体的有效表面积 $S_{PM}=0.0323\text{m}^2$。定子和转子有效表面上的磁压强由式（4.7）给出。因此，法向吸引力

$$F_z(x) = p_z(x)S_{PM} = 0.0323p_z(x)$$

对于永磁体的中心线（d 轴）上，法向吸引力是 $F_z(x=0.5\tau)=5797\text{N}$。在距离中心 $0.5D$ 处，围绕电机周长 $2p\tau$ 的法向吸引力 $F_z(x)$ 的分布如图4.15所示。

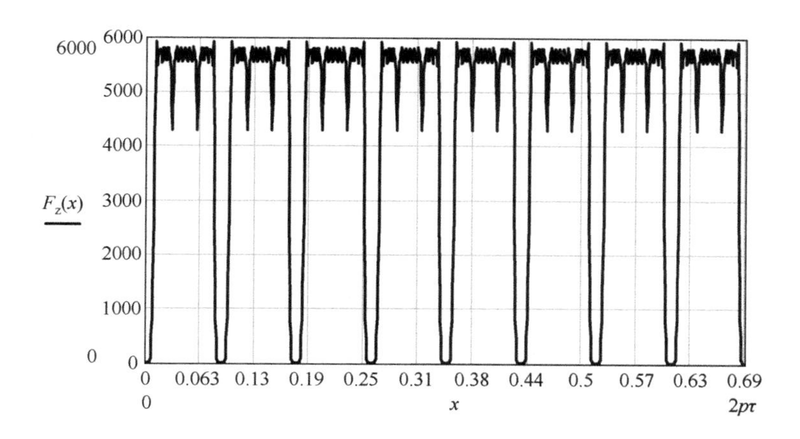

图4.15 定转子间法向吸引力的分布（数值算例4.2）

数值算例4.3

三相、星形联结、50Hz、5.5kW 的 AFPM 同步发电机，定子为有槽铁心，稳态等效电路参数如下：$R_1=0.1\Omega$，$X_{sd}=2.3\ \Omega$，$X_{sq}=2.2\ \Omega$。发电机负载为三相星形联结的串联阻感，$R_L=2.2\Omega$ 和 $L_L=0.0007\text{H}$。空载时，每相感应电动势 $E_f=100\text{V}$，机械损耗 $\Delta P_{rot}=90\text{W}$。

求定子电流、电磁功率、输出功率和效率。忽略定子铁心损耗和永磁体损耗。

解：

负载电抗和负载阻抗为

$$X_L = 2\pi f L_L = 2\pi\times 50\times 0.0007 = 0.22\Omega$$

$$Z_L = \sqrt{2.2^2+0.22^2} = 2.211\Omega$$

根据式（4.40）、式（4.41）和式（2.89），定子电流为

$$I_{ad} = \frac{100\times(2.2+0.22)}{(2.3+0.22)\times(2.2+0.22)+(0.1+2.2)^2} = 21.25\text{A}$$

$$I_{aq} = \frac{100\times(0.1+2.2)}{(2.3+0.22)\times(2.2+0.22)+(0.1+2.2)^2} = 20.20\text{A}$$

$$I_a = \sqrt{21.25^2+20.20^2} = 29.32\text{A}$$

负载阻抗上的端电压为

$$V_1 = I_a Z_L = 29.32\times 2.211 = 64.82\text{V}$$

$$V_{1L} = \sqrt{3}V_1 = \sqrt{3}\times 64.82 = 112.3\text{V}$$

根据式（4.43）、式（4.39）和式（4.42），功率因数、负载角 δ 和角 ψ 分别为

$$\cos\phi = \frac{29.32 \times 2.2}{64.82} = 0.995 \quad \phi = 5.71^{\circ}$$

$$\psi = \arccos\left(\frac{20.20}{29.32}\right) = 46.45^{\circ}$$

$$\delta = \arcsin\left(\frac{21.25 \times 2.2 - 20.20 \times 0.22}{64.82}\right) = 40.74^{\circ}$$

$$\delta = \psi - \phi = 46.45^{\circ} - 5.71^{\circ} = 40.74^{\circ}$$

根据式（4.45），电磁功率为

$$P_{elm} = 3 \times [100 \times 20.20 - 21.25 \times 20.20 \times (2.3 - 2.2)] = 5930.3\text{W}$$

根据式（2.49），定子绕组损耗为

$$\Delta P_{1w} = 3 \times 29.32^2 \times 0.1 = 257.8\text{W}$$

输出功率为

$$P_{out} = m_1 V_1 I_a \cos\phi = 3 \times 64.82 \times 29.32 \times 0.995 = 5672.5\text{W}$$

$$P_{out} = P_{elm} - \Delta P_{1w} = 5930.3 - 257.8 = 5672.5\text{W}$$

输入功率为

$$P_{in} = P_{elm} + \Delta P_{rot} = 5930.3 + 90 = 6020.3\text{W}$$

效率为

$$\eta = \frac{5672.5}{6020.3} = 0.957$$

第5章

无定子铁心的 AFPM 电机

5.1 优缺点

根据应用和工作环境的不同，AFPM 电机的定子可以有铁心，也可以没有。无定子铁心的 AFPM 电机具有一个内部定子和两个外部永磁转子（见图 1.4d）。永磁体可以粘贴在背铁钢盘或非铁磁性支撑结构上。在第二种情况中，永磁体按 Halbach 阵列排列（见图 3.15），电机可做到完全没有铁心。无铁心 AFPM 无刷电机的电磁转矩是由通电线圈与永磁体相互作用（洛伦兹力定理）产生的。

无铁心结构中，定子（电枢）不使用电工钢片或 SMC 粉末等任何铁磁材料，从而没有涡流和磁滞损耗。由于没有铁耗，无定子铁心 AFPM 电机可以比传统电机的效率更高。另外，由于增加了非磁性气隙，这种电机比具有定子铁心的同功率电机要使用更多的永磁材料。

在无定子铁心电机中，线圈典型的形状如图 3.16 和图 3.17 所示。

本章将讨论转子钢盘上有永磁体，定子上没有铁心的 AFPM 无刷电机。

5.2 商用无定子铁心 AFPM 电机

美国 Bodine Electric 公司生产的 e-TORQ™ AFPM 无刷电机，直径为 178mm（7in）和 356mm（14in），该电机具有无定子铁心绕组和两个带有背铁的永磁转子（见图 5.1a）。无定子铁心的设计消除了齿槽转矩，改善了低速控制性能。由于没有磁饱和，转矩-电流特性为线性，并提供了高达十倍额定转矩的峰值转矩。即使由标准固态变换器供电，电机也能在极低速度下平稳运行。此外，高峰值转矩能力可以在某些应用中允许省略昂贵的齿轮箱，并降低润滑剂泄漏的风险。

北达科他州立大学的学生成功地将直径 356mm 的 e-TORQ™ 电机用于直驱型太阳能汽车（见图 5.1b），并参加了 2003 年美国太阳能挑战赛。太阳能汽车必须配备一款既高效又极尽轻量化的电机，这样才能确保在最低的滚动阻力条件下，将尽可能多的太阳能转化为机械能。无铁心 AFPM 无刷电机能够满足这样的

图5.1 无定子铁心绕组的e-TORQ™ AFPM无刷电机（由美国Bodine Electric公司提供）
a）电机外观 b）电机与太阳能汽车车轮集成

要求。

小型无铁心电机的定子绕组可采用印制电路绕组或薄膜线圈绕组。薄膜线圈定子绕组可做成多层线圈，而印制电路绕组只有一层或两层线圈。韩国EmBest公司制造的带有薄膜线圈定子绕组的无铁心无刷电机如图5.2所示。这台电机在

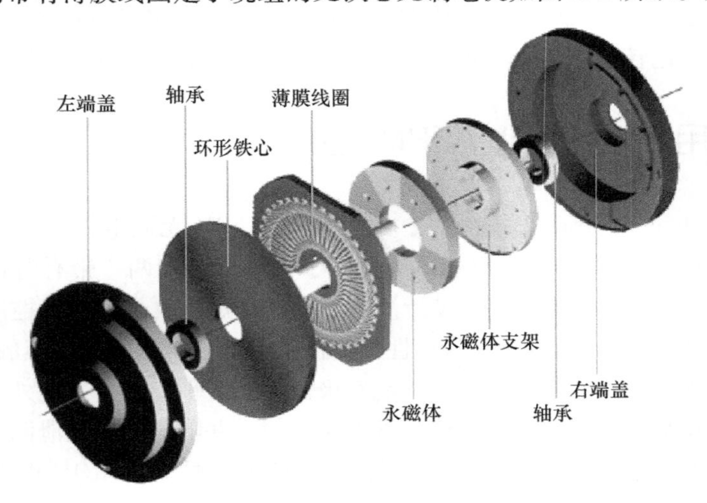

图5.2 带薄膜线圈无定子铁心绕组和单边永磁转子的AFPM无刷电机爆炸视图（由韩国EmBest公司提供）

定子盘的一侧是永磁转子，在定子的另一侧是含背铁的圆盘。小型薄膜线圈电机可用于计算机外围设备、计算机硬盘驱动器（HDD）[139,140]、移动电话、寻呼机、飞行记录仪、读卡器、复印机、打印机、绘图仪、千分尺、标签机、录像机和医疗设备等。

5.3　无定子铁心 AFPM 微型发电机

美国佐治亚理工学院开发的 AFPM 微型发电机[12,13]如图 5.3 和图 5.4 所示。该电机的定子使用交错布置的电镀铜绕组，这些绕组通过 5μm 厚的聚酰亚胺层与 1mm 厚的 NiFeMo 基板进行绝缘隔离。转子由一个具有 2～12 极、厚度为 500μm 的环形永磁体（外径 10mm、内径 5mm）和 500μm 厚的 Hiperco 50（FeCoV 合金）环组成，后者作为磁力线的返回路径。选用 SmCo 永磁体和 Hiperco 合金是因为微型发电机将在高温环境下工作，例如由燃气涡轮机驱动。具体规格见表 5.1[12]。

图 5.3　借助气动钻头在线圈上方旋转小型磁铁进行 AFPM 微型发电机的实验测试（由美国佐治亚理工学院提供）

该微型发电机已证明能够在 305kr/min 的转速下，实现 16W 的机械能到电能的转换，并能向电阻性负载提供 8W 的直流电功率[12]。AFPM 微型发电机的功率密度达到 $59W/cm^3$。

a)

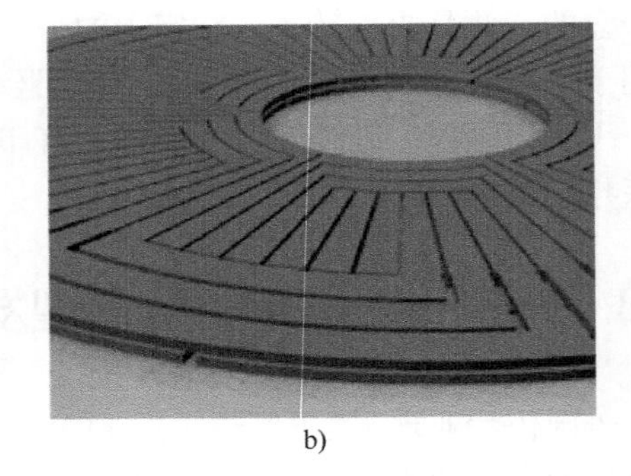
b)

图5.4　8极AFPM微型发电机的定子绕组（由美国佐治亚理工学院提供）
a）每极2匝　b）每极3匝

表5.1　AFPM微型发电机的规格（由美国佐治亚理工学院提供）

极数	2～12
每极所对线圈的匝数	1～6
外层端部/mm	0～2.5
内层端部/mm	0～2.5
永磁体外径/mm	5.0
永磁体内径/mm	2.5
定子径向导体外半径/mm	4.75
定子径向导体内半径/mm	2.75
Hiperco环厚度/μm	500
永磁体厚度/μm	500
径向导体厚度/μm	200
末端厚度/μm	80
基板厚度/μm	1000
气隙/μm	100
电力电子器件等效电阻/mΩ	100

5.4　性能计算

5.4.1　稳态性能计算

为了计算无定子铁心AFPM无刷电机的稳态性能，必须先弄清其等效电路。

无定子铁心AFPM无刷电机的每相稳态等效电路如图5.5所示，其中R_1是定子电阻，X_1是定子漏抗，E_f是由永磁磁场在定子绕组中的感应电动势，E_i是内部相电压的有效值，V_1是端电压，I_a是定子电流的有效值。并联电阻R_e是定子涡流损耗电阻，它的定义与开槽永磁无刷电机的铁耗电阻类似[126]。

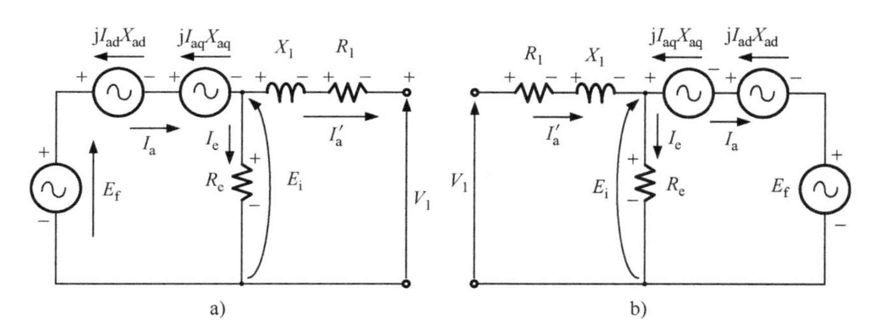

图5.5 无定子铁心 AFPM 无刷电机的每相稳态等效电路（涡流损耗通过并联电阻 R_e来考虑）
a）发电机正方向习惯 b）电动机正方向习惯

对于给定的负载角 δ（对应于感应电机中的转差率 s），可以根据式（2.87）、式（2.88）和式（2.89）分别计算 I_{ad}、I_{aq}和 I_a。如果 $I_{ad}=0$，则定子电流 $I_a=I_{aq}$，全部用来产生电磁转矩，并且负载角 $\delta=\phi$。定子电流 I_a与端电压 V_1之间的夹角 ϕ 为功率因数角。

如果忽略永磁体损耗以及转子背铁的损耗，输入功率可以按下式计算：

1）电动模式（电功率）

$$P_{in}=P_{elm}+\Delta P_{1w}+\Delta P_e \tag{5.1}$$

2）发电模式（机械轴功率）

$$P_{in}=P_{elm}+\Delta P_{rot} \tag{5.2}$$

式中，P_{elm}是根据式（2.91）计算的电磁功率且 $\Delta P_{1Fe}=0$；ΔP_{1w}是根据式（2.49）计算的定子绕组损耗；ΔP_e是根据式（2.68）或式（2.69）计算的定子导体中的涡流损耗；ΔP_{rot}是根据式（2.70）计算的机械损耗。

类似地，输出功率为：

1）电动模式（机械轴功率）

$$P_{out}=P_{elm}-\Delta P_{rot} \tag{5.3}$$

2）发电模式（电功率）

$$P_{out}=P_{elm}-\Delta P_{1w}-\Delta P_e \tag{5.4}$$

电动模式下轴转矩由式（4.30）给出，发电模式下由式（4.31）给出；效率由式（4.32）给出。

5.4.2 动态性能计算

对于无转子绕组的凸极同步电机，定子电路的电压方程为

$$v_{1d} = R_1 i_{ad} + \frac{d\Psi_d}{dt} - \omega\Psi_q \tag{5.5}$$

$$v_{1q} = R_1 i_{aq} + \frac{d\Psi_q}{dt} + \omega\Psi_d \tag{5.6}$$

式中，磁链定义为

$$\Psi_d = (L_{ad} + L_1) i_{ad} + \Psi_f = L_{sd} i_{ad} + \Psi_f \tag{5.7}$$

$$\Psi_q = (L_{aq} + L_1) i_{aq} = L_{sq} i_{aq} \tag{5.8}$$

在上述式（5.5）~式（5.8）中，v_{1d}和v_{1q}分别是端电压的d轴和q轴分量；Ψ_f是永磁磁场产生的单相最大磁链；R_1是电枢绕组电阻；L_{ad}、L_{aq}分别是d轴和q轴的电枢反应电感；$\omega = 2\pi f$是电枢电流的角频率；i_{ad}、i_{aq}是电枢电流的d轴和q轴分量。合成电枢电感$L_{sd} = L_{ad} + L_1$和$L_{sq} = L_{aq} + L_1$被称为d轴和q轴的同步电感。在三相电机中，$L_{ad} = (3/2)L'_{ad}$和$L_{aq} = (3/2)L'_{aq}$，其中L'_{ad}和L'_{aq}是电机一相绕组的自感。励磁磁链$\Psi_f = L_{fd}I_f$，其中L_{fd}是电枢和励磁绕组之间互感的最大值。在永磁体励磁的情况下，虚拟励磁电流是$I_f = H_c h_M$。

将式（5.7）和式（5.8）代入式（5.5）和式（5.6），d轴和q轴的定子电压方程可以写为

$$v_{1d} = R_1 i_{ad} + \frac{di_{ad}}{dt} L_{sd} - \omega L_{sq} i_{aq} \tag{5.9}$$

$$v_{1q} = R_1 i_{aq} + \frac{di_{aq}}{dt} L_{sq} + \omega L_{sd} i_{ad} + \omega\Psi_f \tag{5.10}$$

对于稳态运行$(d/dt)L_{sd}i_{ad} = (d/dt)L_{sq}i_{aq} = 0$，$\boldsymbol{I}_a = I_{ad} + jI_{aq}$，$\boldsymbol{V}_1 = V_{1d} + jV_{1q}$，$i_{ad} = \sqrt{2}I_{ad}$，$i_{aq} = \sqrt{2}I_{aq}$，$v_{1d} = \sqrt{2}V_{1d}$，$v_{1q} = \sqrt{2}V_{1q}$，$E_f = \omega L_{fd}I_f/\sqrt{2} = \omega\Psi_f/\sqrt{2}$[94]。$\omega L_{sd}$和$\omega L_{sq}$分别被称为$d$轴和$q$轴同步电抗。

电动机输入端的瞬时功率是[94,106]

$$p_{in} = \frac{m_1}{2}(v_{1d} i_{ad} + v_{1q} i_{aq}) \tag{5.11}$$

电动机的输入功率［式（5.11）］等同于发电机的输出功率。三相电机的电磁功率是[94,106]

$$p_{elm} = \frac{3}{2}\omega[\Psi_f + (L_{sd} - L_{sq}) i_{ad}] i_{aq} \tag{5.12}$$

具有p对极的三相电机的电磁转矩是

$$T_d = p\frac{p_{elm}}{\omega} = \frac{3}{2}p[\Psi_f + (L_{sd} - L_{sq}) i_{ad}] i_{aq} \tag{5.13}$$

电流i_{ad}、i_{aq}与相电流i_{aA}、i_{aB}和i_{aC}之间的关系是

$$i_{ad} = \frac{2}{3}\left[i_{aA}\cos\omega t + i_{aB}\cos\left(\omega t - \frac{2\pi}{3}\right) + i_{aC}\cos\left(\omega t + \frac{2\pi}{3}\right)\right] \tag{5.14}$$

$$i_{aq} = -\frac{2}{3}\left[i_{aA}\sin\omega t + i_{aB}\sin\left(\omega t - \frac{2\pi}{3}\right) + i_{aC}\sin\left(\omega t + \frac{2\pi}{3}\right)\right] \tag{5.15}$$

通过解方程组（5.14）和（5.15），并且结合 $i_{aA} + i_{aB} + i_{aC} = 0$，可以得到反变换关系

$$\begin{aligned} i_{aA} &= i_{ad}\cos\omega t - i_{aq}\sin\omega t \\ i_{aB} &= i_{ad}\cos\left(\omega t - \frac{2\pi}{3}\right) - i_{aq}\sin\left(\omega t - \frac{2\pi}{3}\right) \\ i_{aC} &= i_{ad}\cos\left(\omega t + \frac{2\pi}{3}\right) - i_{aq}\sin\left(\omega t + \frac{2\pi}{3}\right) \end{aligned} \tag{5.16}$$

5.5　无铁心绕组电感的计算

5.5.1　传统方法

同步电感 L_s 由电枢反应电感 L_a 和漏电感 L_1 组成。对于磁路不对称的电机，即 d 轴和 q 轴的磁阻不同，d 轴和 q 轴的同步电感 L_{sd} 和 L_{sq} 分别表示为电枢反应电感 L_{ad} 和 L_{aq} 与漏电感 L_1 的和，即

$$L_{sd} = L_{ad} + L_1 \qquad L_{sq} = L_{aq} + L_1 \tag{5.17}$$

电枢反应电感由式（2.116）、式（2.117）和式（2.118）给出，其中 d 轴和 q 轴的气隙由式（2.112）和式（2.113）给出。电枢反应电抗由式（2.121）和式（2.122）给出。表2.1比较了径向电机和轴向电机的电枢反应方程。

漏电感是由三个分量组成的，即

$$L_1 = L_{1s} + L_{1e} + L_{1d} = 2\mu_0\frac{N_1^2 L_i}{pq_1}\left(\lambda_{1s} + \frac{l_{1e}}{L_i}\lambda_{1e} + \lambda_{1d}\right) \tag{5.18}$$

式中，$L_i = 0.5(D_{out} - D_{in})$ 是线圈的有效长度，等于永磁体的径向长度 l_M；q_1 是每极每相槽数，根据式（2.2）计算；$l_{1e} = 0.5(l_{1in} + l_{1out})$ 是单边端部连接的平均长度；L_{1s} 和 λ_{1s} 分别是线圈径向部分漏磁通的电感和漏磁导系数（对应于传统电机中的槽漏磁通）；L_{1e} 和 λ_{1e} 分别是端部连接漏磁通的电感和漏磁导系数；L_{1d} 和 λ_{1d} 是差分漏磁通（由于高次空间谐波）的电感和漏磁导系数。

对于无铁心电机，很难推导 λ_{1s} 的准确表达式。漏磁导系数 λ_{1s} 和 λ_{1e} 可以用半解析方程估算：

$$\lambda_{1s} \approx \lambda_{1e} \approx 0.3q_1 \tag{5.19}$$

差分漏磁通的漏磁导系数可以用与感应电机类似的方法来计算[121]，使用式（4.22），其中 $k_{sat} \approx 1$ 且 $g' \approx 2[(g + 0.5t_w) + h_M]$。定子绕组的厚度是 t_w，从定子盘表面到永磁体有效表面的距离是 g（机械气隙）。不难证明 $L_{1d} = L_a\tau_{d1}$[121]。

5.5.2 有限元方法

与传统的开槽 AFPM 电机不同，无铁心或无槽电机的主电感和漏电感没有明确的定义，如参考文献［14，85，133］中所讨论的。使用二维 FEM 分析时，可以同时考虑主磁通和漏磁通，只有绕组端部漏磁通没法顾及。

在二维有限元解法中，矢量磁位 $\boldsymbol{A}$ 只有 z 轴分量，即 $\boldsymbol{A}=A(x,y)\cdot\hat{a}_z$，其中 $\hat{a}_z$ 是 z 轴方向（轴向）的单位矢量。利用斯托克斯定理，可以方便地计算不包括绕组端部漏磁链的一相绕组的总定子磁链 Ψ_{ABC}，即

$$\Psi_{\mathrm{ABC}}=\int_s \boldsymbol{B}\cdot \mathrm{d}\boldsymbol{S}=\int_s \nabla\times\boldsymbol{A}\cdot \mathrm{d}\boldsymbol{S}=\oint_c \boldsymbol{A}\cdot \mathrm{d}\boldsymbol{l} \tag{5.20}$$

可以通过计算每个线圈边的最大矢量磁位之差，来近似计算一相绕组的磁链。在线圈不是很薄的情况下，矢量磁位会随线圈横截面积而变化。因此，应该使用平均矢量磁位。对于一阶三角形单元，N_1 匝、面积为 S 和长度为 l 的线圈的磁链由参考文献［144］给出：

$$\Psi=N_1\sum_{j=1}^{n}\frac{\Delta_j}{S}\left[\frac{\zeta}{3}\sum_{i=1}^{3}A_{ij}\right]l \tag{5.21}$$

式中，A_{ij}是三角形单元 j 的矢量磁位值；$\zeta=+1$ 或 $\zeta=-1$ 表示进入平面或离开平面的积分方向；Δ_j是三角形单元 j 的面积；n 是线圈进出区域的三角形单元总数。因此，对于只建模了一个极的 AFPM 电机，一相绕组的总磁链是

$$\Psi_{\mathrm{ABC}}=\frac{2pN_1 l}{a_{\mathrm{p}}S}\sum_{j=1}^{u}\left[\frac{\Delta_j\zeta}{3}\sum_{i=1}^{3}A_{ij}\right] \tag{5.22}$$

式中，u 是一极内一相线圈剖分之后的总单元数；a_{p}是定子绕组的并联支路数。

从电机设计的角度来看，计算磁链的基波至关重要。无定子铁心 AFPM 电机的转子轭通常不会饱和，不存在由定子铁心开槽和饱和引起的磁场谐波。因为气隙较大，所以定子绕组磁动势空间谐波在大多数情况下可以忽略不计。最需要考虑的谐波是扁平形永磁体引起的谐波。

考虑以上因素，AFPM 电机的磁链波形几乎是正弦的，尽管对于集中（非分布式）绕组，磁链波形中总会存在显著的 3 次谐波以及不太显著的 5 次和 7 次谐波。如果忽略 5 次、7 次和更高次谐波，则可以使用参考文献［144］中给出的方法来计算磁链的基波，即

$$[\Psi_{\mathrm{ABC1}}]\approx[\Psi_{\mathrm{ABC}}]-[\Psi_{\mathrm{ABC3}}] \tag{5.23}$$

其中同相位的 3 次谐波磁链，包括更高次的 3 倍谐波，可由下式获得：

$$\Psi_{\mathrm{A3}}=\Psi_{\mathrm{B3}}=\Psi_{\mathrm{C3}}\approx\frac{1}{3}(\Psi_{\mathrm{A}}+\Psi_{\mathrm{B}}+\Psi_{\mathrm{C}}) \tag{5.24}$$

有了三相磁链基波和转子位置，可以使用帕克变换计算 d 轴和 q 轴磁链[94]

$$[\Psi_{dq0}] = [K_p][\Psi_{ABC1}] \tag{5.25}$$

式中[94]

$$K_p = \frac{2}{3}\begin{bmatrix} \cos\theta & \cos\left(\theta - \frac{2\pi}{3}\right) & \cos\left(\theta + \frac{2\pi}{3}\right) \\ -\sin\theta & -\sin\left(\theta - \frac{2\pi}{3}\right) & -\sin\left(\theta + \frac{2\pi}{3}\right) \\ \frac{1}{2} & \frac{1}{2} & \frac{1}{2} \end{bmatrix} \tag{5.26}$$

当转子角速度为常数 ω 时，角度 $\theta = \omega t$。在二维 FEM 模型中，d 轴和 q 轴同步电感不包括端部漏磁通的分量[106]，即

$$L'_{sd} = L_{ad} + L'_1 = L_{ad} + L_{1s} + L_{1d} \tag{5.27}$$

$$L'_{sq} = L_{aq} + L'_1 = L_{aq} + L_{1s} + L_{1d} \tag{5.28}$$

电感 L'_{sd} 和 L'_{sq} 由式（5.7）和式（5.8）得出，即

$$L'_{sd} = \frac{\Psi_d - \Psi_f}{i_{ad}} \qquad L'_{sq} = \frac{\Psi_q}{i_{aq}} \tag{5.29}$$

绕组端部漏感 L_{1e} 可以通过计算绕组端部中存储的能量来获得[184]，或者简单地使用由式（5.18）得到的近似结果，即

$$L_{1e} = 2\mu_0 \frac{N_1^2 l_{1e}}{pq_1}\lambda_{1e} \tag{5.30}$$

最终

$$L_{sd} = L'_{sd} + L_{1e} \qquad L_{sq} = L'_{sq} + L_{1e} \tag{5.31}$$

5.6　性能特征

美国 Bodine Electric 公司制造的 e-TORQ™ AFPM 无刷电机的规格见表 5.2。电机的感应电动势常数、转矩常数、绕组电阻和绕组电感是线值。电机绕组最大连续工作温度为 130℃。图 5.6 为一台直径 356mm、1kW、170V 的 e-TORQ™ AFPM 电机的稳态特性。

表 5.2　美国 Bodine Electric 公司制造的 e-TORQ™ 无定子铁心 AFPM 无刷电机规格

参数	178mm AFPM 电机		356mm AFPM 电机	
	低感应电动势常数	高感应电动势常数	低感应电动势常数	高感应电动势常数
输出功率/kW	0.7	0.57	1.0	0.26
极数	8	8	16	16
直流母线电压/V	170	300	170	300

（续）

参数	178mm AFPM 电机		356mm AFPM 电机	
	低感应电动势常数	高感应电动势常数	低感应电动势常数	高感应电动势常数
转速/(r/min)	3000	1500	300	70
最大转速/(r/min)	3500	2200	700	400
转矩/(N·m)	2.26	2.83	31.1	33.9
最大转矩/(N·m)	22.6	13.67	152.1	84.4
电流/A	5	2	13	5
最大电流/A	50	10.5	64	12.5
效率（%）	81	75	84	77
转矩常数/(N·m/A)	0.4859	1.299	2.38	6.814
感应电动势常数/[V/(kr/min)]	50	137	249	713
绕组电阻/Ω	2.2	14.3	1.33	43
绕组电抗/mH	1.4	10.5	3.6	29.4
粘滞摩擦/(N·m/rad/s)	9.9×10^{-5}	0.00019	0.00669	0.012
静摩擦/(N·m)	0.00728	0.0378	0.02357	0.1442
电气时间常数/ms	0.6364	0.734	2.71	0.684
机械时间常数/ms	4.538	4.026	4.5	17.78
转动惯量/(kg·m^2)	0.00525	0.00525	0.21	0.21
有效部件质量/kg	6.17	6.17	30.87	30.87
功率密度/(W/kg)	113.5	92.4	32.39	8.42

南非Stellenbosch大学制造的一台16kW风冷AFPM无铁心无刷发电机[260]如图5.7所示。定子绕组由60个单层梯形线圈组成，这些线圈的优点是易于制造且端部较短（见图3.17）。绕组线圈通过使用环氧树脂和硬化剂复合材料固定在一起，组成盘式定子。该电机采用$B_r\approx1.16$T的烧结钕铁硼永磁材料，最大允许工作温度约为130℃。详细的设计数据见表5.3。

不同转速下的输出功率和相电流如图5.8所示。由于每相定子绕组电感非常小，输出电压几乎随负载电流呈线性变化。

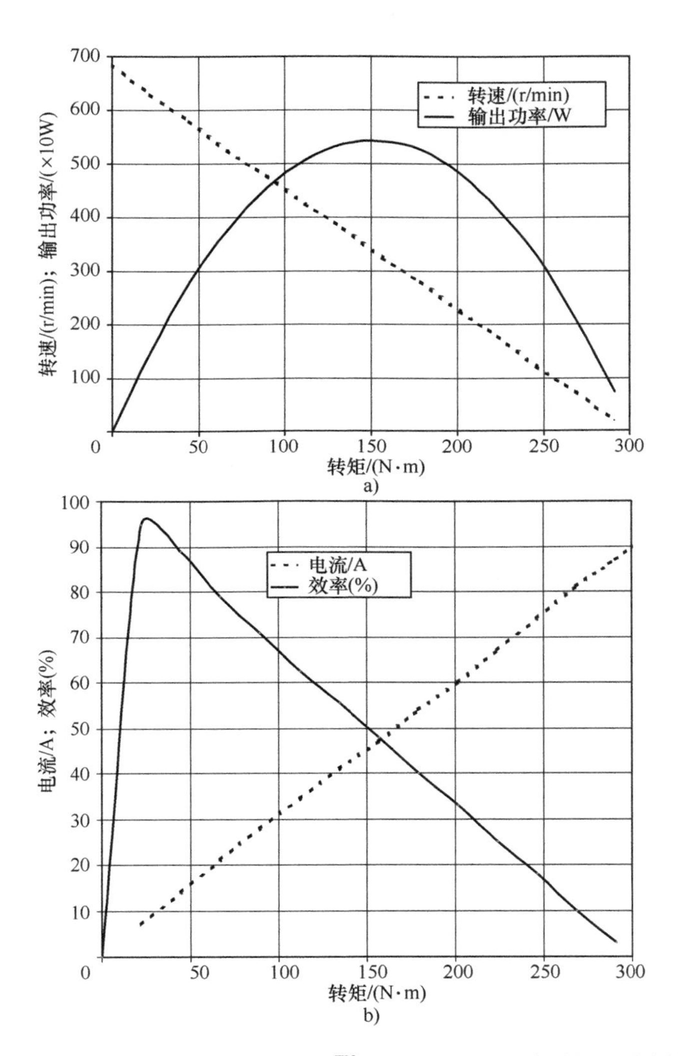

图 5.6　356mm、1kW、170V 的 e-TORQ™ AFPM 电机的稳态特性（全封闭不通风电机在 22℃下采集的数据，由美国 Bodine Electric 公司提供）

a）输出功率 P_{out} 和转速 n 与转矩 T_{sh} 的关系　b）相电流和效率与转矩 T_{sh} 的关系

图5.7　风冷同步AFPM无刷发电机（由南非Stellenbosch大学提供）

a）表面贴有永磁的转子盘　b）无铁心的定子　c）组装好的发电机

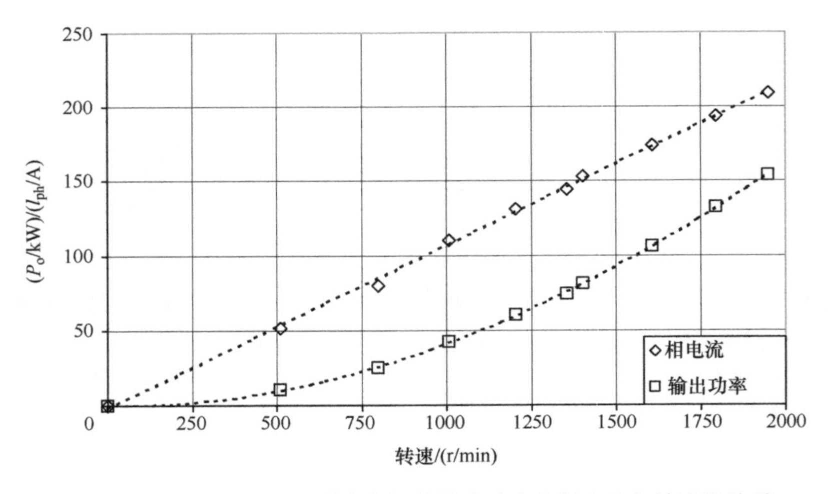

图5.8　160kW AFPM无刷发电机的输出功率和相电流与转速的关系

表 5.3 三相、160kW、1950r/min 无定子铁心 AFPM 无刷同步发电机的规格（由南非 Stellenbosch 大学提供）

参数	设计数据
输出功率 P_{out}/kW	160
转速 n/(r/min)	1950
相数 m_1	3（星形联结）
额定线电压/V	435
额定相电流/A	215
频率 f/Hz	100
定子模块数	1
极对数 p	20
定子线圈数（三相）	60
每相匝数	51
线径/mm	0.42
并联导体数 a_w	12
每极永磁体轴向高度 h_M/mm	10.7
绕组轴向厚度 t_w/mm	15.7
单边气隙长度 g/mm	2.75
负载时气隙磁通密度 B_{mg}/T	0.58
电流密度/(A/mm^2)	7.1
永磁体外径 D_{out}/mm	720
$k_d = D_{in}/D_{out}$	0.69
绝缘等级	F
绕组温升/℃	56
散热方式	自扇冷
绕组类型	单层梯形

通过实验测试和计算发现，对于典型的正弦波 AFPM 电机，如果定子无铁心，d 轴和 q 轴绕组电感之比将接近于 1，即 $L_{sd}/L_{sq} \approx 1$。因此，无定子铁心的 AFPM 电机的分析可以类似于表贴式三相径向电机[128,157]。

5.7 无铁心非重叠绕组 AFPM 电机的性能

在 AFPM 电机中使用非重叠绕组具有以下优势：

1）线圈制造和定子组装更容易；

2）线圈数量减少，绕组结构简单，定子绕组成本降低；

3）绕组端部长度较短，电机的整体直径更小；

4）每匝线圈的平均长度短，定子绕组损耗更低；

5）在有铁心的开槽定子中，槽满率更高。

非重叠绕组电机有个缺点，就是由式（2.14）和式（2.15）[146]定义的绕组因数较低，会使输出转矩降低。然而，最近的研究表明，具有多极对数的非重叠绕组永磁电机也可以具有较高的绕组因数和良好的输出转矩[67,166,176,177,229]。这些研究集中在无定子铁心的径向磁通永磁（RFPM）电机。参考文献［255］描述了具有集中参数的无铁心非重叠绕组 AFPM 无刷发电机的特性。参考文献［27，146，213］报道了无铁心非重叠绕组 AFPM 电机的研究工作。采用无铁心非重叠绕组结构的 AFPM 电机不受齿槽转矩问题的困扰，也不存在线圈如何置入槽内的难题。因此，这类电机在绕组布局和组装上享有更大的灵活性。此外，众所周知，有定子铁心的非重叠绕组永磁电机由于高次谐波磁场的存在，在永磁体和转子磁轭中会引起额外的损耗。在无铁心非重叠绕组 AFPM 电机中，由于电枢反应作用弱，这种损耗几乎为零。因此，除了某些极槽配合情况下的转矩性能较低外，在无定子铁心 AFPM 电机中使用集中参数的非重叠绕组没有明显缺点。

图5.9给出了重叠和非重叠绕组的布局。与这些布局相对应的，图5.10a～c给出了三种无铁心 AFPM 电机定子（1kW），分别采用标准重叠、非重叠和相组非重叠绕组㊀。这些定子是为测试图5.10d所示的 AFPM 电机的永磁转子而设计的。测试中使用一台交流电机作为原动机，通过转矩传感器测量轴转矩，如图5.10d所示。

采用二维 FEM 对 AFPM 电机进行数值建模。标准三相重叠绕组和两种非重叠绕组的 AFPM 电机二维 FEM 模型如图5.11所示。由于轴对称性，FEM 分析中只需要对电机的一半进行建模，即一个转子盘和半个定子。对于标准重叠绕组 AFPM 电机，通过在左右边界上应用负周期性条件，可以只对电机的一个极距进行建模，如图5.11a所示。然而，对于非重叠绕组 AFPM 电机，需要采用正周期条件对电机的两对极进行建模，如图5.11b所示。对于相组非重叠绕组 AFPM 电机，由于没有对称性，需要对整个电机建模，如图5.11c所示。

不同绕组拓扑的 AFPM 电机的设计数据在表5.4中给出。不同绕组 AFPM 电机的标幺计算值和实测值在表5.5中给出。重叠绕组的解析法计算值、FEM 计算值和实测值被作为标幺值计算的基准。对于每种类型的定子绕组，计算和测量都是在相同的120W 铜耗条件下进行的。从表5.5的结果可以清楚地看出，非重叠绕组与标准重叠绕组在单位铜耗下获得了相同的转矩，但非重叠绕组的用铜量明显要少。

㊀　一相线圈分布在一起。——译者注

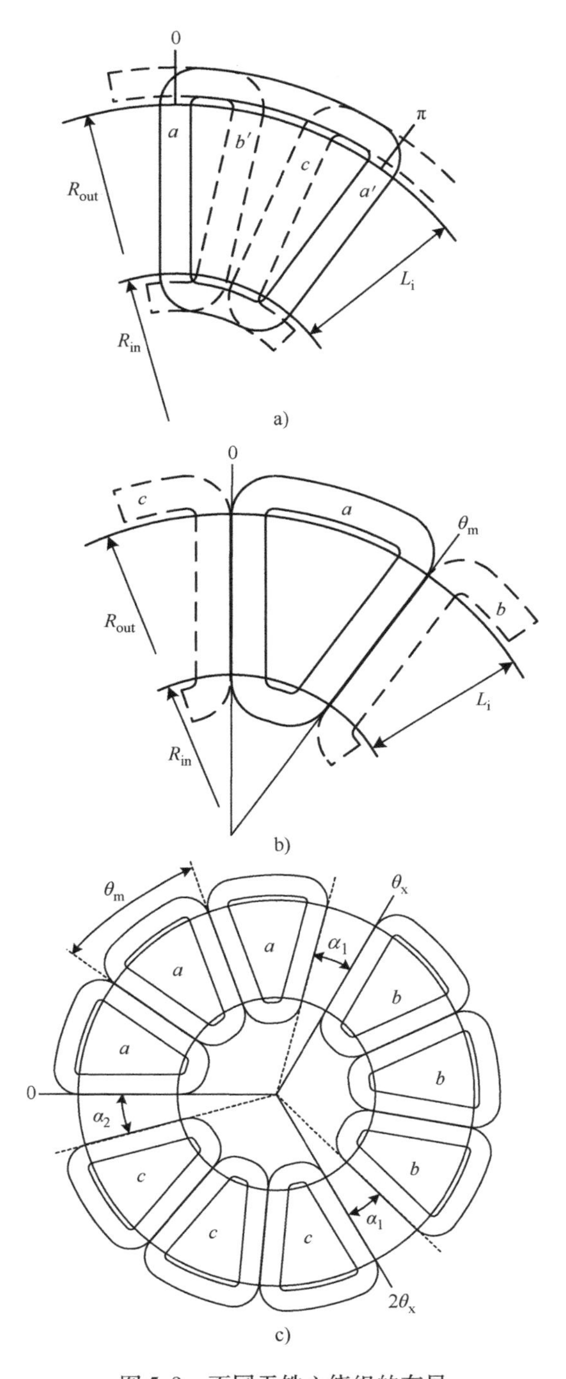

图 5.9　不同无铁心绕组的布局

a）正常重叠绕组　b）非重叠绕组　c）相组非重叠绕组

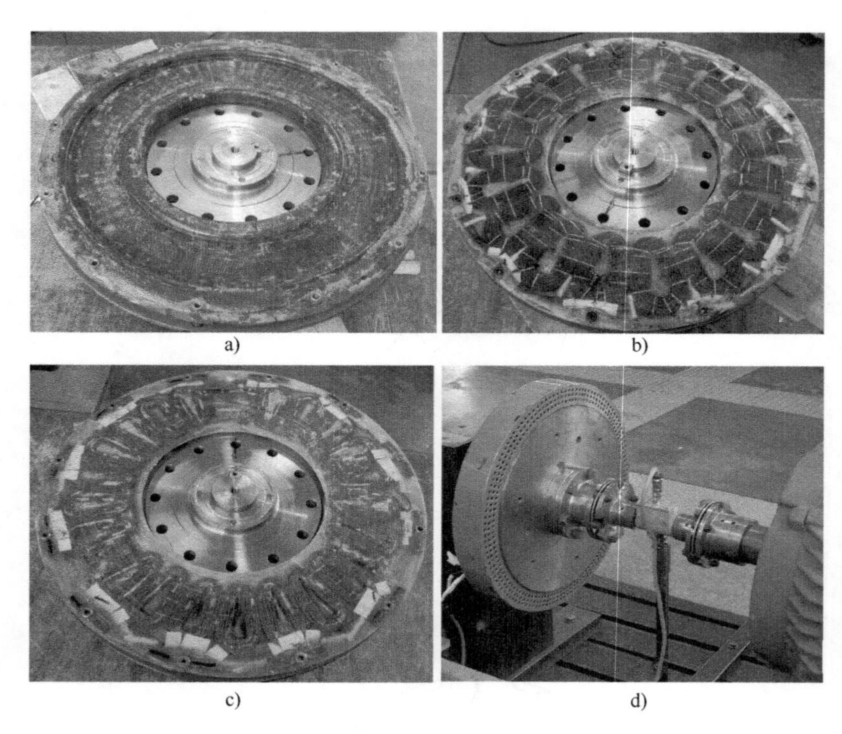

图 5.10 无铁心 AFPM 电机定子[146]

a）标准重叠绕组 b）非重叠绕组 c）相组非重叠绕组 d）AFPM 电机作为发电机的测试装置

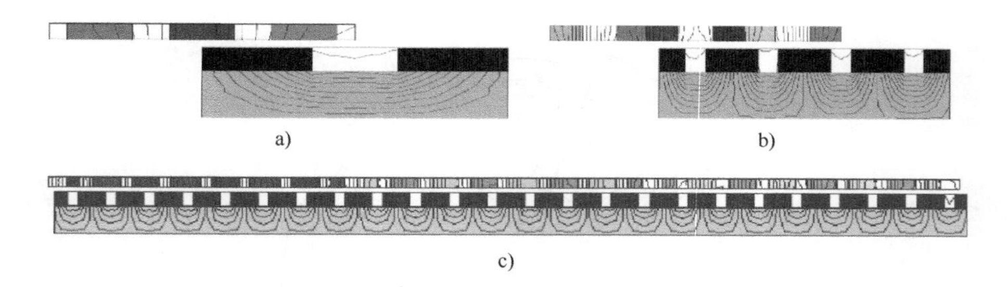

图 5.11 无铁心 AFPM 电机的二维 FEM 模型[146]

a）标准重叠绕组 b）非重叠绕组 c）相组非重叠绕组

表 5.4 不同绕组拓扑的 AFPM 电机的设计数据

参数	重叠绕组	非重叠绕组	相组非重叠绕组
输出功率 P_{out}/kW	1	1	1
转速 n/(r/min)	200	200	200
相数 m_1	3（星形联结）	3（星形联结）	3（星形联结）

（续）

参数	重叠绕组	非重叠绕组	相组非重叠绕组
额定线电压/V	19.88	19.56	18.43
额定相电流/A	13.79	14.23	13.06
频率 f/Hz	40	40	40
定子模块数	1	1	1
极对数 p	12	12	12
定子线圈数（三相）	36	18	21
线圈匝数	11	25	23
线径/mm	0.8	0.85	0.7
并联导体数 a_w	7	6	6
永磁体轴向高度 h_M/mm	6	6	6
绕组轴向厚度 t_w/mm	8.4	8.4	8.4
单边气隙长度 g/mm	1.8	1.8	1.8
气隙磁通密度 B_{mg}/T	0.527	0.527	0.527
永磁体外径 D_{out}/mm	400	400	400
$k_d = D_{in}/D_{out}$	0.7	0.7	0.7
绝缘等级	F	F	F
绕组温升/℃	9.9	12.1	8.3
散热方式	空气冷却	空气冷却	空气冷却

表 5.5　内径 280mm、外径 400mm、12 对极的 AFPM 电机的计算值和实测值[146]

类型	z	Q_c	转矩			用铜量	
			解析法	FEM	实测	解析法	实测
重叠绕组	—	36	1	1	1	1	1
非重叠绕组	1	18	0.988	1.013	1.014	0.891	0.854
相组非重叠绕组	7	21	0.885	0.902	0.899	0.683	0.624

图 5.12 为标准重叠绕组和非重叠绕组的空载电压实测波形。很明显，非重叠绕组的电压波形更为正弦。

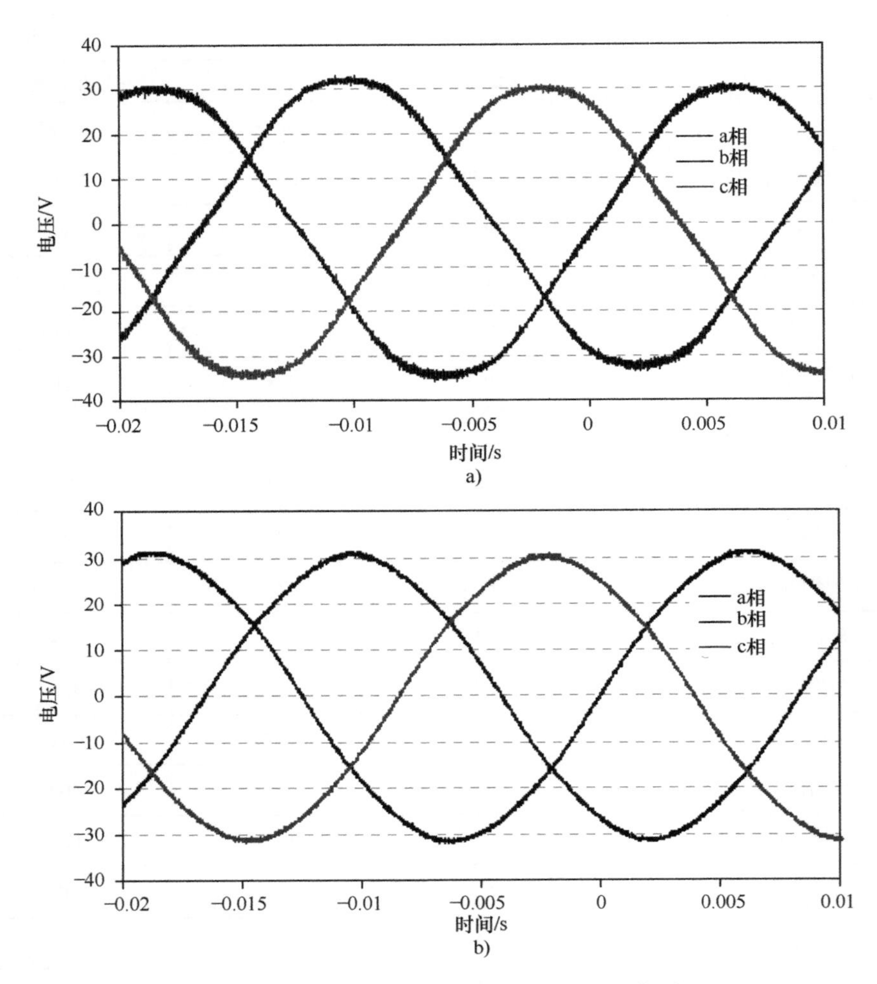

图5.12　AFPM电机空载电压的实测波形[146]

a）标准重叠绕组　b）非重叠绕组

5.8　定子绕组中的涡流损耗

5.8.1　涡流损耗电阻

无定子铁心的AFPM电机没有定子铁耗。转子盘与主磁场以相同的速度旋转，因此转子盘上也没有铁耗。然而，如果电机极数$2p \geqslant 6$且在相对较高的频率$f=pn$下运行，定子绕组中的涡流损耗将明显增加。

定子导体中的涡流损耗ΔP_e根据式（2.68）或式（2.69）进行计算。涡流损耗更详细的计算方法见参考文献［263］。定子导体中的涡流损耗可以像定子叠片中的铁耗一样进行核算[126]。图5.5中显示的涡流损耗电流 I_e 及其 d 轴和 q 轴分量 I_{ed} 和 I_{eq} 与并联电阻 R_e 上的内部相电压 E_i 同相位。E_i 由合成气隙磁场产生，通常也被称为气隙电压[94]。因此，在等效电路中代表涡流损耗的分流电阻表示为

$$R_e = m_1 I_e^2 R_e = \frac{m_1 E_i^2}{\Delta P_e} \tag{5.32}$$

式中

$$I_e = \sqrt{I_{ed}^2 + I_{eq}^2} \tag{5.33}$$

根据等效电路（见图5.5），以下公式可用相量形式写出：

1）发电机

$$\boldsymbol{E}_f = \boldsymbol{E}_i + j\boldsymbol{I}_{ad}\boldsymbol{X}_{ad} + j\boldsymbol{I}_{aq}\boldsymbol{X}_{aq} \tag{5.34}$$

$$\boldsymbol{I}'_a = \boldsymbol{I}_a + \boldsymbol{I}_e \tag{5.35}$$

2）电动机

$$\boldsymbol{E}_f = \boldsymbol{E}_i - j\boldsymbol{I}_{ad}\boldsymbol{X}_{ad} - j\boldsymbol{I}_{aq}\boldsymbol{X}_{aq} \tag{5.36}$$

$$\boldsymbol{I}'_a = \boldsymbol{I}_a - \boldsymbol{I}_e \tag{5.37}$$

式中，$\boldsymbol{I}'_a$ 是考虑了涡流损耗的定子电流；$\boldsymbol{I}_a$ 是忽略了涡流损耗的定子电流。

5.8.2 降低涡流损耗

在无定子铁心的AFPM电机中，绕组直接暴露在气隙磁场中（见图5.13）。永磁体在绕组上方移动时，会在每个导体中产生交替磁场，从而感应出涡流。导体中涡流损耗的大小取决于导体截面几何形状以及磁通密度幅值和波形。为了尽量减少导体中的涡流损耗，应采用以下一种或多种方式来设计定子绕组：

1）使用多根小横截面积的导线并联代替一根粗导线；

2）使用绞合导线（利兹线）；

3）使用铜或铝带制成的线圈（箔绕组）。

在采用无铁心绕组的AFPM电机中（见图5.13a），气隙磁场除了轴向分量外还有一个切向分量，这可能导致较大的涡流损耗（见图5.13b），限制了成本较低的带状导体的使用。利兹线可以显著减少涡流损耗，但它们成本高、槽满率低。

使用一束并绕细线可作为一种经济高效的解决方案。但是，这也会产生一个新问题，若不能在各个导电路径间实现感应电动势的完全相等，那么这些并联路径之间便可能产生环流[161，231，263]，导致环流涡流损耗，如图5.13c所示。

如果磁场变化频率相对较高，这些涡流效应可能会导致绕组损耗显著增加，如果并联电路之间存在环流，则会加剧损耗。这些损耗将使AFPM电机的性能变

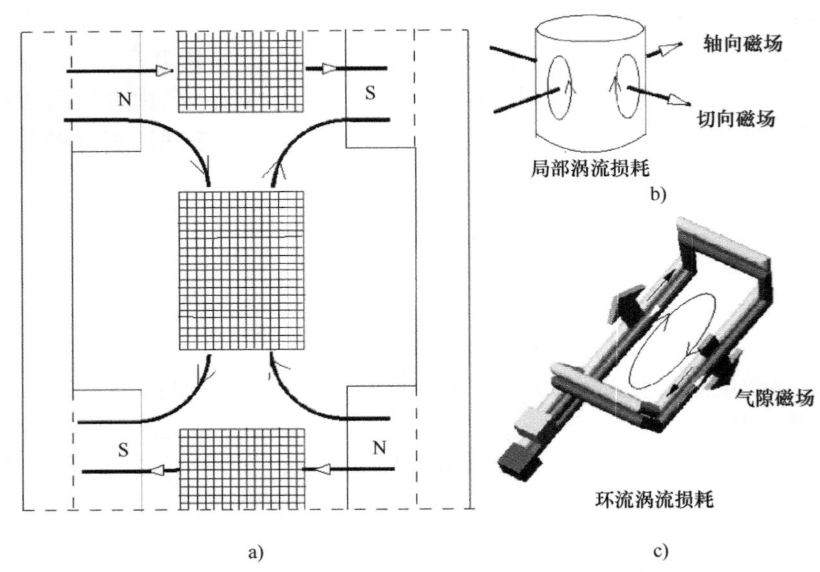

图 5.13　无定子铁心 AFPM 电机绕组的涡流情况

a）无定子铁心中的磁场分布　b）导体中的涡流　c）并联导体中的环流

差。因此，在这类电机设计的初期，准确预测绕组涡流损耗是非常重要的。

当涡流产生的磁场对电机磁场的影响可以忽略不计时，涡流损耗为电阻限制型[231]。在这种情况下，导体尺寸（直径或厚度）要小于电磁场的等效穿透深度 $\Delta = 1/k_\nu$ [式（1.17）]。

5.8.3　降低环流损耗

为了尽量减少由导体并联引起的线圈中的环流，通常的做法是对导线进行扭转或换位，使得每根并联导体出现在所有可能的线圈高度中，因此每根导体的长度基本一致。这样做的目的是使所有并联导体的感应电动势相等，并使得它们在两端并联时不会在并联导体间产生环流。

通过扭转导线来抑制环流的效果如图 5.14 所示。制造了四个线圈，区别仅在于每个线圈的并联导体之间：①未扭转；②轻微扭转（每米 10 ~ 15 圈）；③中度扭转（每米 25 ~ 30 圈）；④重度扭转（每米 45 ~ 50 圈）。所有这些线圈分别放置在实验定子上，而定子位于两个相反磁性的永磁转子盘中间。电机以恒速（本例中为 400r/min）运行。在存储示波器上测量并记录了两个并联导体之间的环流。可以看出，即使是轻微扭转的线圈也能显著减少环流，并且在重度扭转的线圈中，这种环流通常可以忽略不计。这些扭转的导线可以以经济有效的方式制造出来。

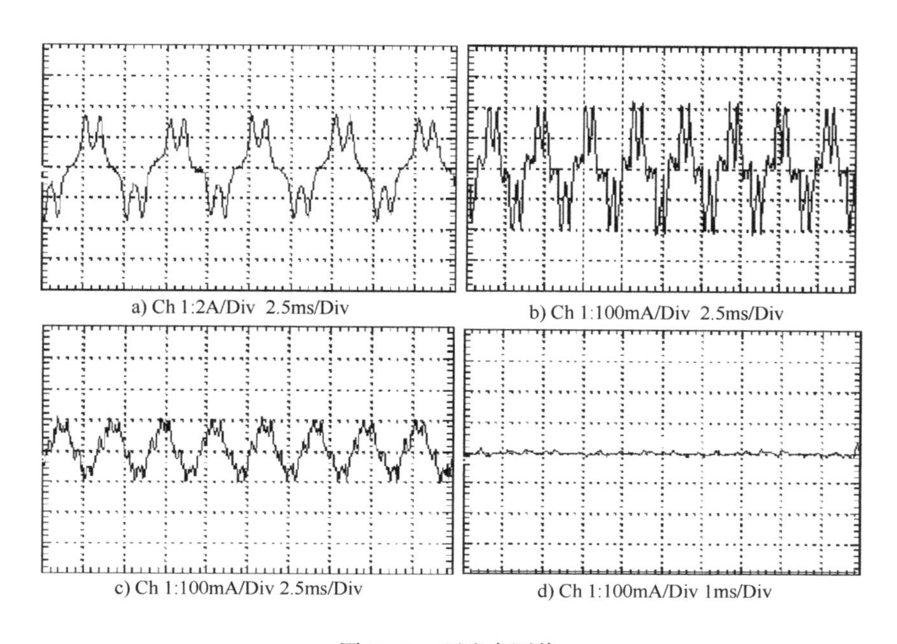

图 5.14　环流实测值
a）未扭转线圈　b）轻微扭转线圈　c）中度扭转线圈　d）重度扭转线圈

对于未扭转和重度扭转的线圈，槽满率估计分别为 0.545 和 0.5，略低于利兹线的槽满率（一般在 0.55 ~0.6 之间）。尽管如此，生产成本的降低显得更为重要。

需要注意的是，由于无定子铁心绕组的阻抗较低，如果无法保证线圈很好的一致性，并联的线圈组（电流并联支路）之间还可能会存在环流。

5.8.4　测量涡流损耗

AFPM 电机定子的涡流损耗可通过实验确定，方法是测量相同转速下 AFPM 电机输入轴功率的差异，首先测量真定子，然后用假定子（无导体）代替。假定子的尺寸和表面光洁度与真定子相同，目的是保持相同的风阻损耗。

测量定子导体中涡流损耗的实验装置如图 5.15 所示。被测样机与原动机（驱动机）同轴连接，中间装有转矩传感器。定子位于两个转子盘的中间，外端环（见图 5.15a）安装在外部支撑框架上。导体间还安装了温度传感器，测量实验时的温度。

样机（内装真定子）由原动机驱动，以不同的速度运行，并测量相应的转矩。用假定子替换真定子后，以相同的速度重复测试，同时记录转矩和温度值。转矩的差值乘以速度就得出了涡流损耗。绕组中环流造成的损耗也可以通过测量输入功率的差值来计算，首先测量所有并联支路都连接的情况，然后测量并联支路断开后的情况。

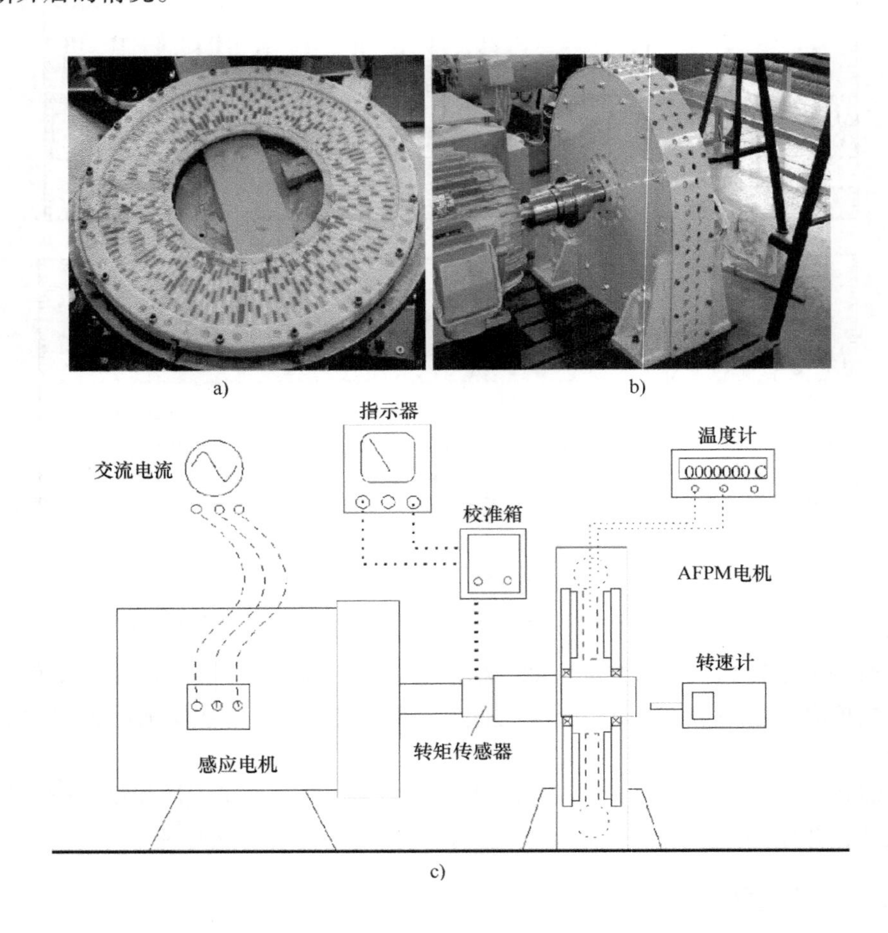

图 5.15　用于测量定子绕组中涡流损耗的实验装置

a）特别设计的定子　b）实验电机　c）实验装置的示意图

样机涡流损耗的测量值和计算值如图 5.16 所示。可以看出，在只考虑 B_{mz} 分量的情况下，使用标准计算式［式（2.68）和式（2.69）］得出的涡流损耗计算值偏低（低 43%）。在高速情况下，测量结果和计算结果之间的误差会变得很大。将磁通密度的法向 B_{mz} 和切向 B_{mx} 分量都考虑在内，并在二维或三维 FEM 中应用式（2.68）或式（2.69），可以算的更为准确[262]。

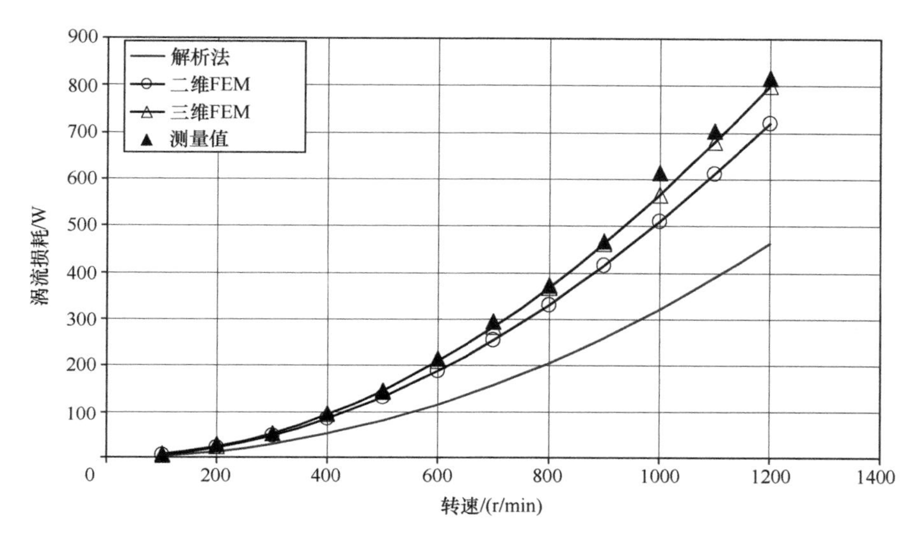

图5.16　涡流损耗的计算值与测量值的比较

5.9　电枢反应

参考文献［10］将三维FEM应用于无定子铁心AFPM电机的分析。对空载和负载运行都进行了建模计算。结果表明，如果磁路不饱和（大气隙），即使采用一阶线性FEM求解AFPM电机，也能获得良好的准确度。研究还发现，无定子铁心AFPM电机的电枢反应通常可以忽略不计。

以一台40极、766Hz的无定子铁心AFPM电机为例，电枢反应对气隙磁场分布的影响如图5.17和图5.18所示。可以看出，由于永磁磁场与额定电流产生的电枢磁场之间的相互作用，轴向磁场分布的平顶有些倾斜（见图5.17）。同样地，图5.18是切向磁场分布的比较。

无铁心AFPM电机的气隙较大，电枢反应磁通较小，因此最大电枢电流时的气隙磁通密度分布与空载时很接近。电枢反应对涡流损耗的影响也不大，在使用FEM分析时可以很容易地加以考虑。表5.6比较了有电枢反应和无电枢反应时轴向气隙磁通密度的谐波含量。很明显，在这种情况下，电枢反应引起的磁场谐波含量的变化可以忽略不计。

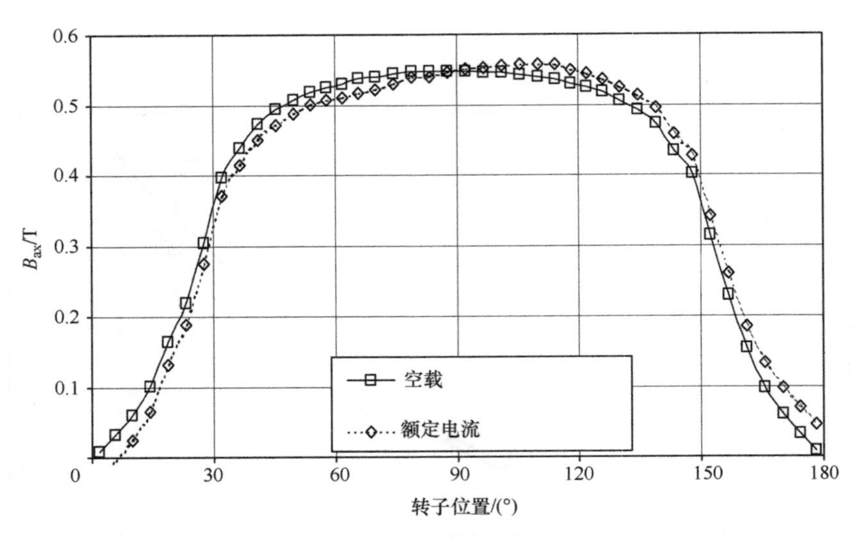

图5.17　空载和满载条件下的气隙磁通密度轴向分量

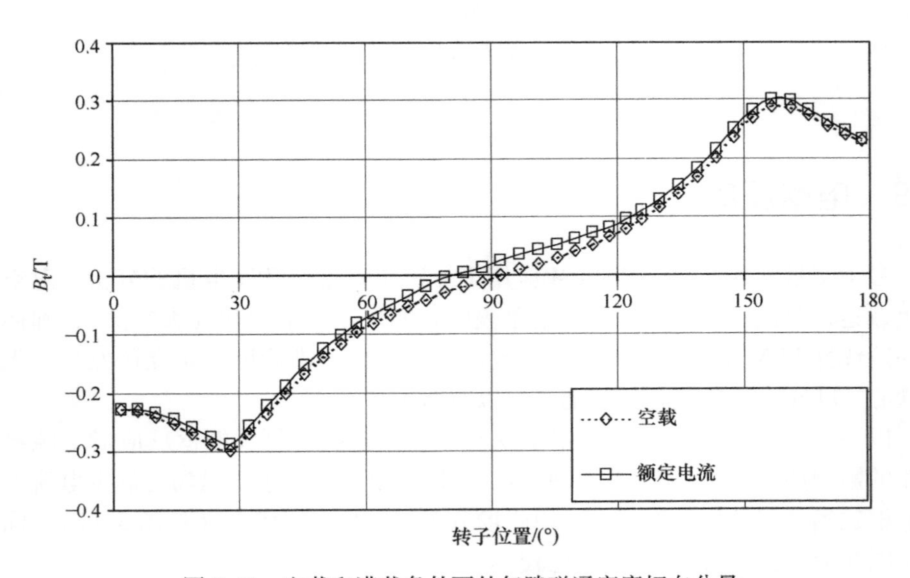

图5.18　空载和满载条件下的气隙磁通密度切向分量

表5.6　有电枢反应和无电枢反应时轴向气隙磁通密度的谐波含量

谐波	额定电流	空载
1次	0.60346784	0.60246033
3次	0.03745651	0.03745759
5次	0.04099061	0.04070525

（续）

谐波	额定电流	空载
7 次	0.03502689	0.03514609
9 次	0.01231397	0.01230032
11 次	0.00304573	0.00262309
13 次	0.00559543	0.00579739
15 次	0.00314908	0.00312179
17 次	0.00083159	0.00086812
19 次	0.00307828	0.00272939

5.10　机械设计特点

AFPM 无刷电机机械设计的关键问题是如何使定、转子盘间的气隙一直保持均匀。因此，将转子盘固定在轴上和将定子固定在外壳（框架）上的方法是非常重要的。如果固定方法不当，或在组装定子和转子时发生错位，将导致气隙不均匀，进而引起振动、噪声、转矩波动以及电气性能的下降。

对于风冷式 AFPM 电机，如果设备进气口设计不当，气流的进入损耗可能会很高。重要的是要在不削弱机械结构性能的情况下减少这些损耗，以获得更好的冷却效果。

总之，机械设计应注意以下方面：

1）轴：轴的设计应考虑负载转矩、第一临界转速和轴的动态特性。

2）转子：①转子盘因强大的磁拉力而产生的弯曲变形；②在转子盘上安装和固定永磁体的方法，以抵抗特别是高速应用中的强大离心力；③转子盘的平衡。

3）定子：①树脂增强定子和机架的强度和刚度；②线圈的位置和间距，以确保完美的对称性。

4）冷却：对于风冷式 AFPM 电机，应仔细设计进气口和电机内部的气流路径，以确保更高的质量流量，从而实现更好的冷却效果。

5）装配：一套便于电机组装和拆卸的有效工具。

5.10.1　机械强度分析

由于强大的磁拉力，转子盘的弯曲变形可能会对 AFPM 电机的运行和状态产生以下不良影响：

1）减小定、转子盘间的运行间隙；

2）永磁体松动或断裂；

3）减少气流排出面积，从而降低冷却能力；

4）气隙不均匀导致电气性能偏离最优值。

对于无定子铁心的双边 AFPM 电机，转子盘质量大约占到 AFPM 电机总有效质量的50%。因此，转子盘的优化设计对于实现高功率-质量比的设计至关重要。所有这些方面都需要对转子盘进行机械应力分析。

1. 转子盘之间的吸引力

两个平行转子盘之间的吸引力可以用虚功法计算，即

$$F_z = -\frac{dW}{dz} \approx -\frac{\Delta W}{\Delta z} = -\frac{W_2 - W_1}{z_2 - z_1} \tag{5.38}$$

式中，W 为电机中存储的总磁能；Δz 为气隙长度的微小变化。准确预测吸引力是进行机械应力分析的前提条件。因此，通常使用 FEM 计算气隙长度为 z_1 和 z_2 时各自的储能 W_1 和 W_2。

通过分析，两个平行圆盘之间的法向吸引力可表示为

$$F_z \approx \frac{1}{2}\frac{B_{mg}^2}{\mu_0}S_{PM} \tag{5.39}$$

式中，永磁体的有效面积 S_{PM} 根据式（2.63）计算。

2. 转子盘的优化设计

转子钢盘的结构可借助 FEM 结构软件进行优化。重要的是，由于轴向磁拉力导致转子钢盘的弯曲变形不应危及无铁心定子与永磁体之间较小的运行间隙。应考虑两个重要的限制因素：①最大允许的弯曲变形；②圆盘所用材料的最大机械强度。

在选择允许的弯曲变形时，需要确保永磁体不会因圆盘的弯曲而承受过大的力，以免从支撑钢盘上脱落。由于圆盘结构具有周期对称性，因此只需对圆盘的一部分应用对称边界条件进行建模即可。在 FEM 分析中，可以将轴向磁拉力以作用在永磁体占据的总面积上的恒压载荷形式施加。对相对较厚的圆盘进行分析时，通常首选轴对称单元。不过，参考文献［182］研究表明，使用轴对称单元和壳单元对转子圆盘进行 FEM 计算，得到的结果非常接近。

图5.19显示了使用四节点壳单元对转子盘进行分析的 FEM 模型，其中应用了对称边界条件。计算得到的轴向磁拉力为14.7kN，并以69.8kPa 的恒压载荷形式施加在模型上。表5.3列出了所研究的 AFPM 电机的规格，为使设计更保守，未计入永磁体所提供的刚度。由于转子盘被安装在中心支持轮毂之上，故需设定额外的边界约束，以保证安装螺栓及其接触区域周围没有轴向位移。

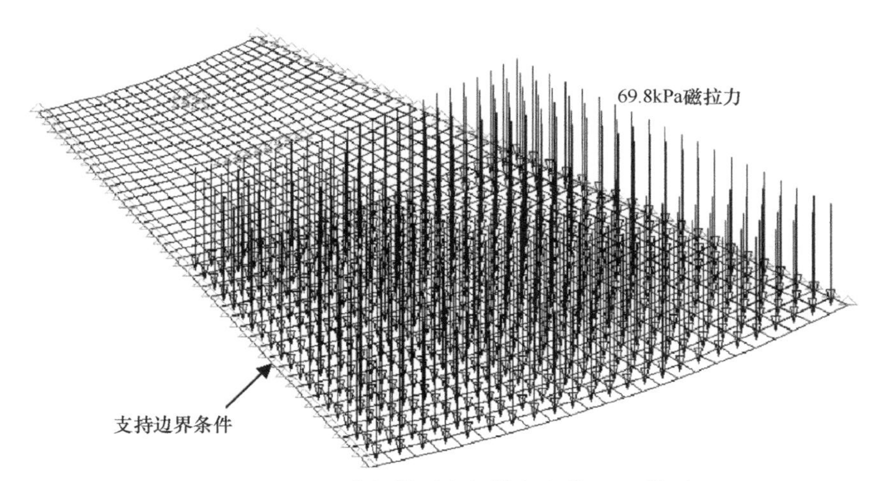

图5.19 用于分析转子盘机械应力的FEM模型

为了找到合适的转子盘厚度，以满足低含钢量转子盘的临界强度要求，对不同厚度的转子盘进行了线性FEM静态分析。

根据分析，转子盘厚度选择为17mm，最大弯曲变形为0.145mm。图5.20显示了厚度为17mm样机转子盘的弯曲变形（膨胀）和von Mises应力分布。最大应力为35.6MPa，远低于普通低碳钢的屈服强度（典型值约300MPa）。参考文献［182］指出，转子盘的弯曲度向外周减小。转子盘可以加工成锥形，中间

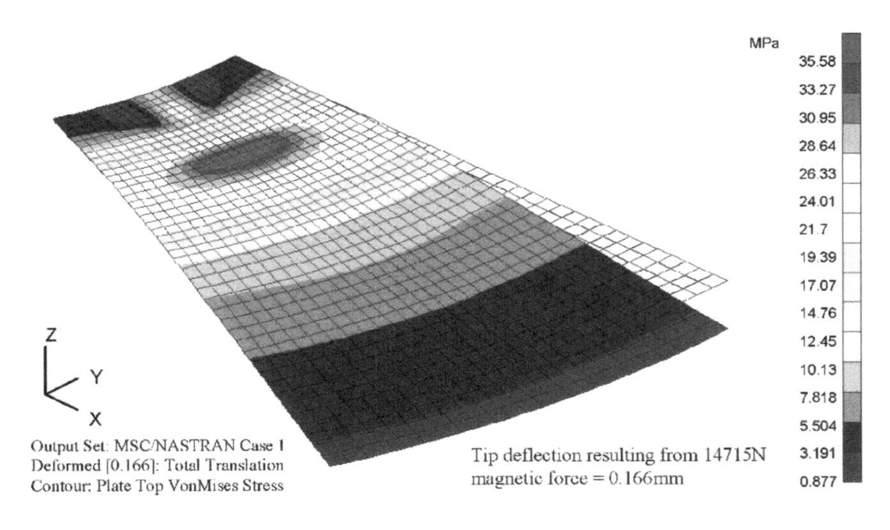

图5.20 转子盘的弯曲变形（膨胀）和von Mises应力分布

厚外边薄。如表5.7所示，锥形盘比厚度均匀圆盘节省了大约10%的钢材，最大弯曲变形只增加了0.021mm，可以忽略不计。这可以有效地减少电机有效部件的质量，同时不牺牲机械强度，但并不能降低钢材的成本。

表5.7　不同转子盘设计的比较

参数	厚度均匀圆盘	锥形盘
质量/kg	39.184	31.296
最大弯曲变形/mm	0.145	0.166
最大 von Mises 应力/MPa	35.6	33.4

如果考虑到小批量生产的制造成本，最好使用厚度均匀的钢盘。显然，厚度均匀的钢盘意味着转子盘更重。不过，也有观点认为，生产锥形转子盘所需的额外加工成本可能过高，因动态性能改善而带来的利润也无法补偿。只要能够承受增加的质量，这种方案对于小批量生产和实验室样机来说是可行的。

5.10.2　定子上的不平衡轴向力

如图5.21所示，由于导体中的交变电流和磁场切向分量的相互作用，线圈的每一半都会受到轴向力f_z的作用。当定子位于气隙中间时，定子两侧的力应相互抵消。

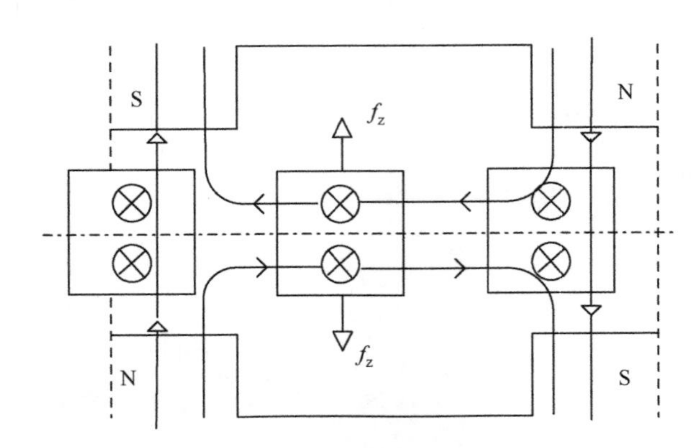

图5.21　定子所受轴向力的示意图

假定AFPM电机的无铁心定子略微偏离中心，则定子两侧的轴向力（f_1和f_2）并不相同，如图5.22所示。定子上会产生不平衡力$\Delta f = |f_1 - f_2|$，这可能会导致额外的振动，从而对环氧树脂加固的定子的机械强度产生不利影响。

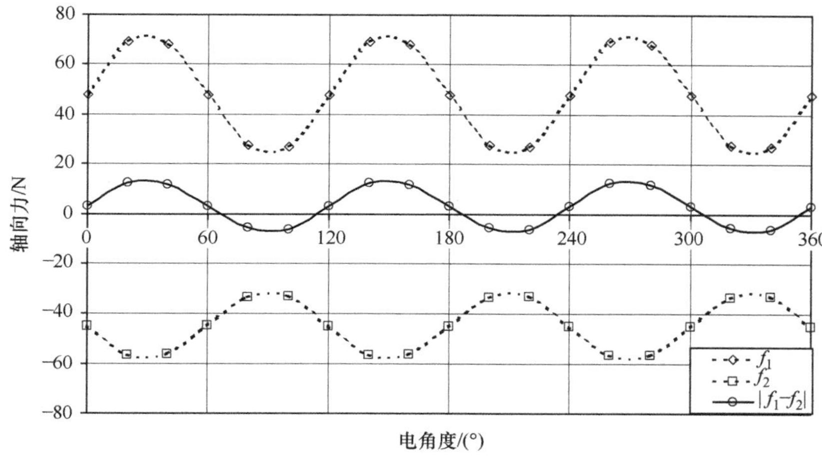

图 5.22　定子上不平衡的轴向力

5.11　热问题

由于定子绕组中产生过多的热量以及由此产生的热膨胀，环氧树脂封装的定子会产生一定的变形。当变形较大时，可能会导致定子和永磁体之间的物理接触，从而严重损坏定子绕组和永磁体。

定子在不同温度下的热膨胀情况如图 5.23 所示。采用环氧树脂封装的定子线圈中，通入额定 16A 大小的电流。使用热耦合器和圆度计分别测量线圈温度和表面变形。结果发现，定子变形与温度之间几乎呈线性关系。定子表面的平均弯曲变形约为 0.0056mm/℃，在温度为 117℃时的弯曲变形为 0.5mm。环氧树脂中残留的空气成分也会导致传热恶化和温度升高。为解决这一问题，建议采用更专业的生产工艺，使定子和转子之间的运行间隙保持合理的大小。

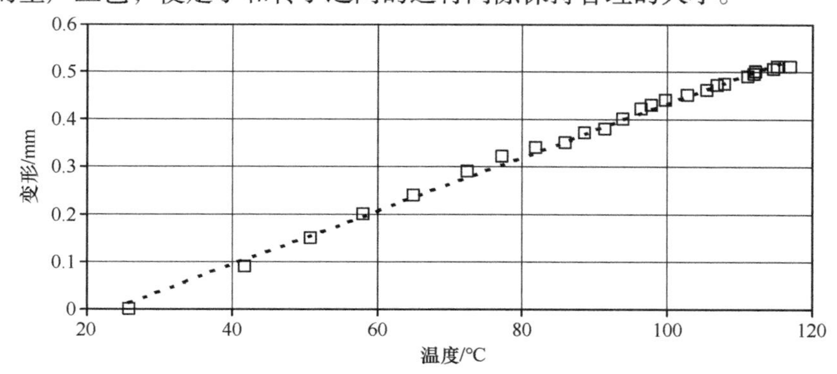

图 5.23　定子在不同温度下的热膨胀情况

数值算例

数值算例 5.1

一台三相星形联结、转速为3000r/min 的表贴式永磁盘式电机，双转子单定子结构，定子无铁心，转子配有背铁。使用烧结钕铁硼永磁体 $B_r = 1.2T$，$\mu_{rrec} = 1.045$。两侧相对永磁体之间的非铁磁性材料距离 $t = 11mm$，绕组厚度 $t_w = 8mm$，永磁体高度（轴向）$h_M = 6mm$。永磁体外径等于定子导体外径，$D_{out} = 0.22m$，参数 $k_d = 1/\sqrt{3}$。极数 $2p = 6$，单层线圈边数（相当于槽数）$s_1 = 54$，每相匝数 $N_1 = 234$，并联导体数 $a_w = 2$，导线直径 $d_w = 0.912mm$（AWG 19），线圈间距为 $w_c = 7$ 个线圈边。

假设电枢电流 $I_a = 8.2A$ 全部用来产生转矩（$I_{ad} = 0$），请计算电机的稳态性能，即输出功率、转矩、效率和功率因数。磁路饱和系数 $k_{sat} = 1.02$，电机由正弦电压供电，双转子质量 $m_r = 3.4kg$，轴质量 $m_{sh} = 0.64kg$，轴半径 $R_{sh} = 15mm$，75℃时铜的电导率 $\sigma = 47 \times 10^6 S/m$，铜的密度 $\rho = 8800kg/m^3$，永磁体密度 $\rho_{PM} = 7700kg/m^3$，空气密度 $\rho = 1.2kg/m^3$，空气动态黏度 $\mu = 1.8 \times 10^{-5}$ Pa·s，轴承摩擦系数 $k_{fb} = 1.5$，磁通密度畸变系数 $\eta_d = 1.15$。永磁体损耗、转子钢盘损耗以及气隙中磁通密度的切向分量可忽略不计。

解：

单层绕组的每相线圈数 $n_c = s_1/(2m_1) = 54/(2 \times 3) = 9$。每个线圈的匝数 $N_{ct} = N_1/n_c = 234/9 = 26$。每极每相的线圈边数（相当于每极每相的槽数）$q_1 = s_1/(2pm_1) = 54/(6 \times 3) = 3$。

气隙（机械间隙）$g = 0.5(t - t_w) = 0.5 \times (11 - 8) = 1.5mm$，以线圈边为单位的极距 $\tau_c = s_1/(2p) = 54/6 = 9$。

3000r/min 时的输入频率为

$$f = n_s p = \frac{3000}{60} \times 3 = 150Hz$$

每对极的磁压降方程为

$$4 \times \frac{B_r}{\mu_0 \mu_{rrec}} h_M = 4 \times \frac{B_{mg}}{\mu_0}\left[\frac{h_M}{\mu_{rrec}} + \left(g + \frac{1}{2}t_w\right)k_{sat}\right]$$

因此

$$B_{mg} = \frac{B_r}{1 + [\mu_{rrec}(g + 0.5t_w)/h_M]k_{sat}} = \frac{1.2}{1 + [1.045 \times (1.5 + 0.5 \times 8)/6] \times 1.02}$$
$$= 0.607T$$

根据式（2.28），磁通为

$$\Phi_f = \frac{1}{8} \times \frac{2}{\pi} \times \frac{\pi}{3} \times 0.607 \times 0.22^2 \times \left[1 - \left(\frac{1}{\sqrt{3}}\right)^2\right] = 0.001632\text{Wb}$$

根据式（2.8）、式（2.9）和式（2.10）得出的绕组因数为

$$k_{d1} = \frac{\sin\pi/(2 \times 3)}{3\sin\pi/(2 \times 3 \times 3)} = 0.9598; \quad \beta = \frac{w_c}{\tau_c} = \frac{7}{9}$$

$$k_{p1} = \sin\left(\frac{7}{9} \times \frac{\pi}{2}\right) = 0.9397 \quad k_{w1} = 0.9598 \times 0.9397 = 0.9019$$

式（2.37）的感应电动势常数和式（2.34）的转矩常数分别为

$$k_E = \pi \times \sqrt{2} \times 3 \times 234 \times 0.9019 \times 0.001632 = 4.591\text{V/(r/s)} = 0.0765\text{V/(r/min)}$$

$$k_T = k_E \frac{m_1}{2\pi} = 4.591 \times \frac{3}{2\pi} = 2.192\text{N} \cdot \text{m/A}$$

3000r/min 时的感应电动势为

$$E_f = k_E n = 0.0765 \times 3000 = 229.5\text{V}$$

在 $I_a = I_{aq} = 8.2\text{A}$ 时的电磁转矩为

$$T_d = k_T I_a = 2.192 \times 8.2 = 17.97\text{N} \cdot \text{m}$$

电磁功率为

$$P_{elm} = 2\pi n T_d = 2\pi \times \frac{3000}{60} \times 17.97 = 5646.8\text{W}$$

内径 $D_{in} = D_{out}/\sqrt{3} = 0.22/\sqrt{3} = 0.127\text{m}$，平均直径 $D = 0.5(D_{out} + D_{in}) = 0.5 \times (0.22 + 0.127) = 0.1735\text{m}$，平均极距 $\tau = \pi \times 0.1735/6 = 0.091\text{m}$，导体长度（等于永磁体的径向长度 l_M）$L_i = l_M = 0.5(D_{out} - D_{in}) = 0.5 \times (0.22 - 0.127) = 0.0465\text{m}$，较短的内层端部长度（不含弯曲部分）$l_{1emin} = (w_c/\tau_c)\pi D_{in}/(2p) = (7/9)\pi \times 0.127/6 = 0.052\text{m}$，较长的外层端部长度（不含弯曲部分）$l_{1emax} = 0.052 \times 0.22/0.127 = 0.0896\text{m}$。

导线在端部弯曲部分的半径为 15mm 时，定子匝的平均长度（见图 3.16）为

$$\begin{aligned} l_{1av} &\approx 2L_i + l_{1emin} + l_{1emax} + 4 \times 0.015 \\ &= 2 \times 0.0465 + 0.052 + 0.0896 + 0.06 = 0.2943\text{m} \end{aligned}$$

根据式（2.40），定子绕组在75℃时的电阻为

$$R_1 = \frac{234 \times 0.2943}{47 \times 10^6 \times 2 \times \pi \times (0.912 \times 10^{-3})^2/4} = 1.122\Omega$$

在直径 D_{in} 处线圈的最大宽度 $w_w = \pi D_{in}/s_1 = \pi \times 0.127/54 = 0.0074\text{m} = 7.4\text{mm}$。线圈的厚度 $t_w = 8\text{mm}$。每个线圈的导体数 $N_c = a_w N_{ct} = 2 \times 26 = 52$。槽满率的最大值在 D_{in} 处，即

$$k_{\mathrm{fmax}} = \frac{d_{\mathrm{w}}^2 N_{\mathrm{c}}}{t_{\mathrm{w}} w_{\mathrm{w}}} = \frac{0.912^2 \times 52}{8 \times 7.4} = 0.732$$

定子电流密度为

$$j_{\mathrm{a}} = \frac{8.2}{2 \times \pi \times 0.912^2/4} = 6.28\mathrm{A/mm^2}$$

根据式（2.49），定子绕组损耗为

$$\Delta P_{1\mathrm{w}} = 3 \times 8.2^2 \times 1.122 = 226.2\mathrm{W}$$

根据式（2.68），定子圆形导体的涡流损耗为

$$\Delta P_{\mathrm{e}} = \frac{\pi^2}{4} \times \frac{47 \times 10^6}{8800} \times 150^2 \times 0.000912^2 \times 0.75 \times 0.607^2 \times 1.15^2 = 90.2\mathrm{W}$$

定子导体（径向部分）的质量为

$$m_{\mathrm{con}} = \rho_{\mathrm{cu}} m_1 a_{\mathrm{w}} N_1 \left(\frac{\pi d_{\mathrm{w}}^2}{4}\right)(2L_{\mathrm{i}})$$

$$= 8800 \times 3 \times 2 \times 234 \times \left(\frac{\pi \times 0.000912^2}{4}\right) \times (2 \times 0.0465) = 0.75\mathrm{kg}$$

根据式（2.71），轴承的摩擦损耗为

$$\Delta P_{\mathrm{fr}} = 0.06 \times 1.5 \times (3.4 + 0.64) \times \frac{3000}{60} = 18.2\mathrm{W}$$

根据式（2.74），绕组的损耗为

$$\Delta P_{\mathrm{wind}} = \frac{1}{2} \times 7.353 \times 10^{-3} \times 1.2 \times \left(2\pi \times \frac{3000}{60}\right)^3 \times [(0.5 \times 0.115)^5 - (0.5 \times 0.015)^5]$$

$$\approx 2.8\mathrm{W}$$

式中

$$R'_{\mathrm{out}} \approx 0.5D_{\mathrm{out}} + 0.005 = 0.5 \times 0.22 + 0.005 = 0.115\mathrm{m}$$

$$Re = 1.2 \times \frac{2\pi \times (3000/60)}{1.8 \times 10^{-5}} \times 0.115^2 = 2.77 \times 10^5$$

$$c_{\mathrm{f}} = \frac{3.87}{\sqrt{2.77 \times 10^5}} = 7.353 \times 10^{-3}$$

根据式（2.70），机械损耗为

$$\Delta P_{\mathrm{rot}} = 18.2 + 2.8 = 21\mathrm{W}$$

输出功率为

$$P_{\mathrm{out}} = P_{\mathrm{elm}} - \Delta P_{\mathrm{rot}} = 5646.8 - 21 = 5625.8\mathrm{W}$$

轴转矩为

$$T_{\mathrm{sh}} = \frac{5625.8}{2\pi \times 3000/60} = 17.91\mathrm{N \cdot m}$$

输入功率为

$$P_{in} = P_{elm} + \Delta P_{1w} + \Delta P_e = 5646.8 + 226.2 + 90.2 = 5963.2\text{W}$$

效率为

$$\eta = \frac{5625.8}{5963.2} = 0.943$$

考虑到导体的槽漏磁通、端部漏磁通和差分漏磁通，可以近似计算漏抗，即

$$\lambda_{1e} \approx 0.3q_1 = 0.3 \times 3 = 0.9 \qquad \lambda_{1s} \approx \lambda_{1e} = 0.9$$

$$\lambda_{1d} = \frac{3 \times 3 \times 0.091 \times 0.9019^2}{\pi^2 \times (2 \times 0.0015 + 0.008) \times 1.02} \times 0.011 = 0.066$$

式中，根据式（4.23），在 $5 \leqslant \nu \leqslant 997$ 时，差分漏磁因数 $\tau_{d1} = 0.011$。

定子漏抗为

$$X_1 = 4\pi \times 0.4\pi \times 10^{-6} \times 150 \times \frac{234^2 \times 0.0465}{3 \times 3} \times \left(0.9 + \frac{0.071}{0.0465} \times 0.9 + 0.066\right)$$
$$= 1.564\Omega$$

式中，一个端部的平均长度 $l_{1e} = 0.5(l_{1emin} + l_{1emax}) = 0.5 \times (0.052 + 0.0896) = 0.071\text{m}$。

根据式（2.112），d 轴的等效气隙为

$$g' = 2 \times \left[(1.5 + 0.5 \times 8) \times 1.02 + \frac{6}{1.045}\right] = 22.7\text{mm}$$

根据式（2.113），q 轴的等效气隙为

$$g'_q = 2 \times [(1.5 + 0.5 \times 8) + 6] = 23\text{mm}$$

根据式（2.121）和式（2.122），电枢反应电抗为

$$X_{ad} = 2 \times 3 \times 0.4 \times \pi \times 10^{-6} \times 150 \times \left(\frac{234 \times 0.9019}{3}\right)^2 \times \frac{1}{0.0227} \times$$
$$[(0.5 \times 0.22)^2 - (0.5 \times 0.127)^2] = 1.989\Omega$$

$$X_{aq} = X_{ad} \times \frac{22.7}{23.0} = 1.963\Omega$$

式中，对于表贴式永磁结构，$k_{fd} = k_{fq} = 1$ [106]。

根据式（2.79）和式（2.80），同步电抗分别为

$$X_{sd} = 1.543 + 1.989 = 3.532\Omega$$
$$X_{sq} = 1.543 + 1.963 = 3.506\Omega$$

输入相电压为

$$V_1 = \sqrt{(E_f + I_a R_1)^2 + (I_a X_{sq})^2}$$
$$= \sqrt{(229.5 + 8.2 \times 1.122)^2 + (8.2 \times 3.506)^2} = 240.5\text{V}$$

线电压 $V_{1L-L} = \sqrt{3} \times 240.5 = 416.5\text{V}$。

功率因数为

$$\cos\phi = \frac{E_f + I_a R_1}{V_1} = \frac{229.5 + 8.2 \times 1.122}{240.5} = 0.993 \approx 1.0$$

数值算例 5.2

对于数值算例 5.1 中描述的无定子铁心 AFPM 无刷电机，求转子转动惯量、机械和电磁时间常数以及双转子背铁之间的轴向磁拉力。

解：

数值算例 5.1 的原始数据和计算结果如下：

1）输入相电压 $V_1 = 240.5\text{V}$；

2）输入频率 $f = 150\text{Hz}$；

3）气隙磁通密度 $B_{mg} = 0.607\text{T}$；

4）定子绕组每相电阻 $R_1 = 1.122\Omega$；

5）d 轴同步电抗 $X_{sd} = 3.532\Omega$；

6）q 轴同步电抗 $X_{sq} = 3.506\Omega$；

7）转矩常数 $k_T = 2.192\text{N} \cdot \text{m/A}$；

8）电磁转矩 $T_d = 19.97\text{N} \cdot \text{m}$；

9）转速 $n = 3000\text{r/min}$；

10）功率因数 $\cos\phi = 0.993$；

11）永磁体外径 $D_{out} = 0.22\text{m}$；

12）永磁体内径 $D_{in} = 0.127\text{m}$；

13）轴径 $D_{sh} = 2R_{sh} = 0.03\text{m}$；

14）极对数 $p = 3$；

15）极宽与极距比 $\alpha_i = 2/\pi$；

16）永磁体的轴向高度（一个极）$h_M = 6\text{mm}$；

17）双转子质量（不含轴）$m_r = 3.4\text{kg}$；

18）轴质量 $m_{sh} = 0.64\text{kg}$；

19）永磁体的密度 $\rho_{PM} = 7700\text{kg/m}^3$；

20）低碳钢的密度 $\rho_{Fe} = 7850\text{kg/m}^3$。

（1）转子转动惯量

根据式（2.63）计算永磁体（单边）的有效表面积为

$$S_{PM} = \frac{2}{\pi} \times \frac{\pi}{4} \times (0.22^2 - 0.127^2) = 0.01614\text{m}^2$$

所有永磁体的质量为

$$m_{PM} = 2 \times 7700 \times 0.01614 \times 0.006 = 1.49\text{kg}$$

背铁的质量为

$$m_{Fe} = m_r - m_{PM} = 3.4 - 1.49 = 1.91\text{kg}$$

轴的转动惯量为

$$J_{sh}=m_{sh}\frac{D_{sh}^2}{8}=0.64\times\frac{0.03^2}{8}=0.072\times10^{-3}\text{kg}\cdot\text{m}^2$$

永磁体的转动惯量为

$$J_{PM}=m_{PM}\frac{D_{out}^2+D_{in}^2}{8}=1.49\times\frac{0.22^2+0.127^2}{8}=0.012\text{kg}\cdot\text{m}^2$$

背铁的转动惯量为

$$J_{Fe}=m_{Fe}\frac{D_{out}^2+D_{sh}^2}{8}=1.91\times\frac{0.22^2+0.03^2}{8}=0.0118\text{kg}\cdot\text{m}^2$$

转子的总转动惯量为

$$J_r=J_{sh}+J_{PM}+J_{Fe}=0.072\times10^{-3}+0.012+0.0118=0.02386\text{kg}\cdot\text{m}^2$$

（2）机械时间常数和电磁时间常数

由于 d 轴电流 $I_{ad}=0$，q 轴与定子电流的夹角 $\psi=0$。功率因数 $\cos\phi=0.993$ 时，定子电流与端电压的夹角 $\phi=6.78°$。负载角为

$$\delta=\phi-\psi=6.78-0=6.78°$$

假设起动时的负载角与额定运行时的负载角相同，则根据式（2.87）、式（2.88）和式（2.89），定子电流为

$$I_{ashd}=\frac{240.5\times(3.506\times0.993-1.122\times0.118)-0\times3.506}{3.532\times3.506+1.122^2}=59.04\text{A}$$

$$I_{ashq}=\frac{240.5\times(1.122\times0.993+3.532\times0.118)-0\times1.122}{3.532\times3.506+1.122^2}=27\text{A}$$

$$I_{ash}=\sqrt{59.04^2+27^2}=64.92\text{A}$$

式中，$\sin\phi=0.118(\cos\phi=0.993)$。根据式（2.33），起动时的电磁转矩为

$$T_{dst}=k_T I_{ashq}=2.192\times27=59.2\text{N}\cdot\text{m}$$

假设转矩-转速曲线呈线性，则根据式（2.133），空载转速为

$$n_0=\frac{3000}{1-19.97/59.2}=4526.9\text{r/min}=75.44\text{r/s}$$

机械时间常数为

$$T_{mech}=J_r\frac{2\pi n_0}{T_{dst}}=0.02386\times\frac{2\pi\times75.44}{59.2}=0.191\text{s}$$

d 轴和 q 轴同步电感为

$$L_{sd}=\frac{X_{sd}}{2\pi f}=3.5322\pi\times150=0.00375\text{H}$$

$$L_{sq}=\frac{X_{sq}}{2\pi f}=3.5062\pi\times150=0.00372\text{H}$$

定子绕组的电磁时间常数为

$$T_{\mathrm{elm}}=\frac{L_{\mathrm{sd}}}{R_1}=\frac{0.00375}{1.122}=0.00334\mathrm{s}$$

机械时间常数与电磁时间常数之比为

$$\frac{T_{\mathrm{mech}}}{T_{\mathrm{elm}}}=\frac{0.191}{0.00334}=57.2$$

（3）双转子背铁之间的轴向吸引力

假设两个背铁完全平行，它们之间的轴向磁拉力可根据式（5.39）求得

$$F_{\mathrm{z}}=\frac{0.606^2}{2\mu_0}\times 0.01614=2365.5\mathrm{N}$$

磁压强为

$$p_{\mathrm{z}}=\frac{F_{\mathrm{z}}}{S_{\mathrm{PM}}}=\frac{2365.5}{0.01614}=146601.2\mathrm{Pa}\approx 146.6\mathrm{kPa}$$

背铁厚度为

$$d_{\mathrm{Fe}}=\frac{m_{\mathrm{Fe}}}{2\rho_{\mathrm{Fe}}\pi(D_{\mathrm{out}}^2-D_{\mathrm{in}}^2)/4}=\frac{1.91}{2\times 7850\pi\times(0.22^2-0.127^2)/4}$$
$$=0.0033\mathrm{m}=3.3\mathrm{mm}$$

在146.6kPa的轴向磁压强作用下，外径$D_{\mathrm{out}}=0.22\mathrm{m}$的转子盘能够提供足够的刚度。

第 6 章

无定转子铁心的 AFPM 电机

6.1 优缺点

由于高磁能积永磁材料的出现，AFPM 无刷电机的定子和转子可以都不使用铁心[107,150,P83,225]。与传统设计相比，完全无铁心的设计可减轻质量，提高电机效率。此外，无铁心 AFPM 无刷电机不会在定子和转子之间产生磁拉力，在零电流状态下也不会产生转矩脉动。

增大电机直径所能增加的电磁转矩是有限的。限制单边电机设计的因素在 2.1.6 节中已有讨论。若想获得较大转矩，可以采用双盘或三盘电机。

无定转子铁心的 AFPM 无刷电机于 20 世纪 90 年代末首次投入商业生产，用于伺服电机和工业电力驱动装置[150]、太阳能电动汽车[225]以及计算机外围设备的微型电机和移动电话的振动电机[93]等。

6.2 拓扑和结构

完全无铁心的 AFPM 无刷电机如图 6.1 所示。该电机由带稀土永磁体（2）的双转子（3）和非铁磁性支撑结构组成。无定子铁心的（电枢）绕组（1）位于两个相同转子之间。定子多相绕组固定在机架（6）上，组装成“花瓣”形状（见图 3.16）[P83]。多匝线圈围绕电机轴线重叠排列。然后将整个绕组与高机械强度的塑料或树脂混合并固化。图 6.1 所示的拓扑结构中没有使用任何带槽的铁心，因此电机不存在齿槽转矩和铁心损耗。涡流损耗只存在于定子绕组导体和加固无铁心定子绕组的金属部件（如果有）中。

无铁心电机可以设计为模块化结构，如图 6.2 所示。通过增加更多的模块，很容易调整输出功率至所需水平。

要获得高功率（或高转矩）密度的电机，气隙中的磁通密度应尽可能高。这可以通过使用“Halbach 阵列”形式的永磁体来实现（见图 3.15、图 6.3 和图 6.4）。由 Halbach 阵列产生的磁通密度分布由式（3.42）~式（3.46）描述。在

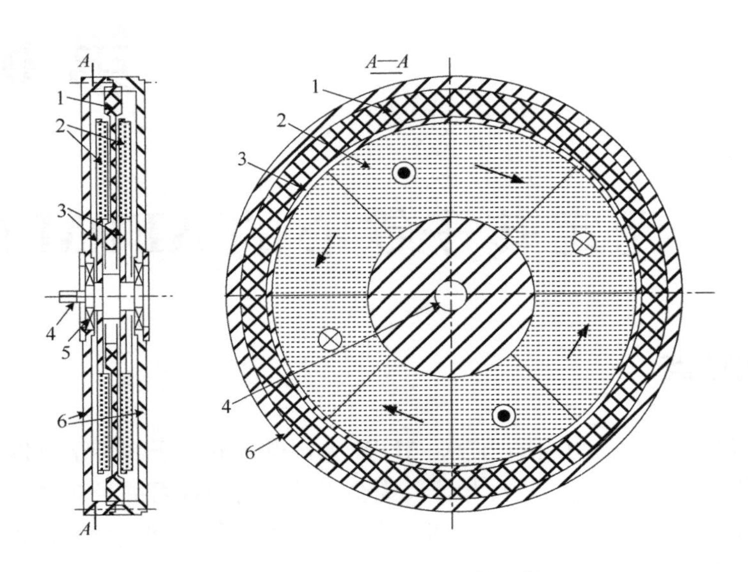

图6.1　无铁心AFPM无刷电机

1—无定子铁心的（电枢）绕组　2—永磁体　3—双转子　4—轴　5—轴承　6—机架

实践中，相邻磁体的磁化方向变化的角度为90°、60°和45°（见图6.5）。

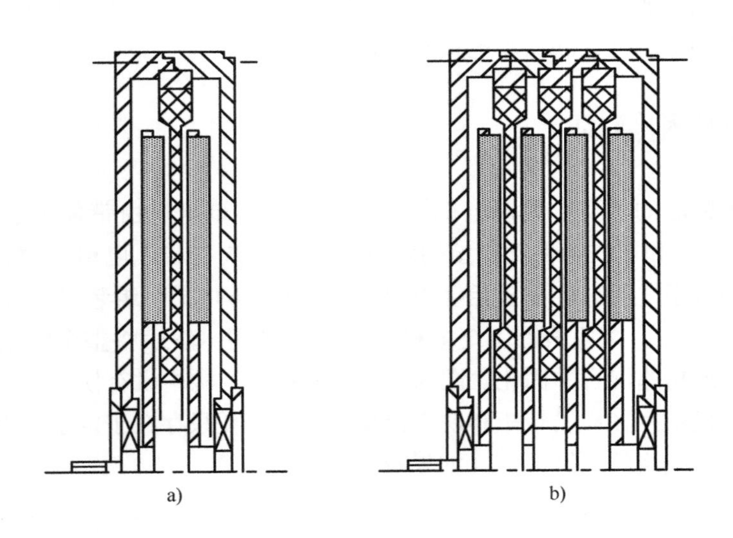

图6.2　无铁心AFPM无刷电机的模块化结构

a）单个模块　b）三个模块

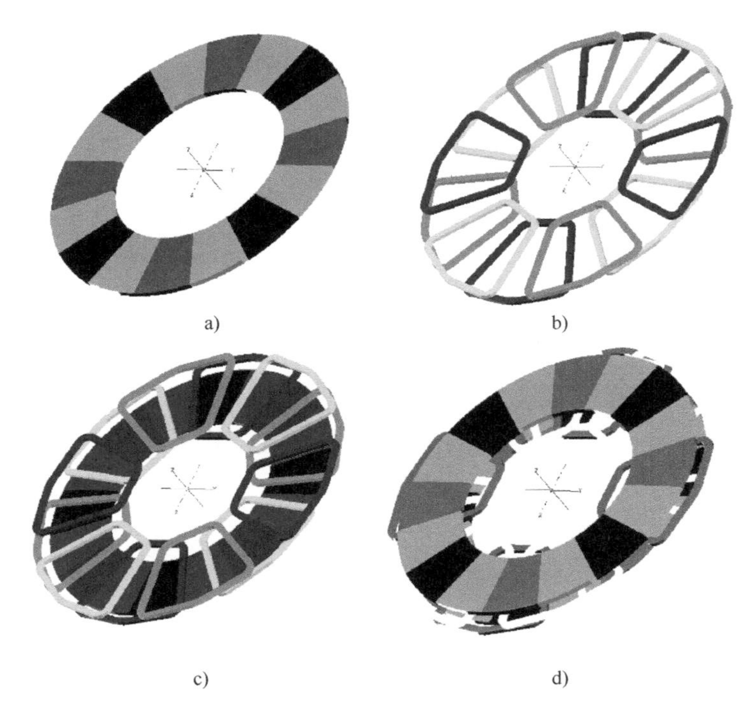

图 6.3　永磁体采用 Halbach 阵列的三相、8 极 AFPM 无刷电机的结构

a）永磁体环　b）定子绕组　c）绕组和单转子　d）绕组和双转子

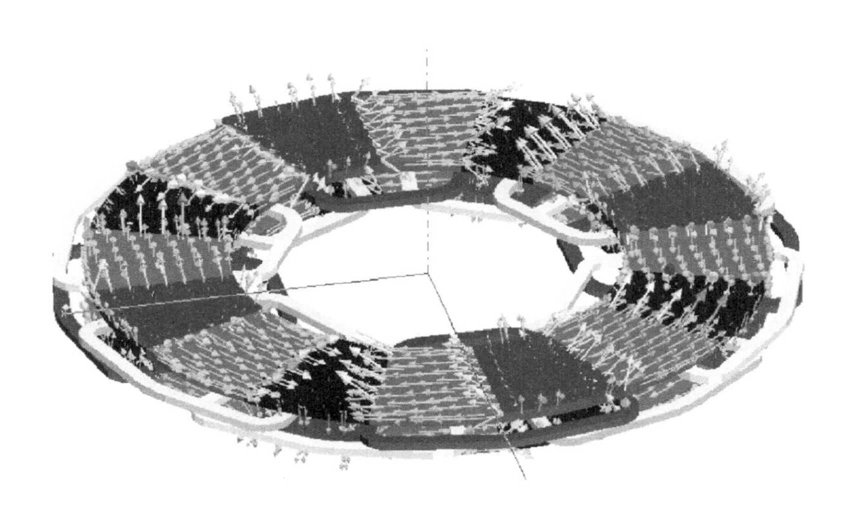

图 6.4　永磁体采用 Halbach 阵列的 8 极双转子 AFPM 无刷电机的三维磁通密度分布

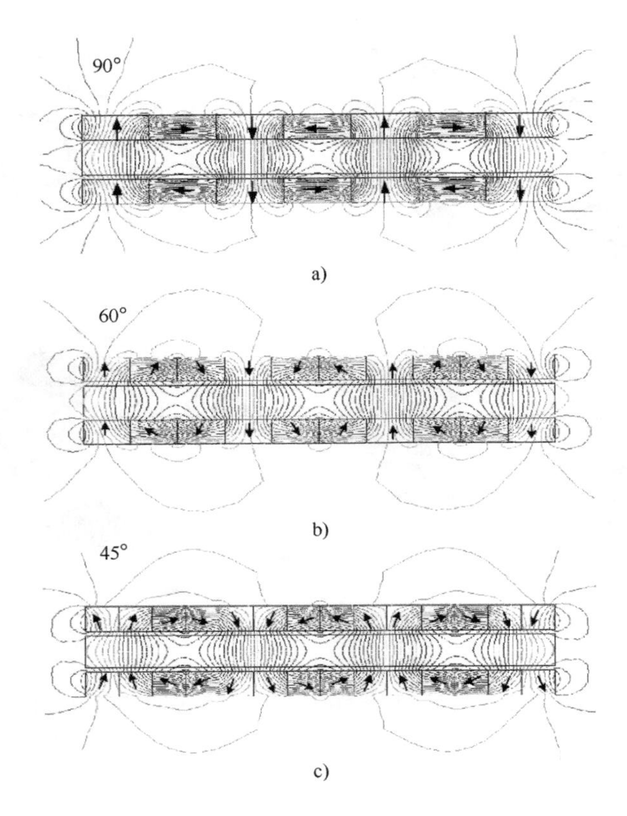

图6.5　双转子永磁体在90°、60°和45° Halbach阵列中的排列方式
a）90° Halbach阵列　b）60° Halbach阵列　c）45° Halbach阵列

6.3　气隙磁通密度

无铁心AFPM无刷电机气隙磁场的二维FEM计算结果如图6.6所示。钕铁硼永磁体的剩余磁通密度 $B_r = 1.2\mathrm{T}$，矫顽力 $H_c = 950\mathrm{kA/m}$。每个永磁体的厚度为6mm，无定子铁心的绕组厚度为10mm，单边气隙厚度等于1mm。

借助Halbach阵列，磁通密度的法向分量达到一个较高的峰值（超过0.6T），并足以获得很高的电磁转矩。如果优化这个电机的磁路，磁通密度峰值甚至可以更高。实际上，60°和45° Halbach阵列产生的磁通密度峰值大小差不多（见图3.22）。磁通密度法向分量的峰值高于传统表贴式永磁结构所能达到的峰值。在非铁磁性间隙大的双边永磁转子结构中，通过增加背铁盘而增加的磁通密度不如Halbach阵列产生的多。

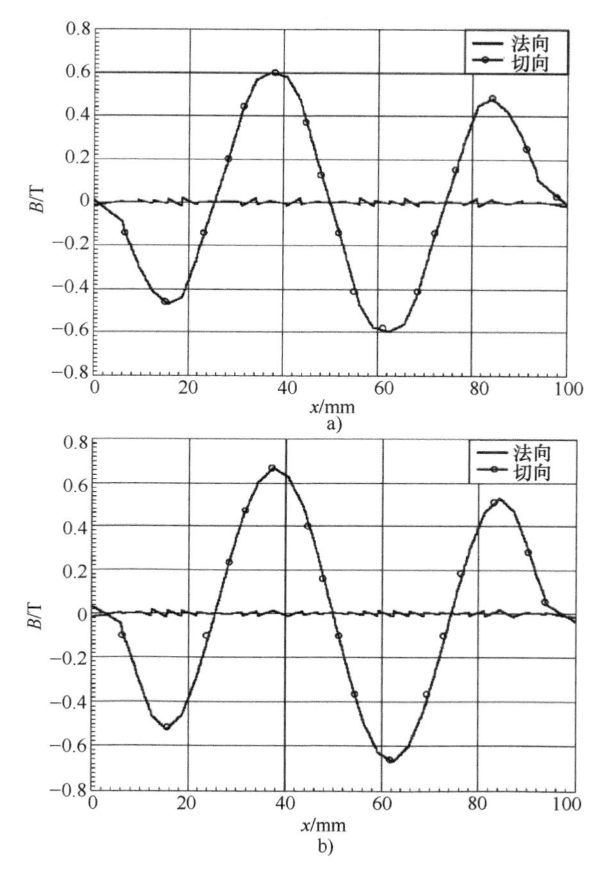

图 6.6　双边无铁心 AFPM 无刷电机采用 Halbach 阵列，气隙中心磁通密度的法向和切向分量
a）90°　b）45°

6.4　电磁转矩和感应电动势

永磁体采用 Halbach 阵列，无铁心 AFPM 无刷电机的电磁转矩可以根据式（2.32）、式（2.33）、式（2.34）、式（2.127）和式（2.128）进行计算。同样，感应电动势可以根据式（2.36）、式（2.37）、式（2.125）和式（2.126）进行计算。

6.5　商用无铁心 AFPM 电机

美国 Lynx Motion Technology 公司提出的无铁心 AFPM 电机结构被称为分段式电磁阵列（SEMA），适用于需要高功率密度和高效率的电动机、执行器和发电机[151]。需要高功率密度、高效率和低转矩波动的应用包括精密运动控制、舰船推进系统和声学敏感应用等。SEMA 技术还可应用于分布式发电系统和储能系统，如飞轮电动-发电系统。对于无齿轮传动的电驱装置，需要具有高转矩和高效率的电动机。使用无变速器的直驱电机消除了齿轮噪声、漏油、由间隙导致的定位误差和扭转刚度不足的问题。

定子无铁心设计（见图 6.7）不仅消除了齿槽转矩，还增加了导体可用面积。它能提高峰值转矩能力，使永磁体得到更有效的利用[151]。定子线圈完全封装在高强度、导热好的环氧树脂中，这种构造使电机结构完整，并在电机采用 PWM 逆变器供电时有效抑制了高频振动。无定子铁心绕组的电机在恒速、变速和换向运行中都表现出色。

图 6.7　SEMA AFPM 无刷电机的爆炸视图（由美国 Lynx Motion Technology 公司提供）

澳大利亚 CSIRO 制造了用于太阳能汽车轮内的无铁心 AFPM 无刷电机[225]，并参加了每两年在澳大利亚举办的达尔文至阿德莱德世界太阳能汽车挑战赛，该赛事已成为一项享誉国际的重要活动。

CSIRO 提供了两种类型的轮内 AFPM 无刷电机：一种是表贴式，另一种是将永磁体按照 Halbach 阵列布置。电机结构、永磁体和定子绕组如图 6.8 所示[225]。

图 6.9 为韩国 EmBest 公司制造的无铁心 AFPM 无刷电机，其具有薄膜线圈定子绕组和双永磁转子。无铁心定子的两侧都有薄膜绕组。8 极永磁转子设计为双外转子。

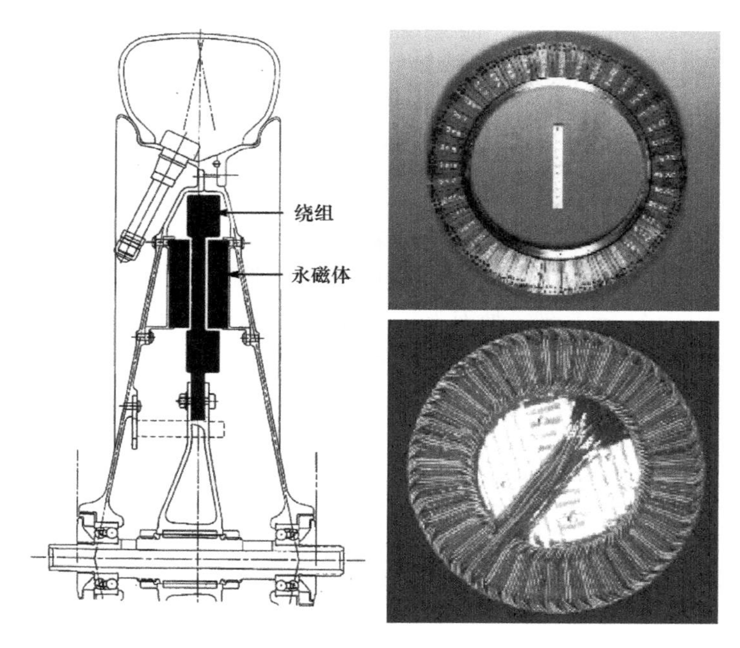

图6.8　用于太阳能汽车轮内的无铁心AFPM无刷电机、永磁体环和定子绕组（由澳大利亚CSIRO提供）

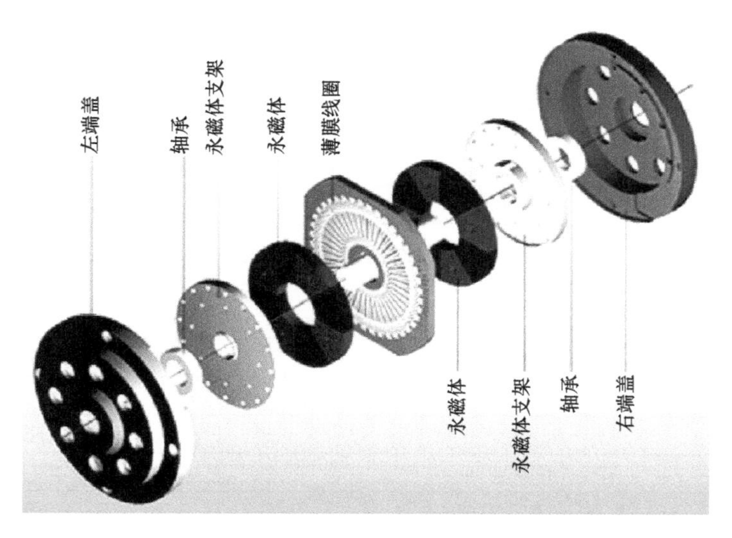

图6.9　绕组为薄膜线圈的无定子铁心、双永磁转子的AFPM无刷电机爆炸视图（由韩国EmBest公司提供）

6.6 案例研究：低速无铁心 AFPM 无刷电机

一台低速、三相、星形联结的 AFPM 无刷电机，其额定功率为 10kW，额定转速为 750r/min，额定电流为 28.5A。定子没有任何铁心，由嵌入在高机械强度树脂中的梯形线圈组成。电机使用烧结钕铁硼永磁体，$B_r = 1.2\text{T}$，$H_c = 950\text{kA/m}$。双盘结构与图 6.2b 所示相似。其参数和设计数据见表 6.1。除气隙磁通密度 B_{mg} 和同步电抗 $X_{sd} = X_{sq} = X_s$ 外，所有参数均可通过解析计算得出。磁通密度和同步电抗是通过二维 FEM 计算得出的。两个定子模块串联，每相电阻 $R_1 = 0.175\Omega$，同步电抗 $X_s = 0.609\Omega$。感应电动势常数 $k_E = 5.013\text{V/(r/s)}$ 和转矩常数 $k_T = 2.394\text{N} \cdot \text{m/A}$ 是针对一个定子模块计算的。

表 6.1 无定子铁心的三相、10kW、750r/min AFPM 无刷电机的参数和设计数据

参数	设计数据
输出功率 P_{out}/W	10000
转速 n/(r/min)	750
相数 m_1	3（星形联结）
输入电流 I/A	28.4
频率 f/Hz	100
定子模块数	2
极对数 p	8
线圈数（三相）	24
每相匝数	100（一个模块）
线圈跨距	1 槽
线径/mm	6×1.2
永磁体轴向厚度 h_M/mm	6
绕组轴向高度 t_w/mm	10
单边气隙 g/mm	1
负载时气隙磁通密度 B_{mg}/T	0.58
电流密度/(A/mm²)	4.175
$k_d = D_{in}/D_{out}$ [5]	$1/\sqrt{3}$
转子外径 D_{out}/mm	360
在 $r = 0.5D_{in}$ 处的绕组封装系数	0.65
绕组温度/℃	75
散热方式	自然散热
绝缘等级	F

6.6.1 性能特征

在额定负载下，定子绕组中的电流密度为4.175A/mm^{2}是较低的，全封闭电机甚至可以在没有强制风冷的情况下运行。额定功率不超过10kW的F级绝缘全封闭交流电机，电流密度的推荐值为4.5～7A/mm^2[70]。

计算得出的特性如图6.10和图6.11所示。从图6.11可以看出，转矩-转速特性中的最大电流与额定电流之比为1.3。在图6.11中，电压线性上升至大约额定转速处，然后保持恒定。

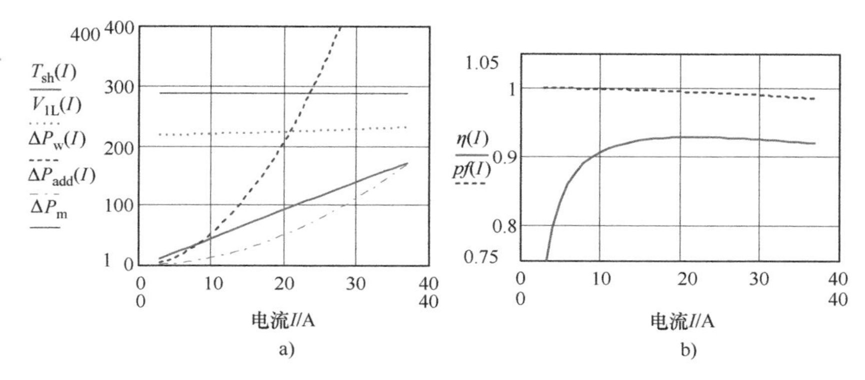

图6.10 根据表6.1计算的10kW无铁心AFPM无刷电机的特性

a）在$n=750$r/min时，转矩T_{sh}、线电压V_{1L}、绕组损耗ΔP_w、附加损耗ΔP_{add}和机械损耗ΔP_m与定子电流的关系 b）在$n=750$r/min时，效率η和功率因数pf与定子电流的关系

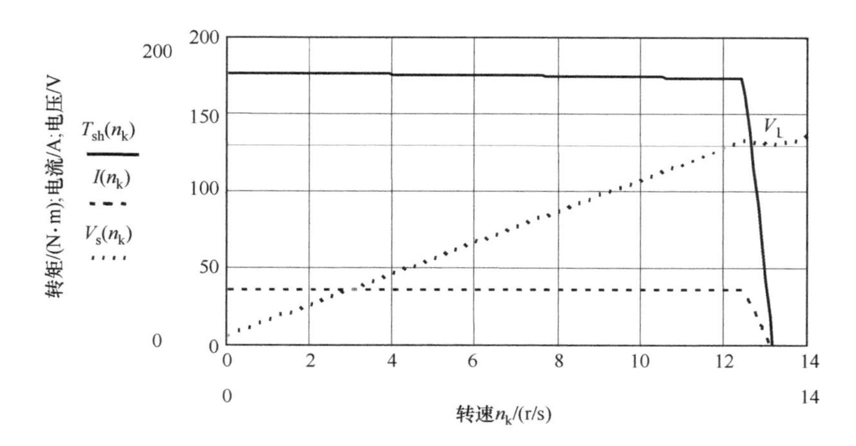

图6.11 根据表6.1计算的10kW无铁心AFPM无刷电机的转矩、电流和相电压与转速的关系

6.6.2　成本分析

成本模型见参考文献［106］。电机制造材料的平均价格如下（单位为美元）：电工钢片 $c_{Fe}=1.25$ 美元/kg，带有绝缘漆的铜导线 $c_{Cu}=5.51$ 美元/kg，烧结钕铁硼永磁体 $c_{PM}=15$ 美元/kg，以及轴用钢棒 $c_{steel}=2.6$ 美元/kg。有效材料包括导体、电工钢片和永磁体。钢棒的总体积与轴的体积比为1.94。考虑到轴加工成本的系数为2.15。组装有效部件所涉及的劳动力成本尚未估算。

表6.2列出了10kW、750r/min无铁心AFPM电机的部件质量和成本。表6.3列出了具有叠片定子和转子铁心的等效RFPM无刷电机的部件质量和成本。与电机形状无关的部件包括编码器、端子引线、端子板和铭牌。10kW无铁心AFPM无刷电机的成本为613.05美元（永磁体成本为185.66美元），而具有相同额定值的传统RFPM无刷电机的成本仅为510.01美元（永磁体成本为23.55美元）。永磁体是无铁心电机总成本的主要部分。

表6.2　10kW、750r/min的无铁心AFPM无刷电机的部件质量和成本

名称	质量/kg	成本/美元
绕组	10.13	55.84
定子塑料件	1.01	7.09
永磁体	12.38	185.66
轴	5.48	59.45
机壳、端盖和轴承	—	165.00
与电机形状无关的部件	—	140.00
总和	22.51（有效部件）	613.05

表6.3　10kW、750r/min的具有叠片铁心的RFPM无刷电机的部件质量和成本

名称	质量/kg	成本/美元
绕组	8.51	46.9
铁心	30.98	72.49
永磁体	1.57	23.55
轴	5.72	62.07
机壳、端盖和轴承	—	165.00
与电机形状无关的部件	—	140.00
总和	41.06（有效部件）	510.01

6.6.3 与带叠片定转子铁心的径向电机的比较

表6.4比较了10kW、750r/min无铁心AFPM无刷电机和等效的10kW、750r/min带叠片定转子铁心的RFPM无刷电机的设计参数和性能。两种电机的相数均为三相，极数均为$2p=16$，输入频率均为100Hz。

理论分析和有限元仿真表明无铁心AFPM电机在性能和有效材料质量方面的优越性。与带叠片铁心的RFPM电机相比，AFPM电机具有更高的效率和功率密度。

因为有效材料的质量比同等RFPM电机低45%，10kW的AFPM电机的效率提高了1.2%（0.925对0.914），功率密度（输出功率与有效材料质量之比）提高了82%（444.25W/kg对243.55W/kg）。在零电流状态下，定子和转子之间不存在法向力。然而，转子永磁盘之间的法向力很大。

表6.4 10kW、750r/min永磁无刷电机参数及性能比较

参数	无铁心AFPM无刷电机	有铁心RFPM无刷电机
输入线电压/V	227.6	220.0
转矩/(N·m)	131	133
效率（%）	92.5	91.4
功率因数	0.991	0.96
气隙密度/T	0.58	0.78
定子绕组电流密度/(A/mm^2)	4.175	4.247
75℃时定子绕组每相电阻/Ω	0.173	0.037
同步电抗/Ω	0.609	0.758
永磁体质量/kg	12.38	1.57
有效材料重量/kg	22.51	41.06
功率密度（有效材料)/(W/kg)	444.25	243.55
不包含人工的成本/美元	613.05	510.01

这些新型电机不存在齿槽转矩。由于没有铁心，这些部件中不存在磁滞损耗和涡流损耗。

10kW无铁心AFPM电机的材料和部件成本比带叠片铁心的RFPM电机高20%。另外，由于无铁心电机不需要冲压和叠压设备，因此生产设备成本将大大降低。

永磁材料的高成本限制了无铁心AFPM无刷电机的商业应用，使其只能用于必须将齿槽转矩、转矩脉动和法向力降至零的小型电机、特殊伺服驱动器、机载设备（轻量化结构）和机电驱动设备中。

6.7 案例研究：低速无铁心 AFPM 无刷发电机

AFPM 无刷电机（见表 6.1）作为独立的交流发电机，已经在前文分析过了。开路特性，即线感应电动势随转速变化的关系，如图 6.12 所示，特性曲线为直线。

AFPM 发电机与阻感负载 $\mathbf{Z}_L = R_L + jX_L = 1 + j0.628\Omega$ 相连。发电模式下的电流-转速特性如图 6.13 所示。

线电压与转速的关系如图 6.14 所示；输出和输入有功功率如图 6.15 所示；效率和功率因数如图 6.16 所示。电压是转速的非线性函数，取决于负载阻抗 $\mathbf{Z}_L$

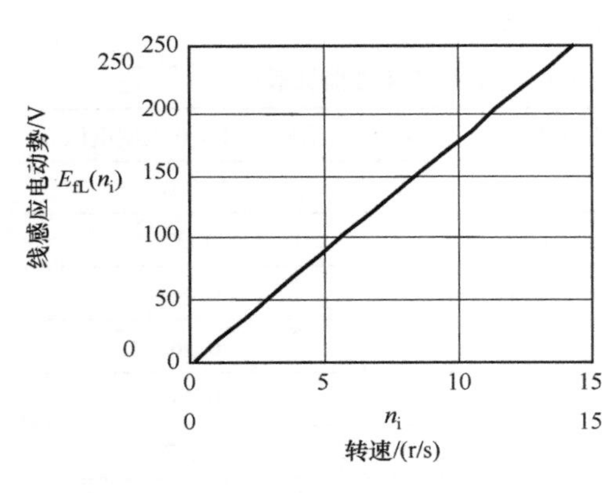

图 6.12 开路特性：线感应电动势与转速的关系

图 6.13 发电模式下的电流与转速的关系

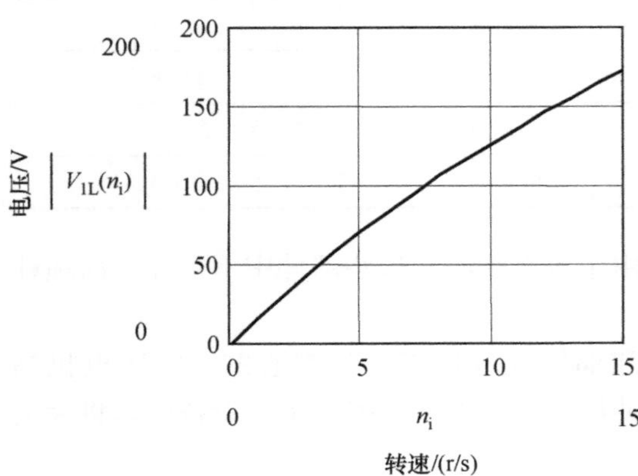

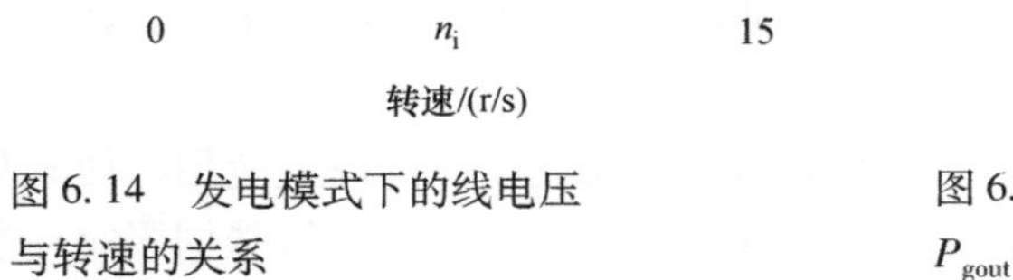

图 6.14 发电模式下的线电压与转速的关系

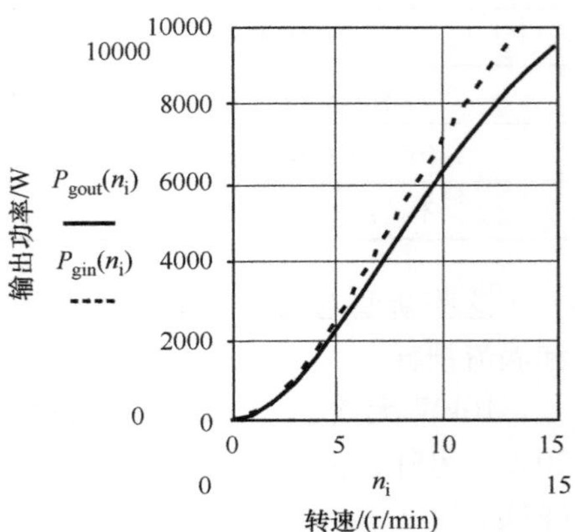

图 6.15 发电模式下的输出功率 P_{gout} 和输入功率 P_{gin}

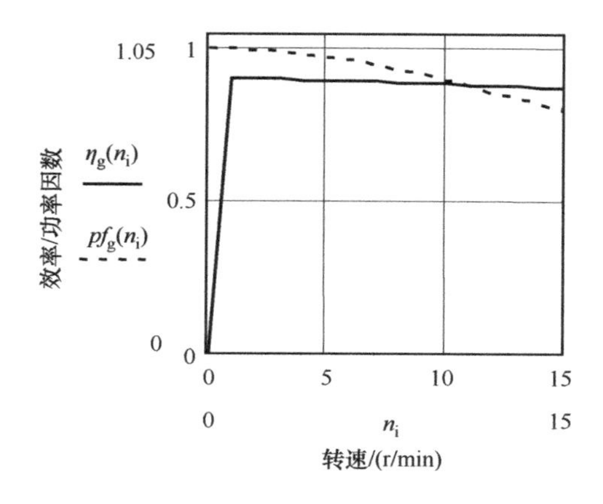

图 6.16　发电模式下的效率 η_g 和功率因数 pf_g

的大小和功率因数。对于感性负载（*RL*），功率因数随着转速的增加而减小。

6.8　无铁心 AFPM 电机的特点

表 6.5 是两种用于太阳能汽车的无铁心 AFPM 无刷电机规格，转子分别采用了传统表贴式永磁体和按照 Halbach 阵列排列的永磁体（澳大利亚 CSIRO），两种电机的效率曲线如图 6.17 所示。当逆变器施加与转子位置同步的正弦电压时可获得最大效率。定子绕组的电感较低，大多数逆变器需要串联额外的电感。

表 6.5　澳大利亚 CSIRO 制造的三相 1.8kW 无铁心 AFPM 无刷电机，表贴式永磁体和 Halbach 阵列排列永磁体的比较

参数	表贴式永磁体和磁轭	Halbach 阵列
输出功率/W	1800	1800
效率（%）	97.4	98.2
极数	40	40
额定转速/(r/min)	1060	1060
最大转速/(r/min)	2865	2865
额定转矩/(N·m)	16.2	16.2
在 1060r/min 和最大绕组温度条件下的最大连续转矩/(N·m)	31	39
最大绝对转矩/(N·m)	50.2	50.2
正弦激励下的每相转矩常数	0.39	0.56
额定相感应电动势/V	43	62
正弦电流时的每相感应电动势常数/(V·s/rad)	0.39	0.56

（续）

参数	表贴式永磁体和磁轭	Halbach 阵列
额定相电流/A	13.9	9.6
绕组损耗/W	43.9	27.6
定子绕组中的涡流损耗/W	2.6	2.7
风摩损耗/W	2.1	2.1
总损耗/W	48.6	32.4
绕组温升/℃	22	14
过载时绕组温升/℃	64	40
最大绕组温度/℃	110	110
单边气隙/mm	2	2
每相电阻/Ω	0.0757	0.0997
电机总质量/kg	16.2	13.2
不含机壳的电机质量/kg	10.7	7.7

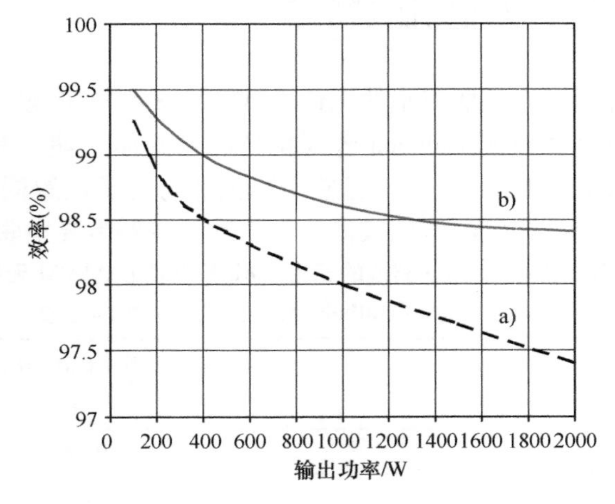

图6.17　用于太阳能汽车的三相、1.8 kW 无铁心 AFPM 无刷电机的效率与输出功率的关系（由澳大利亚 CSIRO 提供）

a）表贴式永磁体的转子　b）Halbach 阵列排列永磁体的转子

由美国 Lynx Motion Technology 公司制造的 E225 无铁心 AFPM 电机（见表6.6），特别适合对系统效率要求较高的空气处理应用领域。Lynx 225mm 直径电机系列为高效率和高转矩的速度和位置伺服应用提供了多种可能的系统配置。E225 电机的性能等级是在环境温度为25℃、风冷绕组温度为105℃条件下评定的。E813 无铁心 AFPM 电机专为发电应用（分布式发电系统）设计，高效是其重要的特点。E813 电机的性能等级是在环境温度为 40℃、绕组温度为 130℃条件下评定的。E225 和 E813 电机的转矩常数 k_T 极其线性，并与转速无关。Lynx 无铁心电机的其他应用包括伺服、精密机器人、船舶推进、发电机和武器炮塔等。

当与三相 H 桥逆变器配合使用时，Lynx 电机可提供高效的电力驱动，具有高峰值转矩能力，适用于要求最苛刻的高瞬态应用，例如燃料电池空气压缩机。

表 6.6　美国 Lynx Motion Technology 公司制造的无铁心 AFPM 电机规格

参数	E225 AFPM 电机	E813 AFPM 电机
极数	12	28
直流母线电压/V	155	850
端电压/V	117	574
	相电压有效值（H 桥）	线电压最大值
转速/(r/min)	6000	2750
转矩/(N·m)	9.9	450
最大转矩/(N·m)	97.4	900
电流/A	18.7	119
最大电流/A	180	238
输出功率/kW	6.2	130
转矩常数/(N·m/A)	0.53	3.78
每相感应电动势常数/[V/(kr/min)]	19	209
电气时间常数/μs	0.348	1.66
100℃时的绕组电阻/Ω	0.204	0.0265
绕组电感/μH	71	44
转子惯量/(kg·m²)	0.0184	9.16
电机质量/kg	8.4	295
外径/m	0.225	0.813

数值算例

数值算例 6.1

无铁心 AFPM 电机的尺寸与数值算例 5.1 中描述的电机相同，经过重新设计，在 $I_a = 8.2\text{A}$ （$I_{ad} = 0$） 时的转速为 1000r/min。磁极对数增加到 $p = 12$，线圈边数增加到 $s_1 = 72$，并且永磁体以 90° Halbach 阵列排列，每个波长有 $n_M = 4$ 个永磁体。每相绕组匝数 $N_1 = 240$，并联导线数 $a_w = 8$，导线直径 $d_w = 0.455\text{mm}$

（AWG25），线圈跨距以线圈边数计为 $w_c=3$。由于定子和转子没有任何铁磁材料，因此不存在磁饱和，$k_{sat}=1$。所有其他参数和假设与数值算例5.1中的相同。

求电机的稳态性能，即额定电流 $I_a=I_{aq}=8.2\text{A}$ 时的输出功率、转矩和效率。

解：

下列计算参数与数值算例5.1中的参数相同：$g=1.5\text{mm}$，$D_{in}=0.127\text{m}$，$D=0.1735\text{m}$，$L_i=l_M=0.0465\text{m}$，$R'_{out}=0.115\text{m}$（为风摩损耗计算），$R_{sh}=0.015\text{m}$，$m_r=3.4\text{kg}$，$m_{sh}=0.64\text{kg}$，$m_{con}=0.75\text{kg}$。

对于单层绕组，每相线圈数 $n_c=s_1/(2m_1)=72/(2\times3)=12$。每个线圈的匝数是 $N_{ct}=N_1/n_c=240/12=20$。每极每相的线圈边数（等同于每极每相槽数）$q_1=s_1/(2pm_1)=72/(24\times3)=1$。以线圈边数计算的极距 $\tau_c=s_1/(2p)=72/24=3$，平均极距 $\tau=\pi D/(2p)=\pi\times0.1735/24=0.023\text{m}$。

在1000r/min时的频率为

$$f=n_sp=\frac{1000}{60}\times12=200\text{Hz}$$

Halbach阵列在平均直径处的波长 l_a 和常数 β 为

$$l_a=2\tau=2\times0.023=0.046\text{m}\qquad\beta=\frac{2\pi}{l_a}=\frac{2\pi}{0.046}=138.3\ 1/\text{m}$$

根据式（3.42），气隙磁通密度为

$$B_{mg}\approx B_{m0}=1.2\times[1-\exp(-138.3\times0.006)]\times\frac{\sin(\pi/4)}{\pi/4}=0.609\text{T}$$

根据式（2.28），磁通为

$$\Phi_f=\frac{1}{8}\times\frac{2}{\pi}\times\frac{\pi}{12}\times0.609\times0.22^2\times\left[1-\left(\frac{1}{\sqrt{3}}\right)^2\right]=0.00041\text{Wb}$$

根据式（2.8）、式（2.9）和式（2.10），绕组因数为

$$k_{d1}=\frac{\sin\pi/(2\times3)}{1\sin\pi/(2\times3\times1)}=1;\quad\beta=\frac{w_c}{\tau_c}=\frac{7}{9}$$

$$k_{p1}=\sin\left(\frac{3}{3}\times\frac{\pi}{2}\right)=1\qquad k_{w1}=1\times1=1$$

根据式（2.37）、式（2.34）计算的感应电动势常数和转矩常数分别为

$$k_E=\pi\times\sqrt{2}\times12\times240\times1\times0.00041=5.24\text{V}/(\text{r/s})=0.0873\text{V}/(\text{r/min})$$

$$k_T=k_E\frac{m_1}{2\pi}=5.24\times\frac{3}{2\pi}=2.5\text{N}\cdot\text{m/A}$$

1000r/min时的感应电动势为

$$E_f=k_En=0.0873\times1000=87.34\text{V}$$

$I_a = I_{aq} = 8.2\text{A}$ 时的电磁转矩为

$$T_d = k_T I_a = 2.5 \times 8.2 = 20.5\text{N} \cdot \text{m}$$

电磁功率为

$$P_{elm} = 2\pi n_s T_d = 2\pi \times \frac{1000}{60} \times 20.5 = 2148.6\text{W}$$

绕组较短的端部长度 $l_{1emin} = (\tau_c/w_c)\pi D_{in}/(2p) = (3/3)\pi \times 0.127/24 = 0.017\text{m}$，绕组较长的端部长度 $l_{1emax} = l_{1emin} \times 0.22/0.127 = 0.0288\text{m}$（见图3.16），两个长度都不包含线圈弯曲部分长度。

假设线圈弯曲部分长度为15mm，那么定子线圈的平均长度为

$$l_{1av} \approx 2L_i + l_{1emin} + l_{1emax} + 4 \times 0.015 = 2 \times 0.0465 + 0.017 + 0.0288 + 0.06 = 0.1984\text{m}$$

根据式（2.40），75℃时定子绕组的电阻为

$$R_1 = \frac{240 \times 0.1984}{47 \times 10^6 \times 8 \times \pi \times (0.455 \times 10^{-3})^2/4} = 0.7789\Omega$$

线圈在内径 D_{in} 处的最大宽度是 $w_w = \pi D_{in}/s_1 = \pi \times 0.127/72 = 0.0055\text{m} = 5.5\text{mm}$。线圈的厚度 $t_w = 8\text{mm}$。每个线圈的导体数量是 $N_c = a_w N_{ct} = 8 \times 20 = 160$。线圈的最大槽满率在 D_{in} 处，即

$$k_{fmax} = \frac{d_w^2 N_c}{t_w w_w} = \frac{0.455^2 \times 160}{8 \times 5.5} = 0.731$$

定子电流密度为

$$j_a = \frac{8.2}{8 \times \pi \times 0.455^2/4} = 6.45\text{A/mm}^2$$

根据式（2.49），定子绕组损耗为

$$\Delta P_w = 3 \times 8.2^2 \times 0.7789 = 157.1\text{W}$$

根据式（2.68），圆形定子导体中的涡流损耗为

$$\Delta P_e = \frac{\pi^2}{4} \times \frac{47 \times 10^6}{8800} \times 200^2 \times 0.000455^2 \times 0.75 \times 0.609^2 \times 1.15^2 = 41.1\text{W}$$

根据式（2.71），轴承的摩擦损耗为

$$\Delta P_{fr} = 0.06 \times 1.5 \times (3.4 + 0.64) \times \frac{1000}{60} = 6.1\text{W}$$

根据式（2.74），风摩损耗为

$$\Delta P_{wind} = \frac{1}{2} \times 0.013 \times 1.2 \times \left(2\pi \times \frac{1000}{60}\right)^3 \times [(0.5 \times 0.115)^5 - (0.5 \times 0.015)^5] \approx 0.18\text{W}$$

式中

$$Re = 1.2 \times \frac{2\pi \times (1000/60)}{1.8 \times 10^{-5}} \times 0.115^2 = 9.233 \times 10^4$$

$$c_f = \frac{3.87}{\sqrt{9.233 \times 10^4}} = 0.013$$

根据式（2.70），机械损耗为

$$\Delta P_{rot} = 6.1 + 0.18 = 6.28\text{W}$$

输出功率为

$$P_{out} = P_{elm} - \Delta P_{rot} = 2148.6 - 6.28 = 2142.3\text{W}$$

转矩为

$$T_{sh} = \frac{2142.3}{2\pi \times 1000/60} = 20.46\text{N} \cdot \text{m}$$

输入功率为

$$P_{in} = P_{elm} + \Delta P_w + \Delta P_e = 2148.6 + 157.1 + 41.1 = 2346.7\text{W}$$

效率为

$$\eta = \frac{2142.3}{2346.7} = 0.912$$

数值算例 6.2

一个三相、15kW、3600r/min 的无铁心 AFPM 电机，双转子永磁体采用 Halbach 阵列，其定子绕组每相电阻 $R_1 = 0.24\Omega$，定子绕组漏抗 $X_1 = 0.92\Omega$，以及电枢反应电抗 $X_{ad} = X_{aq} = 0.88\Omega$。输入相电压 $V_1 = 220\text{V}$，功率因数 $\cos\phi = 0.96$，定子电流与 q 轴之间的角度 $\psi = 5°$，感应电动势常数 $k_E = 3.363\text{V}/(\text{r/s})$，定子导体中的涡流损耗 $\Delta P_e = 184\text{W}$，机械损耗 $\Delta P_{rot} = 79\text{W}$。

求由合成气隙磁通激发的内部电压 E_i 以及根据涡流损耗调整后的定子 d 轴和 q 轴电流。

解：

图 6.18 绘制了感应电动势 E_f 和内部电压 E_i 的相量图。由转子磁场激励的感应电动势 E_f 为

$$E_f = k_E n = 3.363 \times \frac{3600}{60} = 201.78\text{V}$$

同步电抗为

$$X_{sd} = X_{sq} = X_{ad} + X_1 = X_{aq} + X_1 = 0.88 + 0.92 = 1.8\Omega$$

定子电流与输入电压之间的角度 $\phi = \arccos(0.96) = 16.26°$。电压与感应电动势 E_f 之间的负载角 $\delta = \phi - \psi = 16.26° - 5° = 11.26°$。根据式（2.87）、式（2.88）和式（2.89），定子电流为

$$I_{ad} = \frac{220 \times (1.8\cos 11.26° - 0.24\sin 11.26°) - 201.78 \times 1.8}{1.8 \times 1.8 + 0.24^2} = 4.5\text{A}$$

$$I_{aq} = \frac{220 \times (0.24\cos 11.26° + 1.8\sin 11.26°) - 201.78 \times 0.24}{1.8 \times 1.8 + 0.24^2} = 24.5\text{A}$$

$$I_a = \sqrt{4.5^2 + 24.5^2} = 24.9\text{A}$$

根据式（2.49），定子绕组损耗为

$$\Delta P_{1w} = 3 \times 24.9^2 \times 0.24 = 445.6\text{W}$$

输入功率为

$$P_{in} = m_1 V_1 I_a \cos\phi = 3 \times 220 \times 24.9 \times 0.96 = 15763.0\text{W}$$

根据式（5.1），电磁功率为

$$P_{elm} = 15763 - 445.6 - 184 = 15317.3\text{W}$$

根据式（5.3），输出功率为

$$P_{out} = 15317.3 - 79 = 15238.3\text{W}$$

效率为

$$\eta = \frac{15238.3}{15763.0} = 0.967$$

根据图 6.18 的相量图，由合成气隙磁通激励的内部电压 E_i 为

$$E_i = \sqrt{(E_f + I_{ad}X_{ad})^2 + (I_{aq}X_{aq})^2}$$
$$= \sqrt{(201.78 + 4.5 \times 0.88)^2 + (24.5 \times 0.88)^2} = 206.87\text{V}$$

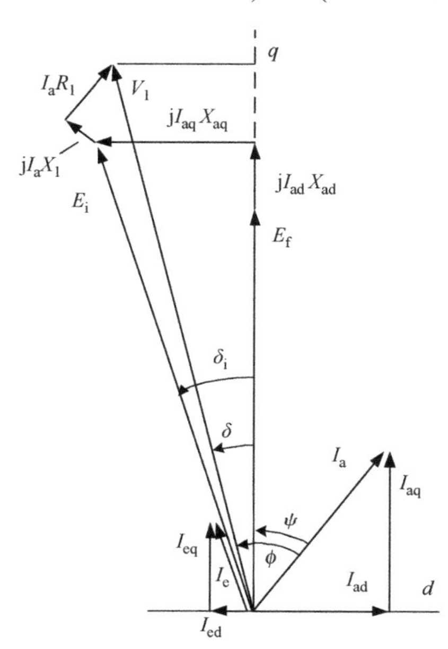

图 6.18　无铁心 AFPM 同步电机的相量图（涡流电流 I_e 与内部电压 E_i 同相）（数值算例 6.2）

内部电压 E_i 与 q 轴之间的角度 δ_i 为

$$\delta_\text{i} = \arctan\left(\frac{I_\text{aq}X_\text{aq}}{E_\text{f}+I_\text{ad}X_\text{ad}}\right) = \arctan\left(\frac{24.5\times 0.88}{201.78+4.5\times 0.88}\right) = 5.97°$$

根据式（5.32），涡流并联电阻为

$$R_\text{e} = 3\times\frac{206.87^2}{184} = 697.75\Omega$$

根据相量图（见图6.18）计算出等效电路（见图5.5）垂直支路中的电流

$$I_\text{ed} = -\frac{E_\text{i}}{R_\text{e}}\sin\delta_\text{i} = -\frac{206.87}{697.75}\sin 5.97° = -0.031\text{A}$$

$$I_\text{eq} = \frac{E_\text{i}}{R_\text{e}}\cos\delta_\text{i} = \frac{206.87}{697.75}\cos 5.97° = 0.295\text{A}$$

$$I_\text{e} = \sqrt{I_\text{ed}^2+I_\text{eq}^2} = \sqrt{(-0.031)^2+0.295^2} = 0.296\text{A}$$

$$I_\text{e} = \frac{E_\text{i}}{R_\text{e}} = \frac{206.87}{697.75}\cos 5.97° = 0.296\text{A}$$

根据相量图（见图6.18）计算出涡流损耗调整后的定子电流

$$I'_\text{ad} = \frac{E_\text{i}\cos\delta_\text{i}-E_\text{f}}{X_\text{ad}} - \frac{E_\text{i}\sin\delta_\text{i}}{R_\text{e}} = \frac{206.87\cos 5.97°-201.78}{0.88} - \frac{206.87\sin 5.97°}{697.75} \approx 4.5\text{A}$$

$$I'_\text{aq} = \frac{E_\text{i}\sin\delta_\text{i}}{X_\text{aq}} - \frac{E_\text{i}\cos\delta_\text{i}}{R_\text{e}} = \frac{206.87\sin 5.97°}{0.88} - \frac{206.87\cos 5.97°}{697.75} \approx 24.8\text{A}$$

$$I'_\text{a} = \sqrt{(I'_\text{ad})^2+(I'_\text{aq})^2} = \sqrt{4.5^2+24.8^2} \approx 25.2\text{A}$$

第7章

控　　制

前文已经阐释了转子速度与AFPM电机相电压或相电流的频率之间存在直接关系。同时，感应电动势的幅值也与频率直接相关，也就是和转子速度有关。因此，为了实现AFPM电机的变速运行，必须使供电电压的频率和幅度均可调节。这需要在固定的交流或直流电源与AFPM电机的端子之间使用固态变换器，如图7.1所示。为了对变换器驱动的AFPM电机进行良好的位置和/或速度控制，必须对电机的转矩和电流进行控制。对于电流控制，需要相电流和转子位置的信息。因此，AFPM电机的电流和转子位置需要被采样并反馈给控制器，如图7.1所示。控制器反过来通过固态变换器（逆变器）控制AFPM电机的供电电压和频率。

本章重点讨论图7.1中AFPM电机驱动控制的各个方面。针对前几章中提到的两种类型的AFPM电机，即方波和正弦波AFPM电机，分别进行控制方法探讨。最后，简单介绍无位置传感器控制技术，并给出一些数值算例。

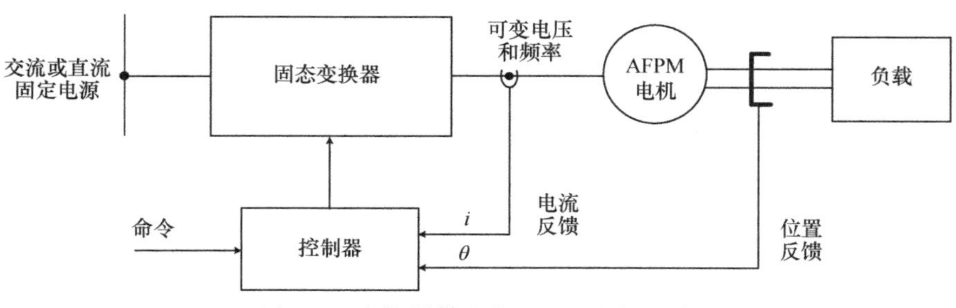

图7.1　变换器供电的AFPM电机驱动

7.1　方波AFPM电机的控制

方波AFPM电机多为表贴式永磁电机，其特点是绕组感应电动势波形近似为方波或者梯形波。一台1kW小型有槽方波AFPM电机，在半额定转速和额定转速下的空载相感应电动势波形如图7.2a和b所示。首先，可以观察到，在额定转速下，感应电动势的频率和幅值是半额定转速下的2倍。其次，感应电动势并不是正弦形，而是平顶约占120°电角度的梯形，这一点非常重要。在这120°电角度期间，通过固态变换器给该相供电，并有电流流过，如图7.2c所示，这段时期称为导通期。请注意，导通时刻或平顶电压出现的时刻与转子的位置直接相关，需要通过一个简单的低分辨率位置传感器来确定。

在导通期间，由于电压波形平坦，可以将感应的相反电动势看作为直流量。对于三相电机，三相电压互差120°电角度，两相的导通期会有重叠（见图7.2），并且任一时刻都有两相处于导通状态。如果AFPM电机的导通期是180°电角度[35]，则任一时刻三相都处于导通状态。在这种情况下，应使用不同的逆变器控制算法。在本节中，仅考虑最常用的导通期为120°电角度的方波AFPM电机驱动。

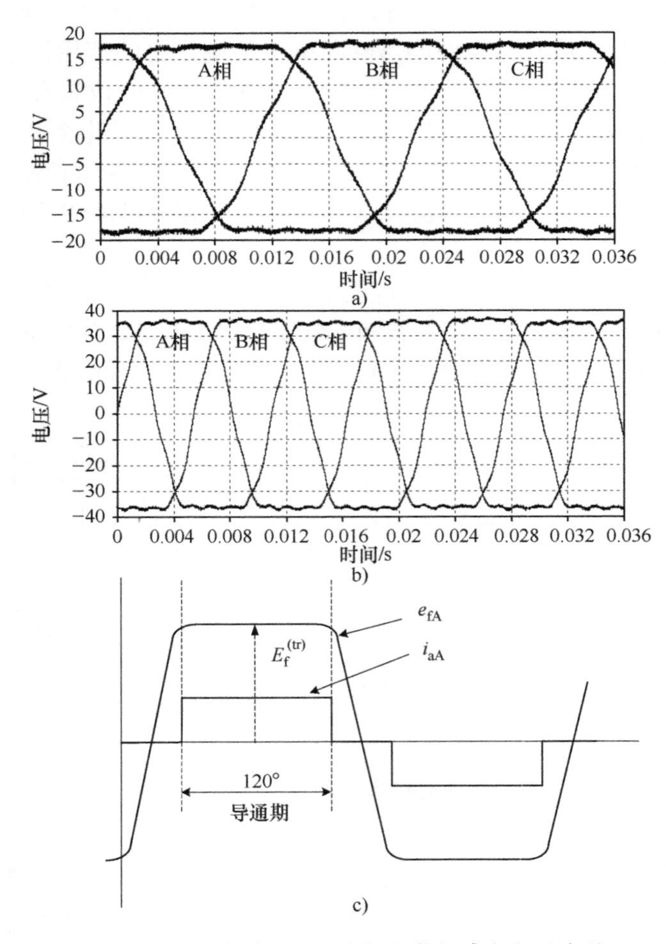

图7.2 1kW方波AFPM电机空载相感应电压波形

a）半速（30Hz） b）额定转速（60Hz） c）感应电动势和相电流的理论波形

7.1.1 电压方程

当星形联结三相电机的两相处于导通状态（另外一相通过固态变换器关断）时，方波 AFPM 电机的功率电路如图7.3a 所示。此时，A 相和 B 相是导通的，C 相是关断的（如虚线所示）。在该电路中，R_1 和 L_s 分别是每相电阻和同步电感。d 轴和 q 轴的同步电感相等，即 $L_{sd}=L_{sq}=L_s$。电压 e_{fA}、e_{fB} 和 e_{fC} 是每相的感应电动势。由于 A 相和 B 相处于它们的导通周期，所以 e_{fA} 和 e_{fB} 都处于它们的平顶值。因此，$e_{fA}=E_f^{(tr)}$，$e_{fB}=-E_f^{(tr)}$，其中 $E_f^{(tr)}$ 是方波电压的平顶值（见图7.2c）。将图7.3a 中两相的电阻、电感和感应电动势相加，得到如图7.3b 中的等效电路，其中 E_{fL-L} 为直流电压，并且 $E_{fL-L}=2E_f^{(tr)}$、$R_p=2R_1$、$L_p=2L_s$、$i_a=i_{aA}=-i_{aB}$ 和 $v_p=v_{1L-L}$。该电路的动态电压方程为

$$v_p=2R_1i_{aA}+2L_s\frac{di_{aA}}{dt}+2E_f^{(tr)}=R_pi_a+L_p\frac{di_a}{dt}+E_{fL-L} \tag{7.1}$$

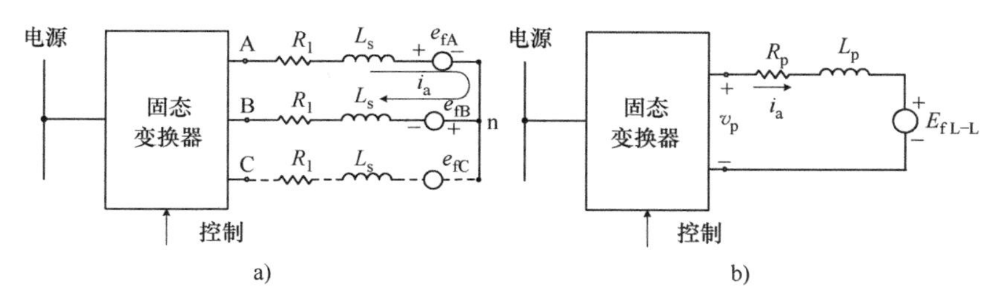

图7.3 方波 AFPM 电机与两相有源固态变换器连接

a）电路 b）用于分析的组合等效电路

通过固态变换器在 A 和 B 端子之间施加直流电压 $v_p=V_p$，理想情况下可根据式（7.1）推导以下稳态电压方程，其中 $i_a=I_a^{(sq)}$ 是流过两相绕组的直流电流：

$$V_p=R_pI_a^{(sq)}+E_{fL-L} \tag{7.2}$$

感应电动势 E_{fL-L} 由式（2.125）给出，电机的电磁功率为 $P_{elm}=E_{fL-L}I_a^{(sq)}$，且产生的转矩由式（2.127）给出。请注意，$i_a=I_a^{(sq)}$ 和 E_{fL-L} 是瞬时值，会随时间变化，这与有刷直流电机类似。

7.1.2 固态变换器

三相方波 AFPM 电机的完整功率电路如图7.4 所示。在该电路中，幅值、频率固定的三相交流电源首先通过三相二极管整流器整流，得到固定的直流电压。然后，直流电压被逆变为三相交流方波电压。使用二极管整流器时，如果 AFPM 电机工作在发电模式，功率是无法回流到交流电源的。此时电机产生的任何功率都必须在变换器的直流部分中消耗掉。这可通过在直流母线上用制动电阻来实

现，如图7.4所示。如果要求产生的功率必须回流到交流电源，就要使用有源整流器。在本节的剩余部分中，假设直流母线电压固定，仅研究图7.4中直流到交流的逆变器控制。

图7.4中的三相逆变器有6个功率电子晶体管开关，如今最常使用的是绝缘栅双极型晶体管（IGBT）或金属-氧化物-半导体场效应晶体管（MOSFET）。功率晶体管开关以相对较高的开关频率（通常为1~20kHz甚至更高）进行通断操作。逆变器一相桥臂上的晶体管，要么上桥臂的导通，下桥臂关断，要么反之，或者两个晶体管都关断。在前面的章节中已经解释过，在任何时候，由变换器供电的方波AFPM电机驱动器只有两相处于工作状态。另外一相上、下桥臂的晶体管都关断使该相没有电流流通。图7.4所示的三相逆变器还配备了6个反并联二极管，以便在开关断开时（由于电感储能）电流能够继续流动，并且也使得驱动系统能够实现发电机（制动）运行。以使晶体管开关关断时电流仍能流通（由于电感的存在，其电流无法突变），同时也使驱动器能够进行发电（制动）运行。

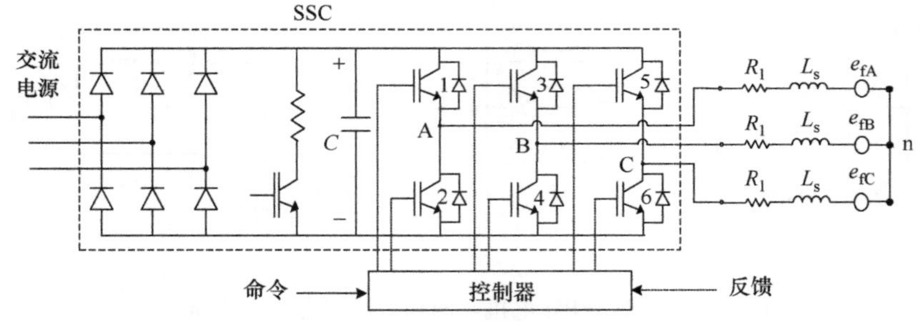

图7.4　固态交流-交流变换器和三相AFPM电机等效模型

图7.3和图7.4的电路表明，对方波AFPM电机驱动器进行分析时，可以仅考虑电机的两个导通相以及逆变器的两个导通桥臂，这样电路就如图7.5所示的简化模型。

控制图7.5中逆变器的功率半导体开关的一种方法解释如下。正向旋转时，电压E_{fL-L}和平均电流$i_{a(avg)}=I_a^{(sq)}$为正，那么根据稳态方程式（7.2），平均电源电压$v_{p(avg)}$也必须为正，且$v_{p(avg)}=V_p>E_{fL-L}$。控制T_y导通，并分别以占空比D和$(1-D)$对图7.5中的T_u和T_v进行脉宽调制（PWM）控制，这样就可获得正的平均电源电压，在稳态下有

$$DV_d=v_{p(avg)} \tag{7.3}$$

式中

$$D=\frac{t_{on}}{t_s}=t_{on}f_s \tag{7.4}$$

并且，t_{on}为导通时间；t_s和f_s分别为晶体管的开关周期和开关频率。开关状态以及电机两相电压v_p的波形如图7.6a所示。图中，$v_{p(avg)}$为电压v_p在开关周期中

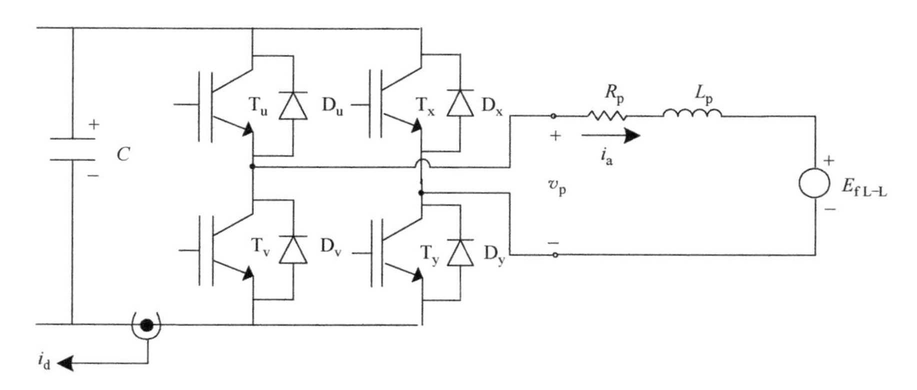

图 7.5 变换器供电的方波 AFPM 电机等效电路（两相导通）

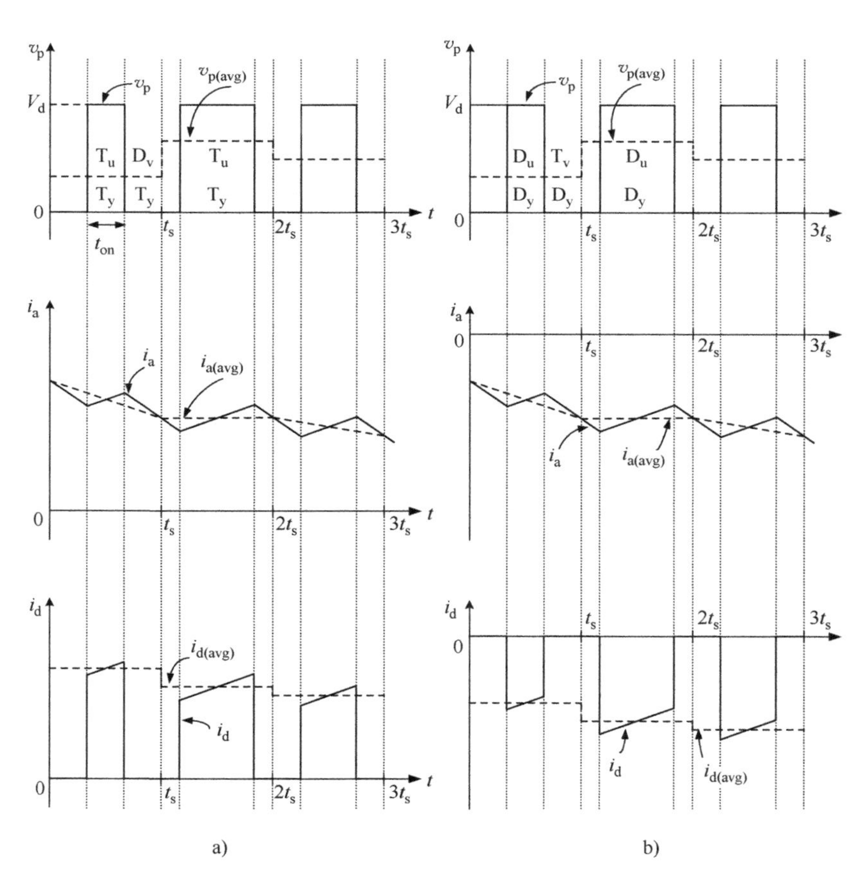

图 7.6 变换器供电的方波 AFPM 电机的电压和电流波形（见图 7.5）

a）电动模式 b）发电模式

的平均值。需要注意的是，在图7.6中，驱动器未处于稳态，因为瞬时平均电流 $i_{a(avg)}$ 与平均电压 $v_{p(avg)}$ 会随时间发生变化。还需注意，鉴于开关频率相对较高，且机械系统的时间常数相对较大，驱动系统仅对电源电压的平均值有所反应，而对其高频分量没有反应。

接下来分析电动模式下变换器与电机中的电流情况。当图7.5中的 T_u 和 T_y 处于导通状态时，电流自直流电源流经 T_u、电机绕组以及 T_y，最后流回电源。倘若 T_v 和 T_y 导通，电流便通过二极管 D_v、电机绕组以及 T_y 进行续流，此时没有从直流电源流出或流入的电流。图7.6a展示了电动运行模式下绕组相电流和直流母线电流波形的一个示例。如前所述，$i_{a(avg)}$ 为相电流 i_a 的瞬时平均值。

在发电（制动）模式中，当 E_{fL-L} 为正时，通过调整式（7.3）中的占空比 D，使得 $v_{p(avg)} < E_{fL-L}$，从而使 $i_{a(avg)}$ 为负值，如图7.6b所示。在此情形下，D_y 始终处于导通状态，电流要么从导通的 T_v 流过，要么在 T_v 关断时通过 D_u 回流至电源。发电模式下直流母线电流的波形如图7.6b所示。

当电机反方向旋转时，参考图7.5所给出的极性，E_{fL-L} 为负值，T_v 在导通周期内一直控制为导通状态，而对 T_x 和 T_y 则进行PWM控制。在这种状况下，电源电压 $v_{p(avg)}$ 为负，电流同样能够如同正向旋转时那样被控制为正或负。

上述控制方法的优势在于，在任何时刻只有一个逆变器桥臂以高频进行开关操作，从而保持逆变器的开关损耗较低。图7.5中应选择哪个逆变器进行PWM开关操作，是一个简单的逻辑决策，取决于供电电压 $v_{p(avg)}$ 的符号（正或负）。需要注意的是，$v_{p(avg)}$ 直接由驱动系统的控制器（见图7.1）控制。

7.1.3 电流控制

驱动器要实现好的速度控制，对转矩进行快速控制是必不可少的。依据式（2.127），方波AFPM电机的转矩可以通过定子电流 i_a 来直接控制，因此也可以通过控制图7.6中所示的瞬时平均电流 $i_{a(avg)}$ 来实现。仔细研究图7.6中的电流能够发现，如果在恰当的时候对电流 i_d 进行采样测量，有关电流 $i_{a(avg)}$ 的所需信息同样存在于直流母线平均电流 $i_{d(avg)}$ 当中。这样仅需对直流母线电流 $i_{d(avg)}$ 进行控制，便能控制电机所有相的电流。因此，只需一个电流传感器。然而，使用这种电流检测方法需要注意到，倘若电机处于运行状态，例如无论电机是在正转还是反转，电流 $i_{d(avg)}$ 都是正值。从控制的视角来看，这会引发一个问题，因为参考电流 $i^*_{a(avg)}$ 在电机正转时应为正，而在反转时应为负。不过，此问题在控制器当中很容易解决，只需将直流母线电流与受控电压 $v^*_{p(avg)}$ 信号的符号（正或者负）相乘即可。

单传感器电流控制框图如图7.7所示。电流调节器的输入是期望电流 $i^*_{a(avg)}$ 与直流母线电流 $i_{d(avg)}$ 采样值之间的差值，进而通过控制信号 $v^*_{p(avg)}$ 对电源输出电压予以控制。PWM 发生器依据逻辑 1 或者 0 向可编程逻辑器件（PLD）输出 PWM 信号。$v_{p(avg)}^*$ 的符号（正或者负）也作为 PLD 的输入（1 或者 0）。三个转子位置信号 s_A、s_B 和 s_C 亦为 PLD 的输入。这三个信号来自安装在电机中的三个霍尔效应传感器。这些信号提供了转子位置信息，可以决定哪两相应该导通。PLD 的输出直接控制 6 个功率半导体开关的导通和关断。

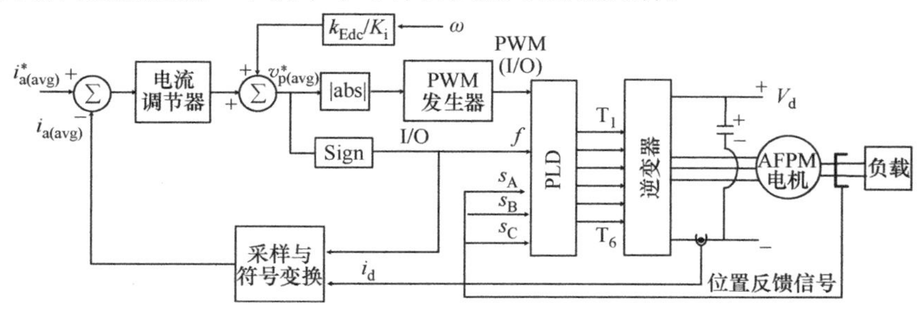

图 7.7　方波 AFPM 电机单传感器电流控制框图

在图 7.7 的框图中，有两个方面尚未提及。第一是速度电压信号被添加到电流调节器的输出中，这是为了消除电流调节器与速度变化的耦合关系。增益 K_i 为固态逆变器的电压增益。第二是在特定时刻对直流母线电流进行采样，以获得如图 7.6 所示的平均值 $i_{d(avg)}$。

为确定电流调节器的参数，必须获得电流控制系统的传递函数。根据图 7.3 b 和式（7.1），用平均分量表示的电机动态电压方程为

$$v_{p(avg)} = R_p i_{a(avg)} + L_p \frac{d}{dt} i_{a(avg)} + E_{fL-L} \tag{7.5}$$

式中，$v_p = v_{p(avg)} + v_r$，$i_a = i_{a(avg)} + i_r$，其中 v_r 和 i_r 分别为纹波电压和纹波电流（见图 7.6）。对式（7.5）进行拉普拉斯变换，得到

$$v_{p(avg)}(s) = (R_p + L_p s) i_{a(avg)}(s) + E_{fL-L}(s) \tag{7.6}$$

通过在图 7.7 所示的电流控制系统中使用解耦的速度电压信号，式（7.6）中的速度电压项 $E_{fL-L}(s)$ 对电流调节器的响应没有影响。因此，当前控制系统可以用图 7.8 所示的框图来表示。图中，电流调节器可以是一个增益或一个 PI 调节器。如前文所述，增益 K_i 代表固态变换器（逆变器）的电压增益。可以依据图 7.8 得出电流控制系统的传递函数，并依照经典控制系统方法设计电流调节器的参数。

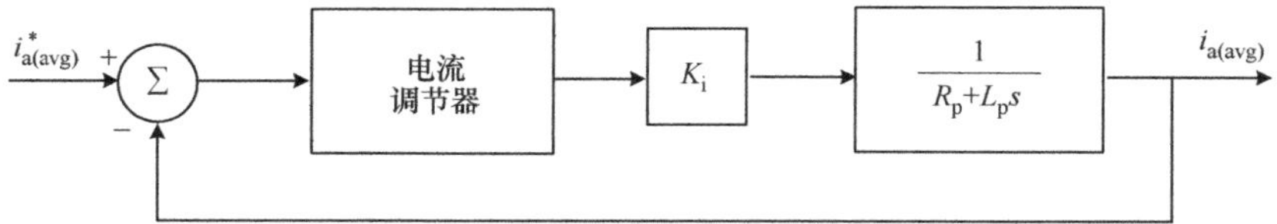

图 7.8　解耦后的电流控制系统框图

7.1.4 速度控制

在电流控制系统完成后，可以在电流控制环外施加速度控制环。该系统的电磁转矩与机械转矩平衡方程如下：

$$T_{d(avg)}(s)=k_{Tdc}i_{a(avg)}(s) \tag{7.7}$$

$$T_{d(avg)}(s)-T_L(s)=(B+Js)\omega(s) \tag{7.8}$$

式中，$T_L(s)$是负载转矩；B是系统的等效总阻尼；J是系统的等效总转动惯量；ω是转子速度（rad/s）。就两极电机而言，机械角速度与定子电流的角频率相等。需要留意的是，式（7.7）和式（7.8）所指的是电流、转矩以及速度的瞬时平均分量，而不是由逆变器开关所引起的高频纹波分量。根据式（7.7）和式（7.8）还有图7.8，系统的速度控制框图如图7.9所示。由此，能够得到速度系统的传递函数，并设计速度调节器的参数以获取特定的速度响应。通过安装于电机中的三个霍尔位置传感器的信号，可以用软件计算出电机速度。

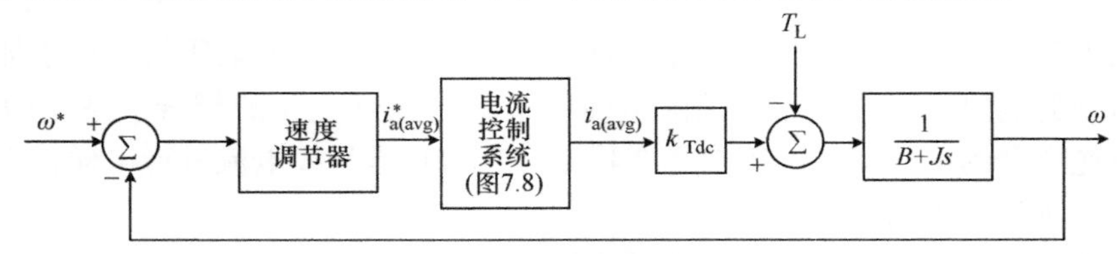

图7.9　速度控制系统框图

7.1.5 高速运行

式（2.125）、式（7.2）和式（7.3）表明，随着电机速度的增加，反电动势E_{fL-L}、电压$v_{p(avg)}$以及占空比D都会增大，直至D为1。此时的速度也是变换器（逆变器）输出电压达到最大所对应的速度，通常被称为驱动器的基速。对于高磁能积表贴式永磁体而言，在电机的高速区域中，为保持E_{fL-L}不变而进行弱磁是不可行的。因此，在高于基速的速度下，$E_{fL-L}>V_d$，将失去对电机电流和转矩的控制。实际上，速度略高于基速时，电流和转矩就会迅速降为零。这意味着表贴式方波AFPM电机的速度范围非常有限。将速度提升超过基速的技术包括：①从120°导通型转变为180°导通型[19, 97, 233]；②让电流相位超前反电动势相位[136]㊀。需注意，在低于基速运行期间，电流应该与反电动势同相位，如图7.2c所示。这些技术也存在以下缺点：①电机转矩脉动增大；②如果出于某种原因，变换器的开关器件在高速时被关断，则开关器件有暴露在直流母线高压下的风险（在这种情况下，电机高反电动势由逆变器的6个二极管整流为高直流母线电压）；③随着速度的增加，为实现电流相位平稳超前，需要更高分辨率

㊀ 这种技术也称为超前导通。——译者注

的位置传感器。

还有一种能够获取高速运行的技术，其可规避上述技术的缺陷并达到真正的磁场削弱，就是随着速度的增加，通过机械方法增大 AFPM 电机的气隙；目前商用 RFPM 电机中还没有使用这项技术的。不过，该技术在经济层面的可行性仍有待考量。

7.2 正弦波 AFPM 电机控制

正弦波 AFPM 电机被设计为具备正弦或者近似正弦的反电动势波形。因此，在使用固态变换器为电机供电的变速驱动应用中（见图 7.1），变换器的输出电压应当是正弦波或者经正弦 PWM 调制的。这样，电机电流也是正弦的，否则驱动器的电流调节器将迫使相电流波形成为正弦波。

本节主要介绍正弦波 AFPM 电机的驱动控制。首先，介绍正弦波 AFPM 电机的建模和等效电路。其次，分析控制系统的电流和速度调节器。最后，讨论正弦波 AFPM 电机驱动的硬件。

7.2.1 数学模型和 *dq* 等效电路

任何类型三相交流电机的相电压方程可写为

$$v_{1\mathrm{ABC}} = R_1 i_{\mathrm{aABC}} + \frac{\mathrm{d}\Psi_{\mathrm{ABC}}}{\mathrm{d}t} \tag{7.9}$$

式中，Ψ_{ABC}为 A、B、C 相的定子磁链［式（5.20）］。式（7.9）是在 *ABC* 静止坐标系中表示的。这个坐标系中，电路变量（电压、电流以及磁链）均用固定在静止定子上的坐标表示。对于 AFPM 电机这类同步电机，将静止坐标系下的定子变量转换到固定于转子的坐标系上表示是非常方便的。这种转换过程将电机静止的 *ABC* 绕组用虚拟的、随转子一同旋转的 *dq*0 绕组来替代。

为了解释这一点，以一台两极 AFPM 电机为对象，其横截面如图 7.10a（侧视图）和图 7.10b（正视图）所示。图 7.10a 中永磁体是嵌在转子钢轭之中，然而对于正弦波 AFPM 电机，永磁体也可以像方波 AFPM 电机那样贴在轭的表面。当永磁体嵌入转子时，AFPM 电机不再是一台纯粹的永磁电机，而是一台结合了永磁体和磁阻效应的复合电机。这是因为电磁转矩由两个部分组成：永磁同步转矩和磁阻转矩。

图 7.10 说明了电机的 *ABC* 与 *dq* 绕组布局状况。旋转的 d 轴和 q 轴绕组相互垂直，其磁轴分别与转子 d 轴和 q 轴重合。也就是，选择永磁体的中心线作为 d 轴，永磁体之间的中心线作为 q 轴。如图 7.10 所示，转子位置定义为旋转的 d 轴和 A 相绕组轴线之间的夹角 θ。需要留意的是，在图 7.10b 中，磁通（Φ）的

方向是指向（或背离）纸面（z 方向），而电流处于 xy 平面内。

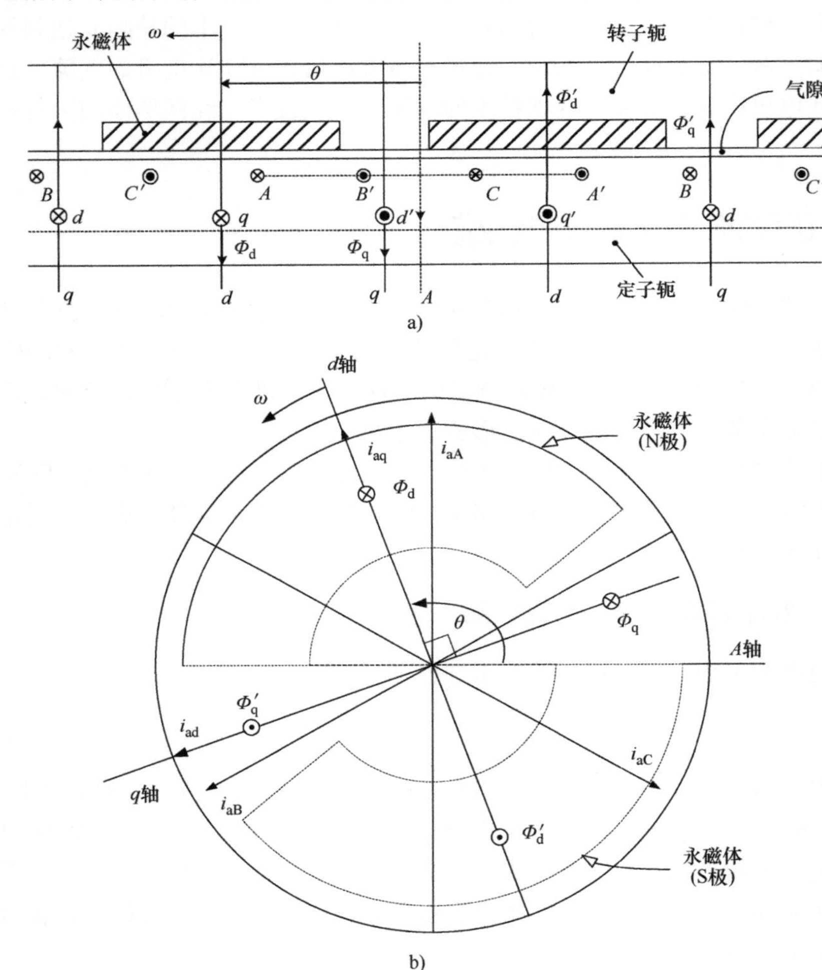

图 7.10　两极 AFPM 电机上的静止 ABC 绕组和旋转 dq 绕组

a）侧视图　b）正视图（永磁体以虚线显示）

要将电路变量从静止的 ABC 坐标系转换到 $dq0$ 坐标系，或者反之，需要用到 Park 变换

$$[f_{\mathrm{dq0}}]=[K_{\mathrm{p}}][f_{\mathrm{ABC}}] \tag{7.10}$$

和反 Park 变换[94]

$$[f_{\mathrm{ABC}}]=[K_{\mathrm{p}}]^{-1}[f_{\mathrm{dq0}}] \tag{7.11}$$

式中，$[K_{\mathrm{p}}]$ 的定义如式（5.26）所示，而 $[K_{\mathrm{p}}]^{-1}$ 为 $[K_{\mathrm{p}}]$ 的逆矩阵。在

式（7.10）和式（7.11）中，f_{dq0} 与 f_{ABC} 可以表示电压、电流或者磁链。在式（5.26）里，角度 θ 是图7.10中定义的电角度。转子角速度 ω 不变时，$\theta=\omega t$。对于三相对称的AFPM电机，仅需考虑 d 轴和 q 轴电路，因为零序电路对于电机的性能没有影响。把式（7.10）应用至电压方程式（7.9），便得到三相对称AFPM电机的 dq 电压方程式（5.5）和式（5.6）（省略了零序分量）。在式（5.5）和式（5.6）里，ω 为转子的电角速度；Ψ_d 和 Ψ_q 分别为 d 轴和 q 轴的磁链。对AFPM电机的三种情况进行讨论：

1）第一种情况是电机绕组开路，转子由外力驱动，速度为 ω。此时 dq 定子电流为零，仅有永磁磁场存在。由图7.10能够清楚地看出，永磁磁通仅会与 d 轴绕组耦合，而不会与 q 轴绕组耦合。在此种情况下，$\Psi_q=0$ 且 $\Psi_d=\Psi_f$，依据式（5.5）和式（5.6），$v_{1d}=0$ 且 $v_{1q}=\omega\Psi_f$。

2）第二种情况是没有永磁体并且 d 轴绕组中无电流，直流（稳态）电流只在 q 轴定子绕组中流动。dq 定子绕组和转子以 ω 速度转动。显然，由于不存在永磁体且无 d 轴电流，$\Psi_d=0$。当 q 轴电流为正电流，即 $i_{aq}=\sqrt{2}I_{aq}$ 时，那么 $\Psi_q=\sqrt{2}L_{sq}I_{aq}$，其中 L_{sq} 为 q 轴绕组的同步电感。需要注意的是，因磁饱和现象，L_{sq} 会随饱和程度产生变化，Ψ_q 与 i_{aq} 呈非线性关系；在这种情况下，依据式（5.9）和式（5.10），$v_{1q}=R_1 i_{aq}$ 且 $v_{1d}=-\omega L_{sq}i_{aq}$。

3）第三种情况是仅有 d 轴绕组有电流，即存在正的直流 $i_{ad}=\sqrt{2}I_{ad}$。因为没有永磁体且 $i_{aq}=0$，所以 $\Psi_q=0$，并且 $\Psi_d=\sqrt{2}L_{sd}I_{ad}$，其中 L_{sd} 为 d 轴绕组的同步电感。同样地，L_{sd} 会随饱和而发生变化，Ψ_d 与 i_{ad} 呈非线性关系。在这种情况下，依据式（5.9）和式（5.10），$v_{1q}=\omega L_{sd}i_{ad}$ 且 $v_{1d}=R_1 i_{ad}$。

如果永磁体和 dq 定子绕组都处于工作状态，那么上述三种情况可以由式（5.7）和式（5.8）统一描述。从式（5.5）~式（5.10）可以得出，三相电机的电磁功率为

$$P_{elm}=\frac{3}{2}(i_{aq}\omega\Psi_d-i_{ad}\omega\Psi_q)=\frac{3}{2}\omega(\Psi_d i_{aq}-\Psi_q i_{ad}) \qquad (7.12)$$

系数3/2在5.13节已予以阐释。电机的电磁转矩用式（5.13）表示。式（5.13）中的第一项表示由永磁体励磁产生的转矩分量，而第二项表示磁阻转矩分量。针对表贴式AFPM电机，能够认为 $L_{sd}=L_{sq}$，因此转矩与 i_{aq} 成正比。对于图7.10a所示的内嵌式AFPM电机，显然 $L_{sd}<L_{sq}$，这表明式（5.13）中的 i_{ad} 必须为负才可产生正的磁阻转矩。图7.11a为 $i_{ad}=0$ 时电机的相量图，图7.11b则是电机在功率因数为1时的相量图。

d 轴和 q 轴绕组的电感用式（5.17）表示，永磁磁链 Ψ_f 进一步表示为

$$\Psi_f=L_{ad}i_f \qquad (7.13)$$

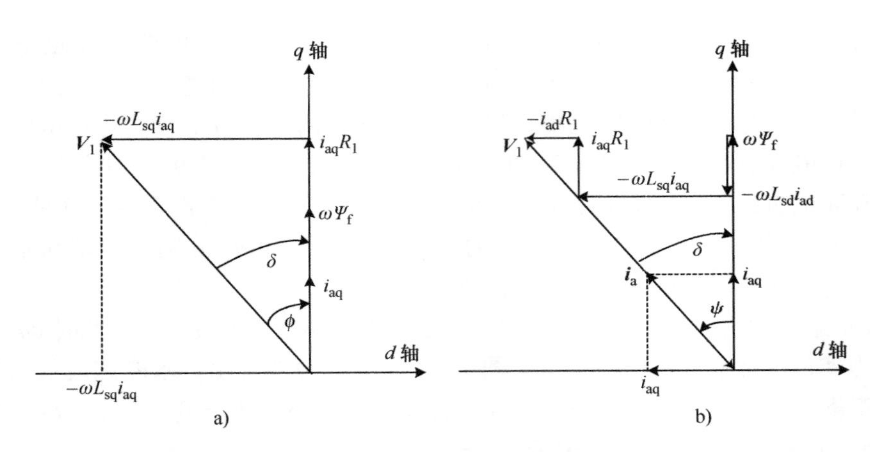

图7.11　过励 AFPM 电机电动运行时的相量图（电动运行时 δ 为负，发电运行时为正）

a）$i_{ad}=0$　b）功率因数等于1

式中，L_{ad}是 d 轴的电枢反应电感；i_f是永磁励磁的虚拟磁化电流。

d 轴绕组与虚拟永磁（磁极）绕组之间的磁链和互感需要进一步解释。对于 d 轴绕组，有以下方程（忽略与 q 轴绕组的交叉耦合效应以及定子开槽效应）：

$$\frac{\mathrm{d}\Psi_d}{\mathrm{d}t}=L_{sd}\frac{\mathrm{d}i_{ad}}{\mathrm{d}t}+L_{fd}\frac{\mathrm{d}I_f}{\mathrm{d}t}=(L_1+L_{ad})\frac{\mathrm{d}i_{ad}}{\mathrm{d}t}+L_{fd}\frac{\mathrm{d}I_f}{\mathrm{d}t} \tag{7.14}$$

式中，L_{ad}由式（2.116）给出；L_l是漏感；I_f是虚拟永磁（磁极）绕组电流；L_{fd}是 d 轴绕组和虚拟永磁（磁极）绕组之间的互感，由下式给出：

$$L_{fd}=\frac{k_{wf}N_f\Phi_{df}}{I_{ad}}=\frac{k_{w1}N_1\Phi_{fd}}{I_f} \tag{7.15}$$

式中，$k_{wf}N_f$和 $k_{w1}N_1$分别是虚拟永磁绕组和 d 轴绕组的串联有效匝数；Φ_{df}和 Φ_{fd}分别是 d 轴绕组和虚拟永磁绕组产生的，匝连到对方绕组的磁通。请注意，在这种情况下，Φ_{fd}等于式（2.26）的 Φ_f。根据式（7.15），虚拟永磁绕组产生的、匝连到 d 轴绕组的磁链 Ψ_f，可由下式给出：

$$\Psi_f=k_{w1}N_1\Phi_{fd}=L_{fd}I_f \tag{7.16}$$

然而，这种磁链也由式（7.13）计算，并在图7.12b 的 d 轴等效电路中表示。因此，根据式（7.13）和式（7.16）

$$i_f=\frac{L_{fd}}{L_{ad}}I_f \tag{7.17}$$

此外，d 轴电感 L_{ad}由式（2.116）给出，也可写为

$$L_{ad}=\frac{k_{w1}N_1\Phi_{ad}}{I_{ad}} \tag{7.18}$$

式中，Φ_{ad}是穿过气隙、与转子耦合的 d 轴磁通。d 轴绕组的总磁通 Φ_d为

$$\Phi_d = \Phi_1 + \Phi_{ad} \tag{7.19}$$

式中，Φ_1是漏磁通。现在，如果式（7.15）中的Φ_{df}（这是由d轴绕组产生的与虚拟永磁绕组匝连的磁通）等于$k\Phi_{ad}$，即$\Phi_{df} = k\Phi_{ad}$，其中$0 < k < 1$（也就是说，并非所有与转子耦合的d轴磁通都一定与虚拟永磁绕组匝连），那么根据式（7.15）和式（7.18）可以得出

$$L_{ad} = \left[\frac{k_{w1}N_1}{k_{wf}N_f k}\right]L_{fd} \tag{7.20}$$

更进一步，由式（7.17）可得

$$i_f = \left[\frac{k_{wf}N_f k}{k_{w1}N_1}\right]I_f \tag{7.21}$$

因此，如果d轴绕组和虚拟永磁绕组的有效匝数相同且$k=1$，那么$L_{ad} = L_{fd}$并且$i_f = I_f$。

使用式（5.7）、式（5.8）和式（7.13），并假设i_f不随时间变化，式（5.5）和式（5.6）可以写为

$$v_{1d} = R_1 i_{ad} + (L_1 + L_{ad})\frac{di_{ad}}{dt} - \omega(L_1 + L_{aq})i_{aq} \tag{7.22}$$

$$v_{1q} = R_1 i_{aq} + (L_1 + L_{aq})\frac{di_{aq}}{dt} + \omega(L_1 + L_{ad})i_{ad} + \omega L_{ad} i_f \tag{7.23}$$

根据式（7.22）和式（7.23），可以绘制出正弦波 AFPM 电机完整的dq等效电路，如图7.12所示。需要注意的是，根据式（7.22）和式（7.23）的建模是基于以下假设：

1）不计铁心损耗；

2）磁路是线性的，即没有磁路饱和；

3）d轴和q轴电路之间不存在交叉磁化或相互耦合；

4）忽略定子开槽（光滑的定子铁心）。

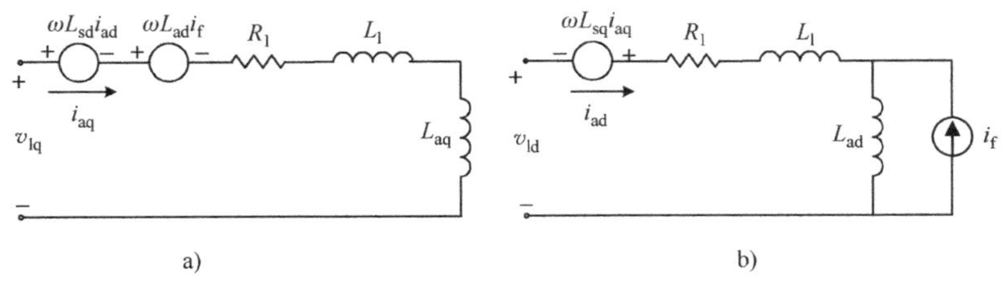

图7.12 正弦波 AFPM 无刷电机的d轴和q轴等效电路

7.2.2 电流控制

图7.12所示的正弦波 AFPM 电机的等效电路可用于设计电流调节器，以控制电机的d轴和q轴电流。应用速度-电压解耦原理，如同方波 AFPM 电机中一

样（7.1.3节），正弦波AFPM电机的dq电流控制系统可以用图7.13的框图表示。其中，d轴和q轴电流调节器的输入是电机dq轴电流期望值与实际值之差，调节器的输出与速度电压项相加（或相减），以确定电机dq轴的电压。在电机模型内，反电动势项再次被减去（或加上），因此调节器仅作用于等效电路的RL部分。解耦电流控制器的控制框图因此可简化为图7.14所示。已知电机的等效电路参数，可以确定d轴和q轴电流控制器的传递函数，并相应地设计d轴和q轴电流调节器，以获得所需的dq电流响应。

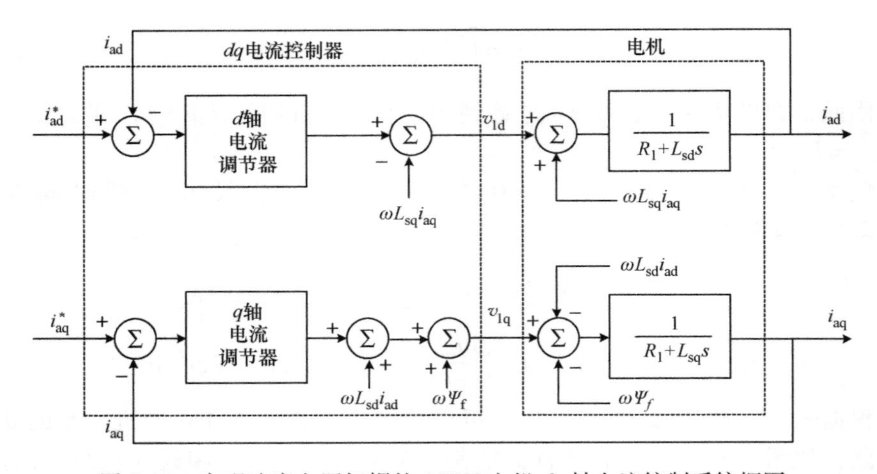

图7.13　实现速度电压解耦的AFPM电机dq轴电流控制系统框图

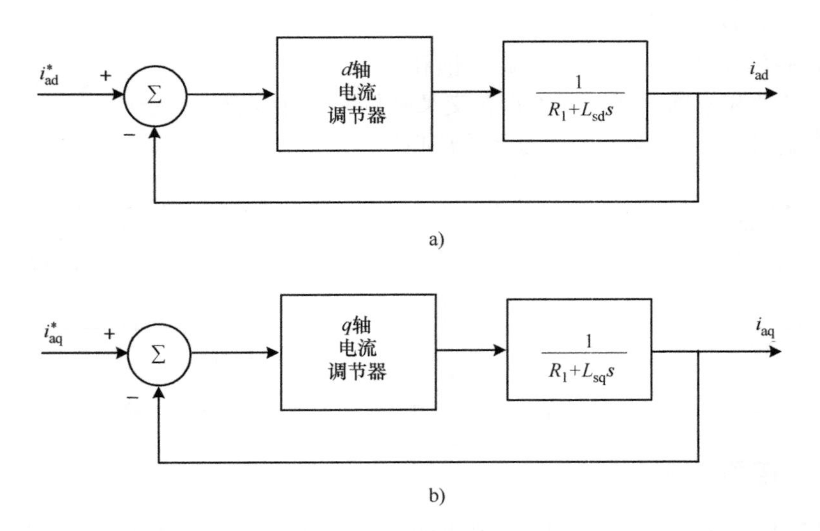

图7.14　解耦的d轴和q轴电流控制系统

7.2.3 速度控制

从效率的角度来说，驱动器采用每安培电流能获得最大转矩控制的策略是较为理想的。对于表贴式（隐极）AFPM 电机，可认为 $L_{sd} = L_{sq}$，从式（5.13）能够推出，采用 $i_{ad}=0$ 的控制策略就能够达到最大转矩控制。然而，对于嵌入式（凸极）AFPM 电机，$L_{sd} \neq L_{sq}$，让 i_{ad}为负值，也就是控制电流相量在如图 7.15 所示的某个电流角 ψ 的位置上，便可实现最大转矩控制（同时参见图 7.11b）。从图 7.15 能够注意到，通过控制 i_{ad}和 i_{aq}均为负值可获得负转矩，或者对于隐极电机，仅需 i_{aq}为负。在电机转速低于基速时（$\omega < \omega_b$），驱动器有足够的电压空间，可使电流调节器不发生饱和，电机以最大转矩控制方式运行。对于隐极 AFPM电机，电流角 $\psi = 0$，而对于凸极电机，$\psi = \psi_0$（见图 7.15），这是所有负载条件下的（平均）最优角度。

然而，在高速区域（$\omega > \omega_b$），式（7.23）中的反电动势电压 $\omega L_{ad} i_f = \omega \Psi_f$（也见图 7.11b）可能会大于逆变器的输出电压。因此，电流调节器开始饱和，电流控制失效，并且随着速度的增加，电机的转矩迅速下降。为了避免转矩下降，确保电机有更宽的转速工作范围，随着速度的增加，不能再采用最大转矩控制，需开始注入更大的 d 轴负电流以降低 q 轴电压（见图 7.11b）。这意味着电流角 ψ 必须像图 7.15 所示那样增加，使得始终

$$2\omega \sqrt{(L_{sd} i_{ad} + L_{ad} i_f + i_{aq} R_1)^2 + (L_{sq} i_{aq} + i_{ad} R_1)^2} < V_d$$

式中，V_d是逆变器的直流母线电压，并且根据负载，保证电流幅值 $I_{am} = \sqrt{i_{ad}^2 + i_{aq}^2}$等于或者小于额定电流幅值。在最大电流角 ψ_m处，如果电流角保持不变但减小相电流的幅值，如图 7.15 所示，速度范围可以进一步大幅扩展。从图 7.11b 注意到，随着电流角 ψ 增加，电机的视在功率降低，功率因数提高。

上述电流控制策略可用于凸极和隐极 AFPM 电机。然而，必须指出的是，通过上述控制方法获得的速度范围在很大程度上取决于电机定子相电感的值（见数值算例 7.2）。如果相电感相对较小（也就是定子相电抗标幺值较小），例如无槽和无铁心 AFPM 电机，电机的高速范围就非常有限了。

由此可见，电机电流的控制可以通过将电流角保持在最佳值不变的同时控制电流大小，以及在高速运转时增大电流角来实现。为了简化这种控制方法，将电流角度 ψ 定义为 0 ~ 90°之间的正角度。电流角看作是速度绝对值 $|\omega|$的函数。此外，定义一个电流 i_T，用它控制电机的转矩，并与电机的电流幅值成正比。因此有

$$i_{ad} = -|i_T| \sin\psi$$
$$i_{aq} = i_T \cos\psi, \ \psi \geqslant 0 \tag{7.24}$$

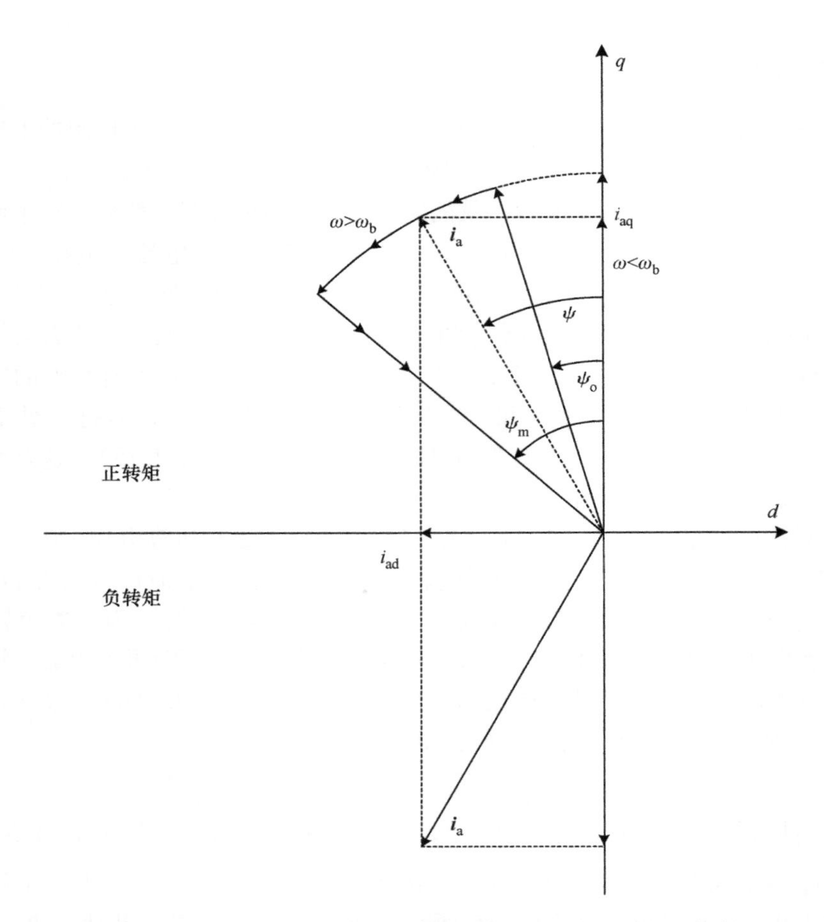

图7.15 AFPM驱动器在电机低速和高速区域的电流相量控制

将式（7.24）代入式（5.13），并注意 $L_{sd} \leqslant L_{sq}$，电磁转矩为

$$T_d = \frac{3}{2}p\Psi_f i_T \cos(\psi) + \frac{3}{4}p(L_{sq} - L_{sd}) i_T |i_T| \sin(2\psi) \tag{7.25}$$

从式（7.25）的第一项可以看出，对于给定电流角 ψ，永磁转矩分量与电流 i_T 之间存在线性关系。式（7.25）的第二项是转矩的磁阻分量。研究发现，对于磁阻电机[143]，由于饱和和交叉磁化效应，电感差 $\Delta L = (L_{sq} - L_{sd})$ 在特定电流角下并不是常数，而是随负载电流 i_T 成反比例变化。交叉磁化或交叉耦合指的是电机虚拟的 d 轴和 q 轴绕组之间的磁耦合现象。实际中，通常可以假设在给定电流角 ψ 下，转矩的磁阻分量与电流 i_T 之间为线性关系[145]。因此，式（7.25）可以简化为

$$T_d \approx k_{Tf} i_T + k_{Trel} i_T \approx k_T i_T,\ \psi \text{ 为常数} \tag{7.26}$$

式中，k_{Tf}和k_{Trel}分别是永磁转矩和磁阻转矩常数；$k_{\mathrm{T}}=k_{\mathrm{Tf}}+k_{\mathrm{Trel}}$。从式（7.26）中可以看出，要产生负转矩，$i_{\mathrm{T}}$必须为负；$\psi$ 在控制中被视为 0～90°之间的正值。在 $\psi=0$ 的情况下，$k_{\mathrm{Trel}}=0$，$k_{\mathrm{T}}=k_{\mathrm{Tf}}=3p\Psi_{\mathrm{f}}/2$，$i_{\mathrm{T}}=i_{\mathrm{aq}}$。

采用合适的电流控制策略以及由式（7.26）给出的转矩与电流的关系，可在AFPM电机驱动系统中基于电流控制器实现速度控制器，如图7.16所示。该框图描述了AFPM电机驱动系统的电流和速度控制的基本原理。速度调节器作用于系统期望速度与实际测量速度之间的误差，输出为式（7.26）中的电流 i_{T}。电机的最大电流由图7.16中的限流器限制。电流角 ψ 是一个正值，是电机速度绝对值$|\omega|$的函数，如图7.16所示。在低速区域，ψ 角保持恒定。在基速以上的区域（$\omega>\omega_{\mathrm{b}}$），$\psi$ 角随速度的增加而增加。在非常高的速度区域，ψ 角再次保持恒定。在电流和电流角 ψ 已知的情况下，所需的 dq 电流 i_{ad}^{*}和 i_{aq}^{*}由式（7.24）确定。以测量得到的速度和计算得到的 dq 电流作为控制输入，电流控制器根据图7.13所述原理输出必要的 dq 电压。使用式（7.11）给出的逆变换将这些电压转换为 ABC 电压，然后通过PWM发生器控制逆变器，从而控制电机的端电压。

为了设计图7.16所示系统的速度调节器，可以进行一些近似，以简化速度控制驱动器的模型。首先，驱动系统的机械时间常数通常比驱动器的电气时间常数长得多，因此后者可以忽略不计。其次，假设电流控制器性能良好，能够使实际电流快速跟随期望值，即 $i_{\mathrm{ad}}=i_{\mathrm{ad}}^{*}$，$i_{\mathrm{aq}}=i_{\mathrm{aq}}^{*}$，$i_{\mathrm{T}}=i_{\mathrm{T}}^{*}$。进一步应用式（7.26），速度控制系统可以简化为图7.17所示。从简化的控制系统中，可以确定系统的近似传递函数，并可以设计速度调节器以获得所需的速度响应。

必须指出的是，图7.16的速度控制方法只是永磁无刷电机速度控制的一种基本方法；该方法的缺点是，在低负载、高转速的情况下驱动器的效率不一定是最佳的。几种用于永磁电机宽转速范围控制的技术和算法已被提出[24,57,137,164,179,196,280]，并可应用于正弦波AFPM无刷电机的速度控制。其中需重点注意的是防止 dq 电流调节器在电机高速区域的饱和。

7.2.4 正弦波AFPM电机控制器硬件

对于正弦波AFPM无刷电机，可以使用与方波AFPM无刷电机相同的固态变换器（见图7.4）。更详细的正弦波AFPM无刷电机驱动系统的硬件如图7.18所示。固定的交流电源电压通过二极管整流器或电压源控制（有源）PWM整流器进行整流，以获得固定的直流电压。然后，直流电压通过电压源型PWM逆变器逆变为频率和幅度可变的三相交流电压。方波驱动器和正弦波驱动器之间的区别在于逆变桥的PWM开关控制方式。正如前几节所述，在方波AFPM电机驱动中，施加准方形PWM电压；而在正弦波AFPM电机驱动中，施加正弦PWM电压，得到正弦的定子相电流。

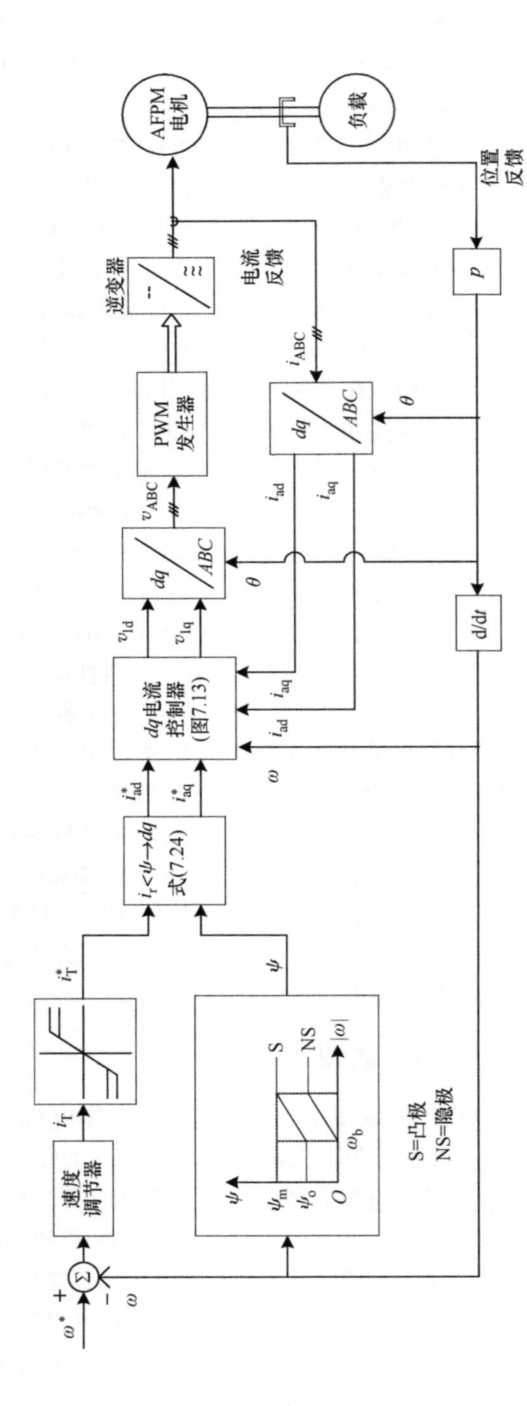

图 7.16　变换器供电的正弦波 AFPM 电机的基本电流和速度控制系统

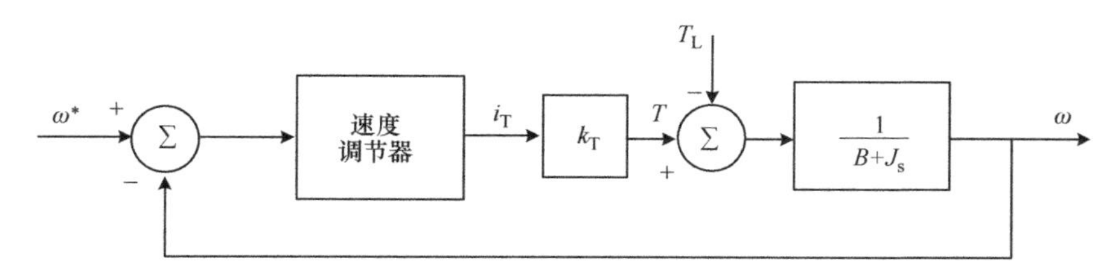

图7.17 简化速度控制系统框图

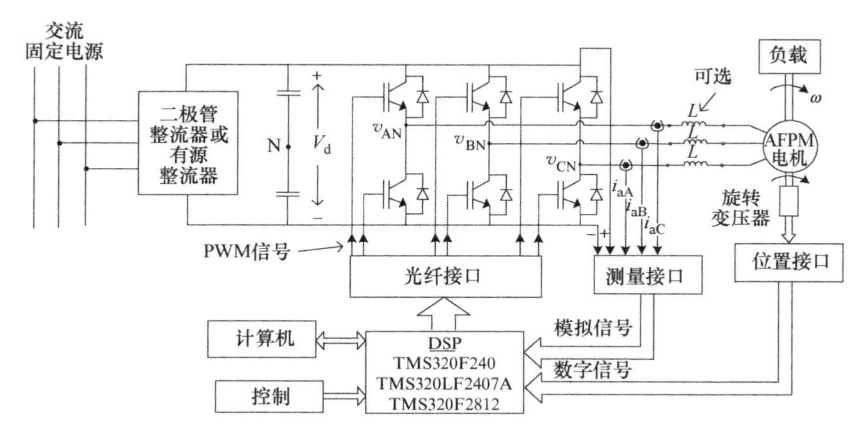

图7.18 正弦波AFPM无刷电机驱动系统硬件

图7.18中逆变器支路的电压基频分量峰值相对于中性点N为$0.5V_d$。由于三个逆变器支路的电压基频分量相位互差120°，因此采用SPWM策略[⊖]，逆变器线电压基频有效值的最大值为

$$V_{1L-Lmax}=\frac{\sqrt{3}}{\sqrt{2}}\times\frac{V_d}{2}=0.612V_d \tag{7.27}$$

这一结果表明了逆变器输出电压最大有效值的限制。这会影响驱动系统在额定转矩下能达到的最大转速（见数值算例7.2）。

AFPM电机驱动器是按正弦方式调制三相电流。然而，由于PWM开关切换，相电流中会存在纹波。可以证明，相电流中纹波的峰-峰值Δi_{p-p}正比于

$$\Delta i_{p-p}\propto\frac{V_d}{L_{ph}f_s} \tag{7.28}$$

式中，f_s是逆变器的开关频率；L_{ph}是逆变器每相负载的总电感。纹波电流与L_{ph}和f_s成反比。请注意，如图7.18所示，通过在AFPM电机的定子（电枢）上串联一个外部电感，可以增加L_{ph}。应仔细考虑L_{ph}和f_s的取值。由于AFPM电机的

⊖ 如果采用目前使用更多的SVPWM策略，情况会有所不同。——译者注

气隙相对较大，特别是无铁心和无槽的 AFPM 电机，这些电机内部的相电感相对较小。因此，为了将这些电机中的纹波电流限制在一定范围内，开关频率f_s就需要很高。对于功率 MOSFET，开关频率可以很高（比如$f_s \leq 50$kHz），但对于中大功率 IGBT，开关频率非常有限，通常$f_s \leq 10$kHz。这种情况下，必须增加相电感。在大多数 AFPM 电机驱动中，会忽略可能出现的大纹波电流。大纹波电流对逆变器的额定电流以及 AFPM 电机的效率、定子绕组温度、转矩质量和噪声都有严重影响。

对于正弦波 AFPM 电机驱动器的转子位置反馈，需要采用高分辨率的位置传感器。旋转变压器最常使用，它们坚固可靠，可以在恶劣的环境中使用。旋转变压器与数字控制器接口需要必要的集成和模拟电路，如图 7.18 所示。数字接口可以实现高达 16 位分辨率的输出，通常 12 位分辨率作为位置反馈，精度就足够了。

电压、电流和转子位置的这些测量信息都被送入到数字控制器，如图 7.18 所示。控制器通过光纤链路向逆变桥输出 PWM 信号。如今，数字信号处理器（DSP）经常被用作驱动控制器[254]。德州仪器公司的专用定点 DSP，例如 TMS320F240（20MHz）、TMS320LF2407A（40MHz）、TMS320F2812（150MHz），这些 DSP 具有 12 个或 16 个 PWM 通道、16 个 A/D 通道（10 位或 12 位分辨率），工作频率在 20 ~ 150 MHz 之间。驱动控制器的另一最新进展是国际整流器公司推出了运动控制芯片组 IRACO210[109]。该芯片组使用高速可配置的现场可编程门阵列（FPGA），与栅极驱动器和电流传感接口芯片紧密耦合。通过这种方式，灵活的驱动控制算法在 FPGA 硬件中实现，而不是在软件中实现。

7.3　无位置传感器控制

很明显，AFPM 无刷电机的转子位置信息对于正确的电流和速度控制是非常重要的。对于方波 AFPM 电机可以使用低分辨率位置传感器，但对于正弦波AFPM电机，需要高分辨率位置传感器。位置传感器通过机械方式安装在电机上，输出电信号连接到控制器，这些都降低了机电驱动系统的可靠性并增加了其成本。此外，在某些应用中，电机内空间不足会导致难以安装位置传感器。无位置传感器控制技术可以在不需要机械式传感器的情况下获得转子位置的准确信息。

在过去的 20 年里，已经提出了各种方法和技术来实现永磁无刷电机的无位置传感器控制。这些方法大多基于对电机电压和/或电流的测量，不需要机械式传感器。通过电信号传感器（不安装在电机中，放置在固态变换器中），间接确定转子位置。其中要利用测量得到的电量、电机模型、状态观测器、滤波器和转子位置估计算法等。

无传感器控制方法可分为两种：①基于反电动势估计的方法[23,90,271]；②利用电机磁路凸极效应的方法[138,167,168,234]。由于反电动势大小与转速成正比，第一种方法不适用于电机的低速运行和起动。在静止状态下，反电动势为零，电压方程中没有位置信息。第二种方法利用电机磁路凸极效应，更适合在低速和静止时检测转子位置。使用这种方法时，需要向电机注入测试电压脉冲，或者注入叠加在基波电压（或电流）上的额外高频信号。旋转高频电压矢量注入是常用方式。所有这些方法都能成功应用于 AFPM 电机驱动的无位置传感器控制[205]。然而，高频注入无传感器控制方法能否应用于无铁心 AFPM 电机仍存在疑问，因为这类电机实际上没有磁凸极。

图 7.19 解释了高频电压注入无位置传感器位置控制技术的基本原理。通过将高频电压信号与驱动器的 dq 电压信号 v_{1d} 和 v_{1q} 相加，把它们注入电机。使用带通滤波器（BPF）对 dq 电流滤波，获得高频电流分量 i_{adh} 和 i_{aqh}，这样来监测驱动系统对高频电压信号的电流响应。受电机磁路凸极效应的影响，高频电流分量中包含了转子位置信息。这些电流与高频注入信号一起被观测器或位置估计器用来估计转子位置 θ_m。此外，还使用低通滤波器（LPF）从 dq 电流中提取基波电流分量 i_{ad} 和 i_{aq} 用于电流控制（见图 7.13）。注入电压信号的频率必须远高于基频，但也要远低于逆变器的开关频率，通常在 500Hz ~ 2kHz 之间。

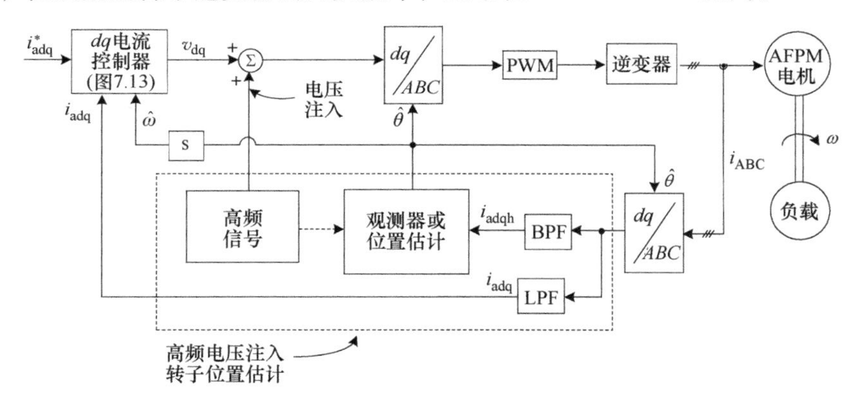

图 7.19　高频电压注入无传感器位置控制

数值算例

数值算例 7.1

一台小型 35W、4300r/min、12 极、星形联结的无铁心方波 AFPM 无刷电机，用在微型卫星反作用轮中（见图 7.20）。卫星上使用反作用轮或动量轮来保持卫星稳定并对其进行定向控制，例如，光伏板要始终指向太阳，以获得最大的发电量。电机定子的相电感 $L_p = 3.2\mu H$，相电阻 $R_1 = 22m\Omega$。电机由 $V_d = 14V$ 的三相 MOSFET 逆变器控制，并采用 7.1.3 节所述的方波电流控制策略。假设

MOSFET 在导通过程中的电压降为 1V，计算：

1）逆变器的开关频率 f_s；

2）如果 $f_s = 40\mathrm{kHz}$，纹波电流峰-峰值要小于 $\Delta i_{\mathrm{rmax}} = 0.5\mathrm{A}$，需要多大的外接电感。

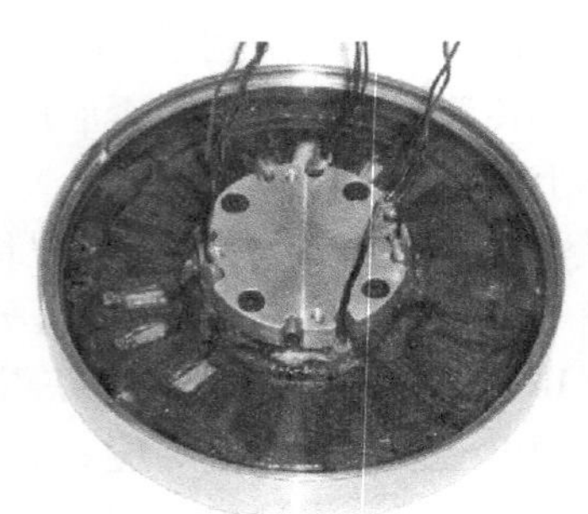

图 7.20　小型无铁心 AFPM 无刷电机（由南非 Stellenbosch 大学提供）

解：

首先推导电机相电流纹波最大峰-峰值的近似方程。对于图 7.5 所示的电路，在 T_u 和 T_y 导通期间，假设晶体管开关为理想器件，并且电路处于稳态，则电压方程式（7.1）可以写为

$$V_{\mathrm{d}} = R_{\mathrm{p}} I_{\mathrm{a}} + R_{\mathrm{p}} i_{\mathrm{r}} + L_{\mathrm{p}} \frac{\mathrm{d}i_{\mathrm{r}}}{\mathrm{d}t} + E_{\mathrm{fL-L}} \tag{7.29}$$

式中，相电流 $i_a = I_a + i_r$，I_a 是稳态平均电流，i_r 是纹波电流。将式（7.3）代入，忽略电压降 $R_p i_r$，式（7.29）可推导为

$$V_{\mathrm{d}} - DV_{\mathrm{d}} \approx L_{\mathrm{p}} \frac{\mathrm{d}i_{\mathrm{r}}}{\mathrm{d}t} \tag{7.30}$$

根据式（7.4）和式（7.30），纹波电流峰-峰值 Δi_r 为

$$\Delta i_{\mathrm{r}} \approx \frac{V_{\mathrm{d}}(1-D)t_{\mathrm{on}}}{L_{\mathrm{p}}} = \frac{V_{\mathrm{d}}(1-D)D}{L_{\mathrm{p}} f_{\mathrm{s}}} \tag{7.31}$$

纹波电流的最大值应该出现在占空比 $D = 0.5$ 的时候，因此

$$\Delta i_{\mathrm{rmax}} \approx \frac{V_{\mathrm{d}}}{4L_{\mathrm{p}} f_{\mathrm{s}}} \tag{7.32}$$

1）开关频率。使用式（7.32）并考虑晶体管开关两端的电压降，最大纹波电流为 0.5A 时的开关频率为

$$f_{\mathrm{s}} \approx \frac{V_{\mathrm{d}} - 2}{4L_{\mathrm{p}} \Delta i_{\mathrm{rmax}}} = \frac{14 - 2}{4 \times (2 \times 3.2 \times 10^{-6}) \times 0.5} = 937.5\mathrm{kHz}$$

2）外部电感。按照式（7.32）计算 $f_s=40\text{kHz}$ 时，保持纹波电流小于0.5A所需的外接电感

$$L_{\text{ph(add)}}\approx\frac{V_d-2}{4f_s\Delta i_{\text{rmax}}}-L_s=\frac{14-2}{4\times40000\times0.5}-3.2\times10^{-6}=71.8\mu\text{H} \tag{7.33}$$

这些结果表明，当由固态逆变器供电时，如何才能解决无铁心AFPM电机相电感过小的问题。要不逆变器的开关频率必须很高，要不在电机相绕组外串接相对较大的外部电感，才能将纹波电流保持在限制范围内。通常会采用串接外部电感的方法，因为高开关频率会导致逆变器中的功率损耗很高。

数值算例7.2

一台75kW、105A、星形联结、100Hz、1500r/min、8极AFPM电机，带有单个永磁转子盘和两个带槽的定子盘。电机的等效电路参数和磁链为：$R_1=0.034\Omega$，$L_{sd}=L_{sq}=2.13\text{mH}$，$\Psi_f=0.538\text{Wb}$；三相IGBT电压源逆变器的直流母线电压 $V_d=755\text{V}$，采用 dq 电流控制。求：

1）电机在额定电流下，采用最大转矩电流比控制策略时，电机的最大速度和控制器的功率；

2）在额定电流和额定电压下，采用弱磁控制，如果功率与1）中一样，电机转速能达到1）中的多少倍。

解：

（1）最大速度和电磁功率

对于表贴式AFPM电机，最大转矩电流比控制是在 $i_{ad}=0\text{A}$ 时获得的，即在定子额定电流 $i_{aq}=\sqrt{2}\times105=148.5\text{A}$ 时。为了获得最大速度，逆变器的输出电压必须达到最大值，即根据式（7.27），相电压的有效值 $V_1=0.612\times755/\sqrt{3}=266.8\text{V}$。因此，相电压的峰值 $V_{1m}=\sqrt{2}\times266.8=377.3\text{V}$ 或简单的 $(1/2)V_d$，并注意 $V_{1m}=\sqrt{v_{1d}^2+v_{1q}^2}$。考虑稳态并忽略电阻压降，根据式（7.22）、式（7.23）和图7.11，可得

$$v_{1d}=V_{1m}\sin\delta\approx-\omega L_{sq}i_{aq} \tag{7.34}$$

$$v_{1q}=V_{1m}\cos\delta\approx\omega\Psi_f \tag{7.35}$$

或者

$$\tan\delta\approx\frac{-L_{sq}i_{aq}}{\Psi_f}=\frac{-2.13\times10^{-3}\times148.5}{0.538}\qquad\delta\approx-30.45^\circ$$

使用式（7.34），角频率为

$$\omega\approx\frac{V_{1m}\sin\delta}{-L_{sq}i_{aq}}=\frac{377.2\times\sin(-30.45)}{-2.13\times10^{-3}\times148.5}=604.5\text{rad/s}$$

机械转速 $n=30\omega/(p\pi)=1443\text{r/min}$。因此，采用最大转矩电流比控制时的最大速度略低于电机1500r/min的额定速度。使用式（7.34），稳态电磁功率

［式（7.12）］的近似方程如下：

$$P_{\text{elm}}=\Omega T_{\text{d}}=\frac{3}{2}\Psi_{\text{f}}\omega i_{\text{aq}}\approx\frac{3}{2}\left(\frac{\Psi_{\text{f}}V_{1\text{m}}}{-L_{\text{sq}}}\right)\sin\delta \tag{7.36}$$

因此

$$P_{\text{elm}}=\frac{3}{2}\times\frac{0.538\times377.3}{-2.13\times10^{-3}}\times\sin(-30.45)\approx72.45\text{kW}$$

这也刚好小于电机75kW的额定功率。

（2）转速倍数

如图7.11b所示，在保持相电流峰值I_{am}不变的前提下，通过增加电流角ψ，可以将AFPM无刷电机的转速提到基速以上。请注意，$I_{\text{am}}=\sqrt{i_{\text{ad}}^2+i_{\text{aq}}^2}$。

在额定条件下，$I_{\text{am}}=148.5\text{A}$和$V_{1\text{m}}=377.3\text{V}$，功率与（1）中相同，即72.45kW。因此，从式（7.36）中可以清楚地看出，δ应保持（1）中的值不变，即$\delta=-30.45°$。如果忽略电机损耗，那么电磁功率等于输入功率

$$P_{\text{elm}}\approx\frac{3}{2}V_{1\text{m}}I_{\text{am}}\cos\phi$$

式中

$$\cos\phi\approx\frac{72450}{(3/2)\times377.3\times148.5}=0.862\qquad\phi\approx30.45°(\text{超前})$$

计算q轴电流

$$i_{\text{aq}}=I_{\text{am}}\cos(|\delta|+\phi)\approx148.5\times\cos(30.45+30.45)=72.2\text{A}$$

$$\psi=|\delta|+\phi=30.45+30.45=60.9°$$

仍使用式（7.34），角频率

$$\omega\approx\frac{V_{1\text{m}}\sin\delta}{-L_{\text{sq}}i_{\text{aq}}}=\frac{377.3\times\sin(-30.45)}{-2.13\times10^{-3}\times72.2}=1243\text{rad/s}$$

机械转速$n=30\omega/(p\pi)=2967\text{r/min}$。以（1）中的机械转速1443r/min为基速，转速倍数为2972/1443=2.0pu。因此，通过将电流角ψ从零增加到接近61°，驱动器可以在2倍基速下产生相同的功率。必须注意的是，从上述方程可以清楚地看出，电机的扩速能力在很大程度上取决于q轴同步电感L_{sq}。如果L_{sq}相对较小，扩速能力将小得多。上述铁心开槽AFPM电机的相电抗标幺值$x_{\text{s}}=0.53\text{pu}$。对于无槽和无铁心AFPM电机，相电抗标幺值要小得多（通常为0.1pu），速度增加得很少。

数值算例7.3

针对数值算例7.2的驱动系统，仿真它的dq和ABC电流响应。假设

1）转速恒定在1000r/min；

2）采用最大转矩电流比控制策略；

3）逆变器的开关频率为1.5kHz；

4）dq 电流调节器仅由比例增益 $K_c=3\text{V/A}$ 组成。

解：

多种软件，如PSpice和Simplorer，可用于仿真使用变换器的电机控制系统。假设逆变器的开关是理想器件，在这个例子中使用Matlab-Simulink来仿真驱动器的电流响应。

仿真系统框图如图7.21所示。仿真是“连续”进行的，不像数字控制系统那样有采样等操作。电流控制是在 dq 坐标系中进行，使用图7.13的电流控制器。对于图7.13中的 d 轴和 q 轴调节器，使用如图7.21所示的增益 K_c。解耦如图7.13所示，以实际 dq 电流和速度为输入。为了仿真逆变器，使用式（7.11）将 dq 电压转换为 ABC 电压。为了产生PWM信号，使用减法器（求和）和比较器（继电器）将 ABC 电压与1.5kHz三角波（振幅 $V_d/2$）进行比较。继电器输出为 $\pm V_d/2$。产生的PWM电压 v_{ABCN} 是相对于逆变器直流母线中点N的（见图7.18），必须转换为相对于电机绕组中性点n的相电压 v_{ABCn}，如下所示：

$$v_{An}=\frac{1}{3}(2v_{AN}-v_{BN}-v_{CN})$$

$$v_{Bn}=\frac{1}{3}(2v_{BN}-v_{CN}-v_{AN})$$

$$v_{Cn}=\frac{1}{3}(2v_{CN}-v_{AN}-v_{BN}) \tag{7.37}$$

下一步是在 ABC 或 dq 坐标系中求解电机方程。使用 dq 坐标系，必须将真实的PWM相电压转换为 dq 电压，如图7.21所示。使用图7.13的电机模型，可以确定电流 i_{ad} 和 i_{aq}，并将其反馈与输入命令电流进行比较。为了获得实际相电流的信息，还要将 i_{ad} 和 i_{aq} 电流转换为 ABC 电流。

图7.21所示的整个框图可以在Matlab-Simulink中使用Simulink模块进行搭建。对于电机模型，可以使用积分器在Simulink中直接搭建式（7.22）和式（7.23）。为了仿真逆变器的开关切换，可以使用继电器模块。所有其他源代码和数学功能模块都可以在Simulink中找到。仿真结果可以以多种方式输出，本例中是输出到Matlab的工作空间。

所有电机参数都来自于数值算例7.2。机械转速恒定为419rad/s(1000r/min)。采用最大电流转矩比控制，dq 指令电流 $i_{ad}^*=0$ 和 $i_{aq}^*=148.5\text{A}$ 作为系统的阶跃输入(见图7.21)。驱动器在输入 i_{aq}^* 为阶跃信号时的 dq 和 ABC 电流响应如图7.22所示。逆变器的开关动作对电流波形的影响是显而易见的。本例中，q 轴电流在不到5ms的时间内达到额定电流，这取决于比例增益 K_c 的值。通过在仿真中去除解耦信号，可以自行研究解耦对电流响应的影响。

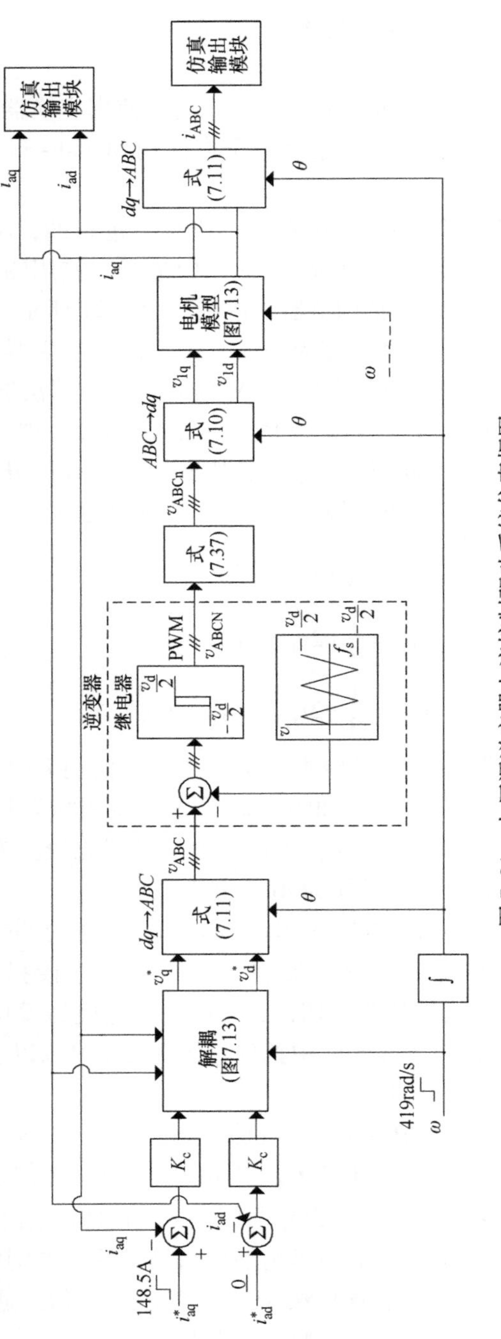

图7.21　电压源逆变器电流控制驱动系统仿真框图

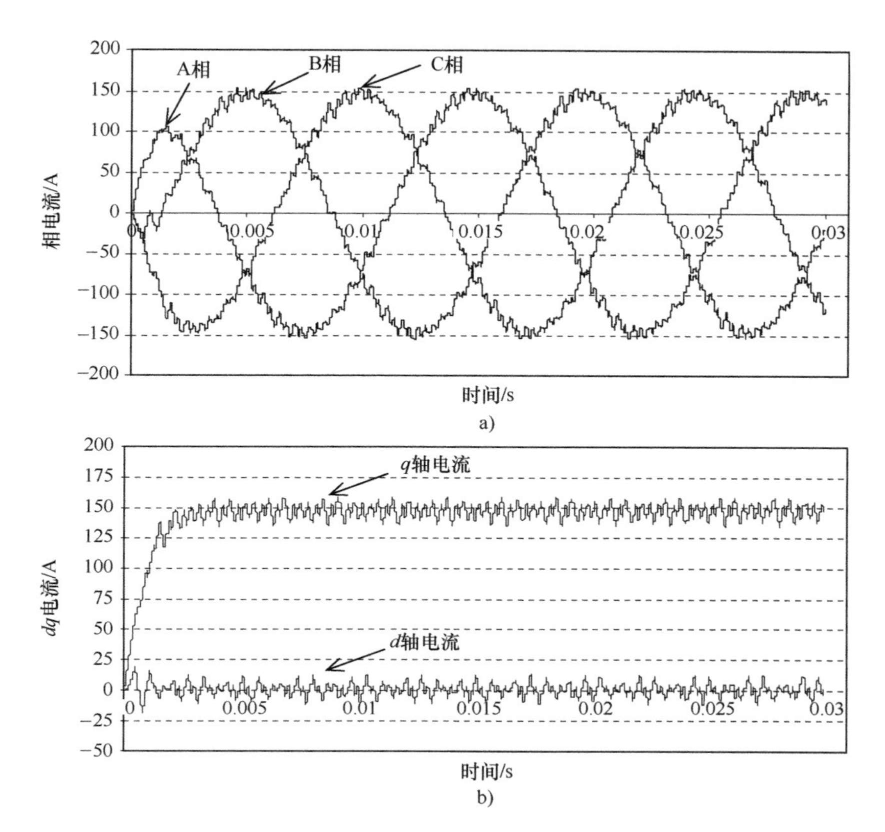

图 7.22　q 轴电流 i_{aq} 阶跃输入的仿真结果

a）相电流 i_{aA}、i_{aB}、i_{aC}　b）dq 电流 i_{ad} 和 i_{aq}

第 8 章

冷却和散热

8.1 热分析的重要性

在电机运行过程中，电路和磁路中的损耗，以及机械（旋转）损耗都会产生热量。为确保电机具有较长的使用寿命，必须尽可能将这些热量从电机上移除，以确保电机材料（如绝缘材料、润滑剂和永磁体）的温升在温度限制内。除了考虑电机的使用寿命外，较低的工作温度还可以减少因电阻增加带来的额外绕组损耗，如式（3.47）所示。

人们对传统电机的热研究开展了大量的工作，但对 AFPM 电机的关注却很少[128,245,260]。由于 AFPM 电机具有相对较大的气隙体积，有时还有多个气隙，因此人们普遍认为 AFPM 电机的通风能力比径向电机好[52,106]。

由于 AFPM 电机的外径随输出功率的增大而缓慢增加，即$D_{out} \propto \sqrt[3]{P_{out}}$（见图 2.16)，在某些功率等级下，现有的散热能力可能不足以应对过多的发热量，所以要采用更有效的冷却方法。因此，对具有截然不同拓扑结构的 AFPM 电机的散热潜力进行定量研究是非常重要的。

8.2 传热模型

传热是一种复杂的现象，分析难度非常大。电机中的热量通过传导、辐射和对流三种方式转移到周围空气和环境中。

8.2.1 热传导

当固体中存在温差时，如铜、钢、永磁体或电机的绝缘材料中，根据 Fourier 定律，热量从高温 ϑ_{hot}区域热传递到低温 ϑ_{cold}区域，表示为

$$\Delta P_{c} = -kA\frac{\partial \vartheta}{\partial x} = \frac{kA}{l}(\vartheta_{hot} - \vartheta_{cold}) \tag{8.1}$$

式中，ΔP_c是热传导速率[⊖]；A 是热流路的截面积；l 是热流路长度；k 是材料的导热系数，它是通过实验确定的，并且对温度变化相对不敏感。表 8.1 给出了用于 AFPM 电机的典型材料的热性能，其中 c_p是恒定大气压下材料的比热。

表 8.1　常用电机材料的热性能

材料(20℃)	规格	ρ/(kg/m³)	c_p/[J/(kg·℃)]	k/[W/(m·℃)]
空气	—	1.177	1005	0.0267
水	—	1000	4184	0.63
云母	—	3000	813	0.33
环氧树脂	—	1400	1700	0.5
铜	—	8950	380	360
铝	纯的	2700	903	237
	合金（铸造）	2790	883	168
钢	1%碳	7850	450	52
	硅	7700	490	20～30
永磁体	烧结钕铁硼	7600～7700	420	9

8.2.2　热辐射

具有温差的两个表面之间，交换的净辐射能是绝对温度、辐射系数和每个表面几何形状的函数。如果有限尺寸的两个灰色表面之间通过辐射传递热量，面积分别为 A_1 和 A_2，温度分别为 ϑ_1 和 ϑ_2（℃），那么传热速率 ΔP_r可以写为

$$\Delta P_r = \sigma \frac{(\vartheta_1 + 273)^4 - (\vartheta_2 + 273)^4}{\dfrac{1-\varepsilon_1}{\varepsilon_1 A_1} + \dfrac{1}{A_1 F_{12}} + \dfrac{1-\varepsilon_2}{\varepsilon_2 A_2}} \tag{8.2}$$

式中，σ 是 Stefan-Boltzmann 常数；F_{12}是考虑两个表面相对方向的形状因子；ε_1 和 ε_2 是它们各自的发射率，取决于表面大小、形状和材质等。以最大速率吸收和发射能量的理想表面或物体称为黑色表面或物体。真实表面或物体通常近似为灰色表面或物体，其中 $0<\varepsilon<1$。表 8.2 给出了 AFPM 电机常用材料的发射率。

⊖ 有的书中也称热流或热流量（W）。热流是一个广义概念，可以包括多种热传递方式，热传导率是热流的一种形式。——译者注

表8.2　AFPM电机常用材料的发射率

材料	表面条件	发射率 ε
铜	抛光的	0.025
环氧树脂	黑	0.87
	白	0.85
低碳钢	—	0.2～0.3
铸铁	氧化的	0.57
不锈钢	—	0.2～0.7
钕铁硼永磁体	没有涂层	0.9

8.2.3　热对流

对流是描述物体表面与流体间热量传递的术语。根据 Newton 冷却定律，对流换热速率 ΔP_v 为

$$\Delta P_v = hA(\vartheta_{hot} - \vartheta_{cold}) \tag{8.3}$$

式中，h 是对流换热系数，它是表面光洁度和方向、流体特性、速度和温度的复杂函数，通常由实验确定。冷却介质相对冷却表面的速度增加时，系数 h 也会增加。对于有强制通风的表面，可以使用以下经验关系[159]，即

$$h_f = h_n(1 + c_h\sqrt{v}) \tag{8.4}$$

式中，h_f 和 h_n 分别是强制对流和自然对流的换热系数；v 是冷却介质的线速度；$c_h \approx 0.5 \sim 1.3$ 是经验系数。

下面将讨论 AFPM 电机中对流换热系数的一些重要计算公式。

盘式系统中的对流换热

旋转盘式系统在 AFPM 电机的冷却和通风中起着重要作用。由于流态的复杂性，准确确定对流传热系数需要深入的理论和实验研究。

在本节中，将利用一些现有模型来计算 AFPM 电机不同部分的对流换热系数。

（1）自由旋转圆盘

旋转圆盘外表面的平均对流换热系数可以通过自由旋转圆盘的公式[270]来计算，即

$$\overline{h} = \frac{k}{R}\overline{Nu} \tag{8.5}$$

式中，R 为圆盘的半径；根据不同的流动条件给出平均 Nusselt 数$\overline{Nu}$，具体如下：

1）对于层流中自由对流和旋转的复合效应（见图8.1a）[270]

$$\overline{Nu} = \frac{2}{5}(Re^2 + Gr)^{\frac{1}{4}} \tag{8.6}$$

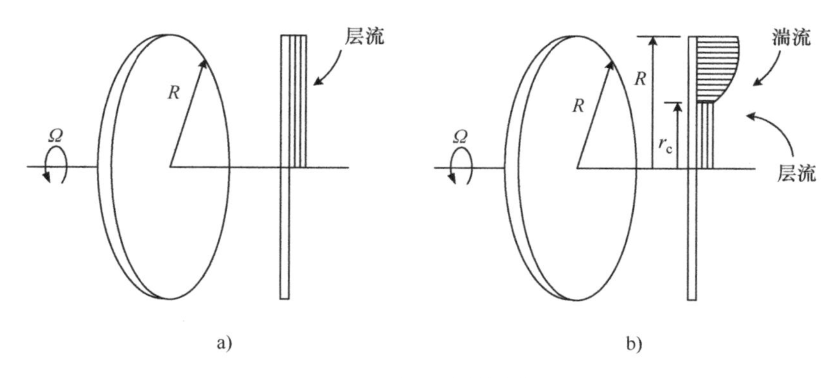

图 8.1　自由旋转圆盘

a）层流　b）层流向湍流过渡

$$Gr=\frac{\beta g R^2 \pi^{3/2}\Delta\vartheta}{\nu^2} \tag{8.7}$$

式中，Re 为 Reynolds 数，根据式（2.72）计算；β 为热膨胀系数；ν 为流体的运动黏度（m^2/s）；$\Delta\vartheta$ 为圆盘表面与周围空气的温差。

2）对于层流和湍流的组合，过渡发生在半径 r_c 处（见图 8.1b）[270]

$$\overline{Nu}=0.015Re^{\frac{4}{5}}-100\left(\frac{r_c}{R}\right)^2 \tag{8.8}$$

式中

$$r_c=(2.5\times10^5\nu/\Omega)^{1/2} \tag{8.9}$$

当 n 为转速（r/s）时，角速度 $\Omega=2\pi n$。比较旋转盘与固定盘的传热能力具有指导意义。考虑一个直径为 0.4m、转速为 1260r/min 的钢盘，对流换热系数计算为 41W/(m^2·℃)，约为静止时同一圆盘的 10 倍。可以这样说，当圆盘以特定速度旋转时，圆盘的有效散热面积可增加 10 倍。

（2）转子径向周边边缘

转子盘径向周边的传热特性与空气中旋转圆柱体的传热特性类似。在这种情况下，平均对流换热系数为

$$\bar{h}_p=(k/D_{out})\overline{Nu} \tag{8.10}$$

式中，D_{out}为转子盘外径；平均 Nusselt 数为

$$\overline{Nu}=0.133Re_D^{2/3}Pr^{1/3} \tag{8.11}$$

盘边缘的 Reynolds 数为

$$Re_D=\Omega D_{out}^2/\nu \tag{8.12}$$

请注意，当使用式（8.10）时，通常假设圆柱体内的温度分布均匀。由于$\bar{h}_p$与角速度 Ω 成正比，因此可以得出结论：随着 Ω 的增加，转子外周在散热中

起着越来越重要的作用。

（3）转子-定子系统

如图8.2所示，AFPM电机由多个旋转和静止的圆盘组成。旋转和静止圆盘之间的传热关系在热计算中至关重要。由于离心效应，两个圆盘之间存在强制流动，与自由圆盘相比，这增加了局部传热速率。能增加多少将取决于气隙比 $G=g/R$，其中 g 是转子和定子之间的气隙，R 是圆盘的半径。另外还与质量流率和转速有关[209]。

从流体流动的角度来看，具有径向通道和厚叶轮的风冷AFPM电机可被看作为设计不佳的风扇。它的切向速度分量远大于径向分量。因此，旋转盘附近的传热速率更多地取决于式（2.72）给出的旋转Reynolds数 Re_r。

Owen[207]给出了旋转和静止圆盘之间热交换的近似解，该解通过下式将平均Nusselt数与转子面（面向定子）的动量系数 C_{mo} 联系起来：

$$\begin{cases}\overline{Nu}=Re_rC_{mo}/\pi\\ C_{mo}Re_r^{1/5}=0.333\lambda_T\end{cases}\tag{8.13}$$

式中，λ_T 是湍流参数，作为体积流量 Q 的函数给出，如下所示：

$$\lambda_T=\frac{Q}{\nu R}Re_r^{-\frac{4}{5}}\tag{8.14}$$

通过将式（8.13）中的 λ_T 替换为式（8.14），平均Nusselt数变为

$$\overline{Nu}=0.333\frac{Q}{\pi\nu R}\tag{8.15}$$

参考文献［208］的研究表明，对于小气隙比（$G<0.1$）电机，转子与定子之间气隙空间中的流体流动可以被视为边界层。虽然从定子盘到气隙空气的对流换热系数与从气隙空气到转子盘的对流换热系数并不完全相同，但在热路计算中可以假设它们相同。

8.3　AFPM电机的冷却

根据电机的尺寸和外壳的类型，可以使用不同的冷却方法。从冷却的角度来看，AFPM电机可分为以下两类：

1）自通风电机：冷却空气由旋转盘、永磁体通道[㊀]或与电机旋转部分结合的其他类似风扇的装置所产生；

2）外部冷却电机：冷却介质在外部设备，例如风扇或泵的帮助下进行循环。

㊀　两块永磁体之间的径向通道。——译者注

8.3.1　自通风 AFPM 电机

大多数 AFPM 电机都是风冷的。与传统电机相比，盘式 AFPM 电机在冷却方面的一个特别有利的特点是，它们具有自通风能力。AFPM 电机的典型结构和有效部件如图 8.2 所示。仔细检查电机结构可以发现，随着转子盘的旋转，气流通过进气孔被吸入电机，然后被迫向外进入径向通道，永磁体有叶轮叶片的作用。AFPM 电机的流体行为与离心式风扇或压缩机非常相似。

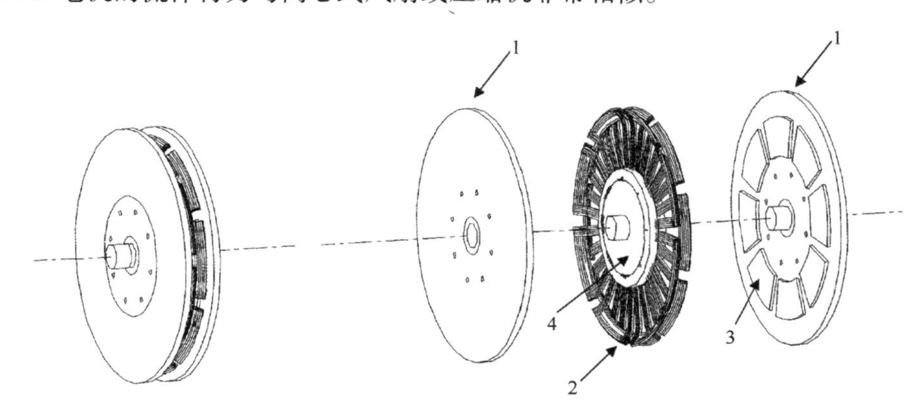

图 8.2　AFPM 电机的爆炸视图

1—转子圆盘　2—定子绕组　3—永磁体　4—环氧铁心

1. 理想径向通道模型

根据理想叶轮理论，必须做出以下假设才能建立理想径向通道的一维模型[78,232]：

1）通过通道的流体中没有切向分量；

2）通道宽度或深度上的速度变化为零；

3）进气流是径向的，这样空气进入叶轮时无需预旋；

4）叶片上的压力可由作用在流体上的切向力代替；

5）流体不可压缩且无摩擦。

图 8.3 显示了一个径向通道，在入口和出口处绘制了速度三角形。可以观察到，入口 p_1 和出口 p_2 处的压力以及摩擦 F_{fr} 对动量之和 $\sum M_0$ 没有贡献。如果忽略重力，动量守恒的一般表示形式如下[266]：

$$\sum M_0 = \frac{\partial}{\partial t}\left[\int_{cv}(\boldsymbol{r}\times\boldsymbol{v})\rho \mathrm{d}V\right]+\int_{cs}(\boldsymbol{r}\times\boldsymbol{v})\rho(\boldsymbol{v}\cdot\boldsymbol{n})\mathrm{d}A \tag{8.16}$$

式中，$\boldsymbol{r}$ 是从原点 0 到微元控制体积 $\mathrm{d}V$ 的位置向量；$\boldsymbol{v}$ 是该微元体积元素的速度。

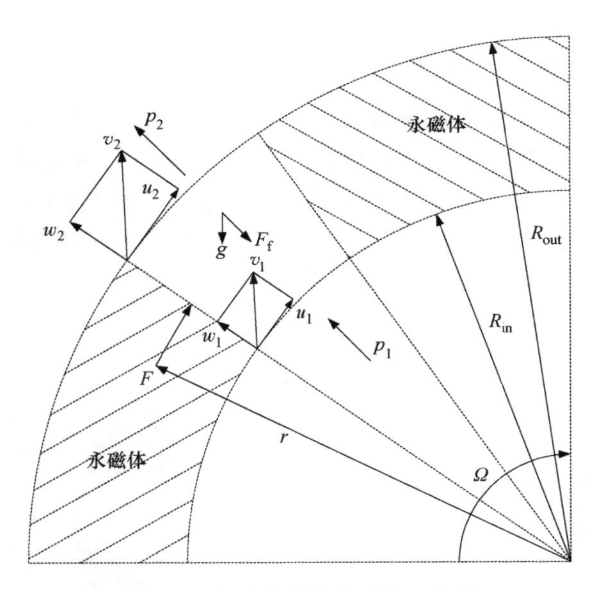

图 8.3　永磁体通道的速度三角形

稳态条件下，对于在通道入口和出口之间流动的一维气流，式（8.16）可以简化为

$$\sum M_0 = T_0 = (\boldsymbol{R}_{out} \times \boldsymbol{u}_2)\dot{m}_2 - (\boldsymbol{R}_{in} \times \boldsymbol{u}_1)\dot{m}_1 \tag{8.17}$$

式中，$\dot{m}_2 = \dot{m}_1 = \rho Q$，$u_1 = \Omega R_{in}$，$u_2 = \Omega R_{out}$。输入轴功率 P_{in}表示为

$$P_{in} = T_0\Omega = \rho Q\Omega^2(R_{out}^2 - R_{in}^2) \tag{8.18}$$

将上述方程重新整理，得到

$$\frac{P_{in}}{Q} = \rho\Omega^2(R_{out}^2 - R_{in}^2) \tag{8.19}$$

根据能量守恒原理，输入轴功率可写为

$$P_{in} = \dot{m}\left(\frac{p_2 - p_1}{\rho} + \frac{w_2^2 - w_1^2}{2} + z_2 - z_1 + U_2 - U_1\right) \tag{8.20}$$

如果忽略势能（$z_2 - z_1$）和内能（$U_2 - U_1$）（摩擦），则式（8.20）可以用与式（8.19）相同的单位写成

$$\frac{P_{in}}{Q} = (p_2 - p_1) + \rho\frac{w_2^2 - w_1^2}{2} \tag{8.21}$$

如果式（8.19）和式（8.21）相等，并注意到 $w_1 = Q/A_1$ 和 $w_2 = Q/A_2$，其中 A_1 和 A_2 分别是通道入口和出口的横截面积，则径向通道入口和出口之间的压差 Δp（见图 8.3）可表示为

$$\Delta p = p_2 - p_1 = \rho\Omega^2(R_{out}^2 - R_{in}^2) - \frac{\rho}{2}\left(\frac{1}{A_2^2} - \frac{1}{A_1^2}\right)Q^2 \tag{8.22}$$

式（8.22）为描述通过径向通道气流的理想方程式。

2. 实际径向通道模型

电机的实际特性与理想情况不同，原因有两个：①叶片通道中速度的空间分布不均匀；②流体的泄漏和再循环，以及摩擦和冲击等造成的压力损失。这些是完全不同的问题[78]，应分别处理。

（1）滑移系数

根据 Stodola[198,232]的研究，由于永磁体通道前缘和后缘的不平衡速度分布以及旋转效应[232]，叶片通道内存在漩涡，如图 8.4 所示。这会导致切向速度分量的减小，称为滑移，通常使用滑移系数来计算。对于近似径向的叶片，Stanitz 滑移系数 k_s（$80° < \beta_2 < 90°$）为

$$k_s = 1 - 0.63\pi / n_b \tag{8.23}$$

式中，β_2 为叶片出口角；n_b为叶片数。当使用滑移系数时，压力关系式（8.22）变为

$$\Delta p = \rho \Omega^2 (k_s R_{out}^2 - R_{in}^2) + \frac{\rho}{2}\left(\frac{1}{A_1^2} - \frac{1}{A_2^2}\right) Q^2 \tag{8.24}$$

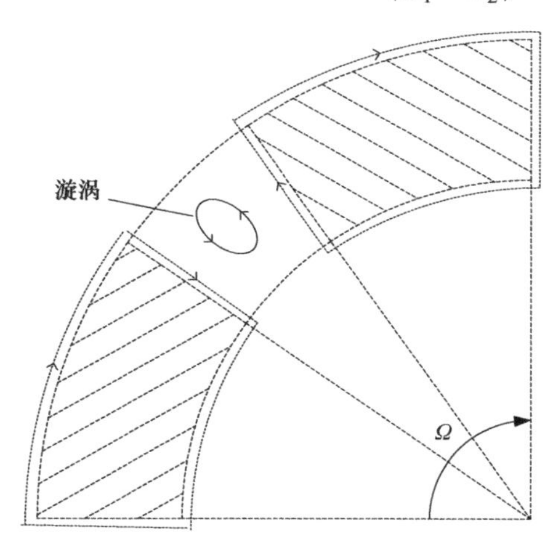

图 8.4　永磁体通道中的漩涡

（2）冲击、泄漏和摩擦

流体分析中还应考虑摩擦、边界层分离（冲击损失）和泄漏引起的能量损失。如图 8.5 所示，假设通过永磁体通道的总体积流量为 Q_t，永磁体出口和入口之间的压差将导致一定体积的流体 Q_l泄漏或再循环，从而使出口处的流量降至 $Q = Q_t - Q_l$。Q_l是质量流量、排放和泄漏路径阻力的函数。当主出口关闭时，泄漏流量达到最大值。

这些损失可以通过在式（8.24）中引入压力损失项 Δp_l来考虑[232]

$$\Delta p=\rho\Omega^2(k_s R_{out}^2-R_{in}^2)+\frac{\rho}{2}\left(\frac{1}{A_1^2}-\frac{1}{A_2^2}\right)Q^2-\Delta p_l \tag{8.25}$$

（3）系统损失

当空气通过 AFPM 电机时，必须考虑摩擦引起的系统压力损失。这些损失可以写为

$$\Delta p_{fr}=\frac{\rho Q^2}{2}\sum_{i=1}^{n}\frac{k_i}{A_i^2} \tag{8.26}$$

式中，k_i和A_i分别是第i段流路的损失系数和横截面积。在 AFPM 电机中有多段流路（见图8.6）。分别是：

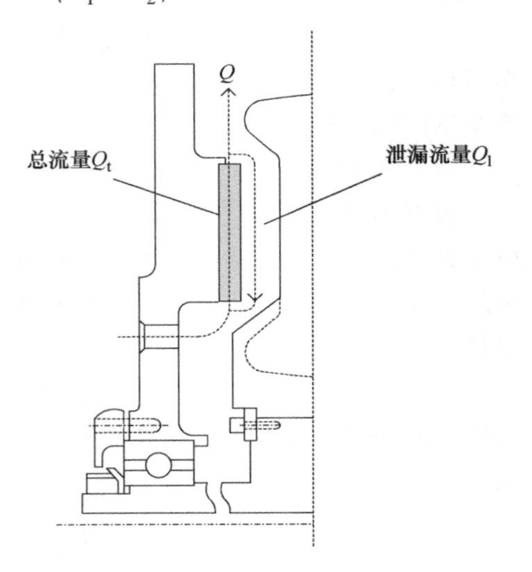

图8.5　AFPM 电机中的流体泄漏（未按比例）

1）进入转子进气孔；

2）穿过旋转短管；

3）从直管道到环形管道（90°转弯）；

4）通过圆形弯道（90°）；

5）锥形风道，逐渐变细；

6）90°肘形弯头；

7）永磁体通道；

8）锥形风道，逐渐变粗；

9）出口处，风道突然变大；

10）平行转子盘的开口处，风道变大。

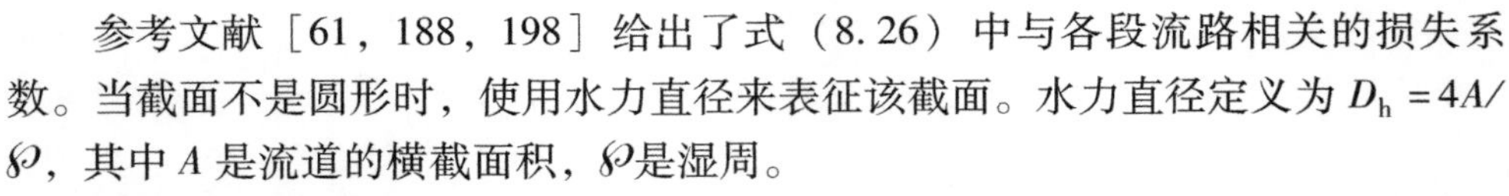

参考文献［61，188，198］给出了式（8.26）中与各段流路相关的损失系数。当截面不是圆形时，使用水力直径来表征该截面。水力直径定义为 $D_h=4A/\wp$，其中 A 是流道的横截面积，$\wp$是湿周。

管道的损失系数由 $\lambda L/d$ 给出，其中 λ 是一个摩擦系数，它是 Reynolds 数 Re 和依据 Moody 图[190]得到的表面粗糙度的函数。为了便于数值计算，Moody 图可以表示为[61]

$$\begin{cases}\lambda=8\{(8/Re)^{12}+(X+Y)^{-\frac{3}{2}}\}^{\frac{1}{12}}\\ X=\{2.457\ln\{(7/Re)^{0.9}+0.27\gamma/D\}^{-1}\}^{16}\\ Y=\{37530/Re\}^{16}\end{cases} \tag{8.27}$$

式中，$Re=\dfrac{\rho D_h Q}{\mu A}$；$\gamma$ 为等效沙粒粗糙度[61]。

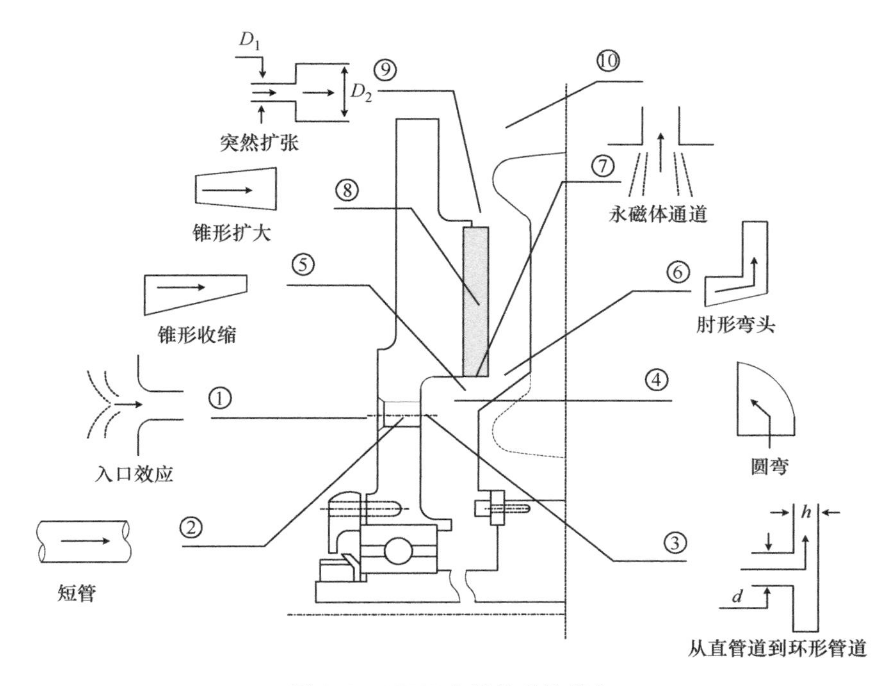

图8.6 AFPM电机的系统损失

3. 特性

现在，通过考虑上述各种损失，可以将从理想流路模型获得的理论预测结果与实际情况进行比较。

假设AFPM电机（见图8.1）以1200r/min恒速运行，径向通道的理想压力特性如图8.7所示，是按式（8.22）计算出来的。引入滑移系数后，按式（8.24）所得的曲线如图8.7中的虚线所示。在参考文献［248］中，阐述了无法像滑移那样，有合适的相关性来描述由于冲击和泄漏导致的压力损失。

不考虑冲击和泄漏损失，计算出的特征曲线如图8.7所示，即式（8.24）减去Δp_{fr}，它明显高于实验曲线。图8.7中的阴影区域表示冲击和泄漏损失。可以看出，在低流速下，冲击和泄漏损失较大，但在最大流速下趋于零。这在参考文献［260］中进行了讨论和实验验证。

计算出的特性描述了面向定子的单个旋转永磁圆盘的压力特性。对于单定子双转子的AFPM电机（见图8.2），图8.7中显示的特性曲线仅代表AFPM电机的一半。整台电机的特性曲线可以通过在相同压力下增加流量来获得，这类似于并联两个相同的风扇。

4. 流量和压力测量

由于热流体分析的性质和复杂性，系统特性曲线只能通过测试来确定。根据

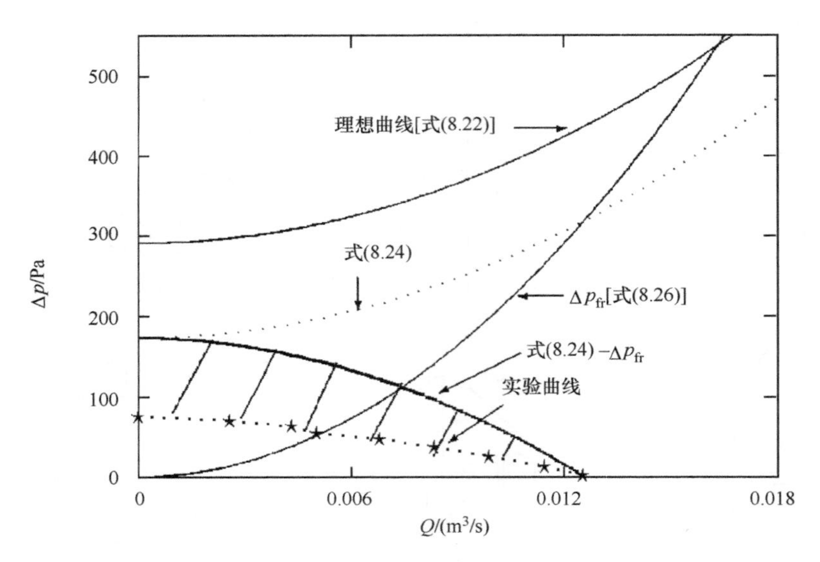

图8.7　1200r/min时的损失和特性曲线

电机的拓扑结构和尺寸，可以在进气口或出气口进行测量。被测AFPM电机通常由另一台电机拖动。图8.8显示了在电机出口进行流量测量的实验布置，其中设

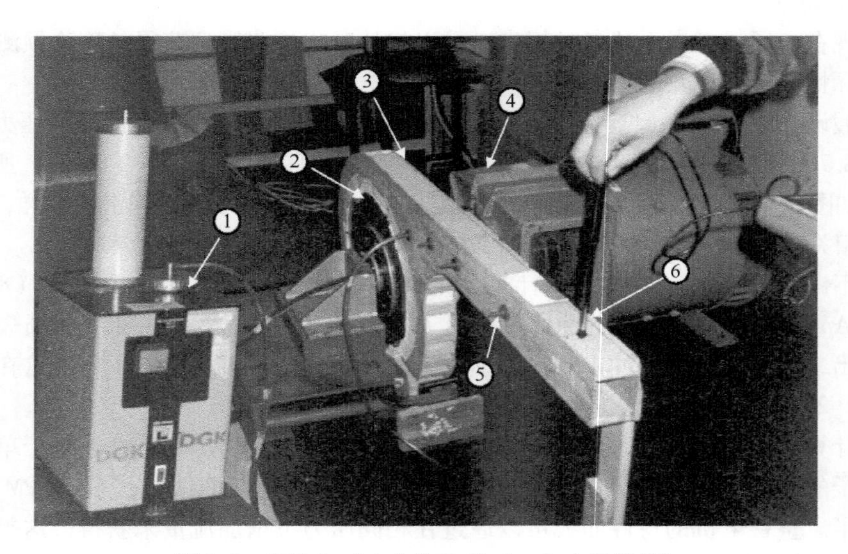

图8.8　实验台（由南非Stellenbosch大学提供）

1—压力计　2—AFPM电机　3—排气管道　4—原动机（驱动电机）　5—压力点　6—风速传感器

置了一个排放管道，为观察流量提供了良好的条件。沿着管道的一侧，有几个分接点，可用压力计测量静压。在管道出口附近，安装了热线式风速传感器，用于测量速度。

为了改变流速，测试管道的外端安装了一个障碍物。测试开始时，排气管道末端没有堵塞。此时唯一的阻力是管道摩擦力，它很小，可以很容易地从结果中计算出来。随着管道末端逐渐堵塞，流量减少，静压在零体积流量时增加到最大值。对于不同的电机速度，静压差 Δp 被测量为体积流量率 $Q = A \times v$ 的函数，其中 v 是线速度。

空气流量率的测量也可以通过测量入口空气压差 Δp 来进行，然后根据下式计算质量流量率 $\dot{m}$：

$$\dot{m} = \sqrt{2\rho\Delta p}A_{\mathrm{d}} \tag{8.28}$$

式中，A_{d}是进气管道的横截面积。图 8.9 显示了流量测量的实验台。在 AFPM 电机的入口（轮毂）上安装了一个专门设计的带喇叭口的入口导管。在进气管道上制作了几个分接点用于压力测量。喇叭口和进气管道的压降可以忽略不计。

图 8.9　AFPM 电机进气口流量测量（由南非 Stellenbosch 大学提供）
1—原动机（驱动电机）　2—进气管道　3—喇叭口　4—压力计　5—压力测量点

8.3.2　外部冷却 AFPM 电机

对于中大功率 AFPM 电机，单位散热面积的损耗几乎与额定功率呈线性增加。因此，可能需要借助外部设备进行强制冷却。一些常见的技术描述如下。

1. 外部风扇

为了带走定子绕组中产生的热量，大型 AFPM 电机需要较大的空气流量。根据现场条件，可以使用鼓风机或抽风机，如图 8.10 所示。在这两种情况下，都需要进气和/或排气管道来引导和调节气流。由于对于给定的体积流量，入口空气温度对电机温度有显著影响，因此如果电机在密闭空间（例如小机房）中运行，这种冷却装置也有助于防止热空气的再循环。对于高速 AFPM 电机，轴一体式风扇是不错的选择。图 8.11 显示了南非 Stellenbosch 大学开发的大功率 AFPM 电机，其中转子轮毂部分既是冷却风扇，也是转子盘的支撑结构。可以看出，轮毂的“叶片”没有弯曲，这是因为电机要在两个方向上旋转。

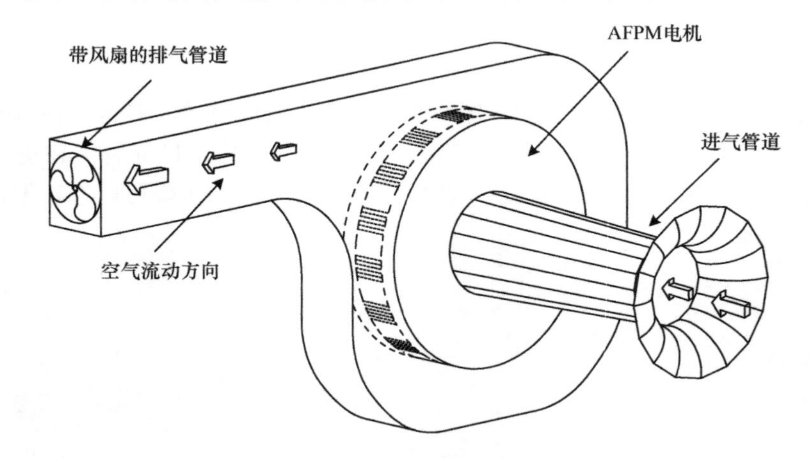

图 8.10　外部冷却 AFPM 电机

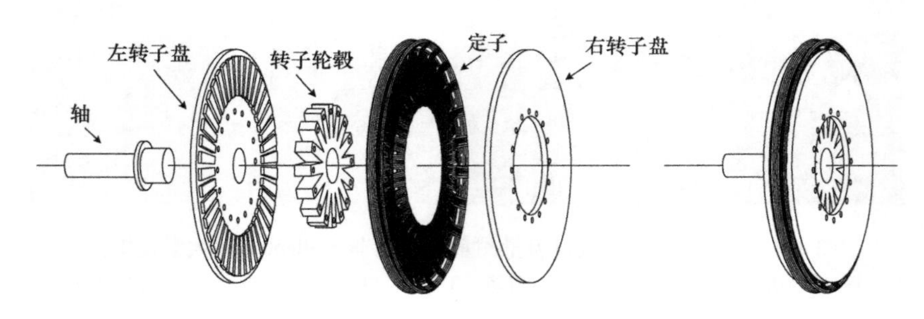

图 8.11　轴一体式风扇 AFPM 电机的结构

2. 热管

1942 年，通用汽车公司的 R. S. Gaugler 提出了能够以最小的温度下降传递大量热量的被动两相传热装置的概念。直到 1964 年，美国新墨西哥州洛斯阿拉莫斯国家实验室的 Grover 和他的同事发表了一项独立研究结果，并首次使用了热管一词，这种设备才受到人们的关注。从那时起，许多应用开始使用热管，从阿拉斯加管道下永久冻土层的温度控制到航天器光学表面的热控制。

典型的热管由一个装有吸液芯材料的密封容器组成。容器被抽空，填充足够的液体，使吸液芯完全饱和。热管有三个不同的区域：①容器的蒸发器或加热区域；②冷凝器或排热区域；③绝热或等温区域。如果蒸发器区域暴露在高温下，则会吸收热量，并加热吸液芯中的工作液体，直到其蒸发。该区域的高温和相对的高压导致蒸汽流向较冷的冷凝器区域，在那里蒸汽冷凝，消散其汽化潜热。然后，存在于吸液芯结构中的毛细管力将液体泵送回蒸发器。因此，吸液芯结构确保了无论热源是在冷却端下方还是在上方，热管都能传递热量。

热管为从 AFPM 电机中散热提供了一种替代方法。AFPM 电机中的热管可按图 8.12 所示进行配置。热量通过散热片表面传递到大气中。散热片表面由流过的空气进行冷却。热管移除的热量损失 ΔP_{hp}，在参考文献［235］中给出：

$$\Delta P_{hp} = \frac{\vartheta_{hot} - \vartheta_{cold}}{\dfrac{1}{h_{hot}A_{hot}} + \dfrac{1}{h_{cold}A_{cold}} + \dfrac{1}{\eta_{fin}h_{fin}A_{fin}}} \tag{8.29}$$

式中，ϑ_{hot}是定子中围绕热管元件的平均温度；ϑ_{cold}是冷却散热片表面空气的平均温度；h_{hot}是定子中热管内壁的对流换热系数；A_{hot}是定子中热管的暴露面积；h_{cold}是散热片区域热管内壁的对流换热系数；A_{cold}是散热片表面热管的暴露面积；η_{fin}是散热片表面的效率；h_{fin}是散热片表面的对流换热系数；A_{fin}是散热片表面的总暴露面积。

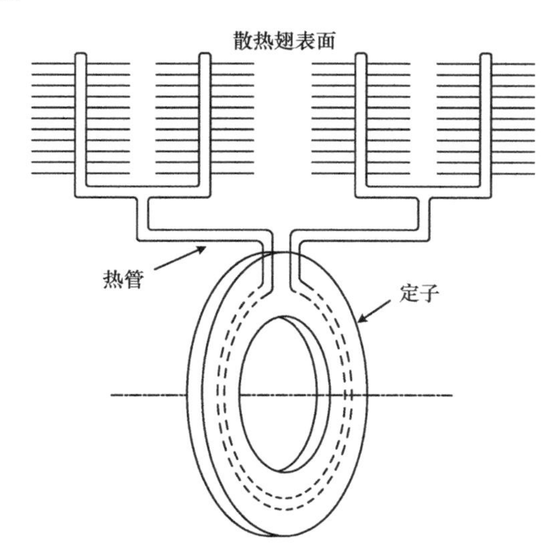

图 8.12　热管冷却 AFPM 电机

3. 直接水冷

根据工作现场条件，大功率 AFPM 电机通常需要使用强制水循环直接冷却定子绕组。强制水循环需要一个外部水泵。水冷 AFPM 电机的纵向剖面如图 2.7 所示。对于具有内部铁心定子的 AFPM 电机，冷却通道的理想位置是在定子圆盘的外周，因为此处的有效换热面积最大。对于无铁心绕组的 AFPM 电机，绕组线圈可能呈菱形，这样每个线圈的两个有效边之间的空间可以用来放置冷却水管[45]。

通过冷却管道移除的热量可以使用式（8.29）来计算。对流换热系数 h_{hot} 和 h_{cold} 可用以下公式来计算：

1）对于层流，即 $Re_d=\frac{\rho v d}{\mu}<2000$，其中 v 是流速，d 是水管的直径，通过以下经验公式获得 Nusselt 数[124]

$$Nu_d=1.86(Re_d Pr)^{\frac{1}{3}}\left(\frac{d}{L_p}\right)^{\frac{1}{3}}\left(\frac{\mu}{\mu_w}\right)^{0.14} \tag{8.30}$$

式中，L_p 是水管长度；μ 和 μ_w 是水的动态黏度，分别对应入口温度和管壁温度。

2）对于湍流，即 $Re_d=\frac{\rho v d}{\mu}>2000$，Nusselt 数可以这样计算[134]

$$Nu_d=0.023Re_d^{0.8}Pr^n \tag{8.31}$$

式中

$$n=\begin{cases}0.4 & \text{水的加热}\\ 0.3 & \text{水的冷却}\end{cases}$$

8.4 集总参数热模型

集总参数热路是由热电阻、热电容、节点温度和热源组成的热网络，已被广泛用于表示电机复杂的分布式热参数[84,159,245]。

8.4.1 等效热路

等效热路本质上是与电路的类比，在热路的每条路径中，热流（类比于电流）等于温差（类比于电压）除以热阻（类比于电阻）。对于传导，热阻取决于材料的热导率 k 以及热流路径的长度 l 和截面积 A_d，可以表示为

$$R_d=\frac{l}{A_d k} \tag{8.32}$$

对流换热的热阻定义为

$$R_c=\frac{1}{A_c h} \tag{8.33}$$

式中，A_c是两个区域之间对流换热的表面积；h 是对流换热系数。

两个表面之间辐射的热阻为

$$R_r = \frac{\frac{1-\varepsilon_1}{\varepsilon_1 A_1} + \frac{1}{A_1 F_{12}} + \frac{1-\varepsilon_2}{\varepsilon_2 A_2}}{\sigma[(\vartheta_1+273)+(\vartheta_2+273)][(\vartheta_1+273)^2+(\vartheta_2+273)^2]} \tag{8.34}$$

可以看出，式（8.34）中的辐射热阻取决于温度三次方的差值、表面光谱特性 ε 以及通过形式因子 F 来表示的表面朝向。

稳态分析中，热路由连接电机组件节点之间的热阻和热源组成。对于瞬态分析，还需使用热容来考虑电机各部分内部能量随时间的变化。热容定义为

$$C = \rho V c_v = m c_v \tag{8.35}$$

式中，c_v是材料的比热容；ρ 是密度；V 和 m 分别是材料的体积和质量。图 8.13a 是一台无定子铁心 AFPM 电机的剖面图。可以看出，AFPM 定子在传热方面是对称的，中心线的两侧互为镜像。因此，只需对电机的一半进行建模，如图 8.13b 所示。

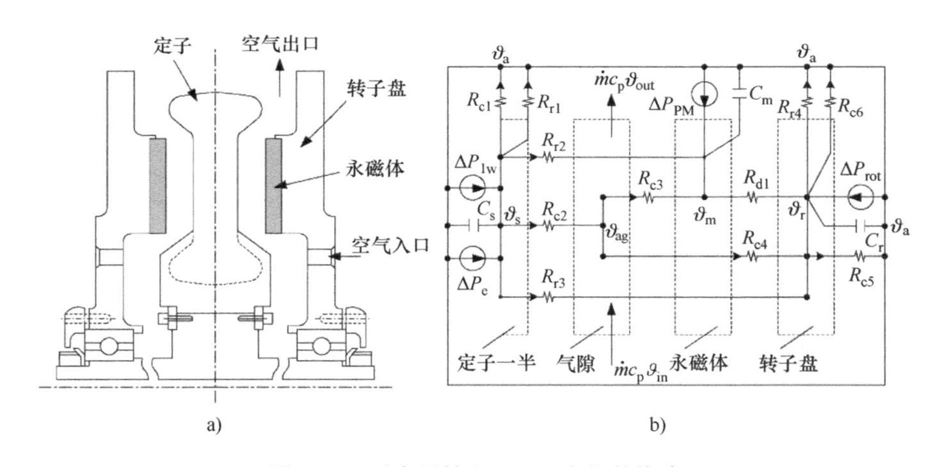

图 8.13　无定子铁心 AFPM 电机的热路

热源项 ΔP_{1w}、ΔP_e、ΔP_{PM}和 ΔP_{rot}分别表示一半定子绕组的铜耗［式（2.49）］、涡流损耗［式（2.68）］、单个转子盘上的永磁体损耗［式（2.61）］和机械损耗［式（2.70）］。C_s、C_m和 C_r分别是定子、永磁体和转子钢盘的热电容。热路中的热阻见表 8.3。

在集中参数热路分析中，通常会假设电机节点内部没有温差。只有内部热传递阻力相对于外部阻力较小时，才能做出这种假设[124]。Biot 数 B_i用于确定该假设的有效性。在比较内部导热热阻与外部对流换热热阻的情况下，B_i的定义为

$$B_i = \frac{\overline{h}_c L}{k_s} \tag{8.36}$$

式中，k_s是固体材料的热导率；L是固体物体的特征长度；$\overline{h}_c$是对流换热系数。因此经常使用$B_i < 0.1$作为判定准则来确保固体内部温度与表面温度相差不超过5%[190]。

表8.3 热阻的定义

符号	定义
R_{c1}	定子端部线圈至外界空气的对流换热热阻
R_{c2}	定子至气隙的对流换热热阻
R_{c3}	气隙至永磁体的对流换热热阻
R_{c4}	气隙至转子盘的对流换热热阻
R_{c5}	转子盘至外界空气的对流换热热阻
R_{c6}	转子径向边缘至外界空气的对流换热热阻
R_{r1}	定子端部线圈至环境的辐射热阻
R_{r2}	定子至永磁体的辐射热阻
R_{r3}	定子至转子盘的辐射热阻
R_{r4}	转子径向边缘至环境的辐射热阻
R_{d1}	永磁体至转子盘的传导热阻

8.4.2 能量守恒

应用能量守恒，电机（也称为控制体）每个部分的内部能量变化率可以表示如下：

$$\frac{\Delta U}{\Delta t} = C\frac{\Delta \vartheta}{\Delta t} = \Delta P_{in} - \Delta P_{out} + \dot{m}_{in} i_{in} - \dot{m}_{out} i_{out} \tag{8.37}$$

式中，U是内部能量；$\dot{m}$是质量流率；i是焓；C是控制体的热容。

稳态时，$\frac{\Delta U}{\Delta t}=0$，因此

$$0 = \Delta P_{in} - \Delta P_{out} + \dot{m}_{in} i_{in} - \dot{m}_{out} i_{out} \tag{8.38}$$

对AFPM电机的每个部分（定子、气隙、永磁体和转子盘）使用上述方程，可以获得一组方程，其中部件的温度是唯一的未知数。这组方程相当复杂，但可以使用例如高斯-塞德尔迭代法进行求解。应注意的是，上述方程中的项（$\dot{m}_{in} i_{in} - \dot{m}_{out} i_{out}$）代表由外界泵入的气流带出的电机内部热量。这种气流对于电机的冷却至关重要。只有在能够预测通过气隙的质量流量的情况下，才有可能在热等效电路中确定气隙的温度，因此需要使用8.3.1节中描述的流体流动模型。

8.5　电机工作制

根据负载条件，电机主要有三种工作制或操作模式，即连续工作制、短时工作制和断续工作制。

8.5.1　连续工作制

电机长时间运行，电机各部件的温度在给定环境温度中会达到稳定，这种运行模式称为连续工作制。由于物理性质的不同，电机各部分最终稳定下来的温度可能会有很大差异。在不超出每个部件规定的温度限值的情况下，电机可以无限长时间地连续运行。如果仅考虑电机的固体部分，可以忽略式（8.37）中的气流项。基于固体加热理论，可以推导出电机控制体内温升随时间变化的关系[159]

$$\vartheta_c = \Delta P \cdot R(1 - e^{-\frac{t}{\tau}}) + \vartheta_0 e^{-\frac{t}{\tau}} \tag{8.39}$$

式中，R 是热阻；$\tau = RC$ 是热时间常数，C 是热容；ΔP 是热流损失；ϑ_0是控制体的初始温升。在 $\vartheta_0 = 0$ 的情况下，上式简化为

$$\vartheta_c = \Delta P \cdot R(1 - e^{-\frac{t}{\tau}}) \tag{8.40}$$

根据指数函数的性质，最终温升 $\vartheta_{cf} = \Delta P \cdot R$。图 8.14a 显示了连续运行的 AFPM 电机典型的瞬态温度响应。

8.5.2　短时工作制

短时工作制是指电机仅在短时间内运行，随后处于长时间的停机或空载状态。运行时间非常短，电机温度来不及达到稳定，在长时间停机后电机又回到冷态。给定运行时间 t_s，可以通过式（8.40）计算电机的温升

$$\vartheta_s = \Delta P \cdot R(1 - e^{-\frac{t_s}{\tau}}) = \vartheta_{cf}(1 - e^{-\frac{t_s}{\tau}}) \tag{8.41}$$

与连续工作制相比，显然 $\vartheta_s < \vartheta_{cf}$。这表示相同电机在短时工作制下的允许负载可以是连续工作制下的 $1/(1 - e^{-\frac{t_s}{\tau}})$。图 8.14b 显示了短时工作制电机的典型温度曲线。

8.5.3　断续工作制

断续工作制的特点是短时间操作与短时间暂停间隔交替。假设一台电机运行一段时间 t_{on}，然后停止一段时间 t_{off}，那么周期 $t_{cy} = t_{on} + t_{off}$。占空比 d_{cy}可以定义为

$$d_{cy} = \frac{t_{on}}{t_{on} + t_{off}} \tag{8.42}$$

电机在 t_{on} 时间内的温升 ϑ_i 可以用式（8.39）进行计算，前提是已知热时间常数和连续运行时的稳态温升。在 t_{off} 时间内，电机损耗 $\Delta P=0$，电机的温度按照指数函数降低，即 $\vartheta_i e^{-t_{off}/\tau}$，直到第二个循环开始。

经过多次循环后，电机的温度变化变得均匀，并趋于在一定范围内波动（见图8.14c）。在相同的负载和冷却条件下，断续工作制电机的最高稳定温度低于连续运行制电机。因此，类似于短时工作制电机，断续工作制电机也具有过载能力。

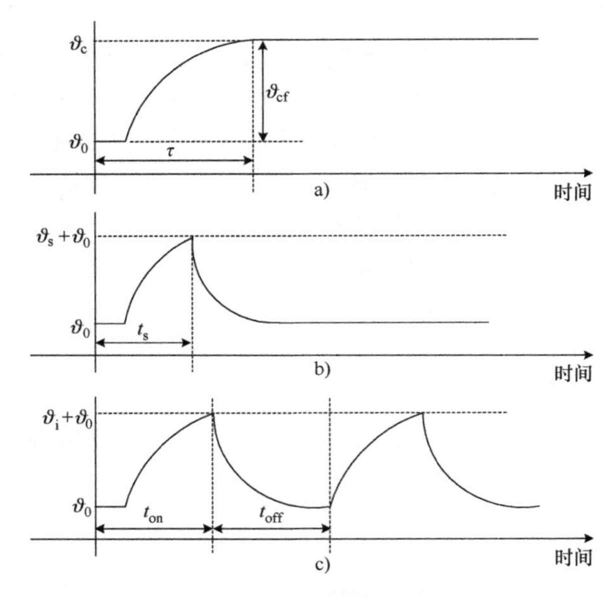

图8.14　不同工作制下AFPM电机的典型温度曲线

a）连续工作制　b）短时工作制　c）断续工作制

数值算例

数值算例8.1

如图8.2所示，一台自冷式8极、16kW的AFPM发电机，其外径 $D_{out}=0.4m$，内径 $D_{in}=0.23$。永磁体的极弧系数 $\alpha_i=0.8$，转子盘厚度 $d=0.014m$。测量的流量特性曲线如图8.15所示。在额定转速1260r/min时，总损耗为1569W，其中①机械损耗 $\Delta P_{rot}=106W$；②定子涡流损耗 $\Delta P_e=23W$；③定子绕组损耗（额定）$\Delta P_{1w}=1440W$。求：

1）圆盘系统的对流换热系数；

2）电机不同部位的稳态温度。

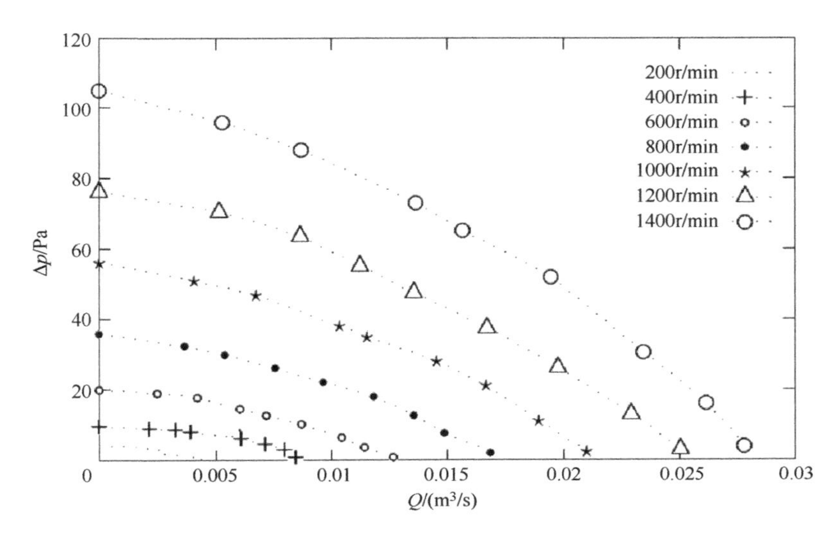

图 8.15　AFPM 电机的实测特性曲线（数值算例 8.1）

解：

（1）圆盘系统的对流换热系数

计算对流换热系数要用到动态黏度、密度和热导率，分别假设为 $\mu=1.8467\times10^{-5}\mathrm{Pa\cdot s}$，$\rho=1.177\mathrm{kg/m^3}$ 和 $k=0.02624\mathrm{W/(m\cdot ℃)}$。

（a）转子盘外表面的对流换热系数

额定转速下，根据式（2.72）计算 Reynolds 数为

$$Re=\rho\frac{\Omega D_{\mathrm{out}}^2}{4\mu}=1.177\times\frac{2\pi\times1260/60\times0.4^2}{4\times1.846\times10^{-5}}=336384.7$$

根据式（8.9），层流和湍流之间的过渡发生在

$$r_{\mathrm{c}}=\sqrt{\frac{2.5\times10^5\nu}{\Omega}}=\sqrt{\frac{2.5\times10^5\times1.569\times10^{-5}}{2\pi\times1260/60}}=0.172\mathrm{m}<\frac{D_{\mathrm{out}}}{2}$$

根据式（8.8），圆盘的平均 Nusselt 数为

$$\overline{Nu}=0.015\times Re^{\frac{4}{5}}-100\times\left(\frac{2r_{\mathrm{c}}}{D_{\mathrm{out}}}\right)^2$$

$$=0.015\times336384.7^{\frac{4}{5}}-100\times\left(\frac{2\times0.172}{0.4}\right)^2=321.9$$

根据式（8.5），圆盘外表面的平均换热系数为

$$\bar{h}_{\mathrm{fr}}=\frac{k}{D_{\mathrm{out}}/2}\times\overline{Nu}=\frac{0.02624}{0.4/2}\times321.9=42.2\mathrm{W/(m^2\cdot ℃)}$$

（b）转子盘外围边缘的对流换热系数

Prandtl 数取为 $Pr=0.7$（一个大气压，25℃）。根据式（8.12），圆盘外围的 Reynolds 数为

$$Re_{D}=\Omega\frac{D_{out}^{2}}{\nu}=\frac{2\pi\times1260}{60}\times\frac{0.4^{2}}{1.569\times10^{-5}}=1345538.8$$

根据式（8.11），平均 Nusselt 数为

$$\overline{Nu}=0.133\times Re_{D}^{\frac{2}{3}}\times Pr^{\frac{1}{3}}=0.133\times1345538.8^{\frac{2}{3}}\times0.7^{\frac{1}{3}}=1439.3$$

根据式（8.10），径向周边的平均换热系数为

$$\overline{h}_{p}=\frac{k}{D_{out}}\times\overline{Nu}=\frac{0.02624}{0.4}\times1439.3=94.4\mathrm{W/(m^{2}\cdot℃)}$$

（c）转子-定子系统的对流换热系数

电机在额定转速下的体积流量可以从图 8.15 查到。假设定子两侧的流量相等，等效流量取 $Q=0.013\mathrm{m^{3}/s}$。根据式（8.15），平均 Nusselt 数为

$$\overline{Nu}=0.333\times\frac{Q}{\pi\nu(D_{out}/2)}=0.333\times\frac{0.013}{\pi\times1.566\times10^{-5}\times(0.4/2)}=440$$

根据式（8.5），两盘间平均换热系数为

$$\overline{h}_{rs}=\frac{2k}{D_{out}}\times\overline{Nu}=\frac{2\times0.02624}{0.4}\times440=57.7\mathrm{W/(m^{2}\cdot℃)}$$

（2）电机不同部位的稳态温度

如果忽略从转子圆盘到周围环境的辐射、定子悬伸段到空气的对流以及永磁体与转子之间的热传导阻力，则图 8.13 中给出的通用热等效电路可简化为如图 8.16 所示。

（a）控制体 1（定子的一半）

定子与气隙中气流之间的对流换热热阻为

$$R_{c1}=\frac{1}{\overline{h}_{rs}\times\frac{\pi}{4}(D_{out}^{2}-D_{in}^{2})}=\frac{1}{57.7\times\frac{\pi}{4}\times(0.4^{2}-0.23^{2})}=0.223℃/\mathrm{W}$$

定子和转子盘之间的辐射热阻为

$$R_{r1}=\frac{\frac{1-\varepsilon_{1}}{\varepsilon_{1}A_{1}}+\frac{1}{A_{1}F_{12}}+\frac{1-\varepsilon_{2}}{\varepsilon_{2}A_{2}}}{\sigma[(\vartheta_{1}+273)+(\vartheta_{2}+273)][(\vartheta_{1}+273)^{2}+(\vartheta_{2}+273)^{2}]}$$

两个圆盘的面积可认为是一样的，即 $A_{1}=A_{2}=\pi/4(D_{out}^{2}-D_{in}^{2})=0.084\mathrm{m^{2}}$；形状因子 $F_{12}=1$；Stefan-Boltzmann 常数 $\sigma=5.67\times10^{-8}\mathrm{W/(m^{2}\cdot K^{4})}$；环氧树脂封装定子的发射率 $\varepsilon_{1}=0.85$。由于转子圆盘的一部分被永磁体覆盖，因此转子圆盘的发射率要根据不同材料的比例来定义，即

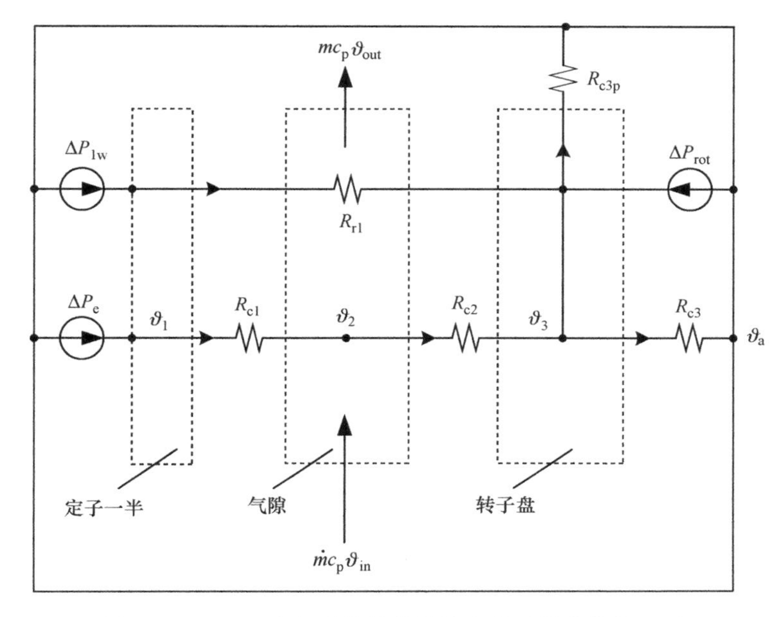

图 8.16　AFPM 电机的简化热等效电路（数值算例 8.1）

$$\varepsilon_2 = \varepsilon_{fe}\alpha_i + \varepsilon_{pm}(1-\alpha_i) = 0.3\times0.8 + 0.9\times(1-0.8) = 0.42$$

显然 R_{r1} 是 ϑ_1 和 ϑ_2 的函数，必须使用迭代方法来求解不同温度下的 R_{r1}。

根据能量守恒，控制体 1 的稳态能量方程可以写为

$$\frac{1}{2}(\Delta P_{1w} + \Delta P_e) - \frac{\vartheta_1 - \vartheta_2}{R_{c1}} - \frac{\vartheta_1 - \vartheta_3}{R_{r1}} = 0 \qquad (8.43)$$

（b）控制体 2（气隙）

从气隙到转子盘的对流换热热阻可以认为与从定子到气隙的相同，即 $R_{c2} = R_{c1}$。质量流量 $\dot{m} = \rho Q = 1.177 \times 0.013 = 0.0153\text{kg}$。假设电机入口处的空气温度等于环境温度，即 $\vartheta_{in} = \vartheta_a$，气隙平均温度 $\vartheta_2 = (1/2)(\vartheta_{out} + \vartheta_{in})$。由气流带走的热量为

$$\begin{aligned}\dot{m}_{out}i_{out} - \dot{m}_{in}i_{in} &= \dot{m}c_p(\vartheta_{out} - \vartheta_{in}) = 2\dot{m}c_p(\vartheta_2 - \vartheta_a)\\ &= 2\times0.0153\times1005\times(\vartheta_2 - 20)\end{aligned}$$

控制体 2 的稳态能量方程为

$$\frac{\vartheta_1 - \vartheta_2}{R_{c1}} - \frac{\vartheta_2 - \vartheta_3}{R_{c2}} - 2\times0.0153\times1005\times(\vartheta_2 - 20) = 0 \qquad (8.44)$$

（c）控制体 3（转子盘）

圆盘外表面的对流换热热阻为

$$R_{c3} = \frac{4}{\bar{h}_{fr}\pi D_{out}^2} = \frac{4}{42.4\times\pi\times0.4^2} = 0.1877℃/\text{W}$$

圆盘外围的对流换热热阻为

$$R_{c3p}=\frac{1}{h_p\pi D_{out}d}=\frac{1}{94.4\times\pi\times0.4\times0.014}=0.602℃/W$$

控制体3的稳态能量方程为

$$\frac{\vartheta_2-\vartheta_3}{R_{c2}}+\frac{\vartheta_1-\vartheta_3}{R_{r1}}+\frac{1}{2}\Delta P_{rot}-\frac{\vartheta_3-\vartheta_a}{R_{c3}}-\frac{\vartheta_3-\vartheta_a}{R_{c3p}}=0 \tag{8.45}$$

建立了电机各部分的能量方程［式（8.43）、式（8.44）和式（8.45）］后，联立求解这些方程就可以得到稳态温度。由于R_{r1}的温度依赖性，使用高斯-塞德尔迭代法创建了一个简单的计算机程序来求解方程。结果见表8.4。

表8.4　温升计算结果

电机部件	温升/℃
定子绕组 ϑ_1	114.9
气隙 ϑ_2	21.35
转子盘 ϑ_3	18.32

数值算例8.2

一台完全封闭的AFPM无刷电机按连续工作制运行，定子绕组损耗$\Delta P_{1W}=2500W$。电机的外径和内径分别为$D_{out}=0.72m$和$D_{in}=0.5m$。为了从定子中散热，使用热管对电机进行直接冷却，如图8.12所示。假设定子中热管内壁和翅片区域的对流换热系数$h=1000W/(m^2\cdot℃)$。翅片表面的平均对流换热系数$h_{fin}=50W/(m^2\cdot℃)$。翅片表面总面积$A_{fin}=1.8m^2$，效率$\eta_{fin}=92\%$。嵌入翅片表面的热管长度$l_{fin}=1.5m$。

1）如果在定子平均半径处放置直径为$D_{hp}=9mm$的热管，求定子绕组的稳态温度。

2）如果将热管替换为一个直径$d=9mm$的水冷管道，管道中水流（平均温度为60℃）以$v_w=0.5m/s$的速度流动，求定子绕组的稳态温度。

解：

1）如果在定子平均半径处放置直径为$D_{hp}=9mm$的热管，求定子绕组的稳态温度。

假设热管外壁与定子绕组和散热片表面完全接触，那么热管在定子中的面积为

$$A_{hot}=\pi D_{hp}\frac{\pi(D_{out}+D_{in})}{2}=0.009\pi\times\frac{\pi\times(0.72+0.5)}{2}=0.0542m^2$$

热管在翅片中的面积为

$$A_{cold}=\pi D_{hp}l_{fin}=0.009\pi\times1.5=0.0424m^2$$

假设翅片区域中冷却空气的温度为 $\vartheta_{cold} = 30℃$，则定子的稳态温度可由式（8.29）计算

$$\vartheta_{stator} = \vartheta_{cold} + \Delta P_{hp}\left(\frac{1}{h_{hot}A_{hot}} + \frac{1}{h_{cold}A_{cold}} + \frac{1}{\eta_{fin}h_{fin}A_{fin}}\right)$$
$$= 30 + 2500 \times \left(\frac{1}{1000 \times 0.0542} + \frac{1}{1000 \times 0.0424} + \frac{1}{0.92 \times 50 \times 1.8}\right) = 165.3℃$$

2）如果将热管替换为一个直径 $d = 9\text{mm}$ 的水冷管道，管道中水流（平均温度为 60℃）以 $v_w = 0.5\text{m/s}$ 的速度流动，求定子绕组的稳态温度。

首先计算 Reynolds 数以确定流动状态。60℃下水的性质为：$\rho = 983.3\text{kg/m}^3$，$c_p = 4179\text{J/(kg·℃)}$，$\mu = 4.7 \times 10^{-4}\text{Pa·s}$，$k = 0.654\text{W/(m·℃)}$，$Pr = \mu c_p / k = 4.7 \times 10^{-4} \times 4179/0.654 = 3$，$Re_d = \rho v_w d/(2\mu) = 983.3 \times 0.5 \times 0.009/(4.7 \times 10^{-4}) = 9414.6 > 2000$，因此流动是湍流。因此，加热时水的 Nusselt 数为

$$Nu_{dh} = 0.023Re_d^{0.8}Pr^{0.4} = 0.023 \times 9414.6^{0.8} \times 3^{0.4} = 53.9$$

而冷水的 Nusselt 数是

$$Nu_{dc} = 0.023Re_d^{0.8}Pr^{0.3} = 0.023 \times 9414.6^{0.8} \times 3^{0.3} = 48.3$$

定子内部和翅片区域内水管的对流换热系数 h_{hot} 和 h_{cold} 计算为

$$h_{hot} = \frac{k \cdot Nu_{dh}}{d} = \frac{0.654 \times 53.9}{0.009} = 3916.7\text{W/(m}^2\text{·℃)}$$

$$h_{cold} = \frac{k \cdot Nu_{dc}}{d} = \frac{0.654 \times 48.3}{0.009} = 3509.8\text{W/(m}^2\text{·℃)}$$

除换热系数不同外，定子的稳态温度仍可按 1）中的方法计算

$$\vartheta_{stator} = \vartheta_{cold} + \Delta P_{hp}\left(\frac{1}{h_{hot}A_{hot}} + \frac{1}{h_{cold}A_{cold}} + \frac{1}{\eta_{fin}h_{fin}A_{fin}}\right)$$
$$= 30 + 2500 \times \left(\frac{1}{3916.7 \times 0.0542} + \frac{1}{3509.8 \times 0.0424} + \frac{1}{0.92 \times 50 \times 1.8}\right) = 88.8℃$$

第9章

应　　用

9.1　发电

分布式发电系统主要采用永磁无刷发电机。它们属于自励型发电机，结构紧凑、高效可靠。分布式发电是一种用于配电系统中的电力生产技术，分为可再生和不可再生两类。可再生技术包括太阳能、光伏、热能、风能、地热和海洋能等。不可再生技术包括内燃机、联合循环、燃气轮机、微型涡轮机和燃料电池等。

AFPM 无刷发电机在高速、低速应用场合都适用。其优点是功率密度高、结构模块化、效率高，并且易于与涡轮转子或飞轮等其他机械部件集成。输出电压通常经过整流、逆变，以匹配公用电网频率，或仅进行整流。参考文献［34］提出了一种通过机械弱磁实现 AFPM 汽车交流发电机输出电压主动调节的方法。

9.1.1　高速发电机

为最大限度地减少风阻损失，高速发电机应采用小直径转子。但在无定子铁心的情况下，多盘设计具有模块化、结构紧凑、同步电抗低、电压调节性好和效率高等优点。

多盘式 AFPM 高速发电机通常由微型涡轮驱动。涡轮转子和永磁体转子安装在同一根轴上。这种发电机结构紧凑、质量轻且效率非常高。

根据英国 TurboGenset 公司的资料，一台 100kW、60000r/min 的多盘式发电机的外径为 180mm，长度为 300mm，质量仅为 12kg（见图 9.1）。高频交流输出先被整流成直流电，然后逆变成 50Hz、60Hz 或 400Hz 的交流电（见图 2.20）。发电机完全由空气冷却。

军事单位对微型涡轮驱动的永磁同步发电机在士兵背包电池中的应用很感兴趣。目前便携式背包电池的能量密度较低，对步兵未来的作战行动构成了重大限制和挑战。随着永磁无刷电机技术的最新发展，微型发电机组可以最大限度地减轻电池的质量，并可在野外为电池充电。微型发电机可以长时间提供电力，仅受燃料供应的限制。图 9.2 显示了一款集成微型 AFPM 同步发电机的微型涡轮。在转速

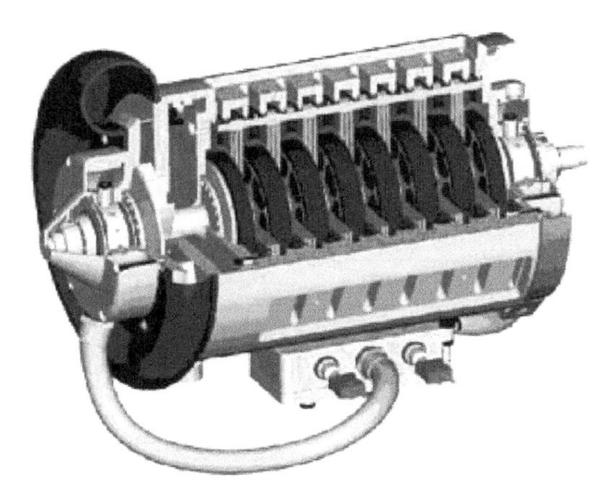

图9.1 100kW、8盘式AFPM同步发电机（由英国TurboGenset公司提供）

为150000～250000r/min，永磁体外径$D_{out}\approx$50mm时，发电机可提供约1kW的电力。

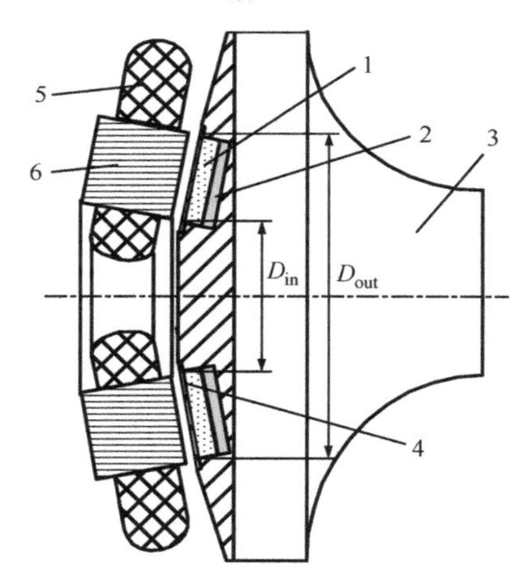

图9.2 与微型涡轮转子集成在一起的高速AFPM同步发电机

1—钐钴永磁体　2—支撑钢环　3—微型涡轮转子　4—非磁性挡圈　5—定子绕组　6—定子铁心

9.1.2 低速发电机

低速AFPM发电机通常由风力机驱动。随着风能迅速成为全球最理想的替代能源之一，与太阳能电池板等相比，AFPM发电机提供了最终的低成本解决方案。表9.1列出了南非Kestrel公司生产的三款五相AFPM同步发电机的规格，它们都使用叠片铁心。Kestrel 2000是一款具有双转子的双边AFPM发电机。额定功率为400W的Kestrel 600发电机实际上能够提供超过600W的功率。通过并联调节器控制，可为12V直流电池组提供最大50A的充电电流。在风速为52.2km/h（相当于14.5m/s，即28.2kn）和转速为1100r/min时，输出功率为600W（见图9.3）。

表9.1　Kestrel五相AFPM同步发电机的规格

发电机类型	Kestrel 600	Kestrel 800	Kestrel 2000
额定功率/W	400（12.5m/s）	800（11.5m/s）	2000（10.5m/s）
最大功率/W	600（14.5m/s）	850（12m/s）	2200（11m/s）
极数$2p$	48	48	200
发电步骤	2	2	4
额定风速/(m/s)	12.5	11.5	10.5
切入风速/(m/s)	2.5	2.5	2.2
额定转速/(r/min)	1100	1010	925
转子直径/m	1.2	2.1	3.6
叶片数量	6	3	3
叶片种类	基本翼型	全翼型	
塔顶重量/kg	23	35	80
侧向推力/N	250	300	450
速度控制	自失速㊀	动态尾翼㊁	
标准整流直流电压/V	12，24，36，48	48	
防护等级	IP55		

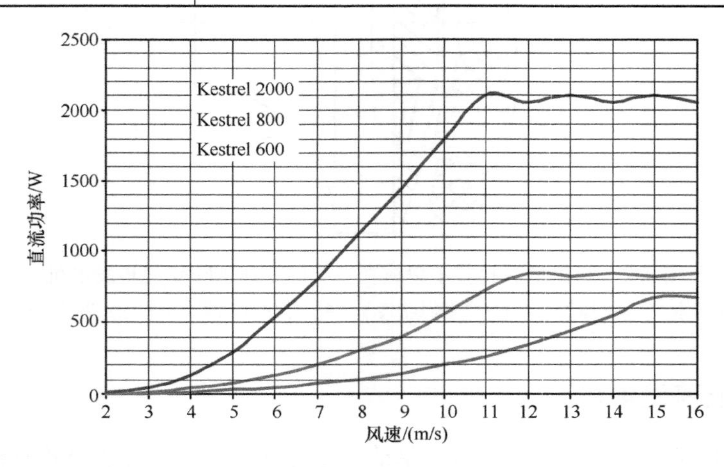

图9.3　Kestrel AFPM同步发电机的输出功率与风速的关系（由南非Kestrel公司提供）

㊀ 当风速超过额定值时，叶片会自动进入失速状态，从而限制风力机的功率输出，避免风力机过载。——译者注

㊁ 尾翼可以根据风速、风向或其他环境条件动态调整角度，以优化风力发电机的运行状态。——译者注

图9.4所示为一个中等功率的AFPM发电机，采用双转子和单无铁心定子结构，用于叶片直径为5m的风力机。定子由15个不重叠的集中绕组线圈组成，每相一个线圈。线圈的厚度为12mm，线径为0.6mm。每个线圈的输出都单独整流为直流电，以减少换向转矩波动并提供更好的电压控制。转子有16极，性能特征如图9.5所示。

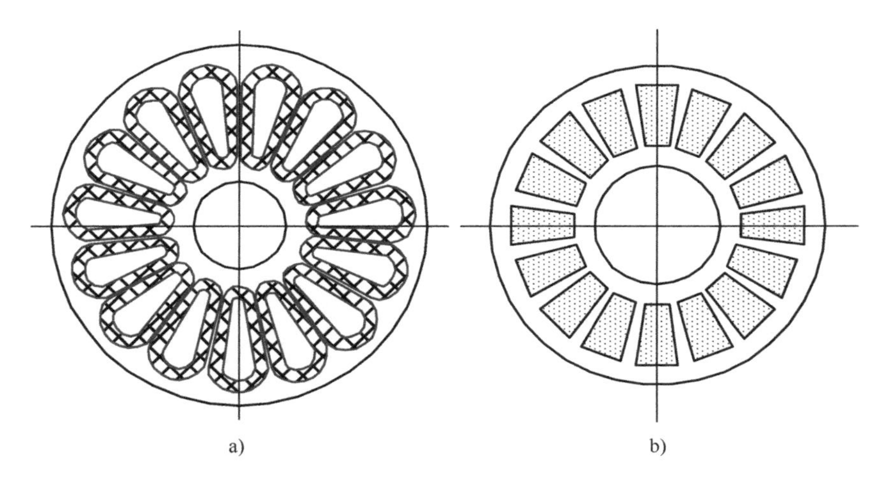

图9.4 中等功率AFPM发电机，采用双转子和单无铁心定子

a）定子线圈 b）带钕铁硼永磁体的转子盘

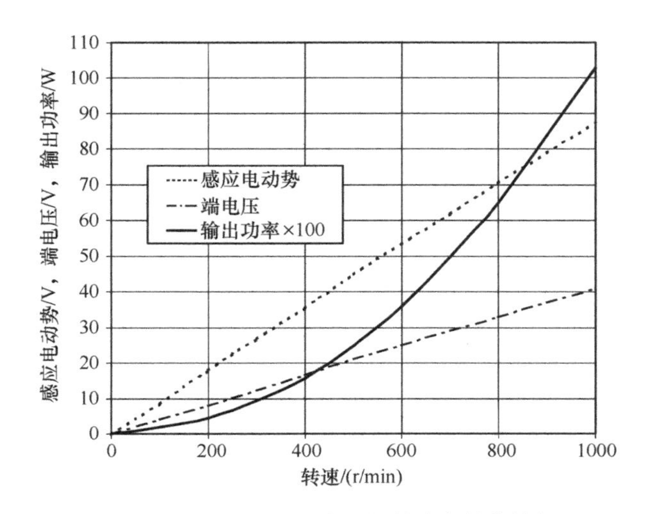

图9.5 10kW AFPM发电机的稳态性能特征

英国Durham大学开发的2kW、500r/min的无铁心AFPM发电机的详细

结构如图9.6所示，该发电机用于风力发电，并采用集中绕组[27]。定子位于两个转子盘之间，包含12个圆形线圈，每个转子盘有16个圆形钕铁硼永磁体。转子盘通过外部定位环和螺栓进行机械连接。永磁体被固定在支撑环对应的位置中。定子通过双轴结构从内部进行支撑。发电机的整体直径为495mm，轴向长度为67mm。发电机主要参数见表9.2。这种类型的发电机具有以下优点[27]：

1）圆形线圈提供最少的匝数和最低的电阻；

2）制造简单且生产成本低；

3）易于组装，因为转子和定子之间没有磁力；

4）无齿槽转矩，因此发电机转动的机械阻力很小。

发电机样机已制造完成，并与垂直轴风力机集成在一起，如图9.7所示。

图9.6　2kW、500r/min无铁心AFPM风力发电机的定转子结构（由英国Durham大学提供）
1—无铁心定子　2—转子盘

表9.2　AFPM风力发电机规格[27]

额定速度/(r/min)	500
额定功率/W	2000
相数	3
永磁体数目	16
电枢线圈数	12
频率/Hz	66.67
永磁类型	钕铁硼

（续）

永磁直径/mm	65
永磁厚度/mm	8
平均直径处的极距/mm	70
极距/（°）	22.5
转子厚度/mm	10.0
发电机总体直径/mm	495
发电机轴向长度/mm	67
定子厚度/mm	20
电枢线圈跨距/（°）	30
电枢线圈外径/mm	75.0
电枢线圈内径/mm	30.0
线圈高度/mm	14
线径/mm	1.0
线圈匝数	276
气隙/mm	3

图9.7 与垂直轴风力机集成的发电机
（由英国 Durham 大学和 Carbon Concepts 公司提供）

9.2　电动汽车

电动汽车分为三大类：混合动力电动汽车（HEV）、纯电动汽车（EV）和燃料电池电动汽车（FCEV）。从汽油车转向 HEV 和 EV/FCEV 将减少个人交通的一次能源总消耗量。HEV 和 EV/FCEV 的牵引电机应满足以下要求：

1）功率等级：高瞬时功率，高功率密度；

2）转矩-转速特性：低速时具有高转矩以便起动和爬坡，巡航时高速低转矩，速度范围宽，包括恒转矩区和恒功率区，转矩响应快速；

3）在较宽的速度和转矩范围内具有高效率；

4）在各种运行条件下具有高可靠性和鲁棒性，例如在高低温、雨、雪、振动等情况下；

5）成本低。

9.2.1　混合动力电动汽车

HEV 目前处于交通技术发展的前沿。HEV 将传统汽车的内燃机和电动汽车的电动机结合在一起，燃油经济性是传统汽车的 2 倍。电动机/发电机通常安装在内燃机和齿轮箱之间。电动机/发电机的转子轴一端通过螺栓固定在内燃机的曲轴上，而另一端可以通过离合器与飞轮或变速箱相连（见图 9.8）。电机具有以下多种功能：

1）在需要时协助车辆推进，允许使用较小排量的内燃机；

2）作为发电机运行，可以将制动过程中产生的多余能量用来给电池充电；

3）替代传统的交流发电机，提供最终用于传统低压电气系统（例如 12V 系统）的能量；

4）可以快速、安静地启动内燃机。这样就可以在需要时关闭内燃机，而在需要时立即重新启动；

5）减少曲轴转速的波动，使发动机怠速运行更加平稳。

在 HEV 中，电机利用其高转矩特性在低速范围内辅助汽油发动机工作，如图 9.9 所示。目前生产的 HEV（见图 9.8）配备有笼型感应电机或永磁无刷电机。永磁无刷电机可以将总转矩提高 50% 以上。在大多数应用中，电机的额定功率在 10～75kW 之间。由于内燃机和变速箱之间空间有限，而且需要提高飞轮效应，因此 HEV 的电机长度较短而直径较大。AFPM 无刷电机是具有高转矩密度的扁平型电机，完全符合 HEV 的要求。AFPM 无刷电机可以采用液体冷却，并可与电力电子变换器集成。

如图 9.10 所示的 HEV 中，能量储存在与 AFPM 电机集成在一起的飞轮中。

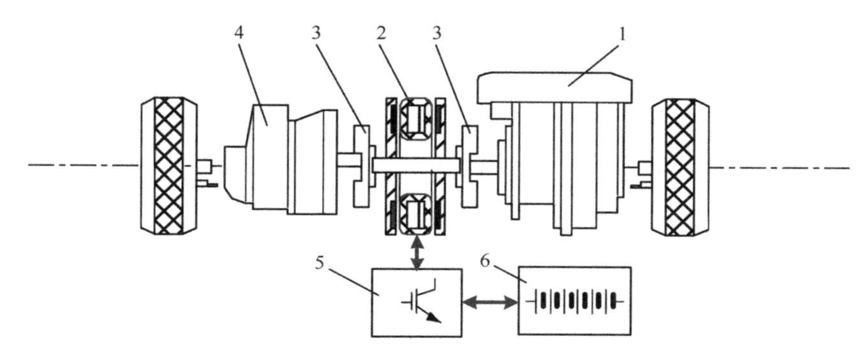

图9.8 混合动力电动汽车

1—汽油内燃机 2—集成式启发一体电机 3—曲柄离合器 4—变速箱 5—逆变器 6—电池

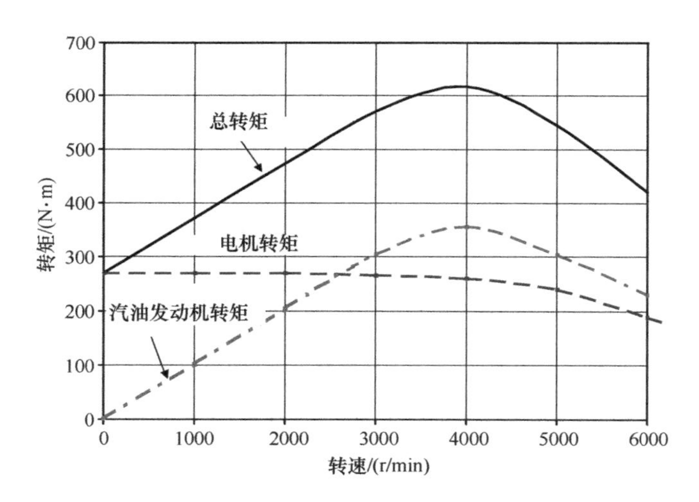

图9.9 电机和汽油发动机的转矩-转速特性，电机在低速时辅助汽油发动机

车辆可以在没有电化学电池的情况下运行。如果电磁转换过程包含在飞轮内，则没有外部轴端，因为电机的功率流动是通过与静止电枢的电气连接实现的[3]。因此，可以避免复杂的真空密封。

转动惯量和拉伸应力分别为：

1）旋转圆盘

$$J=\frac{1}{2}mR_{out}^{2},\sigma=\frac{\rho\Omega^{2}R_{out}^{2}}{3} \tag{9.1}$$

2）旋转圆环

$$J=\frac{1}{2}m(R_{in}^{2}+R_{out}^{2}),\sigma=\frac{\rho\Omega^{2}}{3}(R_{in}^{2}+R_{in}R_{out}+R_{out}^{2}) \tag{9.2}$$

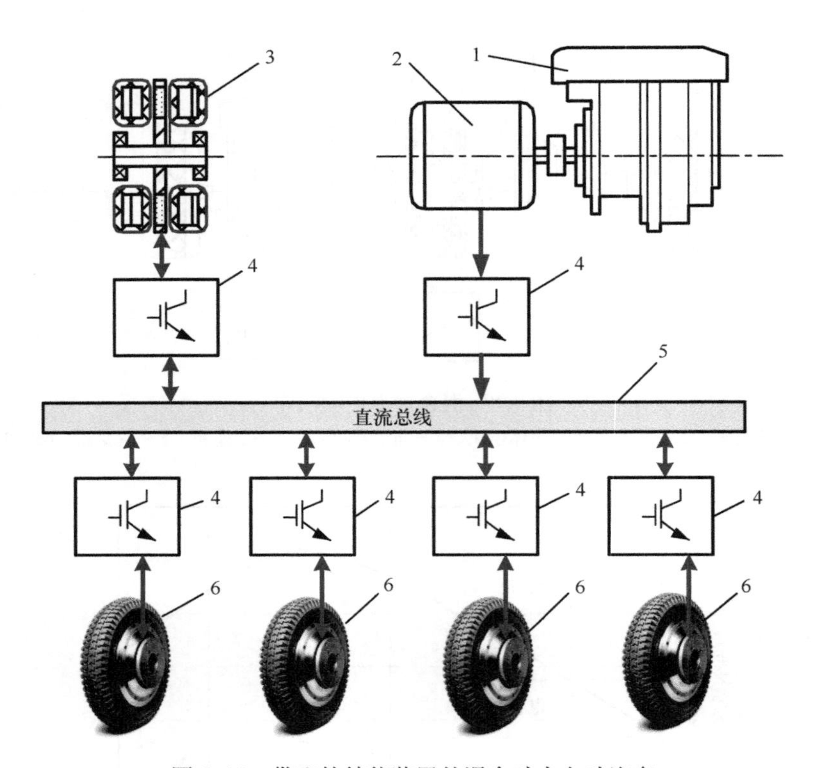

图9.10　带飞轮储能装置的混合动力电动汽车

1—汽油发动机　2—无刷发电机　3—集成飞轮的电动机/发电机　4—固态变换器　5—直流总线　6—电动轮

式中，ρ 是旋转体的密度；m 是质量；$\Omega=2\pi n$ 是角速度；R_{out} 是外半径；R_{in} 是内半径。动能（J）为：

1）旋转圆盘

$$E_k=\frac{1}{2}J\Omega^2=\pi^3\rho dR_{out}^4 n^2 \tag{9.3}$$

2）旋转圆环

$$E_k=\pi^3\rho d(R_{out}^4-R_{in}^4)n^2 \tag{9.4}$$

式中，d 是飞轮（圆盘或圆环）的厚度。

将式（9.1）、式（9.3）和式（9.2）、式（9.4）结合起来，飞轮中存储的能量密度（J/kg）可以表示为：

1）旋转圆盘

$$e_k=\frac{E_k}{m}=\frac{3}{4}\frac{\sigma}{\rho} \tag{9.5}$$

2）旋转圆环

$$e_k = \frac{E_k}{m} = \frac{3}{4}\frac{R_{in}^2 + R_{out}^2}{R_{in}^2 + R_{in}R_{out} + R_{out}^2}\frac{\sigma}{\rho} \tag{9.6}$$

对于高强度钢，例如合金钢（3% CrMoC），$\sigma \approx 1000\mathrm{MPa}$，$\rho = 7800\mathrm{kg/m^3}$[3]，圆盘式飞轮的储存能量密度为 $e_k = 96.1\mathrm{kJ/m^3}$。如果需要储存动能 $E_k = 500\mathrm{kJ}$，则圆盘的质量为5.2kg。

9.2.2 纯电动汽车

纯电动汽车是使用电池（可充电电池或储能电池）作为唯一能源的汽车。电动汽车的动力系统可以将储存在电池中的能量转换为车辆的动能，也可以通过再生制动技术将车辆的动能转换回储能电池。

AFPM无刷电机在电动汽车中可用作轮毂电机（见图6.8和图9.11）[215,225]。AFPM电机的扁平形状可设计出紧凑的电动轮。

借助AFPM无刷电机，电子差速系统可取代机械差速机构[101]。图9.12a展示了一种配置方案，一对电机安装在车辆底盘上，通过带有等速万向节的传动轴驱动两个车轮。图9.12b是另一种方案，电机直接集成在车轮内部，构成电子差速器。这种设计使机电驱动系统得到极大简化，不再需要传动轴和等速万向节。然而，车轮的“非悬挂”质量因电机的质量而增加。对于这种直接驱动结构的轮毂电机来说，由于转子速度低于采用齿轮传动时的速度而承受过载风险，这导致电机所需有效材料的体积增加。

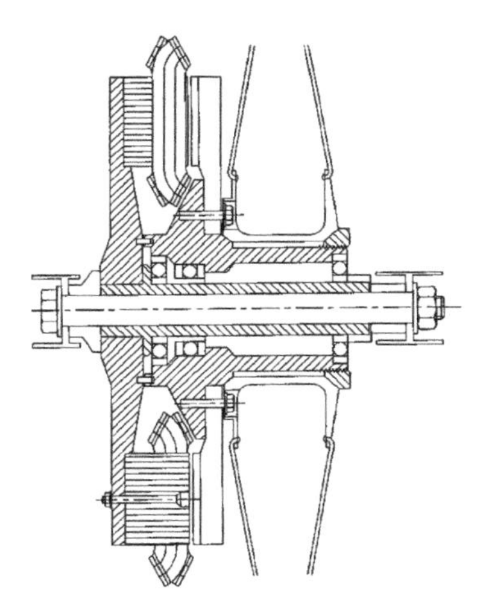

图9.11 安装在辐条式车轮上的单边AFPM无刷电机[215]

采用图9.13所示的结构可以克服传统轮毂电机的缺点。两个定子直接安装在车身上，而永磁转子可在径向自由移动。可以观察到，在这种情况下，车轮和圆盘转子构成了非悬挂质量，而电机的定子成为底盘上的悬挂质量[101]。

鉴于轮毂电机在电动汽车驱动系统中的诸多优势，例如更大的车内空间、更好的车辆控制性能以及模块化的驱动系统架构，汽车行业对开发适用于未来电动汽车的轮毂电机的兴趣日益增长。美国通用汽车先进技术中心开发的AFPM轮毂电机如图9.14所示。该电机在两个永磁转子盘之间有一个定子。这种拓扑结构通过利用定子的双侧绕组来产生转矩，实现了更高的转矩密度[66,199,223]。为了从定子绕组内部散热，在定子绕组外端部设计了带有内部液体冷却通道的铝环[P149]。通用汽车轮毂电机的设计规格见表9.3。为了证明AFPM轮毂电机的性能和鲁棒性，在

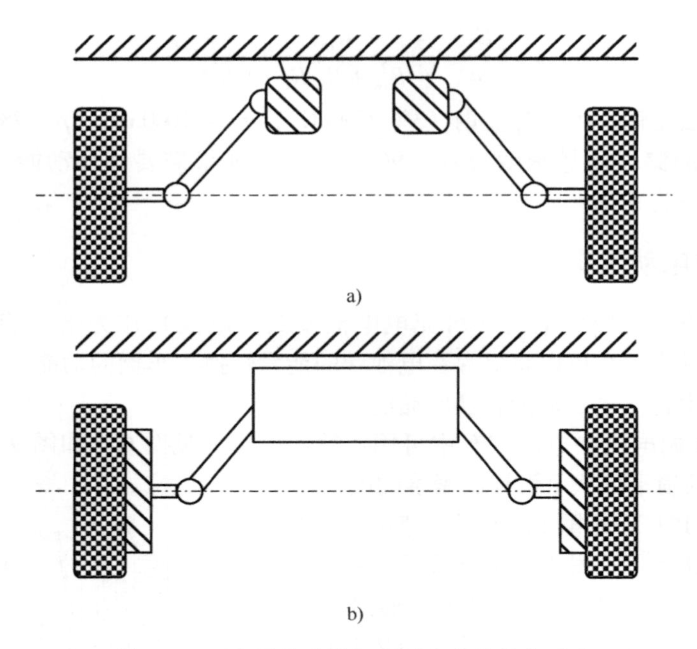

图 9.12 “电子差速器”驱动方案的替代形式
a）车载电机 b）轮毂电机

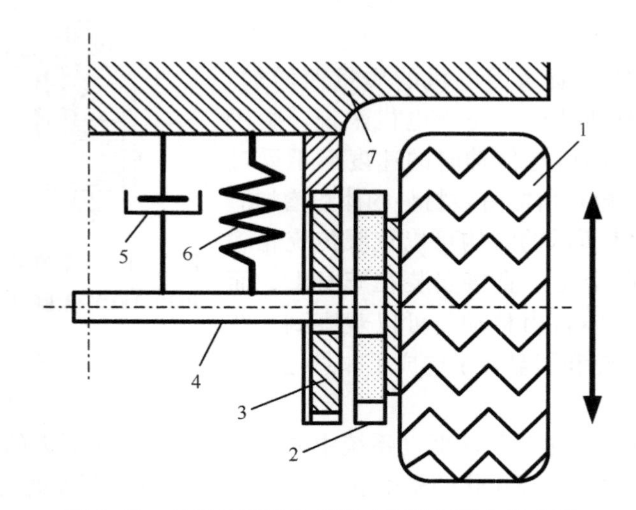

图 9.13 非悬挂质量较低的 AFPM 无刷电机方案
1—车轮 2—盘式转子 3—定子 4—轴 5—减振器 6—弹簧 7—底盘

通用汽车 S-10 展示卡车上安装了两台轮毂电机，并进行了数千英里[⊖]的道路测试。

⊖ 1 英里（mile）=1609.34 米（m）。

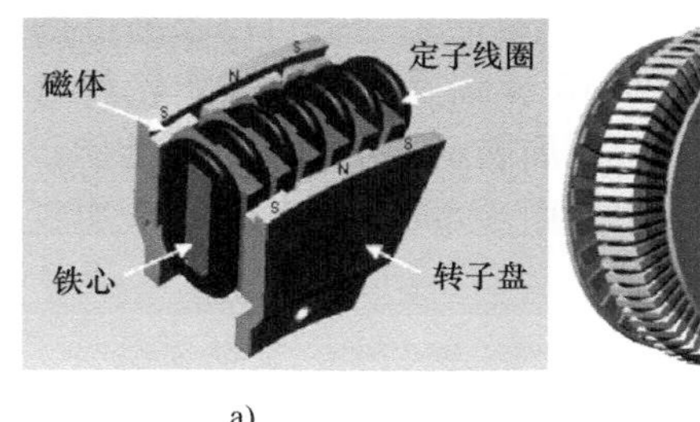

a)

b)

c)

图9.14 通用汽车的AFPM轮毂电机
a）AFPM电机的部分模型，包含开槽定子的细节
b）AFPM电机的基本布局图，包含位于两个永磁转子盘之间的定子
c）安装在通用汽车S-10展示卡车上的AFPM轮毂电机

表9.3 通用汽车轮毂电机设计规格[66]

相数	3
极数	24
峰值转矩/(N·m)	500
定子外径/m	340
最大轴向长度/m	75
峰值功率/kW	25
额定母线电压/V	280
峰值电流/A	150
最大转速/(r/min)	1200

9.2.3 燃料电池电动汽车

William Robert Grove于1839年首次发现了燃料电池原理[272,273]。尽管燃料电池技术已经得到了充分验证，但目前还未商业化。燃料电池被广泛认为是一项变革性技术，有望极大地提高移动和固定应用的能源效率，并有望实现向氢能经济的长期过渡。在交通领域，轻型汽车被认为是燃料电池技术最大的潜在市场，也是大力发展的重点[76,98]。大多数主要汽车制造商目前都有正在进行的FCEV研发项目。

燃料电池可以使用氢气或碳氢燃料。与碳氢燃料相比，生产氢气的成本过高一直是其商业化的障碍，而且还需要对基础设施进行重大改造，例如建立氢气生产和分配基础设施。然而，随着这一领域的技术快速发展，以及在燃料供应途径中引入可再生能源的可能性不断增加，预计在未来十年内成本将会大幅下降。

通用汽车 Sequel FCEV，搭载了位于前部引擎舱的感应电机以及后部的两个 AFPM 轮毂电机，实现了强劲的驱动力。图 9.15 详细呈现了 AFPM 轮毂电机的前后视图和机械集成细节。这种动力传动系统布局展示了出色的车辆性能、操控性和安全性，以及轴向磁通电机技术的潜力。通用 Sequel FCEV 在单次加氢的情况下实现了创纪录的 300mile 续航里程。

图 9.15　Sequel 燃料电池概念电动汽车（由美国通用汽车公司提供）
a）AFPM 轮毂电机的前视图　b）AFPM 轮毂电机的后视图　c）Sequel FCEV
d）带有机电制动器、后轮转向执行器和集成可控减震器的后部 AFPM 轮毂电机

9.3　船舶推进

9.3.1　大型 AFPM 电机

大型 AFPM 无刷电机的盘式定子通常由三个基本部分组成[48]：

1）铝制冷板；

2）螺栓固定的铁心；

3）多相绕组。

冷板是机架的一部分，负责将热量从定子传递到热交换表面。在钢带上加工出槽，然后在圆周方向上螺旋形绕制成铁心。用利兹线制成的绕组放在槽里，然后浸渍在灌封化合物中。美国 Kaman Aerospace 公司生产的双盘式 AFPM 无刷电机的结构如图 9.16 所示[48]，其设计数据见表 9.4。

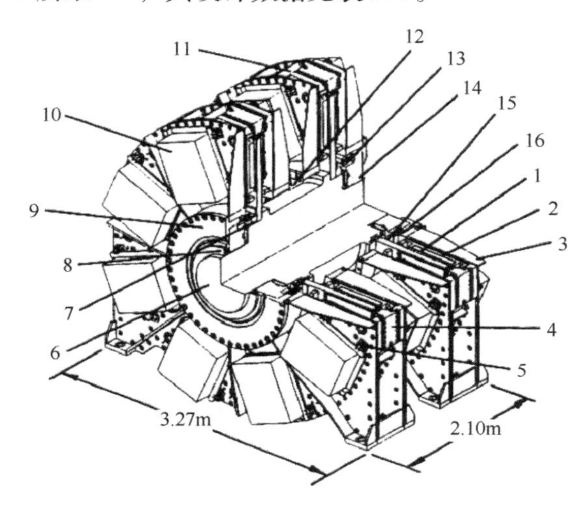

图 9.16　大功率双盘式 AFPM 无刷电机结构（由美国 Kaman Aerospace 公司提供）

1—永磁体　2—定子组件　3—外壳　4—减震器　5—减震架　6—转子轴　7—转子盘夹　8—轴封组件　9—轴承保持架　10—定子段　11—中心框架外壳　12—隔板外壳　13—转子盘　14—轴承组件　15—转子密封滑块　16—转子密封组件

表 9.4　美国 Kaman Aerospace 生产的大功率三相 AFPM 无刷电机设计数据

参数	PA44-5W-002	PA44-5W-001	PA57-2W-001
极数 $2p$	28	28	36
并联支路数		2	
输出功率/kW	336	445	746
最大相电压/V	700	530	735
额定转速/(r/min)	2860	5200	3600
最大转速/(r/min)	3600	6000	4000
额定转速时效率	0.95	0.96	0.96
额定转速时转矩/(N·m)	1120	822	1980
堵转转矩/(N·m)	1627	1288	2712
连续电流（六步波形）/A	370	370	290
最大电流/A	500	500	365
最大每相感应电动势常数/[V/(r/min)]	0.24	0.10	0.20
500Hz 时每相绕组电阻/Ω	0.044	0.022	0.030

（续）

参数	PA44-5W-002	PA44-5W-001	PA57-2W-001
500Hz 时每相绕组电感/μH	120	60	100
转动惯量/(kg·m^2)	0.9	0.9	2.065
冷却方式		水和乙二醇混合物	
电机最高允许温度/℃		150	
质量/kg	195	195	340
功率密度/(kW/kg)	1.723	2.282	2.194
转矩密度/(N·m/kg)	5.743	4.215	5.823
机壳直径/m	0.648	0.648	0.787
机壳长度/m	0.224	0.224	0.259
应用场合	牵引、钻井行业		通用型

9.3.2 无人潜艇的推进系统

潜艇的电动推进系统需要高输出功率、高效率且紧凑的电机[64,195]。AFPM 无刷电机能够满足这些要求，并且仅靠周围海水冷却，就能够无故障运行超过 100000h。这些电机几乎没有噪声，运行时振动极小。在额定工作条件下的功率密度超过 2.2kW/kg，转矩密度达到 5.5N·m/kg。大型船用推进电机的典型转子线速度为 20～30 m/s[195]。

9.3.3 船用反转转子推进系统

AFPM 无刷电机可以设计成两个转子反向旋转[39]。这种电机拓扑结构可应用于船舶推进系统，该系统通过额外的反向旋转螺旋桨来回收主螺旋桨流场中的旋转流动能量。在这种情况下，使用具有反向旋转转子的 AFPM 电机可以省去反转所需的行星齿轮。

定子绕组线圈呈矩形，这取决于环形铁心的横截面[39]（另见图 2.4）。每个线圈有两个有效表面，每个线圈表面与对面的永磁转子相互作用。为了实现两个转子的反向运动，定子绕组线圈必须以这样的方式排列，以便在电机的环形气隙中产生反向旋转的磁场。定子位于两个转子之间，这两个转子由低碳钢盘和轴向磁化的钕铁硼永磁体组成。永磁体安装在靠近定子侧的圆盘表面上。每个转子都有自己的轴来驱动螺旋桨，即电机有两个同心轴，由径向轴承隔开。具体结构如图 9.17 所示[39]。

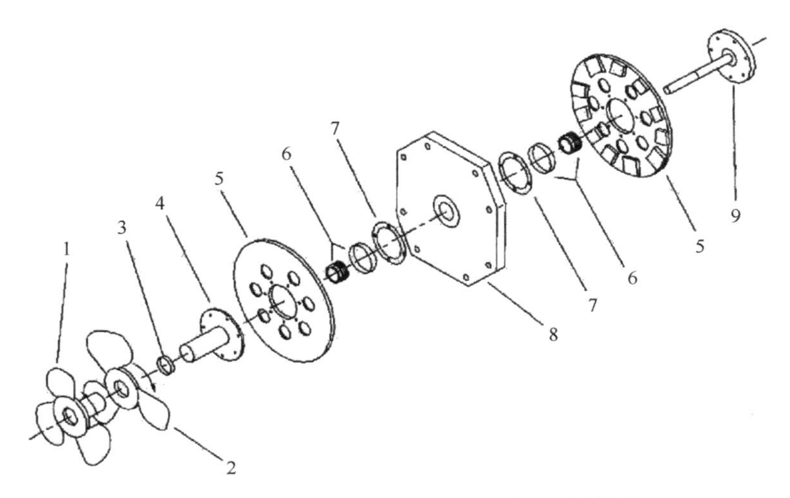

图 9.17 带反转转子的 AFPM 无刷电机爆炸图

1—主螺旋桨 2—反转螺旋桨 3—径向轴承 4—外轴
5—永磁转子 6—电机轴承 7—装配环 8—定子 9—内轴

9.4 电磁飞机弹射系统

军用飞机是依靠蒸汽弹射器从航空母舰的甲板上弹射起飞的。蒸汽弹射器使用两排平行的带槽汽缸，缸内活塞与牵引飞机的滑梭相连。活塞在蒸汽压力下加速滑梭直到飞机起飞。蒸汽弹射器有许多缺点[79]，例如：

1）运行时无反馈控制；

2）体积大（超过 1100m^3）、质量大（高达 500t）；

3）占用航母上“黄金”位置，并对船舶稳定性有负面影响；

4）效率低（4% ~6%）；

5）运行能量限制，大约为 95MJ；

6）需要频繁维护。

电磁飞机弹射系统（ElectroMagnetic Aircraft Launch System，EMALS）摆脱了上述缺点。EMALS 技术采用直线感应电机或同步电机，由盘式交流发电机通过周波变换器供电。从航母电站获得的电能以动能形式储存在 AFPM 同步发电机的转子中。然后，这些能量以数秒的脉冲形式释放，用于加速并弹射飞机。AFPM 发电机与直线电机之间的周波变换器提高了电压和频率。EMALS 以“实时”闭环控制方式运行[79]。相关要求见表 9.5。

表9.5　EMALS要求[79]

项目	数值
终端速度/(m/s)	103
最大推力与平均推力比	1.05
周期时间/s	45
终端速度变化量/(m/s)	1.5
最大加速度/(m/s^2)	56
发射能量/MJ	122
最大推力/MN	1.3
最大功率/MW	133
体积/m^3	<425
质量/kg	<225000

图9.18中所示的AFPM同步电机的规格见表9.6[79]。EMALS使用4台AFPM电机，安装在一个转矩框架内，成对反向旋转，以减少转矩和陀螺效应。AFPM电机以电动机运行时，其转子用来储存动能，而以发电机运行时，转子作为励磁系统。舰载发电机的电力通过整流器-逆变器输入AFPM电机。电动机和发电机运行有各自独立的定子绕组。电动机绕组位于槽的底部，以提高绕组与外壳之间的导热性能。

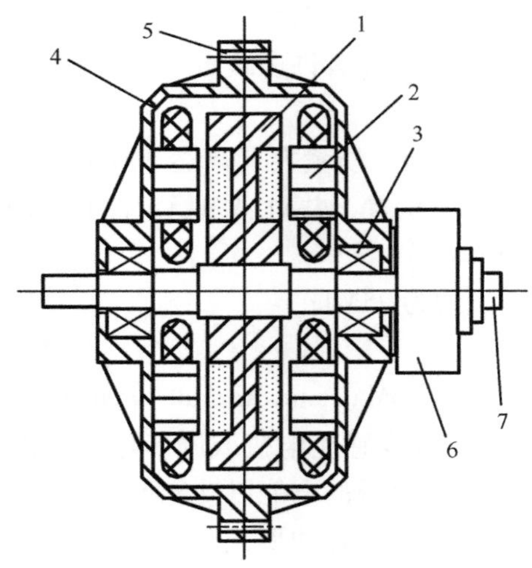

图9.18　用于EMALS的AFPM同步电机

1—永磁体转子组件　2—定子组件　3—轴承　4—外壳

5—安装法兰　6—制动器　7—轴编码器

表9.6 用于EMALS的AFPM同步电机规格[79]

相数	6
极数	$2p=40$
定子槽数	$s_1=240$
定子类型	双边开槽铁心
定子绕组数	2
发电机绕组位置	气隙侧
电动机绕组位置	槽底侧
最大速度/(r/min)	6400
最大频率/Hz	2133
最大转速时的输出功率/MW	81.6
电动机最大线感应电动势/V	1122
最大线电压峰值/V	1700
最大相电流峰值/A	6400
损耗/kW	127
效率	0.893
每相电阻/mΩ	8.6
每相电感/μH	冷板
定子冷却方式	水和乙二醇混合物
流量/(L/min)	151
绕组平均温度/℃	84
铁心平均温度/℃	61
永磁体类型	烧结钕铁硼
40℃剩磁/T	1.05
气隙磁通密度/T	0.976
齿部磁通密度/T	1.7
最大储能容量/MJ	121
能量密度/(kJ/kg)	18.1
质量/kg	6685

9.5 移动钻井设备

钻机的类型从由小型电动机驱动的工具到大型油田钻机不等。地面钻机的基本组成部分包括动力装置或电动机、用于将钻井液循环至钻头并清洗井孔的泵或空气压缩机、钻头、提升卷筒及钢丝绳、井架、安装平台或甲板，以及诸如用于打入和拔出套管的锤子、便携式泥浆池、用于堆放钻杆和岩样的架子、用于连接或拆卸以及提升钻具的小型工具等各类设备。

动力单元（电机）执行以下功能：

1）为冲击钻井或搅拌钻井操作驱动重锤装置，或为旋转钻井操作提供旋转运动以驱动螺旋钻杆和取芯设备；

2）操作绞车以升降钻探和取样设备；

3）提供向下压力以推动钻探和取样设备，或提升和下落重锤以打入套管或取样设备。

对于大多数钻探和取样作业，动力来自于安装钻探机的卡车发动机或单独的发动机，这些发动机是钻井设备的集成部件。据估计，大约90%的动力设备是汽油或柴油发动机，10%是压缩空气发动机或电机。由齿轮或液压泵组成的传动装置将动力转换为提升和旋转钻探设备所需的速度和转矩。大多数设备都有一个变速箱，可实现4~8档的吊起速度和钻孔速度。通常情况下，钻井设备的起重能力决定了钻孔的深度。选择动力源的经验法则是，提升钻杆所需的功率应该是转动钻杆所需功率的3倍左右。在高海拔地区，每升高300m，功率损失约为3%。

由于其紧凑的设计、质量轻、精确的速度控制、高效率和高可靠性，大功率AFPM无刷电机（见表9.4）特别适用于便携式钻井设备。

在加拿大Tesco公司制造的ECI小型顶部驱动钻井系统中（见图9.19），传

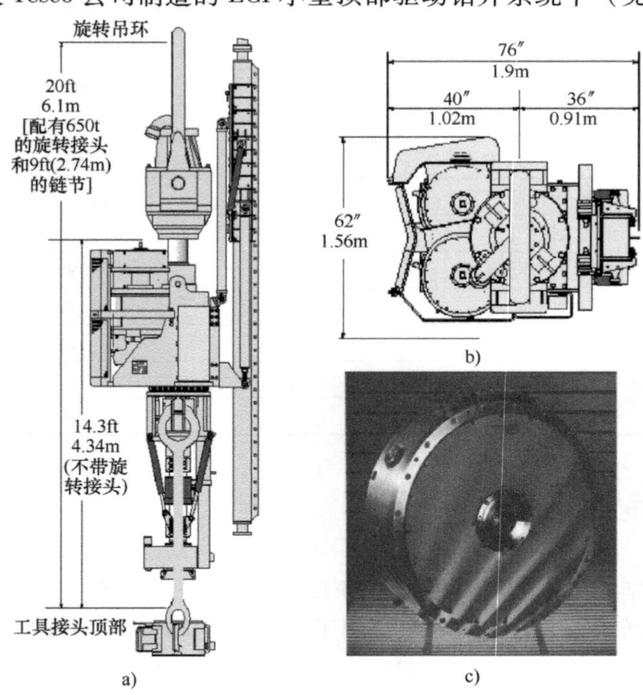

图9.19　ECI钻井系统（由加拿大Tesco公司提供）

a）总体视图　b）带AFPM同步电机的动力装置　c）Kaman Aerospace公司的PA44 AFPM电机

统的感应电机或有刷直流电机已被高性能液冷 AFPM 同步电机所取代。该系统与大多数600V 交流钻井电源系统兼容。产品亮点包括：

1）Kaman Aerospace 公司的 PA44 AFPM 同步电机（见表9.4）已成功通过60g 三轴载荷测试，是恶劣钻探环境的理想选择；

2）AFPM 同步电机可实现其他电机无法达到的高精度速度和转矩控制；

3）模块化设计允许在电机故障时降容工作；

4）直接连接到钻机的交流母线，并与现有电源接口连接，对钻机电源的影响很小；

5）整个 ECI 系统可以用三个标准6m 海运集装箱运输。

ECI 钻井系统的规格见表9.7。

表9.7　配备 AFPM 同步电机的 ECI 钻井系统规格（该电机由加拿大 Tesco 公司制造）

ECE 钻井系统	670	1007
不带旋转接头的钻井单元		
质量/kg	5909	6270
工作长度（包括2.8m 的链条和电梯）/m	4.34	4.34
拧紧转矩（典型值）/(N·m)	5965	9490
断开转矩/(N·m)	7592	11389
最大钻井转矩/(N·m)	5098	7860
最大转速/(r/min)	187	187
电源系统（机械模块）		
近似质量/kg	3340	3730
长度/m	6.4	6.4
宽度/m	2.3	2.3
电源系统（电气模块）		
近似质量/kg	3545	4320
长度/m	6.35	6.30
宽度/m	2.311	2.30

9.6　梁式抽油机

梁式抽油机（见图9.20）由地面上的电力驱动装置和地下的往复式活塞泵组成。一根重型横梁的一端是由电机驱动的一对带有配重的曲柄，另一端装有所谓的马头和附着的垂直缆绳。缆绳连接到井底泵的抛光杆。曲柄使梁上下移动并驱动泵。通常，梁式抽油机一个冲程可输送5~40L 的原油-水混合物。

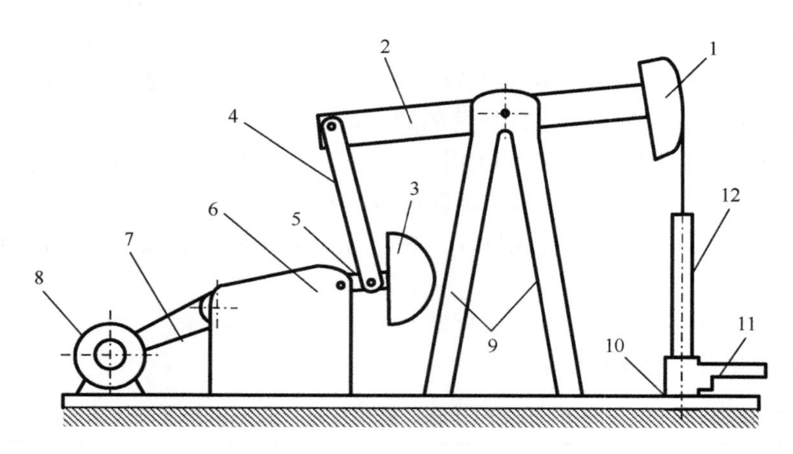

图9.20　梁式抽油机

1—马头　2—活动梁　3—配重　4—托臂　5—曲柄　6—传动装置　7—滑轮和皮带
8—电机或其他原动机　9—Samson梁　10—套管　11—流送管　12—抛光杆

新型梁式抽油机（见图9.21）使用低速AFPM无刷电机取代了感应电机、滑轮、皮带和传动装置[130]。在梁的电机侧有一个配重，其重量与马头接近。AFPM无刷电机的应用简化了梁式抽油机的结构和维护，降低了成本，并提高了电机的整体效率。AFPM无刷电机样机的纵剖面如图9.22所示，规格详见表9.8[130]。

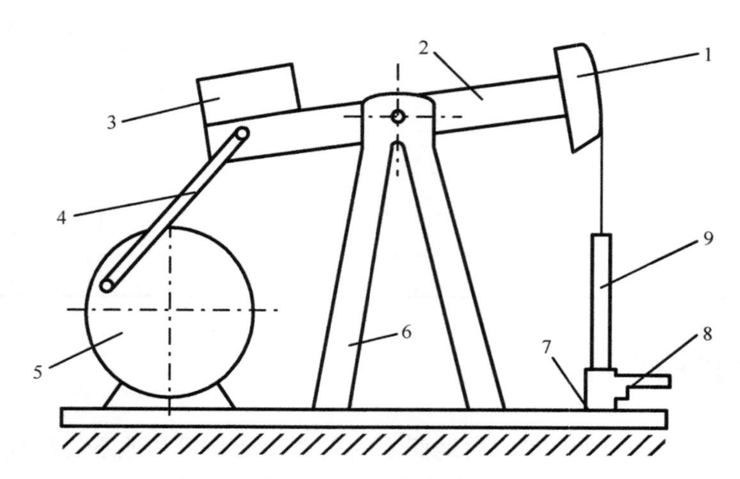

图9.21　配备AFPM无刷电机的新型梁式抽油机

1—马头　2—活动梁　3—配重　4—托臂　5—盘式电机
6—Samson梁　7—套管　8—流送管　9—抛光杆

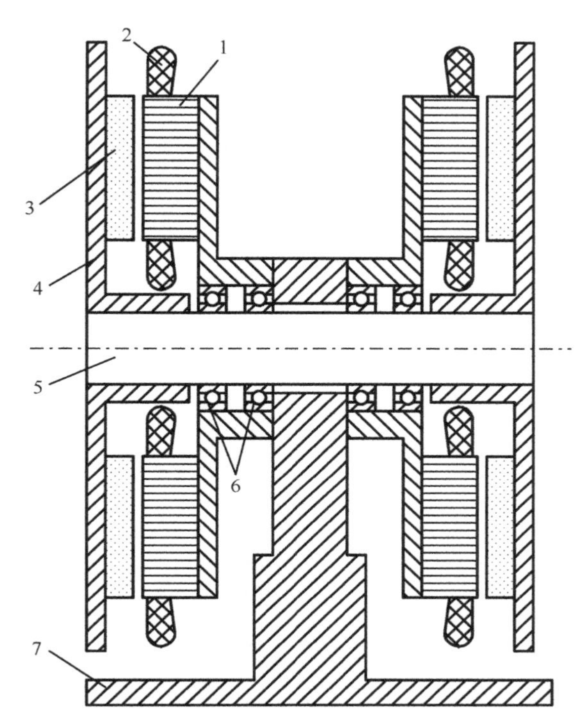

图9.22 用于新型梁式抽油机的AFPM无刷电机样机

1—定子铁心 2—定子绕组 3—永磁体 4—转子 5—轴 6—轴承 7—底座

表9.8 用于梁式抽油机的AFPM无刷电机样机规格[130]

额定功率/kW	9.0
额定转矩/(N·m)	4820
额定转速/(r/min)	20
额定频率/Hz	8
额定电压/V	380
额定电流/A	16
转子极数	48
定子槽数	144
永磁体剩磁/T	1.2
永磁体厚度/mm	10.0
气隙/mm	4.0
定子内直径/m	0.6
定子外直径/m	0.9

9.7　电梯

1992年，芬兰Kone公司提出了电梯无齿轮电驱动的概念[113]。借助盘式低速紧凑型AFPM无刷电机（见表9.10），顶楼的机房可以由节省空间的直驱装置取代。与直径相似的低速轴向磁通笼型感应电机相比，AFPM无刷电机的效率和功率因数都大幅提高了。

电梯的驱动系统如图9.23a所示，而图9.23b展示了AFPM无刷电机是如何安装在轿厢的导轨和井道墙壁之间的。

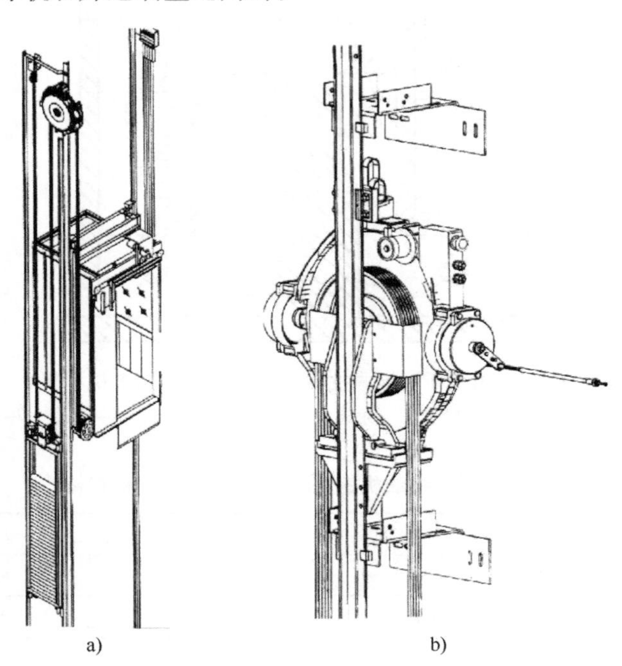

图9.23　MonoSpace™电梯（由芬兰Kone公司提供）
a）电梯驱动系统　b）Ecodisk™电机

表9.9比较了不同提升技术的关键参数[113]。盘式AFPM无刷电机具有明显优势。

用于无齿轮乘客电梯的单边AFPM无刷电机的规格详见表9.10[113]。叠片定子有96~120个槽，采用三相短距绕组和F级绝缘。例如，额定功率为2.8kW、280V、18.7Hz的MX05电机，其定子绕组电阻R_1为3.5Ω，定子绕组电抗X_1为10Ω，极数$2p$为20，滑轮直径为340mm，质量为180kg。

表 9.9　630kg 级电梯提升技术比较[113]

参数	液压电梯	齿轮电梯	永磁无刷电机直驱电梯
电梯速度/(m/s)	0.63	1.0	1.0
电机输出功率/kW	11.0	5.5	3.7
电机转速/(r/min)	1500	1500	95
电机熔丝/A	50	35	16
年用电量/kWh	7200	6000	3000
提升效率	0.3	0.4	0.6
用油量/L	200	3.5	0
质量/kg	350	430	170
噪声水平/dB(A)	60 ~ 65	70 ~ 75	50 ~ 55

表 9.10　芬兰 Kone 公司生产的用于无齿轮乘客电梯的单边 AFPM 无刷电机规格

参数	MX05	MX06	MX10	MX18
额定输出功率/kW	2.8	3.7	6.7	46.0
额定转矩/(N · m)	240	360	800	1800
额定转速/(r/min)	113	96	80	235
额定电流/A	7.7	10	18	138
效率	0.83	0.85	0.86	0.92
功率因数	0.9	0.9	0.91	0.92
散热方式	自然	自然	自然	强制
滑轮直径/m	0.34	0.40	0.48	0.65
电梯载重/kg	480	630	1000	1800
电梯速度/(m/s)	1	1	1	4
安装位置	井道	井道	井道	机房

无齿轮电梯用的双盘 AFPM 无刷电机如图 9.24 所示[113]。表 9.11 列出了额

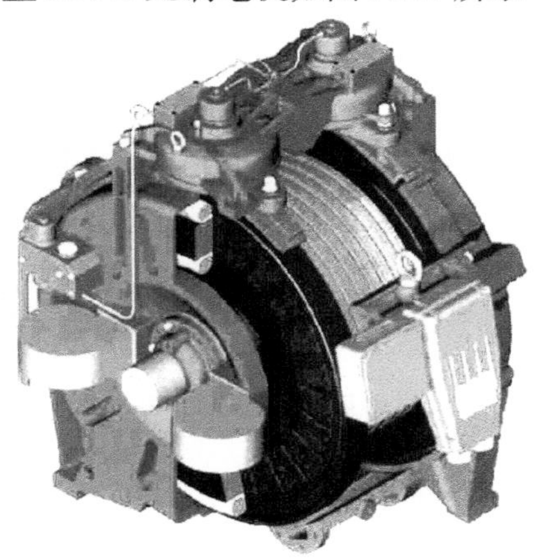

图 9.24　用于无齿轮电梯的双盘 AFPM 无刷电机（由芬兰 Kone 公司提供）

定功率为58～315kW的双盘AFPM无刷电机的规格[113]。双盘配置可提供高输出转矩和轴向力补偿[P105]。

表9.11 芬兰Kone公司生产的双盘AFPM无刷电机规格

参数	MX32	MX40	MX100
额定功率/kW	58	92	315
额定转矩/(N·m)	3600	5700	14000
额定转速/(r/min)	153	153	214
额定电流/A	122	262	1060
效率	0.92	0.93	0.95
功率因数	0.93	0.93	0.96
电梯载重/kg	1600	2000	4500
电梯速度/(m/s)	6	8	13.5

9.8 微型AFPM电机

超薄永磁微电机，也称“便士电机”，如图9.25和图9.26所示[154]。其厚度为1.4～3.0mm，外径约12mm，转矩常数高达0.4μN·m/mA，速度可达60000r/min。使用了400μm的8极永磁体和通过光刻技术生产的直径110μm的盘式定子绕组[154]。塑料粘结钕铁硼磁体是一种经济有效的解决方案。然而，如果使用烧结钕铁硼磁体可以获得更大的转矩。微型滚珠轴承的直径为3mm。便士电机可应用于微型硬盘驱动器、手机振动电机、移动扫描仪和消费电子产品等。

图9.25 便士电机（由德国Mymotors & Actuators公司提供）

法国Moving Magnet Technologies（MMT）公司生产的两相或三相微型AFPM无刷电机（见图9.27）非常适合大规模低成本生产。为了获得刚性，定子线圈采用了塑封。定子安装在单面印制电路板上。每个部件都可以使用标准的模具、

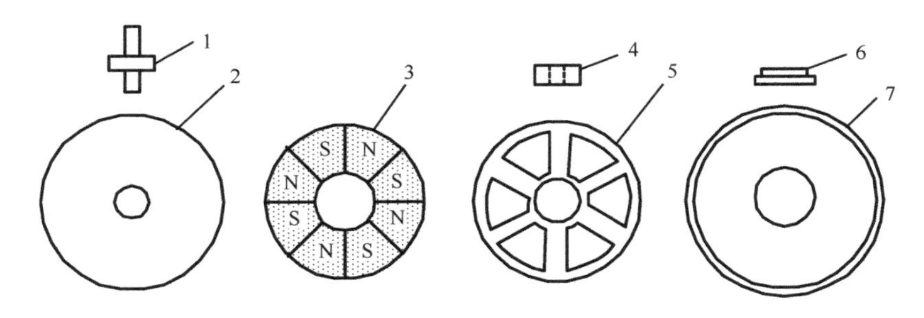

图9.26 便士电机的结构

1—轴 2—低碳钢轭盖 3—永磁环 4—滚珠轴承 5—定子绕组 6—法兰 7—底部钢轭

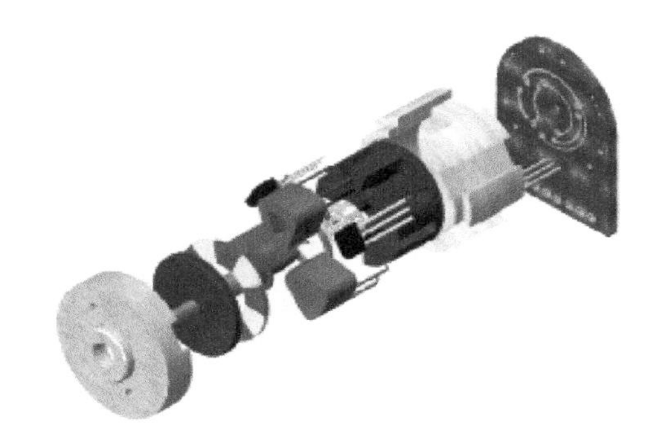

图9.27 两相、四线圈、单边15mm AFPM无刷电机（由法国MMT公司提供）

冲压技术和自动绕线机进行制造。采用了特定的设计，以实现简单高效的组装。闭环控制使用了三种位置传感方法：①安装在定子中的数字霍尔传感器；②感应电动势信号（无传感器模式）；③绝对模拟位置传感器（位置传感器模式）。

MMT公司的AFPM微型旋转执行器（见图9.28）专为汽车应用而设计，旨在有限行程上提供高效、无接触、直驱的旋转运动。使用了环形、圆盘形和瓦片形永磁体。该系列执行器的主要特点是：

1）无接触驱动原理；

2）在给定电流下，恒定转矩与角度位置无关；

3）转矩与电流为线性关系；

4）双向旋转；

5）高转矩密度。

还可实现磁性回位弹簧或模拟非接触式位置检测等附加功能。由于转矩-电流特性呈线性且与位置无关，可以通过弹簧以开环方式或使用位置传感器以简单的闭环方式来操作。

图9.28　两相、四线圈、四极单边AFPM微型旋转执行器（由法国MMT公司提供）

9.9　振动电机

移动通信技术的进步使得手机成为现代社会中非常受欢迎的通信工具。由于手机已成为与手表或钱包一样必不可少的随身物品，因此直径6~14mm的微型振动电机的生产量大得令人难以置信（见图9.29）。手机振动电机的发展趋势包括减少质量和尺寸、最小化能耗以及在任何情况下保证稳定工作[62]。

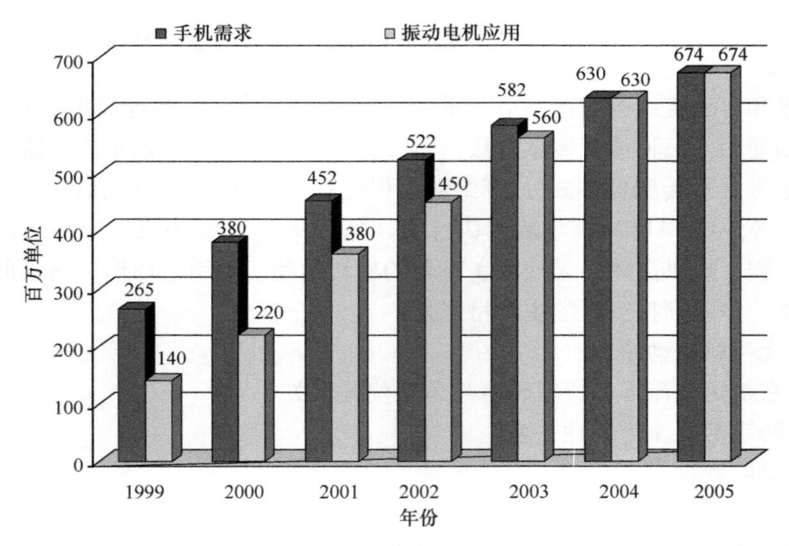

图9.29　对全球手机和振动电机的需求估算

手机用的无刷振动电机有两种类型：圆柱形（RFPM电机）和硬币型（AFPM电机）（见图9.30）。由偏心转子产生的不平衡力是

$$F = m\epsilon\Omega = 2\pi m\epsilon n^2 \tag{9.7}$$

式中，m、ϵ 和 n 分别表示转子质量、偏心率和转速。转速对不平衡力的设计影响很大[62]。

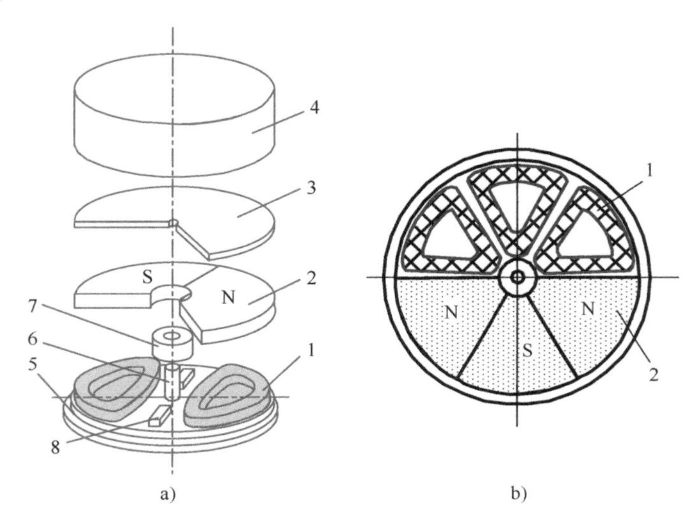

图9.30　用于手机的硬币型AFPM振动电机[62]

a）双线圈电机　b）多线圈电机

1—线圈　2—永磁体（机械不平衡系统）　3—铁磁轭

4—外壳　5—底板　6—轴　7—轴承　8—制动铁块

MMT公司的单相AFPM无刷振动电机设计非常简单，可提供强烈的振动感和无声提醒功能（见图9.31）。由于采用非接触式设计、可扩展的尺寸和纤薄的

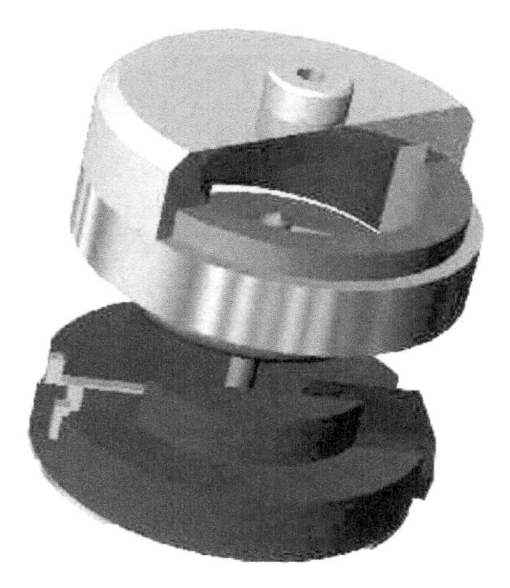

图9.31　经济实用的AFPM无刷振动电机（由法国MMT公司提供）

形状，MMT公司振动电机的制造成本效益显著。

9.10　计算机硬盘驱动器

计算机硬盘驱动器（HDD）的数据存储容量由记录密度和碟片数量决定。预计记录密度很快将从6Gbit/cm^2（=38.7Gbit/in^2）增加到15.5 Gbit/cm^2（=100Gbit/in^2）。随着碟片数量的增加，转子的质量、转动惯量和振动也会增加。

计算机HHD电机的特殊设计要求包括高起动转矩、供电电流限制、低振动和噪声、体积和形状的物理限制，以及防止污染和尺寸调整问题。由于读/写头在不动时容易黏附在碟片上，因此需要运行转矩的10~20倍作为起动转矩。起动电流会受到计算机电源的限制，这反过来会严重限制起动转矩。

AFPM无刷电机（见图9.32）可比径向磁通电机产生更高的起动转矩。另外一个优点是无齿槽转矩。图9.32a所示的HDD用单边AFPM电机的缺点是定

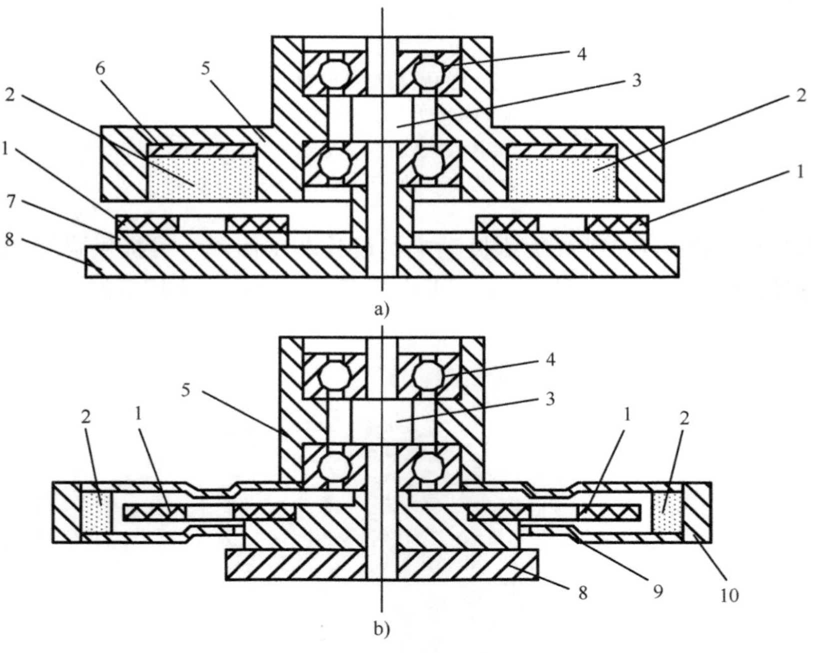

图9.32　计算机HDD用AFPM无刷电机的结构

a）单边电机　b）双边电机

1—定子线圈　2—永磁体　3—轴　4—轴承　5—轮毂　6—转子磁轭

7—定子磁轭　8—底板　9—极齿　10—非磁环

子铁心与转子永磁体之间的法向吸引力较大。在 HDD 用双边 AFPM 电机中，定子没有铁心，因此在零电流状态下不产生法向吸引力。定子具有三相绕组，采用光刻方法制造无铁心线圈。在典型设计中，对于 $2p=8$，每相有两个线圈；对于 $2p=12$，每相有三个线圈。为了减少气隙并增加磁通密度，在轮毂的下部创建了所谓的极齿，并通过将其压向定子线圈中心来弯曲转子磁路（见图 9.32b）。根据参考文献［140］，对于一个定子外径为 51mm 的 HDD 用 AFPM 无刷电机，每相绕组匝数 $N_1=180$ 匝，转矩常数 $k_T=6.59\times10^{-3}$N·m/A，在转速为 13900r/min 和空载条件下的电流为 0.09A。

带滚珠轴承的 HDD 无刷电机的噪声通常低于 30dB(A)，预计的平均无故障工作时间 MTBF = 100000h。HDD 主轴电机现在正从滚珠轴承改为流体动力轴承（Fluid Dynamic Bearing，FDB）。无接触的 FDB 产生的噪声更小，寿命更长。

9.11 心室辅助装置

当电力刚出现时，人们对其寄予厚望，认为它具有治疗功效。例如，电疗法（患者双手和患病身体部位之间放置电极）在 1850 ~ 1900 年间非常流行，据称能够治愈大多数疾病和症状，包括精神疾病。如今，21 世纪的生物医学工程界重新利用磁场治疗抑郁症，例如磁性惊厥疗法（高频率、强力电磁铁）或经颅磁刺激（强脉冲磁场）。

目前，许多医疗设备使用小型永磁电机，例如高质量的泵、离心机、输液泵、血液透析机、精密手持设备和植入式设备（心室辅助装置、心脏起搏器、除颤器、神经刺激器等）。由于医疗产品的可靠性至关重要，电机被视为精密组件而非普通设备[203]。本节重点介绍用于植入式设备的微型永磁无刷电机，特别是用于旋转式血泵的电机[102]。

左心室辅助装置（Left Ventricular Assist Device，LVAD）是一种植入体内的机电泵，用于辅助无法自行有效泵血的虚弱心脏。这种装置主要用于那些由于捐赠者短缺、个人健康状况或其他限制因素而无法接受心脏移植手术的晚期心力衰竭患者。

植入人体的电机驱动泵不能使用轴封。这个问题可以通过将永磁体嵌入泵转子中来解决，将转子放置在特殊外壳中，并由定子磁场直接驱动。在这种情况下，非磁性气隙很大，需要高磁能积永磁体。

用于 LVAD 的电磁泵可分为三类：

1）第一代：电磁脉冲泵；

2）第二代：电磁旋转泵；

3）第三代：带有磁性或流体动力轴承的电磁泵。

第一代电磁脉冲泵由电磁铁、线性振荡电机或线性短冲程执行器驱动。这种泵与线性执行器集成在一起，质量大、体积大、噪声高。

由日本 Terumo 公司开发的 DuraHeart^{R}第三代 LVAD 结合了离心泵和磁悬浮技术（见图9.33和图9.34）[102]。磁悬浮技术可通过电磁体和位置传感器将叶

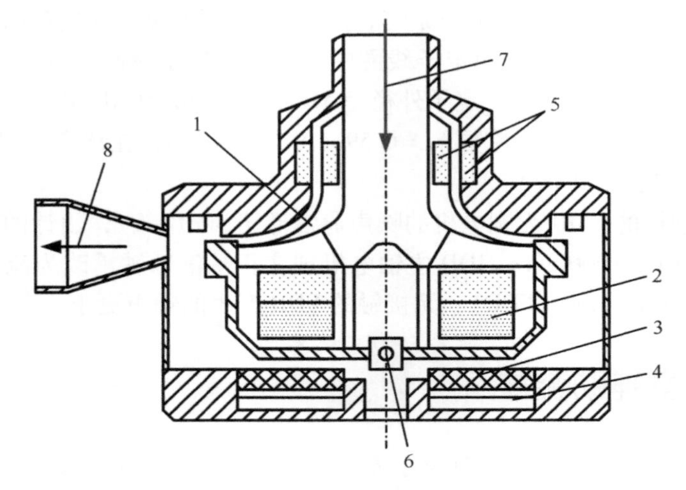

图9.33　配有 AFPM 无刷电机和磁悬浮轴承的 DuraHeart^{R}离心旋转泵

1—叶轮　2—永磁体　3—定子绕组　4—定子铁心　5—磁悬浮装置　6—陶瓷枢轴　7—入口　8—出口

图9.34　DuraHeart^{R}离心旋转泵的爆炸图（由日本 Terumo 公司提供）

轮悬浮在血腔内。三相、8极AFPM无刷电机采用无槽定子，类似于软盘驱动器主轴电机（见图9.33）。钕铁硼永磁体与叶轮集成在一起。该电机的输出功率为4.5W，转速为2000r/min，转矩为0.0215N·m[226]。

图9.35和图9.36展示了一种与离心血泵集成的轴向磁通无槽电机。由澳大利亚Ventracor公司生产的VentrAssist™是一种新型LVAD，它只有一个运动部件，即与永磁转子集成的流体悬浮叶轮。流体动力作用在四个叶片的锥形边缘上。无刷电机的定子为无槽型，只有上部和下部线圈。三个线圈和四极转子利用磁场的二次谐波产生转矩。为了提供冗余，机身线圈和机盖线圈并联连接，这样即使一个线圈损坏，电机仍能运行。

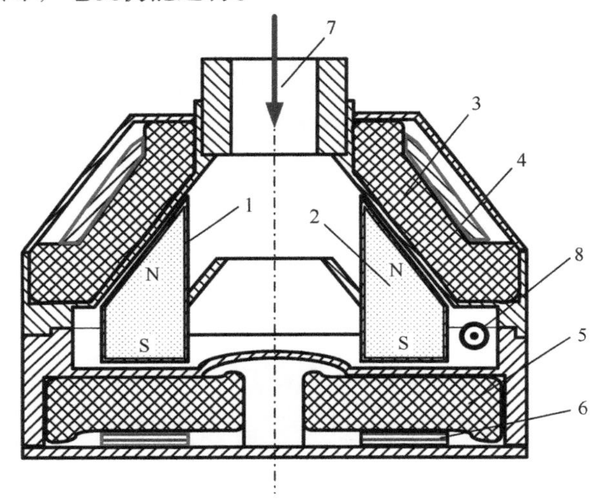

图9.35 VentrAssist™悬浮离心血泵的纵向剖面图

1—叶轮 2—永磁体 3—机身线圈 4—机身轭 5—盖板线圈 6—盖板轭 7—入口 8—出口

图9.36 计算机生成的VentrAssist™离心血泵三维图像（由澳大利亚Ventracor公司提供）

外壳和叶轮由钛合金 Ti-6Al-4V 制成。Vacodym 510 HR 钕铁硼永磁体嵌入叶轮中。为了减小磁通的磁阻，采用硅钢片叠压制成磁轭。

二维有限元法（FEM）计算后得到的磁场分布结果如图 9.37 和图 9.38 所示[102]。测量得到的性能特性如图 9.39a 和图 9.39b 所示[226]。当输出功率介于 3 ~ 7W 且转速介于 2000 ~ 2500r/min 时，效率为 45% ~ 48%（见图 9.39a）。在 3W 和 2250r/min 时，绕组损耗为 1.7W，钛合金中的涡流损耗为 1.0W，叠片磁轭中的损耗为 0.7W[226]。在负载转矩为 0.03N · m 时，基波相电流为 0.72A（见图 9.39b）。

该装置重 298g，直径 60mm，适合儿童和成人使用。

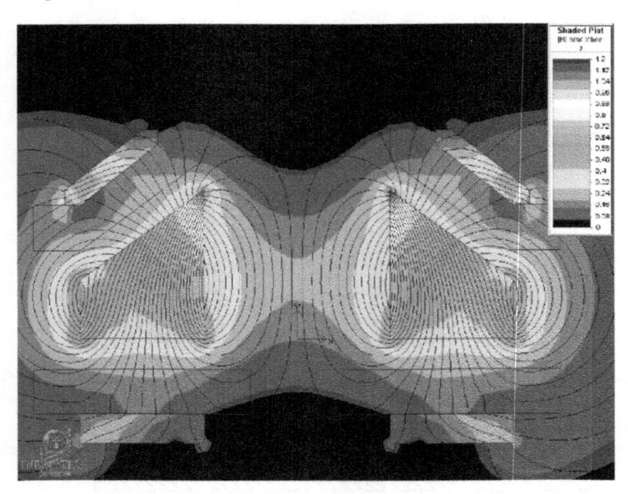

图 9.37　空载时钕铁硼永磁体产生的磁力线（等高线图）和磁通密度（阴影图）[102]

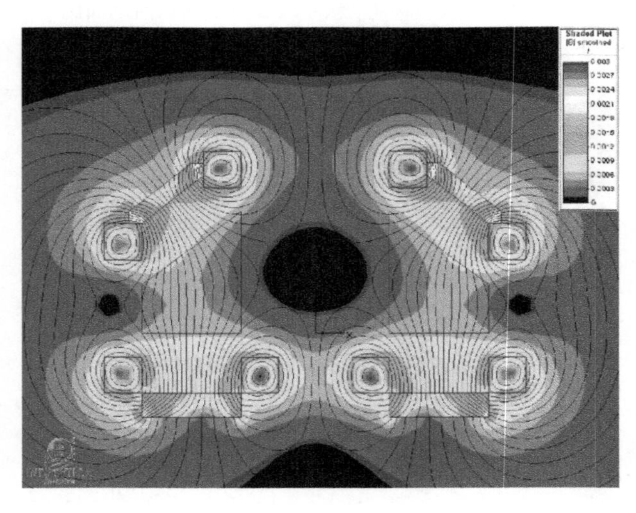

图 9.38　电枢（定子）线圈产生的磁力线（等高线图）和磁通密度（阴影图）[102]

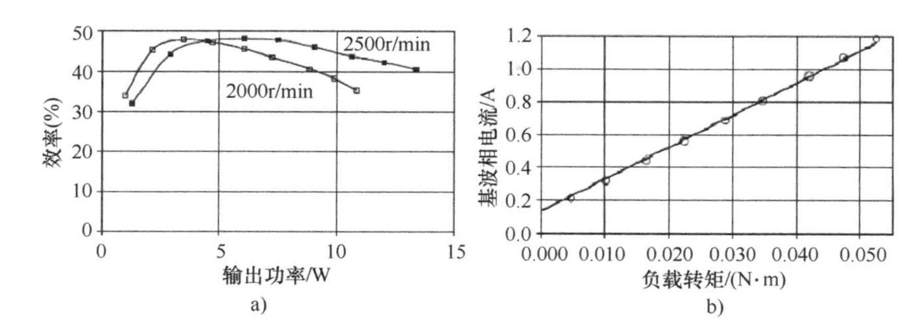

图9.39 六步无传感器逆变器驱动的VentrAssist™ BA2-4泵的稳态性能特性

a）效率 b）根据EMF计算的基波相电流（实线）和样机测试获得的基波相电流（圆圈）[226]

9.12 带有超导励磁系统的轴向磁通电机

超导励磁系统能够在气隙中提供比最好的稀土永磁体更强的磁场。一台超导轴向磁通电机的体积至少比同等功率的永磁电机小30%。

一个名为Frontier的日本产业学术团体，其中包含生产高温超导（HTS）线材的Sumitomo Electric Industries（SEI），开发了一款采用HTS铋锶钙铜氧（BSCCO）制造励磁绕组的12.5kW同步电机[249, 252]。这台电机被集成到了一个吊舱推进器中，并在2003年完成。

吊舱推进器外径为0.8m，长为2m。螺旋桨直径为1m。当使用大型传统电机配合吊舱推进器时，推进器的外径也会增大。

这台HTS电机是一种轴向磁通（盘式）三相、8极电机。静止的励磁系统和旋转的电枢简化了冷却系统。轴向磁通HTS电机的技术规格见表9.12。电机的展开图如图9.40所示。主要特点包括：

1）电机采用成本低、易操作的液氮进行冷却；

2）使用了基于铋的1G BSCCO HTS线材，这些线材借助SEI创新的制造工艺，已能制作数千米长度；

3）噪声非常低；

4）漏磁非常少；

5）电机安装没有环境要求，可以在任何地方使用。

旋转电枢位于电机中心两个盘式励磁系统之间。无铁心电枢绕组由6个用铜线绕制的扁平线圈组成。无铁心绕组不产生任何齿槽转矩。电机装有集电环和电刷，用于向电枢各相绕组提供大电流，这是电机的主要缺点。

表9.12　日本12.5kW轴向磁通HTS电机的规格

额定输出功率/kW	12.5
额定转矩/(N·m)	1194
短时工作制功率/kW	62.5
转速/(r/min)	100
电枢相电流有效值/A	30
电枢电流密度/(A/mm^2)	5.0
液氮温度/K	66
直径/m	0.65
长度/m	0.36
HTS励磁线圈匝数	330
HTS BSC线径/mm	$W=4.3$，$T=0.222$
HTS线圈直径/mm	ID=136，OD=160
磁极铁心直径/mm	96
电枢线圈匝数	850
电枢线圈直径/mm	208
电枢铜线直径/mm	2

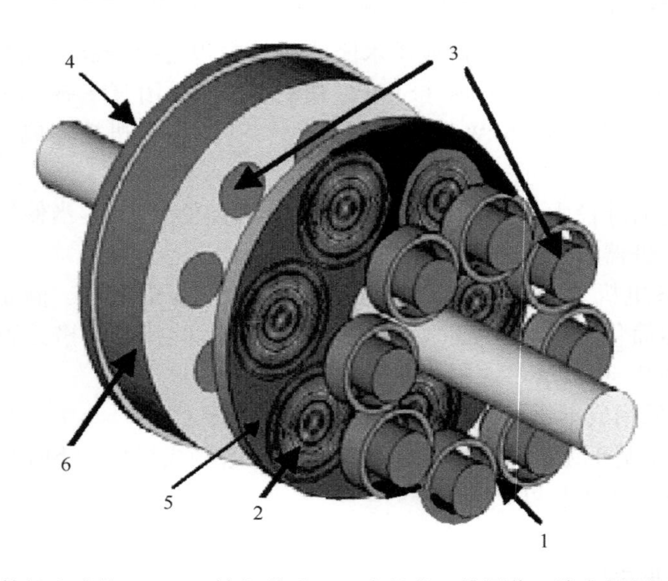

图9.40　计算机生成的12.5kW轴向磁通HTS电机的三维图像，该电机用于吊舱推进器
1—HTS励磁线圈　2—电枢线圈　3—铁心　4—背部铁轭　5—加固冷冻器的玻璃纤维板　6—冷冻器

静止励磁系统被放置在玻璃纤维增强塑料（Fiberglass Reinforced Plastic，FRP）低温恒温器中。FRP低温恒温器质量轻、强度高且不导电（无涡流损耗）。液氮的温度为66K，以增加磁场电流。有两个静止励磁系统（电枢两侧各

一个），每个系统都有8个磁极铁心和8个HTS线圈。磁极铁心与HTS线圈同心，从而限制了磁通进入线圈的穿透深度。磁极铁心伸出低温恒温器外，以机械方式固定在圆盘形铁磁轭上，形成磁通的回路。磁极铁心上缠绕有铁磁带，以减少涡流损耗。由于磁极铁心在低温恒温器外，冷却磁极铁心的损耗为零。

在磁极铁心中的最大磁通密度仅为1.8T，因此磁路未饱和。渗透到HTS线圈的最大法向磁通密度分量为0.29T，即低于临界电流对应的值。

12.5kW轴向磁通HTS电机和吊舱推进器如图9.41所示。实验室测试获得的性能特性如图9.42所示。最大效率为97.7%，并且在60～210N·m的负载范围内几乎保持恒定，其中冷却损耗并未计入。测试时，电机的负载转矩远低于额定转矩，额定转矩为1194N·m（见表9.12），实验室负载的最大转矩仅为210N·m，相当于100r/min时2.2kW的输出功率。Frontier团体通过小功率实验来验证设计的合理性。

a)

b)

图9.41　日本用于吊舱推进器的12.5kW轴向磁通HTS电机

a）电机　b）集成电机的吊舱推进器

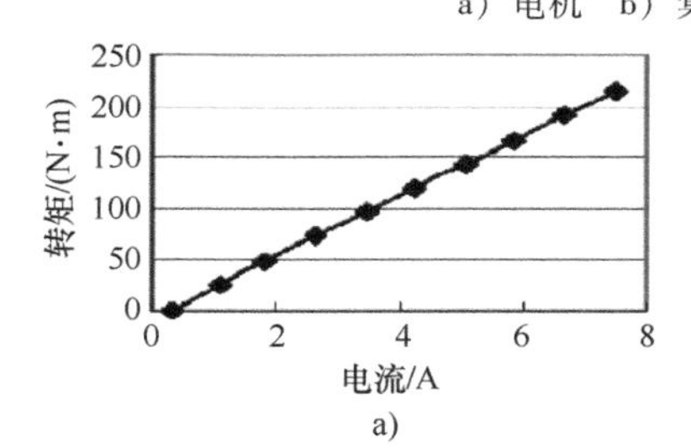

a)

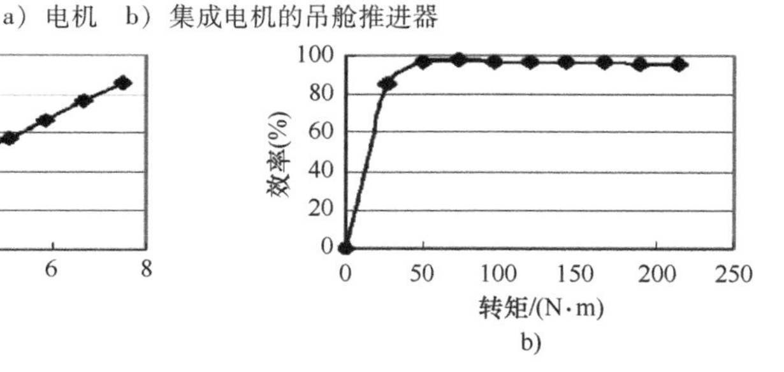

b)

图9.42　实验室获得的12.5kW轴向磁通HTS电机的性能特性

a）电压与转速（发电机模式）　b）效率与轴转矩（电动机模式）

轴向磁通 HTS 电机体积小、能耗低。它不仅有望应用于吊舱推进器，还可应用于轨道车辆电机、风力机和大型工业电力驱动装置（如轧钢机）。

该团体还计划开发一款商用 400kW、250r/min 的轴向磁通 HTS 电机。开发工作将包括在码头测试包含 2 台 400kW 全超导电机的反向旋转螺旋桨吊舱推进系统。这款 400kW 电机建议用于沿岸航行的船舶。后续计划还涉及开发更大功率的电机，分别达到 2.5MW 和 12.5MW。未来，涂覆 YBCO 线材将取代 BSCCO 成为主流 HTS 线材。使用 YBCO 线材后，电流密度将显著提高。

另一个日本产业学术团体开发了一款 15kW、720r/min 的无铁心轴向磁通 HTS 电机，类似于图 9.40 和图 9.41 所示的电机。Kitano Seiki 正在市场推广这款电机[153]。

轴向磁通超导电机使用 GdBaCuO 块状 HTS 材料制造转子励磁系统，以及 HTS 带材制造定子（电枢）绕组。转子位于电机的中心位置，双定子（电枢）位于转子的两侧（见图 9.43）。转子有 8 个磁极，每个直径为 26mm。电枢绕组有 6 个磁极。转子组件长为 0.3m，直径为 0.5m。在 77K 下进行实验，气隙中的磁通密度为 3T。使用脉冲铜线圈在电机内部对块状 HTS 磁极进行磁化。电枢系统是静止的，因此没有集电环，只有电枢引线。使用块状 HTS 材料的转子励磁系统不需要任何引线，也不需要任何电力供应来维持磁场。该电机可以作为电动机或发电机运行。样机已经被设计用于船用吊舱推进器。正在考虑将其应用于医疗、生物医学和环境保护领域。

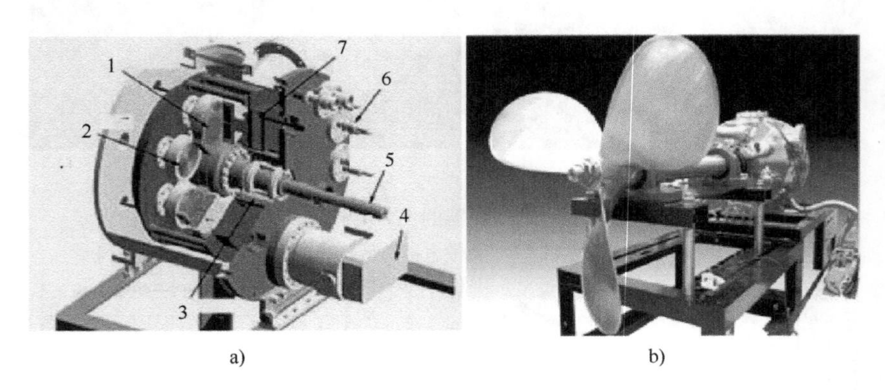

图 9.43　日本 Kitano Seiki 研制的带有 HTS 转子的轴向磁通无刷电机

a）三维图像　b）试验台上的电机和螺旋桨

1—HTS 磁体　2—电枢线圈　3—磁密封单元　4—真空泵

5—液氮入口　6—电枢绕组端子　7—线圈冷却层

数值算例

数值算例 9.1

有一圆环尺寸为 $R_{out}=0.142\text{m}$、$R_{in}=0.082\text{m}$、厚度 $d=0.022\text{m}$、密度 $\rho=7800\text{kg/m}^3$，当其以 30000r/min 的速度旋转时，求它的动能和拉伸应力。

解：

圆环的质量为

$$m=\pi\rho d(R_{out}^2-R_{in}^2)=\pi\times7800\times0.022\times(0.142^2-0.082^2)=7.25\text{kg}$$

根据式（9.2），转动惯量为

$$J=\frac{1}{2}\times7.25\times(0.142^2+0.082^2)=0.097\text{kg}\cdot\text{m}^2$$

转速 $n=30000/60=500\text{r/s}$，角速度 $\Omega=2\pi\times500=3141.6\text{rad/s}$。因此，根据式（9.4），动能为

$$E_k=\pi^3\times7800\times0.022\times(0.142^4-0.082^4)\times500^2=480.74\text{kJ}$$

根据式（9.2），拉伸应力为

$$\sigma=\frac{7800\times3141.6^2}{3}\times(0.082^2+0.082\times0.142+0.142^2)=988.6\text{MPa}$$

根据式（9.6），能量密度为

$$e_k=\frac{480740}{7.25}=66.3\text{kJ/kg}$$

圆环的形状因子[3]为

$$k_{sh}=e_k\frac{\rho}{\sigma}=66300\times\frac{7800}{988.6\times10^6}=0.523$$

数值算例 9.2

求解一款用于移动电池充电器的三相、1200W、4 极、200000r/min 的 AFPM 同步发电机的主要尺寸。包括永磁体固定环在内的总非磁性气隙（见图 9.2）应为 $g=2\text{mm}$，槽数 $s_1=12$，气隙磁通密度 $B_g=0.4\text{T}$，线电流密度 $A_m=16000\text{A/m}$，永磁体内外径比 $k_d=0.5$，永磁体工作温度为 350℃。建议使用德国 Vacomax 225 钐钴永磁体，温度为 20℃时，$B_{r20}=1.04\text{T}$，$H_c=760\text{kA/m}$。B_r 的温度系数 $\alpha_B=-0.035\%/℃$，漏磁系数 $\sigma_{1M}=1.3$，感应电动势-电压比 $\epsilon=1.3$（$E_f>V_1$），极靴宽度-极距比 $\alpha_i=0.72$，效率 $\eta=0.8$，功率因数 $\cos\phi=0.8$。

解：

由于 $q_1=12/(4\times3)=1$，根据式（2.8）、式（2.9）和式（2.10），绕组因数 $k_{d1}=1$，$k_{p1}=1$ 和 $k_{w1}=1$。根据式（2.27），系数 k_D 为

$$k_D = \frac{1}{8} \times (1+0.5) \times (1-0.5^2) = 0.141$$

根据式（2.100），永磁体的外径 D_{out} 为

$$D_{out} = \sqrt[3]{\frac{1.3 \times 1200}{\pi^2 \times 0.141 \times 1 \times (200000/60) \times 0.4 \times 16000 \times 0.8 \times 0.8}} = 0.044\text{m}$$

在350℃时，剩余磁通密度 B_r 根据式（3.2）为

$$B_r = 1.04 \times \left[1 + \frac{-0.035}{100} \times (350-20)\right] = 0.92\text{T}$$

由于不同温度下的退磁曲线是平行线，相对回复磁导率将与20℃时大致相同（线性磁化曲线），即

$$\mu_{rrec} = \frac{0.92}{0.4\pi \times 10^{-6} \times 760000} = 0.963$$

考虑到漏磁系数 σ_{lM}，永磁体的厚度 h_M 可以根据式（3.13）和式（3.9）计算，即

$$h_M \approx \mu_{rrec} \frac{\sigma_{lm} B_g}{B_r - \sigma_{lm} B_g} g = 1.089 \times \frac{1.3 \times 0.4}{0.92 - 1.3 \times 0.4} \times 0.002 = 0.0026\text{m}$$

永磁体的内径 $D_{in} = k_d D_{out} = 0.5 \times 44 = 22\text{mm}$；永磁体的径向长度 $l_M = 0.5 \times (44.0 - 22.0) = 11.0\text{mm}$；永磁体的平均直径 $D = 0.5 \times (44.0 + 22.0) = 33\text{mm}$；平均极距 $\tau = \pi \times 33/4 = 26\text{mm}$；永磁体的平均圆周宽度 $b_p = \alpha_i \tau = 0.72 \times 26 = 18\text{mm}$。

数值算例 9.3

一个10kW、2200r/min的电机根据图9.44给出的转矩曲线几乎以恒定速度运行。过载容量系数 $k_{ocf} = T_{max}/T_{shr} = 1.8$。求电机的热利用系数。

解：

所需的额定输出转矩为

$$T_{shr} = \frac{P_{out}}{2\pi n} = \frac{10000}{2\pi \times (2200/60)} = 43.4\text{N} \cdot \text{m}$$

根据给定的占空比，计算的转矩有效值为

$$T_{rms}^2(t_1 + t_2 + \cdots + t_n) = T_1^2 t_1 + T_2^2 t_2 + \cdots + T_n^2 t_n \quad 或 \quad T_{rms}^2 \sum t_i = \sum T_i^2 t_i$$

因此

$$T_{rms} = \sqrt{\frac{\sum T_i^2 t_i}{\sum t_i}} = \sqrt{\frac{25^2 \times 3 + 40^2 \times 8 + 65^2 \times 5 + 38^2 \times 30 + 15^2 \times 10}{3+8+5+30+10}} = 38.1\text{N} \cdot \text{m}$$

图9.44中的最大转矩不能超过额定输出转矩乘以过载容量系数，即 $k_{ocf} T_{shr} = 1.8 \times 43.4 = 78.12\text{N} \cdot \text{m}$。此外，所需的 T_{shr} 应该大于或等于 T_{rms}。

电机的热利用系数为

$$\frac{T_{\mathrm{rms}}}{T_{\mathrm{shr}}}\times100\% =\frac{38.1}{43.4}\times100\% =87.8\%$$

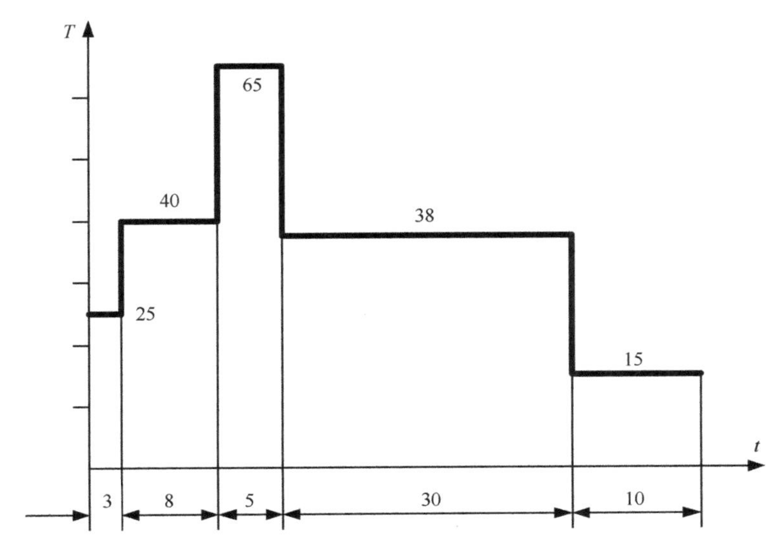

图 9.44 根据数值算例 9.3 计算的电机转矩曲线

符号与缩略语表

$\boldsymbol{A}$	矢量磁位
A	线电流密度；横截面积
a	定子（电枢）绕组并联支路数
$\boldsymbol{B}$	磁通密度矢量
B	磁通密度；系统阻尼
b	磁通密度瞬时值；槽宽
b_p	极靴宽度
C_f	机壳的成本
C_{ins}	绝缘材料的成本
C_0	与电机几何形状无关的部件的成本
C_{PM}	永磁体的成本
C_{rc}	转子铁心的成本
C_{sh}	轴的成本
C_w	绕组的成本
c_{Cu}	每千克铜导体的成本
c_E	电枢常数（感应电动势常数）
c_{Fe}	每千克铁磁材料铁心的成本
c_{ins}	每千克绝缘材料的成本
c_{PM}	每千克永磁体的成本
c_{steel}	每千克碳钢的成本
c_v	比热容
D	直径；功率半导体开关的占空比
D_{in}	永磁体内径
D_{out}	永磁体外径
E	感应电动势（有效值）；电场强度
E_f	空载时转子磁场感应的每相感应电动势
E_i	每相内部电压
e	感应电动势瞬时值；偏心率
F	力；绕组分段数

（续）

F_{12}	与辐射有关的两个表面的形状因子
F	磁动势的空间和/或时间分布
F_a	电枢反应磁动势
F_{exc}	转子磁场磁动势
f	频率；摩擦系数
G	磁导；气隙比 g/R
g	气隙（机械间隙）；重力加速度
Gr	Grashof 数
g'	等效气隙
$\boldsymbol{H}$	磁场强度矢量
H	磁场强度
h	高度；对流换热系数
h_M	永磁体高度
I	电流
I_a	定子（电枢）电流
i	电流瞬时值；焓
$\boldsymbol{J}$	电流密度矢量
J	转动惯量
J_a	定子（电枢）电流密度
K_c	电流调节器增益
K_i	逆变器增益
k	系数，通用符号；热导率
k_{1R}	定子导体的集肤效应系数
k_{ad}	d 轴电枢反应系数
k_{aq}	q 轴电枢反应系数
k_C	卡特系数
k_d	内外径比 $k_d = D_{in}/D_{out}$
k_{d1}	基波分布因数
k_E	感应电动势常数 $k_E = c_E \boldsymbol{\Phi}_f$
k_f	励磁磁场的波形系数 $k_f = B_{mg1}/B_{mg}$
k_i	电工钢片的叠压系数
k_{ocf}	过载容量系数 $k_{ocf} = T_{max}/T_{shr}$
k_{p1}	基波短距因数

（续）

k_{sat}	主磁通磁路的饱和系数
k_T	转矩系数 $k_T = c_T \Phi_f$
k_{w1}	基波绕组因数 $k_{w1} = k_{d1} k_{p1}$
L	电感；长度
l_{1e}	单边端部长度
L_i	电枢铁心有效长度
l_M	永磁体轴向长度
M	互感
M_o	动量
m	相数；质量
$\dot{m}$	质量流率
m_a	幅度调制比
m_f	频率调制比
N	每相匝数
Nu	Nusselt 数
n	转速（r/min）
n_0	空载转速
P	有功功率
P_{elm}	电磁功率
P_{in}	输入功率
P_{out}	输出功率
Pr	Prandtl 数
ΔP	有功损耗
ΔP_{1Fe}	定子铁耗
ΔP_{1w}	定子绕组损耗
ΔP_{2Fe}	转子铁耗
ΔP_e	定子导体涡流损耗
ΔP_{fr}	摩擦损耗
ΔP_{PM}	永磁体损耗
ΔP_{rot}	旋转（机械）损耗
ΔP_{wind}	风摩损耗
Δp	比铁耗（单位重量铁耗）
p	极对数；压力

（续）

p_r	单位面积径向力
$\wp$	湿周
Q	电荷；无功功率；体积流量
Q_1	每极槽数
Q_c	定子线圈数
Q_{en}	封闭电荷
q_1	每极每相槽数
R	半径；电阻
R_1	交流电机电枢绕组电阻
R_{in}	永磁体的内半径
R_{out}	永磁体的外半径
Re	Reynolds 数
$R_{\mu g}$	气隙磁阻
R_{ula}	外部电枢漏磁磁阻
$R_{\mu M}$	永磁体磁阻
S	视在功率；面积
S_M	永磁体横截面积；$S_M = \omega_M L_M$ 或 $S_M = b_p L_M$
s	定子导体横截面积
s_1	定子槽数，也等于定子齿数
T	转矩
T_d	电磁转矩
T_{drel}	磁阻转矩
T_{dsyn}	同步转矩
T_m	机械时间常数
T_{sh}	轴转矩（输出或者负载转矩）
t	时间；槽距
U	内能
u	切向速度
V	电压；体积
v	电压瞬时值；线速度
W	永磁体外空间产生的能量；气隙能的变化率
W_m	磁场储能
w	单位体积能量（J/m^3）；径向速度

（续）

w_M	永磁体宽度
X	电抗
X_1	定子绕组漏抗
X_{ad}	d 轴电枢反应电抗
X_{aq}	q 轴电枢反应电抗
X_{sd}	d 轴同步电抗 $X_{sd}=X_1+X_{ad}$
X_{sq}	q 轴同步电抗 $X_{sq}=X_1+X_{aq}$
$\mathbf{Z}$	阻抗 $\mathbf{Z}=R+jX$；$\lvert\mathbf{Z}\rvert=Z=\sqrt{R^2+X^2}$
z	一个线圈组中的线圈数
α_i	有效极弧系数 $\alpha_i=b_p/\tau$
γ	永磁材料退磁曲线的形状因子
δ	功（负载）角
ϵ	偏心率
ε	发射率；表面光谱特性
η	效率
r	等效沙粒粗糙度
θ	无刷电机的转子位置
θ_m	槽距角
θ_{re}	线圈层宽度对应的电角度
ϑ	温度；$\boldsymbol{I}_a$ 与 $\boldsymbol{I}_{ad}$ 之间的角度
λ	漏磁导系数（比漏磁导）
λ_T	湍流参数
μ	动态黏度
μ_0	真空磁导率 $\mu_0=0.4\pi\times10^{-6}$ H/m
μ_r	相对磁导率
μ_{rec}	回复磁导率
μ_{rrec}	相对回复磁导率
ν	谐波次数；运动黏度
ξ	定子导体高度减少量
ρ	比质量密度
σ	电导率；Stefan-Boltzmann 常数
σ_p	输出系数

（续）

σ_r	辐射系数
τ	平均极距；热时间常数
Φ	磁通
Φ_f	励磁磁通
Φ_l	漏磁通
ϕ	功率因数角
Ψ	磁链 $\Psi = N\Phi$
ψ	$\boldsymbol{I}_a$和$\boldsymbol{E}_f$之间的夹角
Ω	机械角速度 $\Omega = 2\pi n$
ω	角频率 $\omega = 2\pi f$

下标

a	电枢（定子）
avg	平均
c	线圈
Cu	铜
d	直轴；微分
e	端部连接；涡流
elm	电磁
eq	等效
exc	励磁
ext	外部
Fe	铁磁
f	励磁；力
fr	摩擦；自由
g	气隙
h	液压；磁滞
in	内部
l	漏
M	磁体
m	峰值（幅值）
n，t	法向和切向分量
out	输出；外侧

（续）

q	交轴
r	额定；剩余；辐射；转子
r, θ, z	圆柱坐标系
rel	磁阻
rot	旋转
s	槽；同步；系统；定子
sat	饱和
sh	轴
st	起动
syn	同步
t	齿；总和
u	有用的
v	对流
vent	通风
wind	风
y	轭
x, y, z	笛卡尔坐标系
1	定子；基波；入口
2	转子；出口

上标

inc	增量
(sq)	方波
(tr)	梯形波

缩略语

A/D	模/数转换
AFPM	轴向磁通永磁
AISI	美国钢铁工业
a. c.	交流
AWG	美国线规
BPF	带通滤波器
BSCCO	铋锶钙铜氧

（续）

CAD	计算机辅助设计
CPU	中央处理单元
DSP	数字信号处理器
d. c.	直流
EDM	电火花加工
EMALS	电磁飞机弹射系统
EMF	感应电动势
EMI	电磁干扰
EV	电动汽车
FCEV	燃料电池电动汽车
FDB	流体动力轴承
FEM	有限元方法
FPGA	现场可编程门阵列
FRP	玻璃钢
GCD	最大公约数
HDD	硬盘驱动器
HEV	混合动力电动汽车
HTS	高温超导
IC	集成电路
IGBT	绝缘栅双极型晶体管
ISG	集成式启发一体电机
LPF	低通滤波器
LVAD	左心室辅助装置
MMF	磁动势
MMT	动磁技术
MOSFET	金属-氧化物-半导体场效应晶体管
MTBF	平均无故障工作时间
MVD	磁压降
NdFeB	钕铁硼
PFM	脉冲频率调制
PLD	可编程逻辑器件
PM	永磁体
PWM	脉宽调制

（续）

RFI	射频干扰
RFPM	径向磁通永磁
SEMA	分段式电磁阵列
SMC	软磁复合材料
SmCo	钐钴
SSC	固态变换器
YBCO	钇钡铜氧化物

参考文献

1. Abdel-Razek A.A., Coulomb J.L., Feliachi M., and Sabonnadiere J.C. (1981). The calculation of electromagnetic torque in saturated electric machines within combined numerical and analytical solutions of the field equations, IEEE Trans. MAG-17(6):3250–3252.
2. Abdel-Razek A.A., Coulomb J.L., Feliachi M., and Sabonnadiere J.C. (1982). Conception of an air-gap element for the dynamic analysis of the electromagnetic field in electric machines, IEEE Trans. MAG-18(2):655–659.
3. Acarnley P.P., Mecrow B.C., Burdess J.S., Fawcett J.N., Kelly J.G., and Dickinson P.G. (1996). Design principles for a flywheel energy store for road vehicles, IEEE Trans. IA-32(6):1402–1408.
4. Accucore, TSC Ferrite International, Wadsworth, IL, U.S.A., (2000), www.tscinternational.com
5. Afonin A.A., and Cierznewski P. (1999). Electronically commutated disc-type permanent magnet motors (in Russian), Int. Conf. on Unconventional Electromechanical and Electr Systems UEES'99. St Petersburg, Russia, pp. 271–276.
6. Afonin A.A., Kramarz W., and Cierzniewski P. (2000) *Electromechanical Energy Converters with Electronic Commutation (in Polish).* Szczecin: Wyd Ucz PS.
7. Ahmed A.B., and de Cachan L.E. (1994). Comparison of two multidisc configurations of PM synchronous machines using an elementary approach, Int. Conf. on Electr. Machines ICEM'94, vol. 1, Paris, France, pp. 175–180.
8. Amaratunga G.A.J., Acarnley P.P., and McLaren P.G. (1985). Optimum magnetic circuit configurations for PM aerospace generators, IEEE Trans on AES, 21(2):230–255.
9. Anderson H.H. (1972). *Centrifugal pumps.* The Trade and Technical Press.
10. Angelo J.D., Chari M.V.K., and Campbell P. (1983). 3-D FE solution for a PM axial field machine, IEEE Trans. PAS-102(1):83–90.
11. Armensky E.V., and Falk G.B. (1978). *Fractional–Horsepower Electrical Machines.* Moscow: Mir Publishers.
12. Arnold D.P., Zana I., Herrault F., Galle P., Park J.W., Das, S., Lang, J. H., and Allen, M. G. (2005). Optimization of a microscale, axial-flux, permanent-magnet generator, Proc. 5th Int. Workshop Micro Nanotechnology for Power Generation and Energy Conversion Apps. (PowerMEMS 2005), Tokyo, Japan, pp. 165–168.
13. Arnold D.P., Das S., Park, J.W., Zana, I., Lang, J.H., and Allen, M.G. (2006). Microfabricated high-speed axial-flux multiwatt permanent magnet generatorsPart II: Design, fabrication, and testing, Journal of Microelectromechanical Systems, 15(5):1351–1363.
14. Atallah K., Zhu Z.Q., Howe D., and Birch T.S. (1998). Armature Reaction Field and Winding Inductances of Slotless Permanent-Magnet Brushless Machines, IEEE Trans. MAG-34(8):3737–3744.
15. Balagurov V.A., Galtieev F.F., and Larionov A.N. (1964). *Permanent Magnet Electrical Machines (in Russian).* Moscow: Energia.

16. Baluja S. (1994). *Population-based incremental learning: A method for integrating genetic search based function optimization and competitive learning.* Tech. report No. CMU-CS-94-163, Carnegie Mellon University, Pittsburgh, U.S.A.
17. Barakat G., El-Meslouhi T., and Dakyo B. (2001). Analysis of the cogging torque behavior of a two-phase axial flux permanent magnet synchronous machine. IEEE Trans. MAG-37(4):2803–28005.
18. Baudot J.H. (1967). *Les Machines Éléctriques en Automatique Appliqueé (in French).* Paris: Dunod.
19. Becerra R.C., and Ehsani M. (1988). High-speed torque control of brushless PM motors, IEEE Trans. IE-35(3):402–405.
20. Berry C.H. (1954). *Flow and fan - principle of moving air through ducts.* The Industrial Press, New York.
21. Bertotti G., Boglietti A., Champi M., Chiarabaglio D., Fiorillo D., and Lazari M. (1991). An improved estimation of iron losses in rotating electrical machines, IEEE Trans. MAG-27(6):5007–5009.
22. Biwersi, S., Billet, L., Gandel, P, and Prudham, D. (2002). Low cost – high speed small size disk magnet synchronous motor, 8th Int. Conf. Actuator'2002, Bremen, Germany, pp. 196–200.
23. Bolognani S., Oboe R., and Zigliotto M. (1999). Sensorless full-digital PMSM drive with EKF estimation of speed and rotor position, IEEE Trans. IE-46(1): 184–191.
24. Bose B.K. (1988). A high-performance inverter-fed drive system of an interior PM synchronous machine, IEEE Trans. IA-24(6):987–998.
25. Braga G., Farini A., and Manigrasso R. (1991). Synchronous drive for motorized wheels without gearbox for light rail systems and electric cars, 3rd European Power Electronic Conf. EPE'91, vol. 4, Florence, Italy, pp. 78–81.
26. Brauer J.R., (ed.) (1988). *What Every Engineer Should Know about Finite Element Analysis.* New York: Marcel Dekker.
27. Bumby J.R., and Martin R. (2005). Axial-flux permanent-magnet air-cored generator for small-scale wind turbines IEE Proc.-Electr. Power Appl., 152(5):1065–1075
28. Campbell P. (1072). A new wheel motor for commuter cars, Electrical Review, (190), pp. 332–333.
29. Campbell P. (1974). Principle of a PM axial field DC machine, Proceedings of IEE, vol.121, no.1, pp. 1489–1494.
30. Campbell P. (1975). The magnetic circuit of an axial flux DC electrical machine, IEEE Trans. MAG-11(5):1541–1543.
31. Campbell P. (1979). Performance of a permanent magnet axial-field d.c. machine, IEE Proc Pt B 2(4):139–144.
32. Campbell P., Rosenberg D.J., and Stanton D.P. (1981). The computer design and optimization of axial field PM motor, IEEE Trans. PAS-100(4):1490–1497.
33. Campbell P. (1994). *Permanent magnet materials and their application.* Cambridge University Press, Cambridge, UK.
34. Capponi F., Terrigi R., Caricchi F., Del Ferraro L. (2007). Active output voltage regulation for an ironless axial-flux PM automotive alternator with electromechanical flux weakening, IEEE-IAS Annual Meeting, New Orleans, Paper no. 48P2.

35. Caricchi F., Crescimbini F., di Napoli A., Honorati O., Lipo T.A., Noia G., and Santini E. (1991). Development of a IGBT inverter driven axial-flux PM synchronous motor drive, European Power Electronics Conf. EPE'91, Firenze, Italy, vol.3, pp. 482–487.
36. Caricchi F., Crescimbini F., Honorati O., and Santini E. (1992). Performance evaluation of an axial-flux PM generator, Int. Conf. on Electr. Machines ICEM'92, Manchester, U.K., vol. 2, pp. 761–765.
37. Caricchi F., Crescimbini F., di Napoli A., and Santini E. (1992). Optimum CAD-CAE design of axial flux permanent magnets motors, Int. Conf. on Electr. Machines ICEM'92, Manchester, U.K., vol. 2, pp. 637–641.
38. Caricchi F., Crescimbini F., Fedeli E., and Noia G. (1994). Design and construction of a wheel-directly-coupled axial-flux PM motor prototype for EVs, IEEE-IAS Annual Meeting, IAS-29, part 1, pp. 254–261.
39. Caricchi F., Crescembini F., and Santini E. (1995). Basic principle and design criteria of axial-flux PM machines having counterrotating rotors, IEEE Trans. IA-31(5):1062–1068.
40. Caricchi F., Crescimbini F., Mezzetti F., and Santini E. (1996). Multistage axial-flux PM machines for wheel-direct-drive, IEEE Trans. IA-32(4):882–888.
41. Caricchi F., Crescimbini F., di. Napoli A., and Marcheggiani M. (1996). Prototype of electric-vehicle-drive with twin water-cooled wheel direct-drive motors, IEEE Annual Power Electronics Specialists Conf. PESC'96, Part 2, pp. 1926–1932.
42. Caricchi F., Crescimbini F., Santini E., and Santucci C. (1997). Influence of the radial variation of the magnet pitches in slot-less PM axial flux motors, IEEE-IAS Annual Meeting, vol. 1, pp. 18–23.
43. Caricchi F., Crescimbini F., Santini E., and Santucci C. (1998). FEM evaluation of performance of axial flux slotted PM machines, IEEE IAS Annual Meeting, vol. 1, pp. 12–18.
44. Caricchi F., Crescimbini F., and Honorati O. (1998). Low-cost compact permanent magnet machine for adjustable-speed pump application, IEEE Trans. IA-34(1):109–116.
45. Caricchi F., Crescimbini F., Honorati O., Bianco G.L., and Santini E. (1998). Performance of core-less winding axial-flux PM generator with power output at 400Hz – 3000 rpm, IEEE Trans. IA-34(6):1263–1269.
46. Caricchi F., Santini E., Crescimbini F., and Solero L. (2000). High efficiency low volume starter/alternator for automotive applications, IEEE-IAS Annual Meeting, Rome, vol. 1, pp. 215–222.
47. Carter G.W. (1954). *Electromagnetic field in its engineering aspects.* Longmans.
48. Cascio A.M. (1997). Modeling, analysis and testing of orthotropic stator structures, Naval Symp. on Electr. Machines, Newport, RI, USA, pp. 91–99.
49. Chalmers B.J., Hamed S.A., and Baines G.D. (1985). Parameters and performance of a high-field permanent magnet synchronous motor for variable-frequency operation, Proc IEE Pt B 132(3):117–124.
50. Chalmers B.J., Spooner E., Honorati O., Crescimbini F., and Caricch F. (1997). Compact permanent magnet machines, Electr. Machines and Power Systems, 25(6): 635–648.
51. Chalmers B.J., Wu W., and Spooner E. (1999). An axial-flux permanent-magnet generator for a gearless wind energy system, IEEE Trans. EC-14(2): 251–257.

52. Chan C.C. (1982). *Axial-field electrical machines with yokeless armature core.* PhD Thesis, University of Hong Kong.
53. Chan C.C. (1987). Axial-field electrical machines: design and application, IEEE Trans. EC-2(2): 294–300.
54. Chandler P.L., and Patterson D.J. (1999). Counting the losses in very high efficiency machine design, World Renewable Energy Congress, Perth, Australia.
55. Chang L. (1994). Comparison of a.c. drives for electric vehicles — a report on experts' opinion survey, IEEE AES Systems Magazine 8: 7–11.
56. Chari M.V.K., and Silvester P.P. (ed.) (1980). *Finite element in electrical and magnetic field problems.* John Wiley & Sons, New York.
57. Chen J., and Chin K. (2003). Minimum copper loss flux-weakening control of surface mounted permanent magnet synchronous motors, IEEE Trans. PE-18(4): 929–936.
58. Chen S.X., Low T.S., Lin H., and Liu Z.J. (1996). Design trends of spindle motors for high performance hard disk drives. IEEE Trans. MAG-32(5): 3848–3850.
59. Chillet C., Brissonneau P., and Yonnet J.P. (1991). Development of a water cooled permanent magnet synchronous machine. Int. Conf. on Synchronous Machines SM100, vol 3, Zürich, Switzerland, pp. 1094–1097.
60. Chin Y.K., Nordlund E., and Staton D.A. (2003). Thermal analysis - lumped circuit model and finite element analysis, The 6th Int. Power Engineering Conf., Singapore, pp.1067–1072.
61. Chisholm D. (1983). *Two-phase flow in pipelines and heat exchangers.* George Godwin, New York.
62. Chung S.U., Hwang, G.Y., Hwang, S.M., Kang, B.S., and Kim H.G. (2002) Development of brushless and sensorless vibration motor used for mobile phones, IEEE Trans. MAG-18(5): 3000–3002.
63. Cistelecan M.V., Popescu M., and Popescu M. (2007). Study Of the number of slots / pole combinations for low speed permanent magnet synchronous generators, IEEE-IEMDC Conference, Turkey, pp. 1616–1620.
64. Coilgun research spawns mighty motors and more. Machine Design 9(Sept 24):24–25, (1993).
65. Coulomb J.L., and Meunier G. (1984). Finite element implementation of virtual work principle for magnetic or electric force and torque computation, IEEE Trans. MAG-20(5):1894–1896.
66. Crescimbini F., and Solero L. (2005). Advances in Propulsion Systems of Hybrid and Electric Vehicles, The 8th Brazilian Power Electronics Conference COBEP'05, Recife, Brazil.
67. Cros J., and Viarouge P. (2002). Synthesis of high performance PM motors with concentrated windings, IEEE Trans. EC-17(2):248–253.
68. Cvetkovski G., Petkovska L., Cundev M., and Gair S. (1998). Mathematical model of a PM axial field synchronous motor for a genetic algorithm optimisation, Int. Conf. on Electr. Machines ICEM'98, Istanbul, vol. 2, pp. 1172–1177.
69. Dąbrowski M., and Gieras J.F. (1977). *Induction motors with solid rotors (in Polish).* PWN, Warsaw-Poznan.
70. Dąbrowski M. (1977). *Construction of Electrical Machines (in Polish).* Warsaw: WNT.
71. Dąbrowski M. (1988). *Magnetic fields and circuits of electrical machines (in*

Polish). Warsaw, WNT.

72. Dąbrowski M. (1980). Joint action of permanent magnets in an electrical machine (in Polish), Zeszyty Nauk. Polit. Pozn. Elektryka 21:7–17.
73. Day A.J., and Hirzel A. (2002). Redefining power generation, Gorham Conference, Cincinnati, OH, U.S.A. www.lightengineering.com
74. De Angelo C., Bossio G., Solsona J., García G., and Valla M. (2002). Sensorless speed control of permanent magnet motors with torque ripple minimization, 28th Annual Conf. of the IEEE Industrial Electronics Society (IECON'02), Sevilla, Spain, vol. 1, pp. 680–685.
75. De Angelo C., Bossio, G., Solsona J., García G., and Valla M. (2002). A rotor position and speed observer for permanent magnet motors with non-sinusoidal EMF waveform, 28th Annual Conf. of the IEEE Industrial Electronics Society (IECON'02), Sevilla, Spain, vol. 1, pp. 756–761.
76. De Bruijn F. (2005). The current status of fuel cell technology for mobile and stationary applications, Green Chemistry, 2005, 7, 132-150.
77. Dote Y., and Kinoshita S. (1990). *Brushless Servomotors. Fundamentals and Applications.* Oxford: Clarendon Press.
78. Douglas J.F., Gasiorek J.M., and Swaffield J.A. (1995). *Fluid mechanics.* 3rd ed., Longman Scientific & Technical.
79. Doyle M.R., Samuel D.J., Conway T., and Klimowski R.R. (2001). Electromagnetic aircraft launch system, Int. Electr. Machines and Drives Conf. (IEMDC'2001), Boston, MA, U.S.A.
80. Dunkerley S. (1893). On the whirling and vibration of shafts, Proc. of the Royal Society of London, vol. 54, pp. 365–370.
81. Eastham, J.F., Profumo, F., Tenconi, A., Hill-Cottingham R., Coles, P., and Gianolio, G. (2002). Novel axial flux machine for aircraft drive: design and modeling, IEEE Trans. MAG-38(5):3003–3005
82. El-Hasan T.S., Luk, P.C.K., Bhinder, F.S., and Ebaid M.S. (2000). Modular design of high-speed permanent-magnet axial-flux generators. IEEE Trans. MAG-36(5):3558–3561.
83. El-Hasan T., and Luk P.C.K. (2003). Magnet topology optimization to reduce harmonics in high speed axial flux generators, IEEE Trans. MAG-39(5):3340–3342.
84. Engelmann R.H., and Middendorf W.H. (ed.) (1995). *Handbook of electric motors.* Marcel Dekker, Inc., New York.
85. Engstrom J. (2000). Inductance of slotless machines, in *Proc. of the IEEE Nordic Workshop on Power and Industrial Electronics*, Aalborg, Denmark.
86. Evans P.D., and Easham J.F. (1980). Disc-geometry homopolar synchronous machine, Proc. of IEE, pt. B, 127(6): 299–307.
87. Evans P.D., and Easham J.F. (1983). Slot-less alternator with ac-side excitation, Proc. of IEE, 130(6): 399–406.
88. Evans P.D., and Easham J.F. (1983). Double-disc alternator with ac-side excitation, IEE Proc. Part B, EPA-130(2), pp. 95–102.
89. Ertugrul N., and Acarnley P.P. (1992). Analytical solution of the system equations of the axial field permanent magnet synchronous motor drive, Proceedings of ICEM'92, vol. 2, pp. 785–789.
90. Ertugrul N., and Acarnley P. (1994). A new algorithm for sensorless operation of permanent magnet motors, IEEE Trans. IA-30(1):126–133.
91. Favre E., Cardoletti L., and Jufer M. (1993). Permanent magnet synchro-

nous motors: a comprehensive approach to cogging torque suppression, IEEE Trans. IA-29(6):1141–1149.

92. Ficheux R., Caricchi F., Honorati O., and Crescimbini F. (2000). Axial flux permanent magnet motor for direct drive elevator systems without machine room, IEEE-IAS Annual Meeting, Rome, vol. 1, pp. 190–197.
93. *Film coil motor.* EmBest, Seoul, Korea, (2001), www.embest.com
94. Fitzgerald A.E., and Kingsley C. (1961). *Electric Machinery.* 2nd ed., New York: McGraw-Hill.
95. Flack T.J., and Volschenk A.F. (1994). Computational aspects of time-stepping finite element analysis using an air-gap element, Int. Conf. on Electr. Machines ICEM'94, Paris, France, vol. 3, pp. 158–163.
96. Fracchia M., and Sciutto G. (1994). Cycloconverter Drives for Ship Propulsion, Symp. on Power Electronics, Electr. Drives, Advanced Electr. Motors SPEEDAM'94, Taormina, Italy, pp. 255–260.
97. Fratta A., Villata F., and Vagati A. (1991). Extending the voltage saturated performance of a DC brushless drive, European Power Electronic Conf. EPE'91, vol. 4, Florence, Italy, pp. 134–138.
98. World Fuel Cell Council, www.fuelcellworld.org.
99. Furlani E.P. (1992). A method for predicting the field in axial field motors, IEEE Trans. MAG-28(5):2061–2066.
100. Furlani E.P. (1994). Computing the field in permanent magnet axial-field motors, IEEE Trans. MAG-30(5):3660–3663.
101. Gair S., Eastham J.F., and Profumo F. (1995). Permanent magnet brushless d.c. drives for electric vehicles, Int. Aeagean Conf. on Electr. Machines and Power Electronics ACEMP'95, Kuşadasi, Turkey, pp. 638–643.
102. Gieras I.A., and Gieras J.F. (2006). Recent advancements in permanent magnet motors technology for medical applications, (invited paper), 25th Int. Symp. on Micromachines and Servo Drives MIS'06, Bialowieza, Poland, pp.7–13.
103. Gieras J.F. (1981). Electrodynamic levitation forces – theory and small-scale test results, Acta Technica CSAV, No. 4, pp. 389–414.
104. Gieras J.F. (1983). Simplified theory of double-sided linear induction motor with squirrel-cage elastic secondary, IEE Proc. Part B 130(6):424–430.
105. Gieras J.F., Santini E., and Wing M. (1998). Calculation of synchronous reactances of small permanent magnet alternating-current motors: comparison of analytical approach and finite element method with measurements, IEEE Trans. MAG-34(5):3712–3720.
106. Gieras J.F., and Wing M. (2002). *Permanent magnet motor technology: design and applications.* 2nd ed., Marcel Dekker, New York.
107. Gieras J.F., and Gieras I.A. (2002). Performance analysis of a coreless permanent magnet brushless motor, IEEE 37th IAS Meeting, Pittsburgh, PA, U.S.A.
108. Glinka T. (1995). *Electrical Micromachines with Permanent Magnet Excitation (in Polish).* Gliwice (Poland): Silesian Techn University, Gliwice.
109. Goetz J., and Takahashi, T. (2003). A design platform optimized for inner loop control, presented at 24th Int. Exhibition and Conf. on Power Electronics, Intelligent Motion and Power Quality (PCIM 2003), Nuremburg, Germany.

110. Gottvald A., Preis K., Magele C., Biro O., and Savini A. (1992). Global optimization methods for computational electromagnetics, IEEE Trans. MAG-28(2):1537–1540.
111. Grover L. (1962). *Inductance calculations - working formulas and tables.* Dover, New York.
112. Gu C., Wu W., and Shao K. (1994). Magnetic field analysis and optimal design of d.c. permanent magnet core-less disk machines, IEEE Trans. MAG-30(5) Pt 2, pp. 3668–3671.
113. Hakala H. (2000). Integration of motor and hoisting machine changes the elevator business, Int. Conf. on Electr. Machines ICEM'2000, vol 3, Espoo, Finland, pp. 1242–1245.
114. Halbach K. (1980). Design of permanent multipole magnets with oriented rare earth cobalt material, Nuclear Instruments and Methods, vol. 169, pp. 1–10.
115. Halbach K. (1981). Physical and optical properties of rare earth cobalt magnets, Nuclear Instruments and Methods, vol. 187, pp. 109–117.
116. Halbach K. (1985). Application of permanent magnets in accelerators and electron storage rings, J. Appl. Physics, vol. 57, pp. 3605–3608.
117. Hamarat S., Leblebicioglu K., and Ertan H.B. (1998). Comparison of deterministic and non-deterministic optimization algorithms for design optimization of electrical machines, Int. Conf. on Electr. Machines ICEM'98, Istanbul, Turkey, vol.3, pp. 1477–1482.
118. Hanitsch R., Belmans R., and Stephan R. (1994). Small axial flux motor with permanent magnet excitation and etched air gap winding, IEEE Trans. MAG-30(2):592–594.
119. Hanselman D.C. (2003). *Brushless permanent-magnet motor design.* Cranston, RI: The Writers' Collective.
120. *Hardware interfacing to the TMS320C25.* Texas Instruments.
121. Heller B., and Hamata V. (1977). *Harmonic Field Effect in Induction Machines.* Prague: Academia (Czechoslovak Academy of Sciences).
122. Hendershot J.H., and Miller T.J.E. (1994). *Design of Brushless Permanent Magnet Motors.* Oxford: Clarendon Press.
123. Holland J.H. (1994). *Adaption in nature and artificial systems.* Bradford Books, U.S.A.
124. Holman J.P. (1992). *Heat transfer.* 7th ed., McGraw-Hill (UK), London.
125. Honorati O., Solero L., Caricchi F., and Crescimbini F. (1998). Comparison of motor drive arrangements for single-phase PM motors, Int. Conf. on Electr. Machines, ICEM'98, vol. 2, Istanbul, Turkey, pp. 1261–1266.
126. Honsinger V.B. (1980). Performance of polyphase permanent magnet machines, IEEE Trans. PAS-99(4):1510–1516.
127. Hoole S.R. (1989). *Computer-aided analysis and design of electromagnetic devices.* Elsevier Science Publishing, New York.
128. Hrabovcová V., and Bršlica V. (1990). Disk synchronous machines with permanent magnets – electric and thermal equivalent circuits, Electr. Drives Symp., Capri, Italy, pp. 163–169.
129. Hredzak B., and Gair S. (1996). Elimination of torque pulsation in a direct drive EV wheel motor, IEEE Trans. MAG-32(5) Pt 2, pp. 5010–5012.
130. Huang M., Ye Y., Fan C., Clancy T. (2007). Application of disc permanent

magnet linear synchronous motor in novel oil-pumping machines, 6th Int. Symp. on Linear Drives for Industrial Applications, LDIA'07, Lille France, paper number: 122.

131. Huang S., Luo J., Leonardi F., and Lipo T.A. (1996). A general approach to sizing and power density equations for comparison of electrical machines, IEEE-IAS Annual Meeting, San Diego, CA, U.S.A., pp. 836–842.
132. Huang S., Luo J., Leonardi F., and Lipo T.A. (1999). A comparison of power density for axial flux machines based on general purpose sizing equations, IEEE Trans. EC-14(2):185–192.
133. Hughes A., and Miller T.J. (1977). Analysis of fields and inductances in air-cored and iron-cored synchronous machines, Proceedings of IEE, 124(2): 121–126.
134. Incropera F.P., and DeWitt D.P. (2001). *Fundamentals of heat and mass transfer*. 5th ed., John Wiley & Sons, New York.
135. Ivanuskin V.A., Sarapulov F.N., and Szymczak P. (2000). *Structural Simulation of Electromechanical Systems and Their Elements (in Russian)*. Szczecin: Wyd Ucz PS.
136. Jahns T.M. (1984). Torque production in permanent magnet synchronous motor drives with rectangular current excitation, IEEE Trans. IA-20(4):803–813.
137. Jahns T.M. (1987). Flux weakening regime operation of an interior PM synchronous motor drive, IEEE Trans. IA-23(4):681–689.
138. Jang J., Sul S.K., Ha J., Ide K., and Sawamura M. (2003). Sensorless drive of surface-mounted permanent-magnet motor by high-frequency signal injection based on magnetic saliency, IEEE Trans. IA-39(4): 1031–1039.
139. Jang G.H., and Chang J.H. (1999). Development of dual air gap printed coil BLDC motor, IEEE Trans. MAG-35(3): 1789–1792.
140. Jang G.H., and Chang J.H. (2002). Development of an axial-gap spindle motor for computer hard disk drives using PCB winding and dual air gaps, IEEE Trans. MAG-38(5): 3297–3299.
141. Jensen C.C., Profumo F., and Lipo T.A. (1992). A low loss permanent magnet brushless d.c. motor utilizing tape wound amorphous iron, IEEE Trans. IA-28(3):646–651.
142. Jones B.L., and Brown J.E. (1987). Electrical variable-speed drives, IEE Proc. Pt A 131(7):516–558.
143. Kamper M.J., and Mackay A.T. (1995). Optimum control of the reluctance synchronous machine with a cageless flux barrier rotor, Trans. of SAIEE, 86(2): 49–56.
144. Kamper M.J., Van der Merwe F.S., and Williamson S. (1996). Direct finite element design optimisation of cageless reluctance synchronous machine, IEEE Trans. EC-11(3):547–555.
145. Kamper M.J., and Jackson S. (1998). Performance of small and medium power flux barrier rotor reluctance synchronous machine drives, Proc. of ICEM'98, Istanbul, Turkey, vol. 1, pp. 95-99.
146. Kamper M.J., Wang R-J, and Rossouw F.G. (2007). Analysis and performance evaluation of axial flux air-cored stator permanent magnet machine with concentrated coils, IEEE-IEMDC Conference, Turkey, pp. 13-20.
147. Kenjo T., and Nagamori S. (1985). *Permanent magnet and brushless d.c. motors*. Oxford: Clarendon Press.

148. Kenjo T. (1990). *Power electronics for the microprocessor era.* Oxford: OUP.
149. Kenjo T. (1991). *Electric motors and their control.* Oxford: OUP.
150. Kessinger R.L., and Robinson S. (1997). SEMA-based permanent magnet motors for high-torque, high-performance, Naval Symp. on Electr. Machines, Newport, RI, U.S.A., pp. 151-155.
151. Kessinger R.L. (2002). *Introduction to SEMA motor technology.* Kinetic Art and Technology, Greenville, IN, U.S.A.
152. King R.D., Haefner K.B., Salasoo L., and Koegl R.A. (1995). Hybrid electric transit bus pollutes less, conserves fuel, IEEE Spectrum 32(7): 26–31.
153. Kitano Seiki Co., Ltd., www.kitano-seiki.co.jp
154. Kleen S., Ehrfeld W., Michel F., Nienhaus M., and Stölting H.D. (2000). Penny-motor: A family of novel ultraflat electromagnetic micromotors, Int. Conf. Actuator'2000, Bremen, Germany, pp. 193–196.
155. Klug L. (1990). Axial field a.c. servomotor, Electr. Drives and Power Electronics Symp. EDPE'90, Košice, Slovakia, pp. 154–159.
156. Klug L. (1991). Synchronous servo motor with a disc rotor (in Czech), Elektrotechnický Obzor 80(1-2):13–17.
157. Klug L., and Guba R. (1992). Disc rotor a.c. servo motor drive, Electr. Drives and Power Electronics Symp. EDPE'92, Košice, Slovakia, pp. 341–344.
158. Komęeza K., Pelikant A., Tegopoulos J. and Wiak S. (1994). Comparative computation of forces and torques of electromagnetic devices by means of different formulae, IEEE Trans. MAG-30(5):3475–3478.
159. Kostenko M., and Piotrovsky L. (1974). *Electrical Machines.* vol.1: Direct Current Machines and Transformers. Moscow: Mir Publishers.
160. Kubzdela S., and Węgliński B. (1988). Magnetodielectrics in induction motors with disk rotors, IEEE Trans. MAG-24(1):635–638.
161. Lammeraner J., and Štafl M. (1964). *Eddy Currents.* London: Iliffe Books.
162. Lange A., Canders W.R., Laube F., and Mosebach H. (2000). Comparison of different drive systems for a 75 kW electrical vehicles drive, Int. Conf. on Electr. Machines ICEM'2000, vol. 3, Espoo, Finland, pp. 1308–1312.
163. Lange A., Canders W.R., and Mosebach H. (2000). Investigation of iron losses of soft magnetic powder components for electrical machines, Int. Conf. on Electr. Machines ICEM'2000, vol. 3, Espoo, Finland, pp. 1521–1525.
164. Leihold R., Bossio G., Garcia G., and Valla M. (2001). A new strategy to extend the speed range of a permanent magnet a.c. motor, The 6th Brazilian Power Electronics Conference (COBEP'2001), Florianópolis, SC, Brazil.
165. Leung W.S., and Chan C.C. (1980). A new design approach for axial-field electrical machine, IEEE Trans. PAS-99(4):1679–1685.
166. Libert F., and Soulard J. (2004). Investigation on pole-slot combinations for permanent magnet machines with concentrated windings, Proceedings of ICEM, Poland, pp. 530–535.
167. Linke M., Kennel R., and Holtz J. (2002). Sensorless position control of permanent magnet synchronous machine without limitation at zero speed, IEEE-IECON Annual Conf., Spain, pp. 674–679.
168. Linke M., Kennel R., and Holtz J. (2003). Sensorless speed and position control of synchronous machines using alternating carrier injection, IEEE Electr. Mach. and Drives Conf. (IEMDC'03) (Madison/Wisconsin, USA), pp. 1211–1217.
169. Liu C.T., Chiang T.S., Zamora J.F., and Lin S.C. (2003). Field-oriented con-

trol evaluations of a single-sided permanent magnet axial-flux motor for an electric vehicle, IEEE Trans. MAG-39(5):3280–3282.
170. Lombard N.F., and Kamper M.J. (1999). Analysis and performance of an ironless stator axial flux PM machine, IEEE Trans. EC-14(4):1051–1056.
171. Lovatt H.C., Ramdenand V.S., and Mecrow B.C. (1998). Design of an in-wheel motor for a solar-powered electric vehicle, Proc. of IEE: Electric Power Applications, vol. 145, No. 5, pp. 402–408.
172. Lowther D.A., and Silvester P.P. (1986). *Computer-aided design in magnetics.* Berlin: Springer Verlag.
173. Lukaniszyn M., Wróbel R., Mendrela A., and Drzewoski R. (2000). Towards optimisation of the disc-type brushless d.c. motor by changing the stator core structure, Int. Conf. on Electr. Machines ICEM'2000, Vol. 3, Espoo, Finland, pp. 1357–1360.
174. Lukaniszyn M., Mendrela E., Jagiello M., and Wróbel R. (2002). Integral parameters of a disc-type motor with axial stator flux, Zesz. Nauk.Polit. Slaskiej, vol. 200, Elecktryka no. 177, pp. 255–262.
175. Magnetfabrik Schramberg GmbH & Co, Schramberg–Sulgen, (1989).
176. Magnussen F., and Sadarangani C. (2003). Winding factors and joule losses of permanent magnet machines with concentrated windings, Proc. IEEE International Electrical machines and drives conference (IEMDC), Madison (USA), vol. 1, pp. 333–339.
177. Magnussen F., Thelin P., and Sadarangani C. (2004). Performance evaluation of permanent magnet synchronous machines with concentrated and distributed windings including the effect of field-weakening, Proc. IEE International Conference on Power Electronics, Machines and Drives (PEMD), Edinburgh (UK), vol. 2, pp. 679-685.
178. Mangan J., and Warner A. (1998). *Magnet wire bonding.* Joyal Product Inc., Linden, NJ, U.S.A., www.joyalusa.com
179. Maric D.S., Hiti S., Stancu C.C., Nagashima J.M., and Rutledge D.B. (1999). Two flux weakening schemes for surface-mounted permanent-magnet synchronous drives – design and transient response consideration. IEEE-IAS 34th Annual Meeting, Phoenix, AZ, pp. 673–678.
180. Marignetti F., and Scarano M. (2000). Mathematical modeling of an axial-flux PM motor wheel, Int. Conf. on Electr. Machines ICEM'2000, vol. 3, Espoo, Finland, pp. 1275–1279.
181. *Maxon Motor.* Sachseln, Switzerland: Interelectric AG, (1991/92).
182. Mbidi D.N., Van der Westhuizen K., Wang R-J, Kamper M.J., and Blom J. (2000). Mechanical design considerations of double stage axial-flux permanent magnet machine, IEEE-IAS 35th Annual Meeting, Rome, vol. 1, pp. 198–201.
183. McFee S., and Lowther D.A. (1987). Towards accurate and consistent force calculation in finite element based computational magnetostatics, IEEE Trans. MAG-23(5):3771–3773.
184. Mellara B., and Santini E. (1994). FEM computation and optimization of L_d and L_q in disc PM machines," 2nd Int. Workshop on Electr. and Mag. Fields, Leuven, Belgium, paper No. 89.
185. Mendrela E., Lukaniszyn M., and Macek-Kaminska K. (2002). *Electronically commutated d.c. brushless disc motors (in Polish).* Warsaw: Gnome.
186. Metzger D.E., and Afgan N.H. (1984). *Heat and mass transfer in rotating machinery.* Hemisphere Publishing Corporation, Washington DC, U.S.A.

187. Miller T.J.E. (1989). *Brushless Permanent–Magnet and Reluctance Motor Drives.* Oxford: Clarendon Press.
188. Miller D.S. (1990). *Internal flow systems.* 2nd ed., BHRA Information Services, The Fluid Eng. Centre, Cranfield, Bedford, U.K.
189. Millner A.R. (1994). Multi-hundred horsepower permanent magnet brushless disk motors, IEEE Appl. Power Electronics Conf. and Exp. APEC'94, pp. 351–355.
190. Mills A.F. (1995). *Basic heat and mass transfer.* Richard D. Irwin, U.S.A.
191. Mishler W.R. (1981). Test results on a low amorphous iron induction motor, IEEE Trans. PAS-100(6):860–866.
192. Miti G.K., and Renfrew A.C. (1998). Field weakening performance of the TORUS motor with rectangular current excitation, Int. Conf. on Electr. Machines ICEM'98, Istanbul, Vol. 1, pp. 630–633.
193. Mizia J., Adamiak K., Eastham A.R., and Dawson G.E. (1988). Finite element force calculation: comparison of methods for electric machines, IEEE Trans. MAG-24(1):447–450.
194. Mohan N., Undeland T.M., Robbins W.P. (1989). *Power Electronics Converters, Applications, and Design.* New York: J Wiley & Sons.
195. Mongeau P. (1997). High torque/high power density permanent magnet motors, Naval Symp. on Electr. Machines, Newport, RI, USA, pp. 9–16.
196. Morimoto S., Sanada, M., Takeda, Y. (1994). Wide-speed operation of interior permanent magnet synchronous motors with high performance current regulator, IEEE Trans. IA-30(4):920–926.
197. Muljadi E., Butterfield C.P., and Wan Y.H. (1999). Axial flux, modular, permanent magnet generator with a toroidal winding for wind turbine applications, IEEE Trans. IA-35(4):831–836.
198. Munson B.R., Young D.F., and Okiishi T.H. (1994). *Fundamentals of fluid mechanics.* 2nd ed., New York, John Wiley & Sons.
199. Nagashima J. (2005). Wheel Hub Motors for Automotive Applications, Proceedings of the 21st Electric Vehicles Symposium, Monaco, April 2-5.
200. Nasar S.A., Boldea I., and Unnewehr L.E. (1993). *Permanent magnet, reluctance, and self-synchronous motors.* Boca Raton: CRC Press.
201. Neyman L.R. (1949). *Skin effect in ferromagnetic bodies (in Russian).* GEI, Leningrad–Moskva.
202. Ofori-Tenkorang J., and Lang J.H. (1995). A comparative analysis of torque production in Halbach and conventional surface-mounted permanent magnet synchronous motors, IEEE-IAS Annual Meeting, Orlando, CA, U.S.A., pp. 657–663.
203. O'Neil S.J. (1997). Advances in motor technology for the medical industry, Medical Device and Diagnostic Journal Ind. Magazine, No. 5.
204. Osin I.L., Kolesnikov V.P., and Yuferov F.M. (1976). *Permanent Magnet Synchronous Micromotors (in Russian).* Moscow: Energia.
205. Ovrebo S. (2002). Comparison of excitation signals for low and zero speed estimation of the rotor position in a axial flux PMSM, Nordic Workshop on Power and Industrial Electronics NORPIE 2002, Stockholm, Sweden.
206. Owen J.M. (1988). Air cooled gas turbine discs: a review of recent research, Int. Journal of Heat and Fluid Flow, vol. 9, No. 4, pp. 354–365.
207. Owen J.M. (1989). An approximate solution for the flow between a rotating and a stationary disk, ASME Journal of Turbomachinery, Vol. 111, No. 4, pp.

323–332.
208. Owen J.M. (1971). The Reynolds analogy applied to flow between a rotating and a stationary disc, Int. Journal of Heat and Mass Transfer, Vol.14, pp.451–460.
209. Owen J.M. (1971). The effect of forced flow on heat transfer from a disc rotating near a stator, Int. Journal of Heat and Mass Transfer, vol. 14, pp. 1135–1147.
210. Owen J.M., and Rogers R.H. (1989). *Flow and heat transfer in rotating-disc system, Vol. 1: Rotor-stator systems.* Research Studies Press, Taunton, UK.
211. Owen J.M, and Rogers R.H. (1995). *Flow and heat transfer in rotating-disc system, Vol. 2: Rotating cavities.* Research Studies Press, Taunton, UK.
212. Parker R.J. (1990). *Advances in Permanent Magnetism.* New York: J Wiley & Sons.
213. Parviainen A., Pyrhonen J., and Kontkanen P. (2005). Axial flux permanent magnet generator with concentrated winding for small wind power applications, IEEE Int'l Conf. on Electric Machines and Drives, pp. 1187–1191.
214. Parviainen A., Niemela M., and Pyrhonen J. (2004). Modeling of Axial Flux Permanent-Magnet Machines, IEEE Trans. IA-40(5):1333–1340.
215. Patterson D., and Spée R. (1995). The design and development of an axial flux permanent magnet brushless d.c. motor for wheel drive in a solar powered vehicle, IEEE Trans. IA-31(5):1054–1061.
216. Perho J., and Ritchie E. (1996). A motor design using reluctance network, 2nd Int. Conf. on Unconventional Electr. and Electromechanical Systems, UEES'96, Alushta, Ukraine, pp. 309–314.
217. Plat D. (1989). Permanent magnet synchronous motor with axial flux geometry, IEEE Trans. MAG-25(4):3076–3079.
218. Powell M.J.D. (1964). An efficient method for finding the minimum of a function of several variables without calculating derivatives, Computer Journal, Vol. 7, pp. 155–162.
219. Profumo F., Zhang Z., and Tenconi A. (1997). Axial flux machines drives: a new viable solution for electric cars, IEEE Trans. IE-44(1):39–45.
220. Profumo F., Tenconi A., Zhang Z., and Cavagnino A. (1998). Design and realization of a novel axial flux interior PM synchronous motor for wheel-motors applications, Int. Conf. on Electr. Machines ICEM'98, Istanbul, Vol. 3, pp. 1791–1796.
221. Profumo F., Tenconi A., Zhang Z., and Cavagnino A. (1998). Novel axial flux interior PM synchronous motor realized with powdered soft magnetic materials, IEEE-IAS Annual Meeting, vol. 1, pp. 152–159.
222. Pullen K., Etemad M.R., and Fenocchi A. (1996). The high speed axial flux disc generator unlocking the potential of the automotive gas turbine, in Proc. IEE Colloq. Machines and Drives for Electric and Hybrid Vehicles, IEE Colloq. Dig., London, U.K., pp. 8/1-4.
223. Rahman K., Ward T., Patel N., Nagashima J., Caricchi F., and Crescimbini F. (2006). Application of Direct Drive Wheel Motor for Fuel Cell Electric and Hybrid Electric Vehicle Propulsion Systems, IEEE Trans. IA-42(5):1185–1192.
224. Rajashekara K., Kawamura A., and Matsuse K., (ed.) (1996). *Sensorless Control of AC Motor Drives.* New York: IEEE Press.
225. Ramsden V.S., Mecrow B.C., and Lovatt H.C. (1997). Design of an in wheel

motor for a solar-powered electric vehicle, Proc. of EMD'97, pp. 192–197.
226. Ramsden V.S., Watterson P.A., Holliday W.M., Tansley G.D., Reizes J.A., and Woodard J.C. (2000). A rotary blood pump, Journal IEEE Australia, vol. 20, pp.17–22
227. Rao J.S. (1983). Rotor dynamics, 3rd edition, New Age Int. Publishers, New Delhi.
228. Ratnajeevan S., Hoole H., and Haldar M.K. (1995). Optimisation of electromagnetic devices: circuit models, neural networks and gradient methods in concept, IEEE Trans. MAG-31(3):2016–2019.
229. Reichert, K. (2004). Motors with concentrated, non overlapping windings, some characteristics, Int. Conf. on Electr. Machines ICEM'2004, Cracow, Poland, Paper No. 541.
230. Salon S.J. (1995). *Finite element analysis of electrical machines.* Kluwer Academic Publishers, Norwell, MA, U.S.A.
231. Say M.G. (1992). *Alternating Current Machines.* Singapore: ELBS with Longman.
232. Sayers A.T. (1990). *Hydraulic and compressible flow turbomachines.* McGraw-Hill (U.K.), London.
233. Schaefer G. (1991). Field weakening of brushless PM servomotors with rectangular current, European Power Electronic Conf. EPE'91, vol. 3, Florence, Italy, pp. 429–434.
234. Schroedl M. (1996). Sensorless control of AC machines at low speed and standstill based on the INFORM method, IEEE-IAS 31st Annual Meeting, San Diego, CA, pp. 270–277.
235. Scowby S.T., Dobson R.T., and Kamper M.J. (2004). Thermal modelling of an axial flux permanent magnet machine, Applied Thermal Engineering, vol. 24, No. 2-3, pp. 193–207.
236. SGS–Thomson Motion Control Applications Manual (1991).
237. Sidelnikov B., and Szymczak P. (2000). Areas of application and appraisal of control methods for converter-fed disc motors (in Polish), Prace Nauk. IMNiPE, Technical University of Wroclaw, 48: Studies and Research 20:182–191.
238. Silvester P.P., and Ferrari R.L. (1990). *Finite Elements for Electrical Engineers.* 2nd ed. Cambridge: Cambridge University Press.
239. Sitapati K., and Krishnan R. (2001). Performance comparisons of radial and axial field permanent magnet brushless machines, IEEE Trans. IA-37(5):1219–1226.
240. Skaar S.E., Krovel O., and Nilssen R. (2006). Distribution, coil span and winding factors for PM machines with concentrated windings, Int. Conf. on Electr. Machines ICEM-2006, Chania, Greece, paper 346.
241. Soderlund L., Koski A., Vihriala H., Eriksson J.T., and Perala R. (1997). Design of an axial flux PM wind power generator, Int. Conf. on Electr. Machine and Drives ICEMD'97, Milwaukee, WI, U.S.A., pp. 224–228.
242. Somaloy^{TM}500, *Höganäs*, Höganäs, Sweden, (1997), www.hoganas.com
243. Spooner E., and Chalmers B.J. (1988). Toroidally-wound, slotless, axial-flux PM brushless d.c. motor, Int. Conf. on Electr. Machines ICEM'88, Pisa, Italy, Vol. 3, pp. 81–86.
244. Spooner E., Chalmers B., and El-Missiry M.M. (1990). "A compact brushless d.c. machine," Electr. Drives Symp. EDS'90, Capri, Italy, pp. 239–243.

245. Spooner E., and Chalmers B.J. (1992). TORUS: a slotless, toroidal-stator, permanent-magnet generator, Proc. of IEE, Pt. B EPA vol. 139, pp. 497–506.
246. Stec T.F. (1994). Amorphous magnetic materials Metgkass 2605S-2 and 2605TCA in application to rotating electrical machines, NATO ASI Modern Electrical Drives, Antalya, Turkey.
247. Stefani P., and Zandla G. (1992). Cruise liners diesel electric propulsion. Cyclo- or synchroconverter? The shipyard opinion, Int. Symp. on Ship and Shipping Research vol. 2, Genoa, Italy, pp. 6.5.1–6.5.32.
248. Strachan P.J., Reynaud F.P., and von Backström T.W. (1992), The hydrodynamic modeling of torque converters, R&D Journal, South African Inst. of Mech. Eng., vol. 8, No. 1, pp. 21–29.
249. Sugimoto H., Nishikawa T., Tsuda T., Hondou Y., Akita Y., Takeda T., Okazaki T., Ohashi S., and Yoshida Y. (2006). Trial manufacture of liquid nitrogen cooling high temperature superconductivity rotor, Journal of Physics: Conference Series, (43):780-783
250. Sullivan C.R. (2001). Computationally efficient winding loss calculation with multiple windings, arbitrary waveforms, and two-dimensional or three-dimensional field geometry, IEEE Trans. PE-16(1):142–150.
251. Takano H., Itoh T., Mori K., Sakuta A., and Hirasa T. (1992). Optimum values for magnet and armature winding thickness for axial-field PM brushless DC motor, IEEE Trans. IA-28(2):350–357.
252. Takeda T., Togawa H., and Oota T. (2006). Development of liquid nitrogen-cooled full superconducting motor, IHI Engineering Review, 39(2):89–94
253. Timar P.L., Fazekas A., Kiss J., Miklos A., and Yang S.J. (1989). *Noise and Vibration of Electrical Machines.* Amsterdam: Elsevier.
254. Toliyat H.A., and Campbell S. (2003). *DSP-based electromechanical motion control.* Boca Raton, FL, CRC Press.
255. Tomassi G., Topor M., Marignetti F., and Boldea I. (2006). Characterization of an axial-flux machine with non-overlapping windings as a generator, Electromotion, vol. 13, pp. 73–79.
256. Upadhyay P.R., and Rajagopal K.R. (2005). Comparison of performance of the axial-field and radial-field permanent magnet brushless direct current motors using computer aided design and finite element methods, Journal of Applied Physics 97, 10Q506, pp. 1–3.
257. Varga J.S. (1992). A breakthrough in axial induction and synchronous machines, Int. Conf. on Electr. Machines ICEM'1992, vol. 3, Manchester, UK, pp. 1107–1111.
258. Voldek A.I. (1974). *Electrical Machines (in Russian).* St Petersburg: Energia.
259. Wallace R., Lipo T.A., Moran L.A., and Tapia J.A. (1997). Design and construction of a PM axial flux synchronous generator, Int. Conf. on Electr. Machines and Drives ICEMD'97, Milwaukee, WI, U.S.A., pp. MA1 4.1–4.3.
260. Wang R-J, Kamper M.J., and Dobson R.T. (2005). Development of a thermofluid model for axial field permanent magnet machines, IEEE Trans EC-20(1):80–87.
261. Wang R-J, Mohellebi H., Flack T., Kamper M., Buys J., and Feliachi M. (2002). Two-dimensional Cartesian air-gap element (CAGE) for dynamic finite element modeling of electrical machines with a flat air gap, IEEE Trans. MAG-38(2):1357–1360.
262. Wang R-J, and Kamper M.J. (2002). Evaluation of eddy current losses in

axial flux permanent magnet (AFPM) machine with an ironless stator, 37th IEEE-IAS Meeting, Pittsburgh, USA, 2:1289–1294.
263. Wang R-J, and Kamper M.J. (2004). Calculation of eddy current loss in axial field permanent magnet machine with coreless stator, IEEE Trans EC-19(3):532–538.
264. Wang R-J, Kamper M.J., Van der Westhuizen K., and Gieras J.F. (2005). Optimal design of a coreless stator axial field permanent magnet generator, IEEE Trans MAG-41(1):55–64.
265. Węgliński, B. (1990). Soft magnetic powder composites — dielectromagnetics and magnetodielectrics, Reviews on Powder Metallurgy and Physical Ceramics, Vol. 4, No. 2, Freund Publ. House Ltd., London, UK.
266. White F.M. (1994). *Fluid mechanics.* McGraw-Hill Book Company, New York.
267. Wiak S., and Welfle H. (2001). *Disc type motors for light electric vehicles (in Polish).* Lodz: Technical University of Lodz.
268. Wijenayake A.H., Bailey J.M., and McCleer P.J. (1995). Design optimization of an axial gap PM brushless d.c. motor for electric vehicle applications, IEEE-IAS Annual Meeting, pp. 685–691.
269. Williamson S., and Smith J.R. (1980). The application of minimisation algorithms in electrical engineering, Proc. of IEE, vol.127, Pt. A, No. 8, pp. 528–530.
270. Wong W.Y. (1977). *Heat transfer for engineers.* Longmans.
271. Wu R., and Slemon G.R. (1991). A permanent magnet motor drive without a shaft sensor, IEEE Trans. IA-27(5): 1005–1011.
272. Wurster R. (1999). PEM fuel cells in stationary and mobile applications: pathways to commercialization, 6th International Technical Congress (BIEL'99), 13-19 September.
273. Wurster R. (2005). Status quo fuel cell development in europe, Fuel Cell Congress (F-Cell 2005), Workshop: 'Germany meets Canada', Stuttgart, 28 September.
274. Xu L., Xu X., Lipo T.A., and Novotny D.W. (1991). Vector control of a synchronous reluctance motor including saturation and iron loss, IEEE Trans. IA-27(5):977–987.
275. Zangwill W.I. (1967). Nonlinear programming via penalty functions, Management Science, Vol. 13, pp. 344–358.
276. Zhang Z., Profumo F., and Tenconi A. (1994). Axial flux interior PM synchronous motors for electric vehicle drives, Symp. on Power Electronics, Electr. Drives, Advanced Electr. Motors SPEEDAM'94, Taormina, Italy, pp. 323–328.
277. Zhang Z., Profumo F., and Tonconi A. (1996). Axial flux wheel machines for electric vehicles, Electr. Machines and Power Systems, vol.24, no.8, pp. 883–896.
278. Zhang Z., Profumo F., and Tonconi A. (1996). Axial flux versus radial flux permanent magnet motors, Electromotion, vol. 3, pp. 134–140.
279. Zhang Z., Profumo F., and Tenconi A. (1997). Analysis and experimental validation of performance for an axial flux PM brushless d.c. motor with powder iron metallurgy cores, IEEE Trans. MAG-33(5):4194–4196.
280. Zhu Z.Q, Chen Y.S., and Howe D. (2000). Online optimal flux-weakening con-

trol of permanent-magnet brushless AC drives, IEEE Trans. IA-36(6):1661–1668.

281. Zhilichev Y.N. (1996). Calculation of 3D magnetic field of disk-type micromotors by integral transformation method,, IEEE Trans. MAG-32(1):248–253.
282. Zhilichev Y.N. (1998). Three-dimensional analytic model of permanent magnet axial flux machine, IEEE Trans. MAG-34(6):3897–3901.

专　　利

[P1] US132. Davenport T. (1837). Improvement in propelling machinery by magnetism and electro-magnetism.
[P2] US405858. Tesla N. (1889). Electro-Magnetic Motor.
[P3] US3069577. Lee R. (1962). Disc rotor for induction motor.
[P4] US3230406. Henry-Baudot J. (1966). High frequency electromechanical generator.
[P5] US3231774. Henry-Baudot J. (1966). A.C. rotating electric machines with printed circuit armatures.
[P6] US3239702. Van de Graaff R.J. (1966). Multi-disk electromagnetic power machinery.
[P7] US3280353. Haydon A.W., et al (1966). Electric rotating machine.
[P8] US3293466. Henry-Baudot J. (1966). Axial airgap electric rotary machines.
[P9] US3315106. Reynst M.F. (1967). Disk shaped electric motor.
[P10] US3375386. Hayner P.F., et al (1968). Printed circuit motor.
[P11] US3383535. Lohr T.E. (1968). Electric motor.
[P12] US3407320. McLean W.B. (1968). Wafer type submersible motor for underwater devide.
[P13] US3440464. Tolmie R.J. (1969). Electromagnetic apparatus.
[P14] US3443133. Henry-Baudot J. (1969). Stator for axial airgap electric rotary machines.
[P15] US3487246. Long B.E. (1969). Electric machine.
[P16] US3524250. Burr R.P. (1970). Method of manufacturing electrical wire wound machines.
[P17] US3524251. Burr R.P. (1970). Method of manufacturing disc-type wire wound electrical machines.
[P18] US3525007. Henry-Baudot J. (1970). Axial airgap machines having means to reduce eddy current losses in the armature windings.
[P19] US3529191. Henry-Baudot J. (1970). Homopolar machine having disklike rotor.
[P20] US3534469. Keogh R.J. (1970). Method of manufacturing windings for disc-type dc machine armatures.
[P21] US3538704. Kawanaka H., et al (1970). Balance wheel motor in a timepiece.
[P22] US3550645. Keogh R.J. (1970). Wire wound armature, method and apparatus for making same.
[P23] US3555321. Gruener R., et al (1971). Eddy current brake for use in business machines or the like.
[P24] US3558947. Burr R.P. (1971). Discoidal wire wound armatures.
[P25] US3575624. Keogh R.J. (1971). Wire wound disc armature.
[P26] US3678314. Carter A.H. (1972). Discoidal electric motor.
[P27] US3745388. Frederick D.M. (1973). Axial air gap motor.
[P28] US3922574. Whiteley E. (1975). Permanent magnet hermetic synchronous motor.
[P29] US3979619. Whiteley E. (1976). Permanent magnet field structure for dynamoelectric machines.

[P30] US3999092. Whiteley E. (1976). Permanent magnet synchronous dynamoelectric machine.
[P31] US4007387. Rustecki R.Z. (1977). Electrical synchronous machines.
[P32] US4020372. Whiteley E. (1977). Cooling of discoidal dynamoelectric machines.
[P33] US4059777. Whiteley E. (1977). Cooling of discoidal dynamoelectric machines.
[P34] US4068143. Whiteley E. (1978). Discoidal winding for dynamoelectric machines.
[P35] US4076340. Meinke P., et al (1978). Drive and bearing support for a disc-shaped rotor.
[P36] US4100443. Kuwako T. (1978). Electrical rotary machine.
[P37] US4187441. Oney W.R. (1980). High power density brushless dc motor.
[P38] US4188556. Hahn J.H. (1980). Electro-mechnical machine.
[P39] US4237396. Blenkinsop P.T., et al (1980). Electromagnetic machines with permanent magnet excitation.
[P40] US4253031. Frister M. (1981). Directly driven dynamo electric machine-gas turbine generator structure.
[P41] US4297604. Tawse I.S. (1981). Axial air gap alternators/generators of modular construction.
[P42] US4319152. van Gils A.W. (1982). Laminated winding for electric machines.
[P43] US4363988. Kliman G.B. (1982). Induction disk motor with metal tape components.
[P44] US4371801. Richter E. (1983). Method and apparatus for output regulation of multiple disk permanent magnet machines.
[P45] US4390805. Hahn J.H. (1983). Electromechnical machine.
[P46] US4398112. van Gils A.W. (1983). Aminated winding for electric machines.
[P47] US4435662. Tawse I.S. (1984). Axial air gap alternators/generators of modular construction.
[P48] US4508998. Hahn J.H. (1985). Brushless disc-type dc motor or generator.
[P49] US4536672. Kanayama K., et al (1985). Flat type rotary electric machine.
[P50] US4567391. Tucker H.F., et al (1986). Permanent magnet disc rotor machine.
[P51] US4578610. Kliman G.B., et al (1986). Synchronous disk motor with amorphous metal stator and permanent magnet rotor and flywheel.
[P52] US4605873. Hahn J.H. (1986). Electromechanical machine.
[P53] US4644207. Catterfeld F.C., et al (1987). Integrated dual pump system.
[P54] US4701655. Schmider F. (1987). D.C. machine, with mechanical and electrical connections among collector segments.
[P55] US4710667. Whiteley E. (1987). Brushless d.c. dynamoelectric machine with decreased magnitude of pulsations of air gap flux.
[P56] US4720640. Anderson B.M., et al (1988). Fluid powered electrical generator.
[P57] US4823039. Lynch C. (1989). Electrical machines.
[P58] US4841393. MacLeod D.J., et al (1989). Spindle motor for a disc drive.
[P59] US4864175. Rossi L. (1989). Rotor for an electric motor.
[P60] US4866321. Blanchard H.J., et al (1989). Brushless electrical machine for use as motor or generator.
[P61] US4868443. Rossi L. (1989). Tachogenerator for electric machines.
[P62] US4959578. Varga J.S. (1990). Dual rotor axial air gap induction motor.
[P63] US4978878. Dijken R.H. (1990). Electric multipolar machine.
[P64] US4996457. Hawsey R.A., et al (1991). Ultra-high speed permanent magnet

axial gap alternator with multiple stators.
[P65] US5001412. Carter I.W., et al (1991). Alternator starter.
[P66] US5021698. Pullen K.R., et al (1991). Axial field electrical generator.
[P67] US5097140. Crall F.W. (1992). Alternator starter.
[P68] US5130595. Arora R.S. (1992). Multiple magnetic paths machine.
[P69] US5194773. Clarke P.W. (1993). Adjustable speed split stator rotary machine.
[P70] US5200659. Clarke P.W. (1993). Axial and radial field electric rotating machines having relatively rotatable first and second stators.
[P71] US5334898. Skybyk D. (1994). Polyphase brushless dc and ac synchronous machines.
[P72] US5334899. Skybyk D. (1994). Polyphase brushless dc and ac synchronous machines.
[P73] US5394321. McCleer P.J., et al (1995). Quasi square-wave back-emf permanent magnet ac machines wih five or more phases.
[P74] US5396140. Goldie J.H., et al (1995). Parallel air gap serial flux a.c. electrical machine.
[P75] US5535582. Paweletz A. (1996). Drive for a shaftless spinning rotor of an open end spinning machine.
[P76] US5548950. Paweletz A. (1996). Motor for a shaftless spinning rotor for an open-end spinning machine.
[P77] US5615618. Berdut E. (1997). Orbital and modular motors using permanent magnets and interleaved iron or steel magnetically permeable members.
[P78] US5619087. Sakai K. (1997). Axial-gap rotary-electric machine.
[P79] US5637941. Paweletz A. (1997). Shaftless spinning rotor for an open-end spinning machine.
[P80] US5642009. McCleer P.J., et al (1997). Quasi square-wave back-emf permanent magnet ac machines with five or more phases.
[P81] US5710476. Ampela M.J. (1998). Armature design for an axial-gap rotary electric machine.
[P82] US5731645. Clifton D.B., et al (1998). Integrated motor/generator/flywheel utilizing a solid steel rotor.
[P83] US5744896. Kessinger R.L., Jr., et al (1998). Interlocking segmented coil array.
[P84] US5777421. Woodward R.C., Jr. (1998). Disc-type electrical machine.
[P85] US5801473. Helwig A. (1998). Open stator axial flux electric motor.
[P86] US5877578. Mitcham A.J., et al (1999). Rotor disc construction for use in an electrical machine.
[P87] US5905321. Clifton D.B., et al (1999). Energy storage flywheel apparatus and methods.
[P88] US5920138. Clifton D.B., et al (1999). Motor/generator and axial magnetic bearing utilizing common magnetic circuit.
[P89] US5925965. Li Y., et al (1999). Axial flux reluctance machine with two stators driving a rotor.
[P90] US5932935. Clifton D.B., et al (1999). Energy storage flywheel emergency power source and methods.
[P91] US5955808. Hill W. (1999). Multi-phase electric machine with offset multipolar electric pole units.
[P92] US5955809. Shah M.J. (1999). Permanent magnet generator with auxiliary

winding.
[P93] US5955816. Clifton D.B., et al (1999). Energy storage flywheel apparatus and methods.
[P94] US5982069. Rao D.K. (1999). Axial gap machine phase coil having tapered conductors with increasing width in radial direction.
[P95] US5982074. Smith S.H., et al (1999). Axial field motor/generator.
[P96] US6002193. Canini J-M, et al (1999). Basic module for a discoidal electric machine, and corresponding electric machine.
[P97] US6037696. Sromin A., et al (2000). Permanent magnet axial air gap electric machine.
[P98] US6040650. Rao D.K. (2000). Stator with coplanar tapered conductors.
[P99] US6046518. Williams M.R. (2000). Axial gap electrical machine.
[P100] US6064135. Hahn J.H. (2000). Electromechanical machine and armature structure therefore.
[P101] US6155969. Schima H., et al (2000). Centrifugal pump for pumping blood and other shear-sensitive liquids.
[P102] US6163097. Smith S.H., et al (2000). Motor generator including interconnected stators and stator laminations.
[P103] US6166472. Pinkerton J.F., et al (2000). Airgap armature coils and electric machines using same.
[P104] US6194802B1. Rao D.K. (2001). Axial gap motor with radially movable magnets to increase speed capablity.
[P105] US6199666B1. Aulanko E., et al (2001). Elevator drive machine.
[P106] US6404097B1. Pullen K.R. (2002). Rotary electrical machines.
[P107] US6445105B1. Kliman G.B., et al (2002). Axial flux machine and method of fabrication.
[P108] US6476534B1. Vanderbeck W.E., et al (2002). Permanent magnet phase-control motor.
[P109] US6515390B1. Lopatinsky E.L., et al (2003). Electric drive apparatus with a rotor having two magnetizied disks.
[P110] US6633106B1. Swett D.W. (2003). Axial gap motor-generator for high speed operation.
[P111] US6674214B1. Knorzer K-H, et al (2004). Electric axial flow machine.
[P112] US6700271B2. Detela A. (2004). Hybrid synchronous motor equipped with toroidal winding.
[P113] US6700288B2. Smith J.S. (2004). High speed rotor.
[P114] US6707221B2. Carl R.J. (2004). Axial flux machine, stator and fabrication method.
[P115] US6750584B2. Smith J.S. (2004). High speed rotor.
[P116] US6750588B1. Gabrys C.W. (2004). High performance axial gap alternator motor.
[P117] US6762523B1. Lisowski L. (2004). Continuously variable electromagnetic transmission.
[P118] US6768239B1. Kelecy P., et al (2004). Electromotive devices using notched ribbon windings.
[P119] US6794791B2. Ben Ahmed A.H., et al (2004). Motor/generator with energized reluctance and coil in the air gap.
[P120] US6803694B2. Decristofaro N.J., et al (2004). Unitary amorphous metal component for an axial flux electric machine.

[P121] US6828710B1. Gabrys C.W. (2004). Airgap armature.
[P122] US6833647B2. Saint-Michel J., et al (2004). Discoid machine.
[P123] US6844656B1. Larsen K.D., et al (2005). Electric multipole motor/generator with axial magnetic flux.
[P124] US6891301B1. Hsu J.S. (2005). Simplified hybrid-secondary uncluttered machine and method.
[P125] US6940200B2. Lopatinsky E., et al (2005). Electric drive.
[P126] US6967554B2. Eydelie A., et al (2005). Coil for a rotary electric machine.
[P127] US6977454B2. Hsu J.S. (2005). Hybrid-secondary uncluttered permanent magnet machine and method.
[P128] US6995494B2. Haugan O., et al (2006). Axial gap brushless dc motor.
[P129] US7034422B2. Ramu K. (2006). Radial-axial electromagnetic flux electric motor, coaxial electromagnetic flux electric motor, and rotor for same.
[P130] US7034425B2. Detela A. (2006). Hybrid synchronous electric machine.
[P131] US7034427B2. Hirzel A.D. (2006). Selective alignment of stators in axial airgap electric devices comprising low-loss materials.
[P132] US7042109B2. Gabrys C.W. (2006). Wind turbine.
[P133] US7064469B2. Jack A., et al (2006). Core back of an electrical machine and method for making the same.
[P134] US7067950B2. Hirzel A.D., et al (2006). Efficient high-speed electric devices using low-loss materials.
[P135] US7084548B1. Gabrys C.W. (2006). Low cost high speed electrical machine.
[P136] US7098566B2. Rajasingham A.I. (2006). Axial gap electrical machine.
[P137] US7105979B1. Gabrys C.W. (2006). Compact heteropolar hybrid alternator-motor.
[P138] US7109625B1. Jore L.M., et al (2006). Conductor optimized axial field rotary energy device.
[P139] US7144468B2. Decristofaro N.J., et al (2006). Method of constructing a unitary amorphous metal component for an electric machine.
[P140] US7148594B2. Rajasingham A.I (2006). Axial gap electrical machine.
[P141] US7157826B2. Rajasingham A.I (2006). Axial gap electrical machine.
[P142] US7157829B2. Van Tichelen P., et al (2007). Axial flux permanent magnet generator/motor.
[P143] US7170212B2. Balson J.C., et al (2007). Synchronous axial field electrical machine.
[P144] US7187098B2. Hasebe M., et al (2007). Axial gap rotating electrical machine.
[P145] US7190101B2. Hirzel A.D. (2007). Stator coil arrangement for an axial airgap electric device including low-loss materials.
[P146] US7226018B2. Sullivan S. (2007). Landing gear method and apparatus for braking and maneuvering.
[P147] US7230361B2. Hirzel A.D. (2007). Efficient high-speed electric devices using low-loss materials.
[P148] US7237748B2. Sullivan S. (2007). Landing gear method and apparatus for braking and maneuvering.
[P149] US7262536B2. Rahman K.M., et al (2007). Gearless wheel motor drive system.